21世纪高等教育计算机规划教材

COMPUTER

C#程序设计基础与实践

C# Primer Plus and Practice

姚普选 主编

人民邮电出版社
北京

图书在版编目（CIP）数据

C#程序设计基础与实践 / 姚普选主编. -- 北京 : 人民邮电出版社, 2015.12（2023.3重印）
21世纪高等教育计算机规划教材
ISBN 978-7-115-41230-0

Ⅰ. ①C… Ⅱ. ①姚… Ⅲ. ①C语言—程序设计—高等学校—教材 Ⅳ. ①TP312

中国版本图书馆CIP数据核字(2015)第297321号

内容提要

本书以C#语言为载体，系统地讲解了算法的概念、程序设计的基本思想，以及常用的程序设计方法。本书的主要内容包括：程序设计基础知识与C#程序设计的一般方法；算法的概念及应用；数据类型的概念及C#中的常用数据类型；类和对象的概念及应用；用户界面设计的一般方法和技能；I/O流与数据文件的概念及应用。

本书将理论知识、程序实例与实验指导整合为一体，尽力为各教学环节的融会贯通创造条件。本书注重程序设计理念的先进性、程序设计方法的实用性以及学习过程中思维的连贯性，对于主要概念、常用方法以及具有递进关系的系列内容，都根据教学活动中的实际需求予以精心编排和讲解。

本书可用作高等院校计算机程序设计课程的教材，也可作为程序设计工作者的参考书。

◆ 主　　编　姚普选
责任编辑　邹文波
执行编辑　税梦玲
责任印制　沈　蓉　彭志环
◆ 人民邮电出版社出版发行　　北京市丰台区成寿寺路11号
邮编　100164　　电子邮件　315@ptpress.com.cn
网址　http://www.ptpress.com.cn
北京七彩京通数码快印有限公司印刷
◆ 开本：787×1092　1/16
印张：23.25　　　2015年12月第1版
字数：628千字　　　2023年3月北京第5次印刷

定价：52.00元

读者服务热线：(010)81055256　印装质量热线：(010)81055316
反盗版热线：(010)81055315

前　言

计算机程序设计是一门逻辑性强且主要通过实践环节来学习的课程。学生必须由浅入深地研习其内在逻辑，循序渐进地阅读足量程序并且独立自主地完成相应实验（上机编辑、调试和运行程序）任务，才能在学习和实践中逐步理解程序设计的基础知识，掌握通过特定工具（程序设计语言、软件开发环境等）进行程序设计的基本技能，同时将渐次而来的对于程序设计本质的感悟内化为自己的科学素养。鉴于此，笔者在以前编写过的多本程序设计教材的基础上，根据全国高等院校计算机教学指导委员会的相关文件，以及计算机基础教育的实际需求，以 C#程序设计语言和微软.NET 框架为载体，精心编写了本书。

1．本书的特色

本书的特色主要体现在以下几个方面。

（1）选取教学内容时，注重程序设计理念的先进性和程序设计方法的实用性。

C#是较晚出现的程序设计语言，具有多种适应现实需求的特点，而且吸纳了 C、C++、Jave 和 Delphi 等语言的主要优点，其程序设计技术以及相关联的基础知识与传统语言有较大差别。例如，C#中引入了 LINQ（Language Integrated Query，语言集成查询）查询机制，使得数据查找以及数据库访问的方式与性能有了很大程度的改善。本书依托完整的程序实例介绍了编写这种查询程序的一般方式，并在实验指导中给出详实的操作步骤引导学生编写和运行这种程序。为了加深学生对于重要知识和技能的认知，本书以灵活多样的方式引入了一些实用的程序设计技巧。例如，在讲解方法的递归调用时，简明扼要地介绍了行之有效的尾递归技术，给出便于模仿的实例并在实验指导中给出详实的操作步骤引导学生编写和运行同类型程序。

（2）编排教学内容时，注重学习过程中的思维连贯性。

C#是完全面向对象的程序设计语言，一开始学习就会遇到诸如类、对象、属性、静态字段、实例方法等一大堆抽象的名词和概念。例如，C#中各种数据类型都是由相应的类来定义的，自成一个层次结构的严整体系。与传统程序设计语言（BASIC、C#等）相比，C#提供了丰富多彩的存储和处理数据的方式。本书在编排这部分内容时，尽可能照顾学生在学习过程中的思维连贯性，先就最基本的数据类型给予必要的说明以及便于模仿的例子，然后在其他章节中按内容递进的需求自然地引入各种常用的数据类型，并在具备了必要的基础知识之后，详细地介绍数据类型的意义、类别以及 C#和.NET 数据类型的层次结构。这样，既可以分散难点，减少学习过程中的困难，又可以加深学生的理解。

（3）在确定编程序所依据的算法时，尽量采用那些可以从相应概念或工作原理出发而自行构拟的算法。每当需要采用某种传统或者经典算法时，尽力讲清楚其内在逻辑。适应范围、优点和局限以及既合理又高效的应用方式。例如，在确定求解高次方程的算法时，首先从给定的形如 $f(x)=0$ 的方程式推导出形如 $x=g(x)$ 的迭代式，然后构拟通过这种自行推导出来的迭代式来逐步求得 x 值的算法；在需要使用经典的“牛顿迭代法”时，除了给出其一般形式的迭代式及其使用方法之外，还从其几何意义入手，讲解构成这种方法的依据。

2．本书的体例

本书兼顾各教学环节的实际需求，每章都编排了 3 部分内容。

- 基本知识：介绍程序设计的基础知识、基本技能及其 C#程序实现方式。
- 这些都是经过反复推敲筛选出来的主要教学内容，按照教学过程中的实际需求循序渐进地编排在每章的前 2 ~ 3 节之中，并尽力依托易于理解和模仿的实例来讲清楚其来龙去脉。
- 程序解析：讲解相关程序设计任务、解决问题的思路、编程序所依据的算法、程序的运行结果以及修改或扩充程序的思路等。
- 程序解析是本书的一大特色。这些程序都经过了精心的选编、归并和讲解，作为相应章节的程序设计理念和方法的例证，可供学生研读、模仿或者改进和扩充。
- 实验指导：包括验证某种概念和方法的基本实验、运用多种概念和方法的综合性实验以及可能会引起思考或研究欲望的“启发性”实验。

每章的实验指导也都是按照教学活动中的实际需求精心编排的。每章中安排 2 到 5 个实验，每个实验往往需要编写并运行多个程序。这些实验中的几个程序往往自成一个由浅入深、循序渐进的体系；几个实验之间构成一个紧扣相关学习内容的完整体系；每章的实验又与前后各章互相照应，成为本书构拟的实验体系中不可或缺的一环。一般来说，按部就班地完成本书规定的实验任务，就可以基本掌握相应的知识和技能了。

本书还有两个附录。

附录 1，给出标准 ASCII 码表。

附录 2，介绍数据库系统概念、关系数据库知识与操作，以及 C#和.NET 的数据库连接和数据查询方式。

3．教学建议

本书可以作为高等院校程序设计课程的教材。采用本书作为教材的课程以 56~64（包括上机时数）学时为宜。学时较少时，可以少讲或不讲数据文件、I/O 流、异常处理等内容，还可以不学习和调试程序解析中的某些程序。学时较多时，应该要求学生在做完实验指导中规定的实验之后，调试例题和程序解析中的程序，还有以将附录 2 作为学习内容。

另外，本书的内容选编以及讲解方式也照顾到了非在校大学生的程序设计工作者的需求，可以作为你们工作或学习过程中的参考书。

4．作者的愿望

程序设计技术博大精深，涉及计算机科学、数学、工程以及社会文化等各个方面的知识和技术，而且仍处于快速发展变化之中，受篇幅、编著时间、读者定位、程序设计语言与环境以及作者水平等种种限制，这本书所涵盖的内容及所表达的思想可能会有所局限。因而，笔者传达给读者的信息是否正确或者是否得体，还要经过读者的检验，望广大读者批评指正。

姚普选
2015 年 9 月

目 录

第1章 程序设计基本知识

计算机的基本工作原理就是运行预先存放在计算机内部的程序来控制其自动工作，从而完成规定的任务。使用计算机求解实际问题的基本方式如下所述。

- 根据某种思想（算法）来编排求解问题的一系列操作步骤。
- 使用某种程序设计语言（如C#）将一整套操作步骤转写为计算机能够执行的程序。
- 将程序输入到计算机中，然后启动运行程序，得到所期望的结果。

这种将预定任务用程序表现出来的过程叫作程序设计。

C#是一种面向对象的程序设计语言。一个C#程序是由一系列语句构成的。这些语句分门别类地组织成一个一个的类，分别用于描述由客观事物或者逻辑概念抽象而得的实体、实体的行为以及实体之间的联系。

1.1 程序及程序设计语言

程序可看作为解决某种信息处理任务而预先编制的工作执行方案。每个程序都是使用某种程序设计语言编写出来的。程序设计语言种类繁多，其形式、应用范围、对计算机硬件和软件环境的适应性等各个方面都各有侧重，但大体上可归结为3种：机器语言、汇编语言和高级语言。其中高级语言中描述数据和操作步骤的方式接近于人们日常所用的数学表达式或者自然语言，具有使用方便、通用性强等多种优点。C#就是一种高级语言。

1.1.1 程序的一般结构

早期计算机中的程序是采用“机器语言”①编写的，一个程序中包含若干条计算机能够直接执行的机器指令，每条指令都规定了计算机应该执行的操作（加法、减法、数据传送、转移、停机等）以及执行时所需要的数据。例如，从存储器读一个数送到运算器就是一条指令，从存储器读出一个数并和运算器中原有的数相加也是一条指令。

在使用计算机求解实际问题时，设法将求解过程分解为一个个便于计算机执行的操作步骤，并将每个步骤都用一条或多条指令编写出来，构成解决指定问题的程序。再将已编好的程序送入计算机，以二进制代码形式存放在存储器中。一旦程序被“启动”，计算机便会按照程序中指定的

---

① 见1.1.2节。

逻辑顺序一条条地分析执行所有指令，从而一步步地完成给定的任务。

存储程序功能使得计算机变成一种自动运行的机器，将程序存入计算机并启动它，计算机就可以独立地工作，以电子速度一条条地执行指令。虽然每条指令所做的工作都很简单，但通过程序中一系列指令的连续执行甚至程序与程序之间的协同工作，计算机就能够完成极其繁重的任务。

电子计算机是人类设计制造的增强人类信息处理能力的工具，可看作人类头脑功能的延伸，自然具备人类处理问题的特点。在日常的生产和生活中，人类需要面对各种各样的问题，尽管问题的内容和形式多种多样，解决的方法也千差万别，但一般来说，其基本过程可大致归结为 3 步。

第 1 步，接受原始信息，通过眼耳等感知相关的原始信息，将其记忆在大脑的相应功能区，或者通过手口等记录在纸或录音、录像设备上。

第 2 步，分析处理信息，通过大脑并借助其他工具和手段对已获取的信息进行综合分析处理，主要包括以下几个方面。

- 综合分析相关信息，建立信息之间的总体联系，如数量关系、逻辑关系等，并将其记忆在大脑、纸或录音、录像设备上。
- 运用某些基本信息，主要是在解决问题之前已记忆在大脑中的经验、方法、技巧、知识等，对信息之间的总体联系进行数学推演或逻辑推理，得出中间结果和最终结果，并将其记忆在大脑、纸或录音、录像设备上。
- 根据原始信息、相关信息和基本信息，核验所得结果信息，特别是最终结果的可靠性、合理性和正确性，必要时，还可借助各种设备来进行。

第 3 步，表达出最终答案，经过核验确认是正确的最终结果将通过感官输出。例如，通过报表的形式向有关部门汇报，通过讲演的形式进行宣传，或通过书籍、电子文档等形式提供给公众。

上述人处理问题的基本方式可形象地表现出来，如图 1-1 所示。

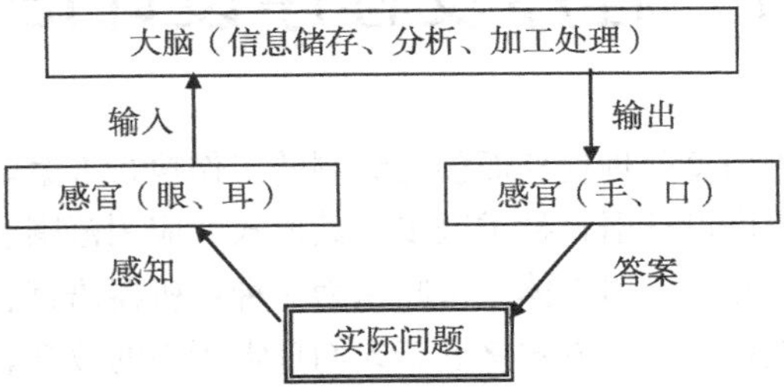

图 1-1　人解题的基本方式

程序的基本工作方式与人处理问题的方式十分相似。可将程序看作一个函数 $F()$，它接收原始数据集合 X，经过运算处理，产生结果数据集合 Y，即

$$Y = F(X)$$

例 1-1　根据下面的函数，由已知的 x 值计算 y 值。

$$y = \begin{cases} 2x+1 & (x \geqslant 0) \\ -x & (x < 0) \end{cases}$$

程序要完成的任务如下。

- 接受用户输入（使用键盘或其他设备）的 x 值。
- 根据该值所属范围，调用相应的数学式计算 y 值。
- 输出 y 值。

这个程序既可以用机器能够直接执行的“机器语言”来编写，也可以用 BASIC、C 或者 C#等各种高级语言来编写。这里给出用 C#语言编写的程序的主要内容。

```
class Program
{
    static void Main(string[] args)
    {  int x, y;
        x=Convert.ToInt16(Console.ReadLine());
        if (x >= 0)
            y = 2 * x + 1;
        else
            y = -x;
        Console.WriteLine("y={0}", y);
    }
}
```

注意　C#编译器区分字母的大小写，即将大写字母和相应的小写字母当作不同的字符。

这一段代码是名为 Program 的“类”的定义，由关键字“class”标识，其内容位于一对花括号“{”和“}”之间。其中包含一个名为“Main”，由一对花括号“{”和“}”定界的“方法”，方法中包含一些 C#语言的“语句”，可将这些语句划分为 3 部分：数据的输入部分、运算部分和运算结果的输出部分。

（1）数据的输入及其定义部分。

赋值语句

```
x=Convert.ToInt16(Console.ReadLine());
```

负责输入程序中要用到的原始数据。该语句的功能是：等待用户从标准输入设备（键盘）上输入一个数据，将其转换为整型数并赋值给变量 x。

C#语言规定：程序中要用到的所有变量都必须先定义，然后才能使用。故在这个赋值语句之前，先要用类型定义语句

```
int x, y;
```

定义变量 x 以及后面要用到的变量 y。

（2）运算部分。

以“if”开头的条件语句

```
if (x>=0)
    y=2*x+1;
else
    y=-x;
```

完成程序中的运算任务。该语句的功能是：判断 x 值的范围，如果 $x\geqslant 0$，则按 $y=2x+1$ 计算 y 值；如果 $x<0$，则按 $y=-x$ 计算 y 值。

在这个语句中，嵌入了两个赋值语句

```
y=2*x+1;
y=-x;
```

其功能都是：计算等号右边表达式的值，并将计算的结果赋予等号左边的变量。

（3）运算结果输出部分。

输出语句

```
Console.WriteLine("y={0}", y);
```

负责输出运算结果，即输出按照给定的分段函数和已知的 x 值计算得到的 y 值。语句的功能是：将 y 值按默认的格式输出到标准输出设备（显示器）上。

该程序在执行后，屏幕显示

```
自变量 x=?
```

以及输入提示符（一个闪烁的短画），等待用户输入。当用户输入一个数字（如 9）并按回车键后，屏幕显示运算结果，如：

```
19
```

程序再次运行后，在输入提示符后再输入另外一个数字并按回车键，屏幕还会显示相应的运算结果。

1.1.2 程序设计语言

程序描述了计算机处理数据、解决问题的过程，这是程序的本质。但程序对数据和问题的描述方式却是多种多样的。随着计算机技术的不断进步，程序设计语言的形式和种类也在不断地发展变化。按照程序设计语言发展的先后，大体上可将其分为 3 种：机器语言、汇编语言和高级语言。

1. 机器语言

能被计算机直接理解和执行的指令称为机器指令，它在形式上是由“0”和“1”构成的一串二进制代码，每种计算机都有自己的一套机器指令。机器指令的集合就是机器语言。

机器语言是计算机诞生和发展初期使用的语言，它和人们习惯使用的语言，如自然语言、数学语言等差别很大，直接使用机器语言来编写程序是一种十分复杂的手工劳动。例如，下面给出的一条机器指令的功能是：从指定的内存单元取出数据，装入指定的寄存器。

```
10001011 00000101 00000000 01111001 10001111 10101101
```

可以看出，这种机器指令难以理解，编写出来的程序不易修改，也无法从一种计算机环境移植到另一种环境中去，因此很难用来开发实用的程序。

2. 汇编语言

为了克服机器语言的缺点，人们采用了一些特定符号（称为助记符）来取代原机器指令中的二进制指令代码，如用 ADD 表示加法，用 SUB 表示减法等。同时又用变量取代各类地址，如用 A 取代地址码等。这样构成的计算机符号语言，称之为汇编语言。用汇编语言编写的程序称为汇编语言源程序。例如，汇编语言语句

```
MOV AX, DATA1
```

的功能与前面的机器指令相当，用于从 DATA1 变量所占用的内存单元中取出数据（称为 DATA1 变量的值），装入 AX 寄存器（CPU 或者运算器中暂存少量数据的器件）。

汇编语言程序必须经过翻译（称为汇编）变为机器语言程序，才能被计算机识别和执行。

汇编语言在一定程度上克服了机器语言难于辨认和记忆的缺点，但汇编语言程序的大部分语句还是和机器指令一一对应的，更接近于机器语言而不是人使用的自然语言，而且汇编语言都是针对特定的计算机而设计的，对机器的依赖性仍然很强。因而，对大多数用户来说，汇编语言仍然是不便理解和使用的。

只适用于某种特定类型的计算机的程序设计语言称为面向机器的语言，机器语言和汇编语言都是这种语言，这两类语言也称为“低级”语言。

3. 高级语言

为了克服低级语言的缺点，出现了“高级程序设计语言”，这是一种类似于“数学表达式”，

接近自然语言（如英文），又能为机器所接受的程序设计语言。高级语言具有学习容易、使用方便、通用性强、移植性好的特点，便于各类人员学习、掌握和应用。例如，使用 C#语言，按照给定的数学式 $y=5\times\sqrt{x+1}$ 编写的依据 x 值计算 y 值的语句为

```
y = 5 * Math.Sqrt(x + 1);
```

用高级语言编写的程序（称为源程序）不能直接在计算机上执行，必须经过相应的翻译程序翻译成机器指令表示的目标代码，然后才能在计算机中执行。

使用高级语言编写程序时，用户不必记忆计算机指令繁杂的格式和写法，不必考虑数据在存储器中的具体存放位置和顺序，可以在更高的层次上考虑解决问题的算法。因而，目前绝大部分程序设计任务都是通过高级语言来完成的。但机器语言和汇编语言并未因此而销声匿迹。在某些程序的关键部分，如操作系统的内核等，仍需要用汇编语言甚至机器指令来编写。而且，由汇编语言编写的程序的代码质量较高，这一点是高级语言程序无法比拟的。

4. 高级语言的种类

从 20 世纪 50 年代出现第一种高级语言 FORTRAN 起，多种多样的高级语言层出不穷。以下是几种出现较早或者影响较大的高级语言。

（1）FORTRAN 语言：是最早产生的高级语言，适合于处理公式和进行数值计算。它的产生和发展曾经极大地推动了计算机的普及和应用。

（2）ALGOL 语言：是紧随 FORTRAN 语言之后产生的高级语言，也是第一个清晰定义的语言，其语法是用严格公式化的方法说明的。ALGOL 语言并未被广泛地使用，但它是许多现代程序设计语言的概念基础。

（3）BASIC 语言：曾经被看作为易于学习和使用的语言，并用于一般的科技计算以及小型数据处理等许多方面。目前流行的 Visual Basic 就是由 BASIC 语言发展而来的。

（4）Pascal 语言：是系统地体现结构化程序设计①思想的高级语言。它在支持结构化程序设计和表达各种算法，尤其是非数值型算法上比其他语言都要规整和方便，曾经是书写算法、计算机软件教材、进行计算机教学的首选语言。Delphi（Object Pascal）语言就是由 Pascal 语言发展而来的。

（5）C 语言：是一种功能强、使用灵活的语言。C 语言编写的程序简洁、易修改而且运行效率高。C 语言既有高级语言的优点，又有汇编语言的某些特点，很适合于开发系统软件或者应用软件。很多著名的软件（如 UNIX）都是 C 语言编写的。C 语言本身也在不断改进，C++、Java 和 C#语言都可以在某种程度上看作为 C 语言的提高版。

5. 高级语言的执行方式

在计算机上执行高级语言编写的程序有两种基本方式：编译方式和解释方式。

编译方式是将高级语言源程序送入计算机后，调用编译程序（事先设计的专用于翻译的程序）将其整个地翻译成机器指令表示的目标程序，然后执行目标程序，得到计算结果，如图 1-2 所示。

在编译过程中，编译器首先检查源程序是否符合语言的形式规定，称为“语法检查”，只有语法正确的程序才能进行后续的加工变换，并生成对应的目标代码。Pascal 语言、C 语言都是编译型的语言。

解释方式是在高级语言源程序输入计算机后，启动解释程序，翻译一句执行一句，直到程序

① 为提高程序质量（可靠性）而采用的较为规范的程序设计方法。

执行完为止，如图 1-3 所示。BASIC 语言是解释型的语言。

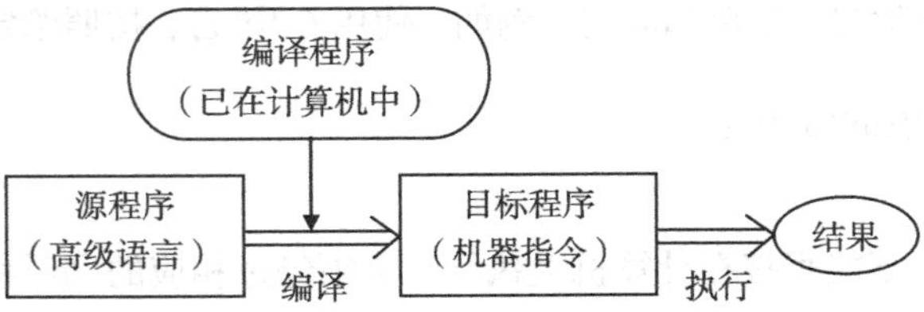

图 1-2　高级语言的编译方式

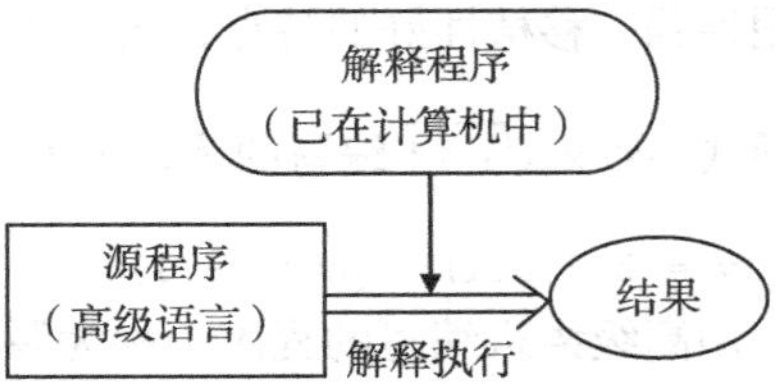

图 1-3　高级语言的编译方式

6. 程序设计语言现状

随着计算机应用的日益普及，程序设计（软件开发）技术也不断进步，各种程序设计语言（软件开发工具）层出不穷。今天，许多程序设计语言已经和传统意义上的语言有很大的不同了。它们不但功能强大，而且程序或者软件的形式以及程序设计或者软件开发的方式等都有极大的改进。例如，目前流行的 RAD（Rapid Application Development，快速应用开发工具）、如 VB（Visual Basic）、Power Builder、Delphi、Visual C#等，普遍采用可视化编程技术，用户只需依据屏幕的提示回答一连串问题，或在屏幕上执行一连串选择操作之后，编写少量代码甚至不必编写代码就可以自动形成程序。

注意　软件是程序以及相关文档（使用、维护等文字材料）的统称。软件开发是一个从软件需求分析到软件设计再到程序设计、测试，最终实现实际需求的完整过程。也就是说，程序设计是软件开发中的一环，而且往往是最重要的一环。

1.1.3　C#语言与.NET 框架

C#是微软公司发布的一种面向对象的、运行于.NET 框架之上的高级程序设计语言。而 Microsoft Visual Studio 是微软推出的集成开发环境，可用于创建在.NET 框架上运行的基于包括 C#在内的多种语言（C++、Visual Basic 等）的应用程序。

1. C#语言的起源

今天，计算机技术已在很大程度上融入了无所不在的信息网络、千变万化的应用环境乃至普罗大众的日常生活之中。各种生产设备（如数控机床）、仪器仪表以及消费类电子（如移动电话）等都需要相应的程序（软件）来运转。千变万化的应用环境催生出了五花八门的程序设计工具，也产生了多种多样新的问题和新的需求。例如，如何将基于不同的程序设计语言的软件组件集成在一起？如何在特定的系统或者环境中安装软件？如何解决新软件与旧软件或者软件的新版本与旧版本的共享组件的兼容性问题？如何开发出使用各种不同设备（桌面计算机、移动数字设备等）的用户都能够访问的软件系统？如何开发出基于 Web 的软件，以便用户通过 Internet 访问和使用？

为了满足这些需求，微软公司在 2000 年之际推出了基于.NET 平台的 C#程序设计语言，C#语言是在 C++语言和 Java 语言的基础上形成的，采后二者之所长并增加了自己新的特性。它简化了 C++语言在类、命名空间、方法重载和异常处理等方面的操作，像 VB 一样使用组件编程，因而容易使用且较少出错。

2. .NET 框架及 C#语言的运行

微软常被看作为一个平台厂商。也就是说，由微软搭建技术平台，再由技术人员在此平台上创建应用系统。实际上，.NET 就是微软搭建的技术平台。一个.NET 应用就是一个运行于.NET 框架之上的应用程序。

.NET 框架是微软公司开发的一个多语言组件开发和执行的统一环境。构建.NET 框架的目的是便于开发人员更方便地建立 Web 应用和 Web 服务，使得 Internet 上的各种应用程序之间可以通过 Web 服务进行沟通。从层次结构上看，.NET 框架主要包括 3 个组成部分。

- CLR(Common Language Runtime，公共语言运行时)：提供一个运行时环境，其功能通过编译器与另一些工具共同实现，用于管理代码的执行并简化开发过程。
- 一套功能完善的基础类库：包括集合、输入/输出、字符串和数据类等。
- 集成了多种程序设计语言（C#、VB.Net、C++.Net、J#）以及 ASP.NET（创建动态 Web 页工具）、ADO.NET（数据访问接口）的一系列便于使用的可视化组件。

.NET 框架中运行的 C#源程序先要由 C#编译器处理成中间代码 MSIL(Microsoft Intermediate Language，微软中间语言)。这种中间语言代码并非 CPU 可执行的机器码，需要在 CLR 提供的运行时环境中运行。CLR 中的 JIT（Just In Time，即时编译器）将 MSIL 翻译成可执行的机器代码，交由 CPU 执行，如图 1-4 所示。

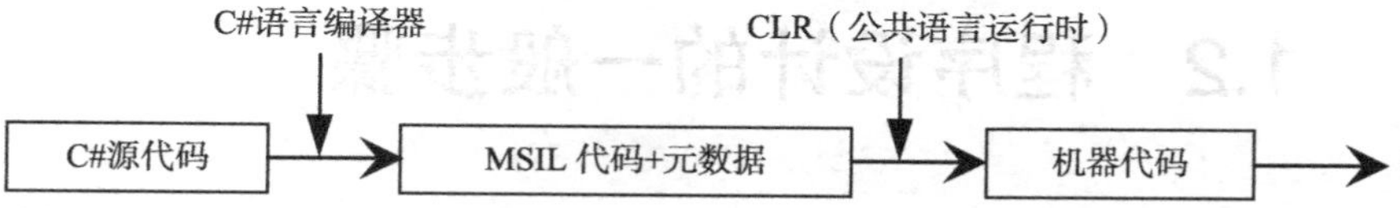

图 1-4　C#程序的编译方式

可以看出，.NET 应用实际上是使用.NET 框架中的类库来编写并运行于 CLR 之上的应用程序。

注意　如果一个应用程序跟.NET 框架无关，它就不能叫作.NET 程序。例如，仅仅使用了 XML 并不就是.NET 应用，仅仅使用 SOAP SDK 调用一个 Web Service 也不是.NET 应用。

3. C#语言的特点

C#语言的 CLR 与 JAVA 语言的虚拟机类似。这种执行方法使得程序的运行速度变慢，但却带来了一些好处，主要有以下几点。

（1）满足 CLS（Common Language Specification，通用语言规范)：.NET 系统支持多种语言：C#、C++、VB 和 J#，这些语言都遵守通用语言规范，其源程序都可以编译成同一种中间语言 MSIL 代码并由 CLR 负责执行。这种处理方式称为“托管方式”，这样的代码称为“托管代码”。

注意　只要其他操作系统上配制了相应的 CLR，同样可以运行 MSIL 代码。

（2）自动内存管理：CLR 内建了垃圾收集器，当变量实例的生命周期结束时，它负责收回不再使用的实例所占用的内存空间。不必像 C 和 C++语言那样，用语句建立的实例所占用的内存空间就必须用语句来释放。

（3）交叉语言处理：既然任何一种遵守通用语言规范的语言所编写的源程序都可以编译成相同的中间语言代码 MSIL，那么，不同语言设计的组件就可以互相通用，例如，可以从 VB 定义的类派生出 C#语言中的新类。由于 MSIL 代码由 CLR 负责执行，因此异常处理方法是一致的，这在调试一种语言调用另一种语言的子程序时，显得特别方便。

（4）安全性增强：C#语言不支持指针，一切对内存的访问都必须通过对象的引用变量来实现，只允许访问内存中允许访问的部分，可以防止病毒程序使用非法指针访问私有成员。也避免指针误操作产生的错误。CLR 执行 MSIL 代码前，要对其安全性、完整性进行验证，防止病毒对这种中间语言代码的修改。

（5）版本控制：一个系统中的组件或动态链接库往往需要升级，但可能会因需要在注册表中注册而出现问题。例如，在安装新程序时，新组件替换了旧组件，某些必须使用旧组件的程序就不能运行了。而在.NET 中，类似的组件或动态链接库不必在注册表中注册，每个程序都可以使用自带的组件或动态链接库，只要把它们放在运行程序所在文件夹的子文件夹 bin 中，运行程序就可以自动使用了。由于不必在注册表中注册，软件的安装也变得容易了，一般地，将运行程序及库文件拷贝到指定文件夹中就可以了。

（6）完全面向对象：C#语言是完全面向对象的，不像 C++语言那样，既支持面向过程程序设计，又支持面向对象程序设计。C#中不再需要全局函数和全局变量，所有的函数、变量和常量都必须定义在类中，避免了命名冲突。

1.2 程序设计的一般步骤

在 Visual Studio 集成开发环境中，可以创建 C#、VB、C++等多种不同语言的程序。创建 C#应用程序时，也可以在几种不同类型的“项目”中作出选择，如下所述。

- 控制台应用程序：不涉及 Windows 系统的组成元素，因而结构较为简单。在初学 C#程序设计时使用这种类型的程序可以简化问题的讨论。
- Windows 窗体应用程序：通过窗体上的各种 GUI 元素（窗体、文本框、按钮等）形成与用户交流的界面。
- WPF（Windows Presentation Foundation，Windows 呈现基础）应用程序：基于 WPF（微软推出的一种新的图形化界面编程的库）的窗体程序。
- 类库：编译后生成.dll（动态链接库）文件，此后便可在程序中引用了。
- Windows 窗体控件库：用于创建用户的控件。

> 注意
>
> 一个.NET 环境中的 C#程序称为一个“项目”。一个项目中包含应用程序的所有原始资料：源代码文件、资源文件（如图标、对程序依赖的外部文件的引用）以及配置数据（如编译器设置）。生成项目时，Visual C# 调用 C# 编译器和其他内部工具，以使用项目中的文件创建可执行程序集。

本书只使用前两种项目。

1.2.1 Visual C#开发环境

Visual C#（以下简称 VC#）是基于 Windows 平台的集成开发环境，广泛应用于各种应用程序设计，从底层软件直到上层直接面向用户的软件，适用于各种特殊的、复杂的和综合性的软件项目的开发。实际上，Visual C#与 Visual Basic、Visual C++等共同使用同一个称为 Microsoft Visual Studio 的集成开发环境（IDE），能够进行工具共享，甚至轻松地创建混合语言解决方案。

VC#为用户提供了可视化的集成开发环境，其中包括所有设计、调试、配置应用程序所用到的工具。通过这些工具，可以很容易地创建程序中的代码和可视化部分，及时地观察界面设计过程中的任何变化，并利用调试功能来查错和纠错，从而快速地设计出符合要求和使用户满意的应用程序。

VC#的用户界面如图 1-5 所示。这是创建了一个 C#的“Windows 窗体应用程序”之后显示出来的 VC# 2013 窗口。可以看到，该窗口由标题栏（顶部）、菜单栏（标题栏下面）、工具栏（菜单栏下面）、窗体设计窗口（名为 Form1.cs[设计]）、代码编辑窗口（名为 Form1.cs，未显示出来，可单击页标签切换）、输出窗口（左下部）、解决方案资源管理器窗口以及其他多个窗口，如类视图窗口、属性窗口等。

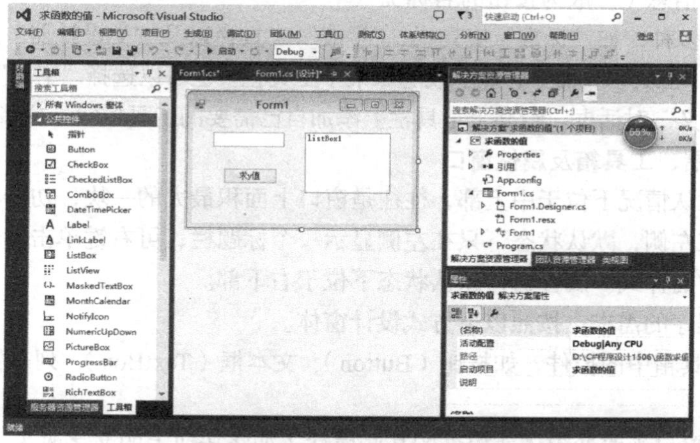

图 1-5　VC#窗口

1．标题栏

标题栏上显示了当前正在编辑的项目名和正在打开的文件名。当 VC#处于不同状态时，标题栏上会显示不同的信息。在标题栏右侧有最小化、最大化和关闭 3 个按钮。需要注意的是，这里的关闭按钮用于控制整个 Visual C#环境的关闭。

2．菜单栏

菜单栏由“文件”“编辑”“视图”“项目”“生成”“调试”等多个菜单组成，每个菜单又由多个菜单项组成。这些菜单项可按其使用方式分为 4 类：普通命令、带有快捷键的命令、可弹出对话框的命令和带有级联菜单的命令。

（1）普通命令：使用这些命令时，直接单击菜单项，或在按住 Alt 键的同时，敲一下菜单项上以下划线标出的字母（称为热键）即可。例如，使用“关闭”命令的方法是：单击“文件”菜单名，打开“文件”菜单，然后单击“关闭”项。或按热键 Alt+F，打开“文件”菜单，然后按热键 Alt+C，执行“关闭”命令。

（2）带有快捷键的命令：有些菜单项设置了相应的快捷键，直接按快捷键即可执行相应的命令。例如，“编辑”菜单中的“复制”项的快捷键是 Ctrl+C，直接按这个快捷键（按住 Ctrl 不放，再敲一下字母键 C）就可以执行“复制”命令。又如，如果一个应用程序已经编译通过，则可按快捷键 Ctrl+F5 运行这个程序。

（3）可弹出对话框的命令：这类命令都带有 3 个小圆点的省略号，单击即可弹出相应的对话框。例如，选择“工具”菜单的“选项”命令，会弹出名为“选项”对话框，可在其中对集成开发环境的外观、性能等进行设置。

（4）带有级联菜单的命令：这些命令项带有一个向右的小三角，选择一个命令就会打开一个级联菜单，其中包括相关的一些命令。例如，选择“文件”菜单的“新建”命令，在打开的级联菜单中包括了“项目”“网站”和“文件”等几条命令。选择其中的“项目”命令（可弹出对话框），就会弹出一个名为“新建项目”的对话框，可在其中设置“项目类型”“名称”与“保存位置”等。

有些菜单项的名称还会根据集成开发环境的状态而改变，例如，“生成”菜单中的“生成”命令项中包含了应用程序的名称，这个名称就是根据当前正在编辑的应用程序而变化的。

3. 工具栏

工具栏位于菜单栏下方，由一些常用菜单命令的加速按钮组成。将鼠标箭头移到某个按钮上，就会弹出一条提示信息（一般为按钮的名称）。

工具栏分为许多种，如“标准”工具栏、“生成”工具栏以及“类设计器”工具栏等。可以选择“视图”菜单的“工具栏”命令，显示或隐藏某个工具栏。也可以选择“工具”菜单的“自定义”命令，弹出“自定义”对话框，给某个工具栏上添加自己需要的工具按钮，或者删除某个按钮。

4. 窗体设计器、工具箱及属性窗口

窗体设计器默认情况下位于中上部，往往是窗口上面积最大的一块，初始状态时，包含一个空窗体。工具箱在左侧，默认状态下只在左侧显示一个标题栏，可右键单击并选择“停靠”菜单项，使其成为图中的样式。属性窗口默认状态下位于右下部。

用户可依据程序的需求，按照以下方式设计窗体。

- 将左侧工具箱中的控件，如按钮（Button）、文本框（TextBox）、列表框（ListBox）等拖放到窗体上。
- 通过属性窗口来改变窗体或控件的某些属性（如将按钮上的文字改为“求 y 值”）。
- 通过属性窗口的事件页来创建事件（如按钮单击事件）处理方法。这时，代码编辑器中会自动产生相应的事件处理方法的框架（头语句及一对花括号），框架中填写的程序源代码就与相应事件关联起来了。

程序运行后，这个窗体就成为程序与用户交互操作的“窗口”，也就是该程序的图形用户界面。例如，用户可在文本框输入数据，程序可在列表框中输出计算结果。

5. 代码编辑器

代码编辑器实际上是一个文本编辑器，默认情况下位于中上部（可单击页标签，从窗口设计器切换过来），如图 1-6 所示。大多数情况下，这个窗口用于输入、显示和编辑与某种语言相关联的源代码（如 C#代码），故称为代码编辑器。但有时也可能编辑不关联语言的其他文本。

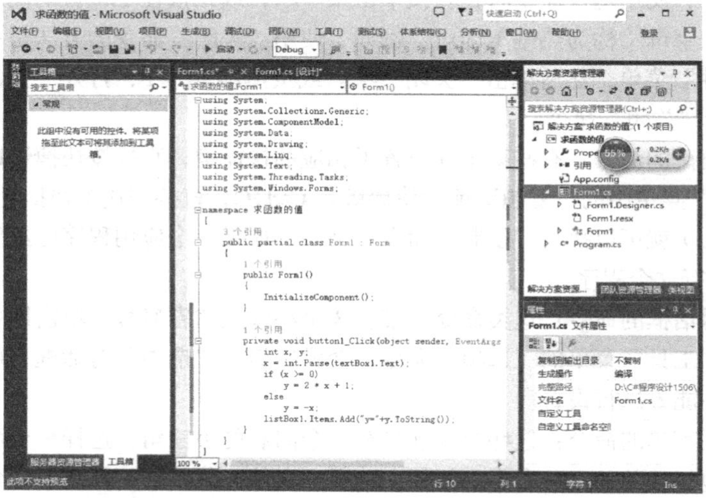
求函数的值 - Microsoft Visual Studio
using System;
using System.Collections.Generic;
using System.ComponentModel;
using System.Data;
using System.Drawing;
using System.Linq;
using System.Text;
using System.Threading.Tasks;
using System.Windows.Forms;
namespace 求函数的值
public partial class Form1 : Form
public Form1()
InitializeComponent();
private void button1_Click(object sender, EventArgs
int x, y;
x = int.Parse(textBox1.Text);
if (x >= 0)
y = 2 * x + 1;
else
y = -x;
listBox1.Items.Add("y="+y.ToString());
解决方案资源管理器
App.config
Form1.cs
Form1.Designer.cs
Form1.resx
Program.cs
Form1.cs 文件属性

图 1-6　打开了代码编辑器的 VC#窗口

可以打开多个代码编辑器（相当于同时打开了多个文件），在不同的窗体或模块中查看代码，或在它们之间复制和粘贴代码。默认情况下，打开了的所有代码编辑器占据同样的位置，单击某个页标签（显示相应文件名）或者选择右侧“解决方案资源管理器”中的相应项，即可切换到相应的代码编辑器。

6. 解决方案资源管理器

为了高效地管理在创建应用程序时所需的各种事项，如引用、数据连接、文件夹和文件等，VC#提供了两种容器：解决方案和项目。可以使用解决方案资源管理器来查看和管理这些容器及其关联事项。

通过“视图”菜单的“解决方案资源管理器”命令，可以打开或者关闭解决方案资源管理器。它提供项目及其文件的有组织的视图，并且提供对项目和文件相关命令的便捷访问，可用于在解决方案或项目中查看必要的事项并执行管理任务。

单个解决方案及其项目以分层显示的方式出现，这种显示方式提供关于解决方案、项目和项的状态的更新信息，可用于同时处理几个项目。解决方案容器还可以包含多个项目，而项目容器通常包含多个相关的事项。利用这些容器可以进行以下工作。

- 作为一个整体，管理解决方案的设置，或管理单个项目的设置。
- 使用解决方案资源管理器处理文件管理的细节，以便将精力集中于那些组成开发工作的事项上。
- 添加对解决方案中多个项目有用或对该解决方案有用的事项，而不必在每个项目中引用这个事项。
- 处理与解决方案或项目无关的杂项文件。

1.2.2　创建控制台应用程序

应用程序可按其与用户的交互方式分为两种：字符方式的应用程序和图形用户界面的应用程序。在 VC#开发环境中，“控制台应用程序”就是字符方式的程序，这种程序在控制台窗口上以命令行方式输出和读取信息，并与用户进行交互式操作。控制台应用程序被编译成可执行（扩展名为.exe）文件，可以作为独立的应用程序以命令行方式运行。而“Windows 窗体应用程序”是一种图形用户界面的程序，这种程序通过用户自定义的窗口以及窗口上摆放的各种控件（按钮、文本框、列表框以及菜单、工具栏、对话框等）来输出和读取信息，并与用户进行交互式操作。

例 1-2　输入圆的半径，求解并输出圆的周长和面积。

本例中，将首先在 VC#环境中生成一个“控制台应用程序”，然后输入 C#程序的内容，再编译并运行该程序。

注意　控制台应用程序在运行时不需要图形用户界面。控制台应用程序不能由集成开发环境自动产生，用户必须自己输入程序的内容。

1. 启动 VC#环境

选择菜单项：“开始”→“所有程序”→“Visual Studio 2013”→“Visual Studio 2013”，打开 Microsoft Visual Studio 窗口。

2. 创建 VC#控制台项目

选择菜单选项：“文件”→“新建”→“项目”，或单击窗口上的“新建项目”按钮，弹出图

1-7 所示的“新建项目”对话框，然后在该对话框中进行以下设置。

- 选择该对话框左栏的“模板”项中的“Visual C#”项。
- 选择中间栏中的“控制台应用程序”。
- 在“位置”下拉列表框中输入或选择（单击“浏览”按钮，并在打开的对话框中查找）一个文件夹，作为保存应用程序的位置。
- 在“名称”文本框中键入“求圆的周长和面积”作为应用程序的名称。
- 必要时，在“解决方案”下拉列表框的“创建解决方案”、“添加到解决方案”或者“在新实例中创建”中作出选择（前者为默认值）。
- 必要时，在“解决方案名称”文本框中输入一个字符串作为解决方案的名称。

> **注意** VC#提供了各种应用程序(控制台应用程序、Windows 窗体应用程序、类库等)模板。通过使用这些模板来创建应用程序，将会大大简化设计用户界面的工作。

图 1-7　新建项目对话框

单击“确定”按钮后，VC#自动创建名为“求圆的周长和面积”的控制台应用程序，并立即在代码编辑器窗口中添加“求圆的周长和面积.Program”页，如图 1-8 所示。

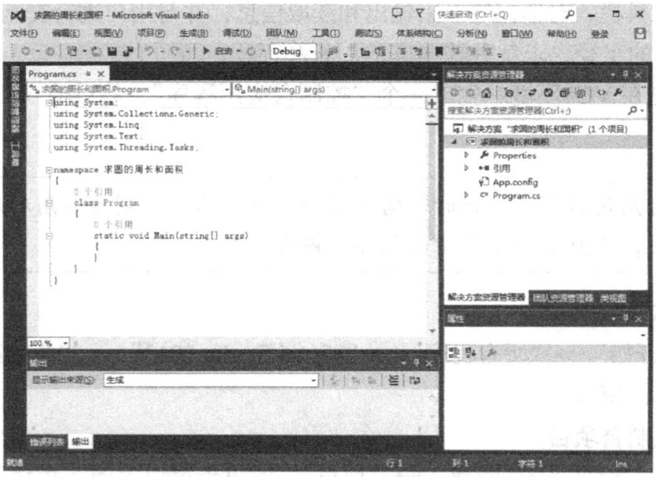

图 1-8　创建了控制台应用程序后的 VC#窗口

这个代码编辑器中已经自动产生了一些代码，包括以下几部分。

- 命名空间的引用：使用 using 关键字指定所引用的命名空间。本例中引用了 System 命名空间及其下属的几个子命名空间。
- 命名空间的定义：使用 namespace 关键字定义命名空间，本例中定义了名为“求圆的周长和面积”的命名空间。
- 某个命名空间中的类的定义：使用 class 关键字定义类，本例在“求圆的周长和面积”命名空间中定义了名为“Program”的类。
- 某个类中的方法的定义：本例在 Program 类中定义了名为 Main 的方法。这个 Main 方法是执行 C#程序时的起点。

3. 键入和编辑 C#源程序

本例所编写的程序比较简单，所有执行具体操作的 C#源代码都将要添加到这个 Main 方法中。键入和编辑完成后 Main 方法的内容如下。

```
static void Main(string[] args)
{   //计算圆的周长和面积
    const double PI = 3.14159265;
    Console.Write("半径=? ");
    double r=double.Parse(Console.ReadLine()); //输入半径
    if(r>=0) //当半径不为负数时计算周长和面积
    {   double length = 2 * PI * r;
        double area = PI * r * r;
        Console.WriteLine("半径为{0}的圆的周长={1}", r, length);
        Console.WriteLine("半径为{0}的圆的面积={1}", r, area);
    }else
        Console.WriteLine("圆的半径不能为负数! ");
}
```

其中 C#代码由以下几部分组成。

（1）注释：一行中由双斜杠“//”引出的内容是为了方便阅读程序而加上去的，不影响程序的执行，可以去掉。

（2）常量 PI 的定义：const、double 和 3.14 分别表示 PI 是常量，属于双精度型数据类型，其值为 3.14159265。

（3）输出一个字符串“半径=？”：程序运行后，这个字符串将会显示出来且后面跟一个闪烁的光标，提示用户在此输入圆的半径。这里的 Console 是 System 命名空间中预先定义的一个类，Write 是这个类中的一个方法，Console.Write()调用这个方法。

（4）定义变量 r，并从键盘上输入 r 值。

- double 表示 r 是一个双精度型变量。
- ReadLine 是这个类中的一个方法，Console.ReadLine()调用这个方法来接收用户键入的一个字符串，double.Parse 调用 double 类的 Parse 方法来将用户键入的数字型字符串转换成双精度数。
- 符号“=”称为赋值号，用于将右边表达式求值的结果赋给左边的变量。

（5）计算圆的周长和面积。条件语句

```
if(r>=0)
    …
else
    …
```

的功能为：当括号中的条件 r>=0 成立时，执行 if 块（if 之后，else 之前）中的语句，计算并输出圆的周长和面积；否则执行 else 块（else 之后）中的语句，输出出错后的提示信息。这里 Console.WriteLine 调用 Console 的 WriteLine 方法，输出由括号中第一个参数

```
"半径为{0}的圆的周长={1}"
```

所定义的字符串，该字符串中{0}处输出变量 r 的值，{1}处输出变量 length 的值。

4. 编译和运行 C#程序

在输入和编辑完成之后，可以编译并运行程序。本例中的操作步骤如下。

（1）选择“生成”菜单的“生成 求圆的周长和面积”命令，则当程序没有错误时，就会编译通过，并在输出窗口中显示“半径=？”，输入一个数字作为半径的值并按回车键，就会显示计算得到的周长和面积的值，如图 1-9（a）所示。

（2）选择“调试”菜单的“开始执行（不调试）”命令，或按组合键 Ctrl+F5，也会弹出运行程序的窗口，假定输入–1 作为半径的值，则会显示图 1-9（b）所示的内容。

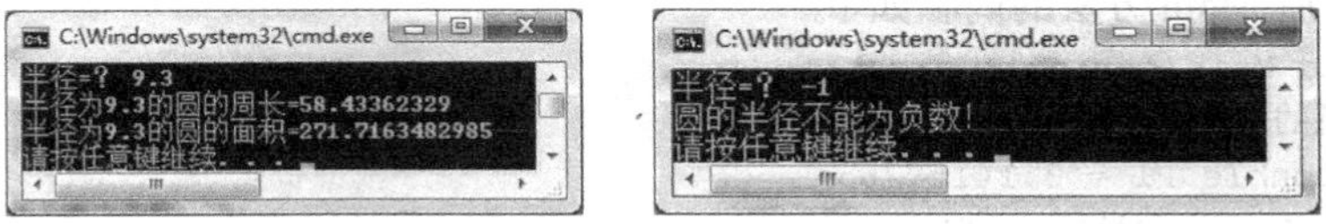

（a）　　　　　　（b）

图 1-9　控制台应用程序的运行窗口

关闭了该窗口之后，程序的运行就结束了。

在输入、编辑和调试程序的过程中，应注意保存程序。选择“文件”菜单的“全部保存”命令，或单击工具栏上的“全部保存”按钮，即可保存正在编辑的项目的全部内容。

1.2.3　创建 Windows 窗体应用程序

C#既是面向对象的，又提供了用于图形用户界面设计的预建组件类库。VC#还是一种事件驱动的可视化编程语言。它通过功能齐全的代码编辑器、项目模板、设计器、代码向导、功能完善且易于使用的调试器以及其他工具，实现了 C#应用程序的快速开发。同时，应用程序还可以通过.NET 框架的类库来访问多种操作系统服务以及很多精心设计的类，从而加快软件开发的周期。

例 1-3　计算应付货款：输入单价和数量（件数），按 10 件以下原价、10 件以上九折计算应付货款金额。

本例中，将首先在 VC#环境中生成一个“Windows 窗体应用程序”，然后在窗体上摆放用于输入/输出和发出计算命令的控件并编写计算货款的 C#代码作为某个事件处理方法的内容，最后运行程序。

1. 启动 VC#环境

选择菜单项：“开始”→“所有程序”→“Visual Studio 2013”→“Visual Studio 2013”，打开 Microsoft Visual Studio 窗口。

2. 创建 VC#控制台项目

选择菜单选项：“文件”→“新建”→“项目”，或单击窗口上的“新建项目”按钮，弹出图 1-10 所示的“新建项目”对话框。然后在该对话框中进行以下设置。

- 选择该对话框左栏的“模板”项中的“Visual C#”项。
- 选择中间栏中的“Windows 窗体应用程序”。

- 在“位置”下拉列表框中输入或选择（单击“浏览”按钮，并在打开的对话框中查找）一个文件夹，作为保存应用程序的位置。
- 在“名称”文本框中键入“求应付货款”作为应用程序的名称。
- 必要时，在“解决方案名称”文本框中输入一个字符串作为解决方案的名称。

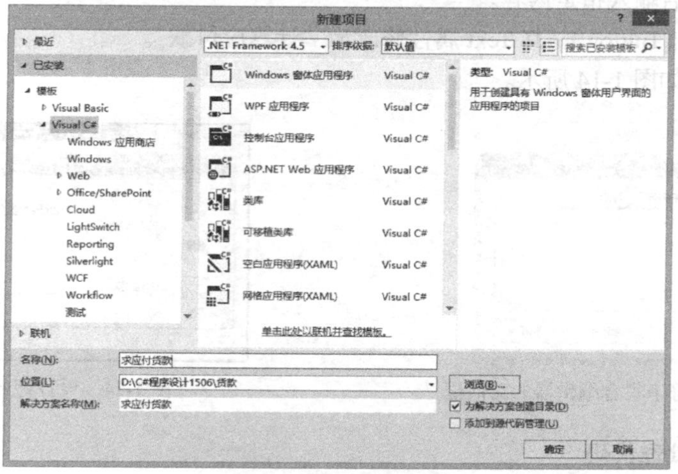

图 1-10　新建项目对话框

单击“确定”按钮后，VC#自动创建名为“求应付货款”的控制台应用程序，并立即在窗体设计器区域添加一个“Form1.cs[设计]”页，如图 1-11 所示。

这个窗体设计器中有一个空的窗体，可以在图 1-12 所示的属性窗口中查看或者修改它的属性（相应单元格中输入或选择）。例如，可以看到，VC#为该窗体自动命名的 Name 属性（窗体的名称）的值为 Form1。AutoSize 属性（窗体是否自动调整大小）的值为 False。如果使用右侧的滚动条，还可以看到 Text 属性（标题栏上显示的内容）的值也是 Form1。

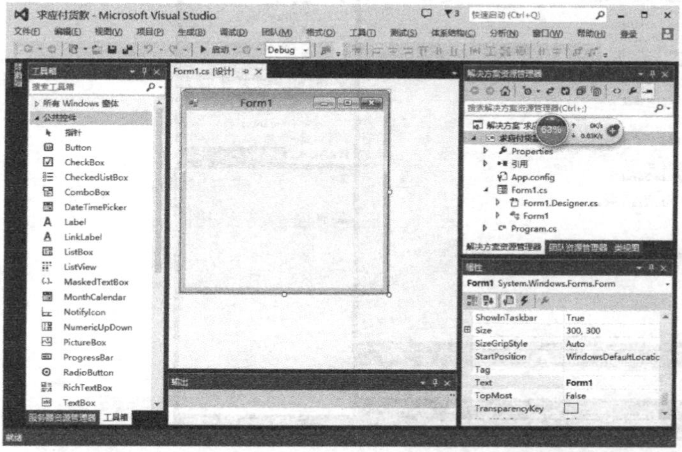

图 1-11　创建了 Windows 窗体应用程序后的 VC#窗口

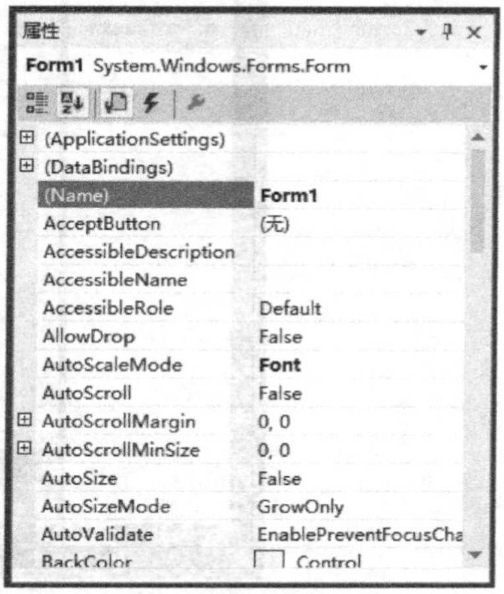

图 1-12　属性窗口

3. 设计窗体

本例中，窗体上摆放以下控件并修改控件的某些属性。

（1）将 Form1 窗体的 Text 属性改为“按输入的单价和数量计算货款”。

（2）两个标签（Label），其 Text 属性分别修改为“单价”和“数量”。

（3）两个文本框（TextBox），其 Name 属性分别修改为 Price 和 Number。

（4）一个列表框（ListBox），其 Name 属性修改为 Money,Items 属性（多行文本）中添加一个字符串“应付货款金额:”。方法是：单击相应格中的⋯符号，打开图 1-13 所示的“字符串集合编辑器”对话框，然后输入指定内容。

（5）一个按钮（Button），其 Text 属性修改为“计算应付款”。

设计好的窗体如图 1-14 所示。

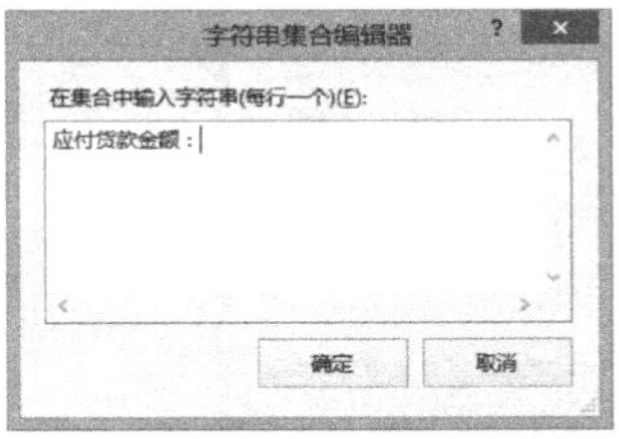

图 1-13　字符串集合编辑器的对话框

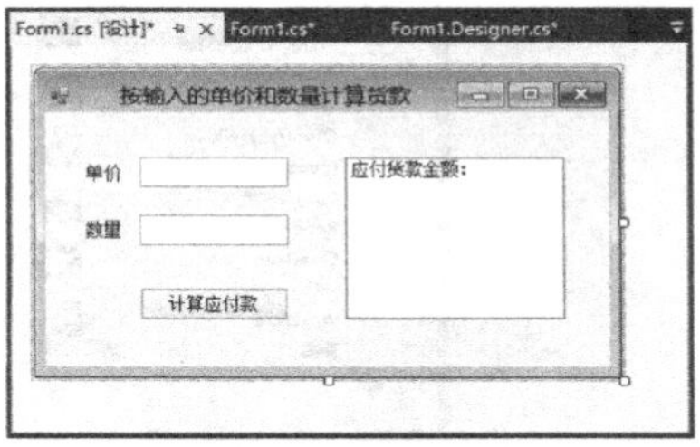

图 1-14　设计好的窗体

4. 编写事件处理代码

本例中，按以下步骤编写按钮 Button1 的单击方法。

（1）在属性窗口中，单击工具栏上的“事件”按钮切换到事件页，然后在 Click 项右边的单元格中选择性输入“button1_Click”字符串，C#就会自动在代码编辑器中添加名为 button1_Click 的事件处理方法的框架（头语句及一对花括号），如图 1-15 所示。

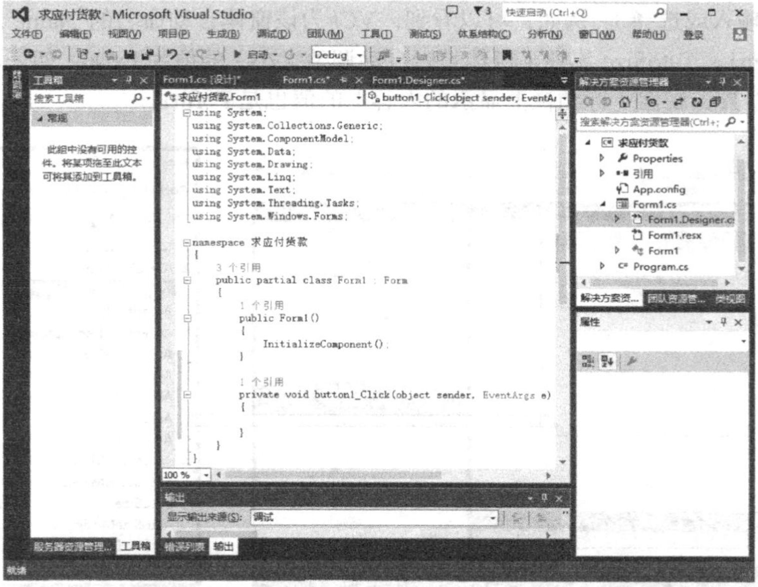

图 1-15　添加了按钮单击事件方法框架的代码编辑器

（2）在 button1_Click 事件处理方法中添加代码。

本例中，添加代码之后的事件处理方法如下。

```
private void button1_Click(object sender, EventArgs e)
```

```
{   decimal p = Convert.ToDecimal(Price.Text);
    int n = Convert.ToInt16(Number.Text);
    decimal m = n * p;
    if (n >= 10)
       m *= 0.9m;
    Money.Items.Add("人民币"+decimal.Round(m,2).ToString()+"元！");
}
```

这些代码分别执行以下操作。

- 将用户在 Price 文本框中输入的数字型字符串转换为 decimal(小数)型数并赋值给 decimal 型变量 p。
- 整型变量 n 和 decimal 型变量 p 相乘并赋值给 decimal 型变量 m。
- 当整型变量 n 的值大于等于 10 时，decimal 型变量 m 的值乘以 0.9。其中 if 语句中的内嵌语句“m *= 0.9m;”也可以写成“m = m * 0.9m;”。因为 m 变量属于比 double 型范围小但精度高的 decimal 型，故当计算 m * 0.9 时，要在 0.9 之后用 m 标记它，显式地将双精度型转换成小数型。
- 在 Money 列表框中输出计算得到的货款。语句中的 Money.Items.Add()意为：调用 Money 列表框的 Items 属性的 Add 方法，在多行文本中追加一行。括号中使用运算符“+”将 3 个字符串连接在一起。在 decimal.Round(m,2).ToString()中，先使用 decimal.Round(m,2)方法将 m 变量转换为含两位小数的小数型变量，再使用 ToString()方法将小数型变量转换成字符串。

5. 运行程序

设计好窗体并编写了相应的事件处理代码之后，就可以单击工具栏上的▶“启动”按钮或者选择“调试”菜单的“启动调试”命令来运行程序了。

本例中程序运行后，显示图 1-16 所示的窗口。分别在两个文本框中输入单价和数量，然后单击“计算应付款”按钮，便会在右侧的列表框中添加一行，显示计算结果。

关闭了该窗口之后，程序的运行就结束了。

在输入、编辑和调试程序的过程中，应注意保存程序。选择“文件”菜单的“全部保存”命令，或单击工具栏上的“全部保存”按钮，即可保存正在编辑的项目的全部内容。

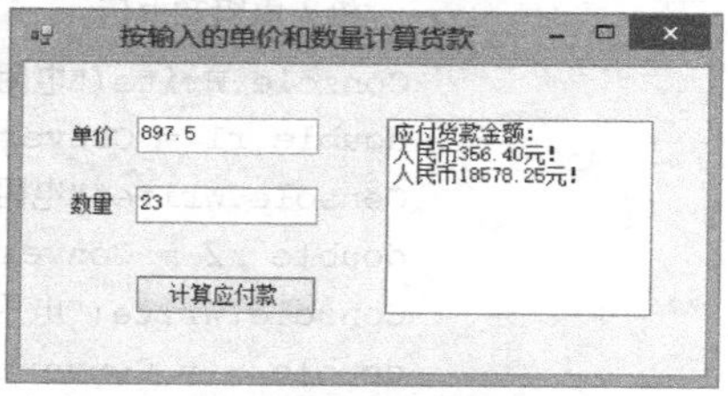

图 1-16　控制台应用程序的运行窗口

1.3 程序解析

本章中解析的 3 个程序的功能分别为：求解数学表达式的值、求解线性方程组以及通过自定义函数的定义和调用来作出合理的判断。阅读和理解这 3 个程序有助于读者理解 C#程序的一般结构，学会编写最常用的具有赋值、输入和输出等功能的 C#程序。

程序 1-1　计算并联电阻

本程序所完成的任务是：根据物理学中的公式，计算包含了多个并联电阻的电路中的电阻值和电流值。

1. 编程序所依据的算法

本程序按顺序执行以下操作。

（1）输入电阻 r_1 和 r_2；

（2）求电阻 r_1 和 r_2 的并联电阻：$r = \dfrac{r_1 r_2}{r_1 + r_2}$。

（3）如果两端电压为 u，求总电流和经过每个电阻的电流。

（4）输出总电阻和电流。

提示：程序中变量 r_1 和 r_2 分别写成 $r1$ 和 $r2$。求并联电阻的公式写成：

r=(r1*r2)/(r1+r2)

2. 程序源代码

本程序运行通过后，文件 Program.cs 文件中的内容如下。

```
//程序 1-1_计算并联电阻
using System;
using System.Collections.Generic;
using System.Linq;
using System.Text;
using System.Threading.Tasks;

namespace 计算并联电阻
{
    class Program
    {
        static void Main(string[] args)
        {   //输入电阻和电压
            Console.Write("电阻 r1=? ");
            double r1 = Convert.ToDouble(Console.ReadLine());
            Console.Write("电阻 r2=? ");
            double r2 = Convert.ToDouble(Console.ReadLine());
            Console.Write("电压 u=? ");
            double u = Convert.ToDouble(Console.ReadLine());
            //计算电阻和电流
            double r = (r1 * r2) / (r1 + r2); //计算总（并联）电阻
            double i = u / r;    //计算总电流
            double i1 = u / r1; //计算经过电阻 r1 的电流
            double i2 = u / r2; //计算经过电阻 r2 的电流
            //输出总电阻和电流
            Console.WriteLine("电阻{0}和{1}的并联电阻={2}", r1, r2, r);
            Console.WriteLine("电路中的总电流 i={0}", i);
            Console.WriteLine("经过电阻 r1 的电流 i1={0}", i1);
            Console.WriteLine("经过电阻 r1 的电流 i2={0}", i2);
        }
    }
}
```

本程序中的几个输出变量实际上可以不要。例如，如果没有定义表示总电阻的 r 变量，则可使用语句

Console.WriteLine("电阻{0}和{1}的并联电阻={2}", r1, r2, (r1*r2)/(r1+r2));

代替两个语句

```
double r = (r1 * r2) / (r1 + r2); //计算总（并联）电阻
Console.WriteLine("电阻{0}和{1}的并联电阻={2}", r1, r2, r);
```

来计算并输出总电阻的值。当然，此后在计算总电流时，就需要重新计算总电阻的值了。

3. 程序的运行结果

本程序的一次运行结果如图 1-17 所示。

可以看到，当用户按程序的提示输入了 3 个数 239、326 和 220 之后，程序便会根据这 3 个已知数计算并输出并联电阻、总电流以及流经两个电阻的电流。

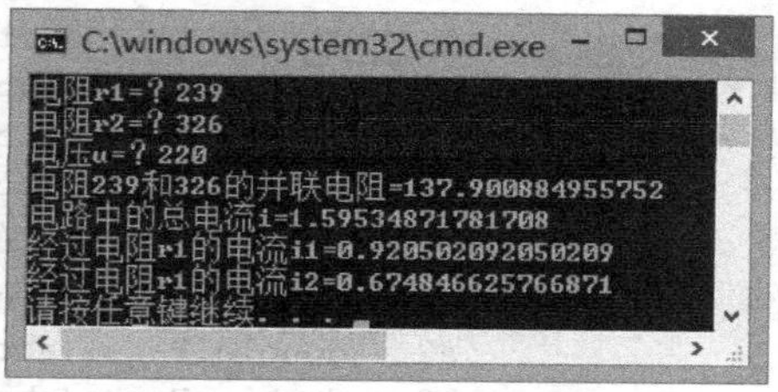

图 1-17　程序 1-1 的运行窗口

程序 1-2　求解二元一次方程组

本程序所完成的任务是：求解二元一次方程组。

$$\begin{cases} 2x-3y=12 \\ 3x+7y=-5 \end{cases}$$

1. 编程序所依据的算法

假定二元一次方程的一般形式为：$\begin{cases} a_1x-b_1y=c_1 \\ a_2x+b_2y=c_2 \end{cases}$

则本程序将按顺序完成以下操作。

（1）输入 a_1、a_2、b_1、b_2、c_1、c_2 的值。

（2）求三个行列式的值：$d=\begin{vmatrix} a_1 & b_1 \\ a_2 & b_2 \end{vmatrix}=a_1b_2-a_2b_1$，

$$dx=\begin{vmatrix} c_1 & b_1 \\ c_2 & b_2 \end{vmatrix}=c_1b_2-c_2b_1\text{，}\quad dy=\begin{vmatrix} a_1 & c_1 \\ a_2 & c_2 \end{vmatrix}=a_1c_2-a_2c_1$$

（3）求方程的根：$x=\dfrac{dx}{d}$，$y=\dfrac{dy}{d}$

（4）输出方程的根 x 和 y。

2. 程序源代码

```
//程序 1-2_求解二元一次方程组
using System;
using System.Collections.Generic;
using System.Linq;
using System.Text;
using System.Threading.Tasks;

namespace 求解二元一次方程组
{
    class Program
    {
        static void Main(string[] args)
```

```
        {   //定义变量：方程 1 系数 a1、b1、c1；方程 2 系数 a2、b2、c2
            double a1, a2, b1, b2, c1, c2;
            //输入两个方程的系数
            Console.Write("方程 1 的系数(数与数之间 1 个空格): a1=? b1=? c1=?  ");
            string[] abc = Console.ReadLine().Split(' ');
            a1 = double.Parse(abc[0]);
            b1 = double.Parse(abc[1]);
            c1 = double.Parse(abc[2]);
            Console.Write("方程 2 的系数(数与数之间 1 个空格): a2=? b2=? c2=?  ");
            abc = Console.ReadLine().Split(' ');
            a2 = double.Parse(abc[0]);
            b2 = double.Parse(abc[1]);
            c2 = double.Parse(abc[2]);
            //计算三个行列式的值
            double d = a1 * b2 - a2 * b1;
            double dx = c1 * b2 - c2 * b1;
            double dy = a1 * c2 - a2 * c1;
            //计算并输出方程的根
            Console.WriteLine("二元一次方程组的解: x={0}、y={1}。", dx/d, dy/d);
        }
    }
}
```

本程序中的语句

```
string[] abc = Console.ReadLine().Split(' ');
```

的功能为：定义字符串数组（多个字符串构成的字符串序列）abc，将键入的由 3 个数字组成的字符串按数与数之间的窗格分离成 3 个数字型子字符串，分别赋值给数组 abc 中的 3 个元素。在这个语句之后，使用语句

```
a1 = double.Parse(abc[0]);
b1 = double.Parse(abc[1]);
c1 = double.Parse(abc[2]);
```

将 abc 数组中的 3 个元素 abc [0]、abc[1]和 abc[2]分别转换成双精度型数并分别赋值给 a1、b1 和 c1 3 个变量。

本程序中未定义用于表示计算结果的变量，而是直接在输出语句

```
Console.WriteLine("二元一次方程组的解: x={0}、y={1}。", dx/d, dy/d);
```

中计算并输出方程的解（两个自变量的值）。

3. 程序的运行结果

按照给定的二元一次方程组，本程序的运行结果如图 1-18 所示。

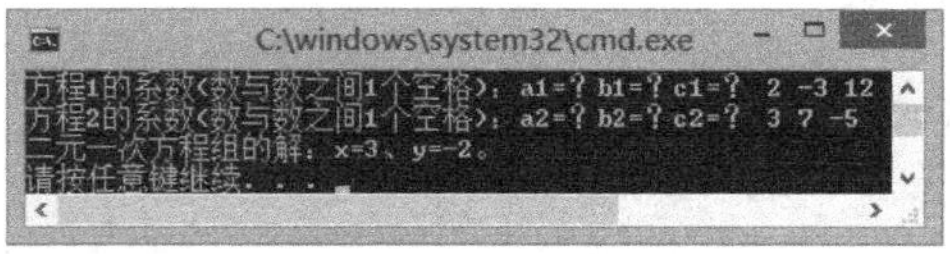

图 1-18　程序 1-2 的运行窗口

程序 1–3　3 个数排序

本程序所完成的任务是：将用户输入的 3 个整数排成从小到大的“升序”，并按升序输出这 3

个数。

1. 编程序所依据的算法

本程序按顺序执行以下操作。

（1）输入 3 个整数 *n*1、*n*2、*n*3。

（2）按以下步骤将 3 个整数排成升序。

- 判断：*n*1>*n*2？是则 *n*1 和 *n*2 互换其值。
- 判断：*n*1>*n*3？是则 *n*1 和 *n*3 互换其值。
- 判断：*n*2>*n*3？是则 *n*2 和 *n*3 互换其值。

（3）输出 3 个整数 *n*1、*n*2、*n*3。

注意

在第（2）步中，先找出 3 个数中的最小数放在最前面，再找出剩余两个数中的最小数紧随其后，最后剩余的一个数放在最后面。这样，3 个数就排成了升序。如果将这种方法运用到 *n* 个数的排序操作，就成为常用的“选择排序法”了。

2. 窗体设计

本程序中，设计图 1-19 所示的窗体，上面摆放 3 行控件。

（1）窗体 Form1 的 Text 属性取值为“3 个整数排序”。

（2）第 1 行放 3 个标签（Lable），其 Text 属性分别取值为“第 1 个数”“第 2 个数”“第 3 个数”，以便提示用户第 2 行中相应文本框的用途。

（3）第 2 行放 3 个文本框（TextBox），准备提供给用户分别输入 3 个整数。

（4）第 3 行左侧放一个按钮（Button），其 Text 属性分别取值为“3 个数排序”。本程序的主要代码将会放在该按钮的单击事件方法中。

（5）第 3 行右侧放一个标签，其 Text 属性取值为“在此显示排成升序的 3 个数”。

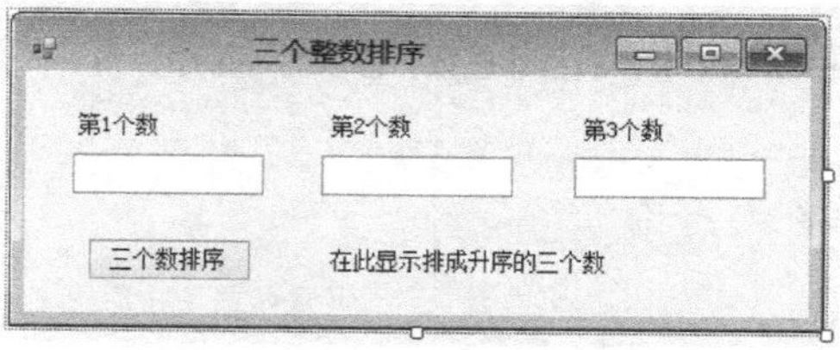

图 1-19　程序 1-3 的运行窗口

3. 程序源代码

本程序中编写的代码放在按钮的单击事件方法中，其内容如下。

```
//程序 1-3_3 个整数排序
using System;
using System.Collections.Generic;
using System.ComponentModel;
using System.Data;
using System.Drawing;
using System.Linq;
using System.Text;
using System.Threading.Tasks;
using System.Windows.Forms;

namespace 三个数排序
```

```
{
    public partial class Form1 : Form
    {
        public Form1()
        {
            InitializeComponent();
        }
        private void button1_Click(object sender, EventArgs e)
        {   //获取三个文本框的值
            string t1 = textBox1.Text;
            string t2 = textBox2.Text;
            string t3 = textBox3.Text;
            //定义三个整型变量
            int n1 = 0;
            int n2 = 0;
            int n3 = 0;
            //三个文本框中的数字型字符串转换成整数并分别赋值给三个整型变量
            if(int.TryParse(t1, out n1)) //若 t1 能转换成 int 类型
                n1 = int.Parse(t1);       //则 t1 赋值给 n1
            else  //否则输出错误信息并退出本事件方法
            {   MessageBox.Show("左框非整数，修改后再排序！");
                return;
            }
            if(int.TryParse(t2, out n2))
                n2 = int.Parse(t2);
            else
            {   MessageBox.Show("中框非整数，修改后再排序！");
                return;
            }
            if(int.TryParse(t3, out n3))
                n3 = int.Parse(t3);
            else
            {   MessageBox.Show("右框非整数，修改后再排序！");
                return;
            }
            //三个整数排序
            if(n1>n2)
            {   int t=n1;
                n1=n2;
                n2=t;
            }
            if(n1>n3)
            {   int t=n1;
                n1=n3;
                n3=t;
            }
            if(n2>n3)
            {   int t=n2;
                n2=n3;
                n3=t;
            }
            //显示排成了升序的三个数
            label4.Text =n1.ToString()+ ", " + n2.ToString()+ ", " +n3.ToString();
        }
    }
}
```

4. **程序的运行结果**

本程序运行后，分别在 3 个文本框中输入 3 个数并单击“三个数排序”按钮，就会在标签上显示排成升序的 3 个数，如图 1-20 所示。

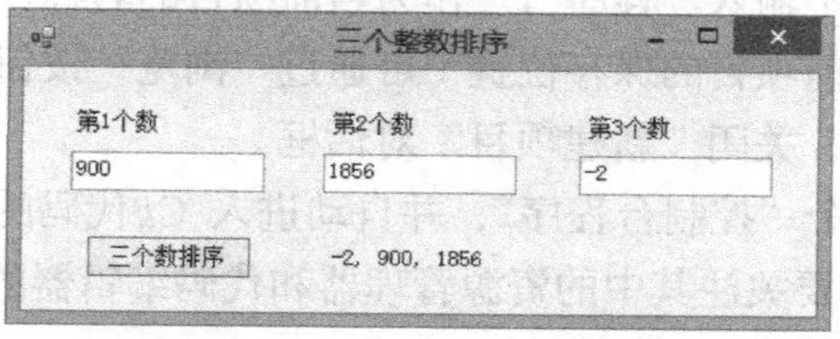

图 1-20 程序 1-3 的运行窗口

如果文本框中输入的不是正确的整数，如图 1-21（a）所示，就会弹出如图 1-21（b）所示的消息框。只有单击其中的“确定”按钮，再更正右框中的错误，才能再次单击按钮执行排序操作。

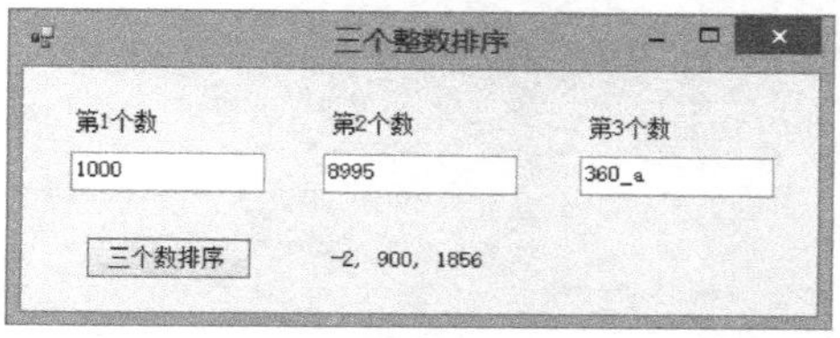

（a）

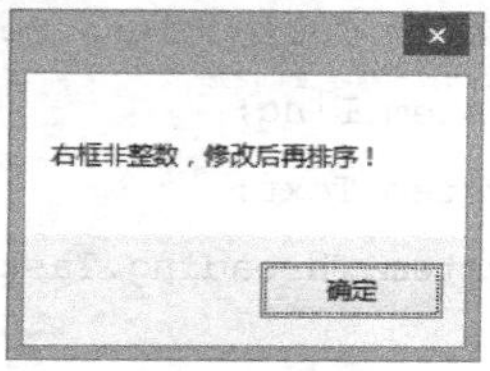

（b）

图 1-21 程序 1-3 又一次运行的窗口

1.4 实验指导

本章安排 5 个各有侧重的实验。

（1）了解 VC#集成开发环境以及 C#程序设计的一般步骤。

（2）通过 VC#的“控制台应用程序”来编写并运行简单的 C#程序。

（3）通过 VC#的“Windows 窗体应用程序”来编写并运行简单的 C#程序。

（4）通过使用了特殊控件（日历）的“Windows 窗体应用程序”来编写并运行 C#程序。

（5）了解 VC#集成开发环境中程序调试的一些常用方法。

通过本章实验，基本掌握通过 VC#软件中两种不同形式的项目（控制台应用程序、Windows 窗体应用程序）来编写并处理 C#程序的一般方法，初步理解程序设计的概念、C#程序的特点以及 C#程序设计的一般方法。

实验 1-1 C#程序的编辑、编译和运行

本实验中，需要创建一个 VC#的控制台工程，通过它来编写并运行一个简单的 C#程序，其功能为显示一个字符串。

1. **启动 VC#**

在 Windows 开始菜单中，单击“所有程序”并选择其中的 Visual Studio 2013（或其他版本）菜单项，打开 Visual Studio 窗口。

2. 创建 VC#控制台工程

（1）选择菜单项："文件"→"新建"→"新建项目"对话框。

（2）在左侧的模板中，展开"Visual C#节点"，然后在右侧选择"控制台应用程序"。

（3）在"名称"文本框中输入"程序 1"作为当前项目的名称；在"位置"文本框中输入一个文件夹的路径名，指定当前项目的保存位置（可通过"浏览"按钮选择文件夹）。

（4）单击"确定"按钮，关闭"新建项目"对话框。

这时，VC#自动创建一个"控制台程序"，并自动进入 C#代码的编辑状态。应注意观察这种情况下的 VC#主窗口，尤其要关注其中的资源管理器和代码编辑器的内容。

3. 键入并编辑 C#代码

在刚打开的 Program.cs 文件编辑窗口中键入一些代码，使其包含以下内容。

```
//实验 1-1_输入一个字符串
using System;
using System.Collections.Generic;
using System.Linq;
using System.Text;
using System.Threading.Tasks;

namespace 程序 1
{
    class Program
    {
        static void Main(string[] args)
        {
            //输出一个字符串
            Console.WriteLine("第{0}个程序", 1);
        }
    }
}
```

4. 运行 C#程序

（1）选择菜单项："生成"→"生成程序 1"，编译并运行当前程序。

（2）选择菜单项："调试"→"开始执行（不调试）"，再次运行当前程序。

运行程序时，也可单击工具栏上的▶按钮，自动连续地完成编译和运行工作。

程序运行后，如果不出现错误，则将弹出运行窗口并在其中显示指定的字符串。注意观察运行窗口，并对照自己添加的输出字符串的语句，体会该语句的功能。

5. 保存 C#程序

选择菜单项："文件"→"全部保存"，或者单击工具栏上的"保存"按钮，将当前控制台工程中的所有文件全部保存在创建该工程时指定的文件夹中。

6. 修改并运行 C#程序

（1）在 Main 方法中修改并添加代码，使其包含以下内容。

```
static void Main(string[] args)
{
    Int x=Convert.ToInt16(Console.ReadLine());
    Int y = 2 * x + 1;
    Console.WriteLine("y={0}", y);
}
```

（2）运行该程序，观察运行结果。

7. 再次修改、运行并保存 C#程序

（1）在 Main 方法中，修改并添加代码，使其包含以下内容。

```
static void Main(string[] args)
{   int x, y;
    x=Convert.ToInt16(Console.ReadLine());
    if (x >= 0)
        y = 2 * x + 1;
    else
        y = -x;
    Console.WriteLine("y={0}", y);
}
```

（2）运行该程序，观察运行结果。

（3）选择菜单项："文件" → "全部保存"，将当前控制台工程中的所有文件全部保存在创建该工程时指定的文件夹中。

实验 1-2　简单控制台应用程序

本实验中，通过 VC#的控制台应用程序来编写并运行两个不同种类的 C#程序。

- 通过多个字符或者字符串的输出拼凑一个图案。
- 求分段函数的值。

1. 按指定格式显示字符串

【程序的功能】

显示图 1-22 所示的图案。

图 1-22　显示图案程序的运行结果

【算法分析】

本程序中，只需将所要输出的图案中的每一行看作一个字符串，然后多次输出一个一个的字符串，即可拼凑成这个图案。例如，语句

```
Console.WriteLine("*******************************");
```

可用于输出第 1 行；语句

```
Console.WriteLine("  Ji ShangHe");
```

可用于输出第 2 行。按照这种方式，不难编写出整个程序。

编写程序时，需要注意两个问题：一是数准每行中空格的位置和数目，二是充分利用 VC#中的字符串复制功能来编写输出相同内容的行的语句。

【程序设计步骤】

（1）创建一个名为"显示字符图案"的 VC#控制台应用程序。

要求：在桌面或 U 盘上创建相应的项目文件夹（不使用默认的路径）。

（2）编写 C#源程序代码。

请先补全①、②、③、④和⑤处的 C#代码，然后在编辑窗口中输入这个程序。本书中很多实验内容都将这样给出。

```
//实验 1-2-1_显示字符图案
…
static void Main(string[] args)
{   Console.WriteLine("******************************");
    Console.WriteLine("  Ji ShangHe");
    ______①______
    ______②______
    ______③______
    ______④______
    ______⑤______
}
```

（3）编译、链接并运行 C#程序。

（4）保存 C#程序。

如果该程序在编译连接时发现错误或者运行后未输出预期结果，则需要找出程序中的问题，修改所发现的错误，并在改正后再次编译、连接和运行程序。

【程序的改进】

本程序中，也可采用字符串变量来存放需要显示的字符串，并在此后的输出语句中显示出来。例如，语句

```
string s1="******************************";
```

定义了字符串变量 s1 并将字符串"******************************"赋值给它。此后便可使用

```
Console.WriteLine(s1);
```

语句输出这个字符串而且可以多次输出。

考虑到初学者的实际困难，下面给出采用这种方式编写的 C#程序。

```
static void Main(string[] args)
{   string s1="******************************";
    string s2="  Ji ShangHe";
    string s3="  No.28 West Xianning Road";
    string s4="  Xi'an China,710049";
    string s5="  Tel.86-29-82668888";
    string s6="  Emai.shJi1960@183.com.cn";
    Console.WriteLine(s1);
    Console.WriteLine(s2);
    Console.WriteLine(s3);
    Console.WriteLine(s4);
    Console.WriteLine(s5);
    Console.WriteLine(s6);
    Console.WriteLine(s1);
}
```

2. 求分段函数的值

【程序的功能】

根据下面的函数，由已知的 x 值计算 y 值。

$$y=\begin{cases}2x+1 & (x>0)\\ -1 & (x=0)\\ -x+3 & (x<0)\end{cases}$$

【算法分析】

参照 1-1-1 小节。

【程序设计步骤】

（1）创建一个名为“分段函数”的 VC#控制台应用程序。

要求：在桌面或 U 盘上创建相应的项目文件夹（不使用默认的路径）。

（2）编写 C#源程序代码。

在 Main 方法中添加代码，使其包含以下内容。

```
static void Main(string[] args)
{   int x, y;
    x=Convert.ToInt16(Console.ReadLine());
    if (x > 0)
        y = 2 * x + 1;
    else  if (x=0)
        y = -1;
    else
        y =-x+3;
    Console.WriteLine("y={0}", y);
}
```

（3）编译、连接并运行 C#程序。

（4）保存 C#程序。

实验 1-3 简单 Windows 窗体应用程序

在本实验中，先创建一个简单的 Windows 窗体应用程序，再修改它，使之能计算学生的考试成绩并显示出来。

1. 简单的 Windows 窗体应用程序

【程序的功能】

单击按钮后，将文本框中的内容输出到列表框中。

【程序设计步骤】

（1）创建一个名为“窗体程序 1”的控制台应用程序。

（2）在 VC#集成开发环境的主窗口中，右键单击右侧的“工具箱”标签并选择“停靠”菜单项，使 VC#窗口成为图 1-23（a）所示的状态。

（3）设计图 1-23（b）所示的窗体，其中包括一个标签、一个文本框、一个按钮和一个列表框，除将标签的 Text 属性改为“姓名”外，其余属性一律为默认值（自动赋值）。

（4）双击按钮 button1，在代码编辑器中自动产生的 button1 的单击事件方法中添加代码，使其包含以下内容。

```
private void button1_Click(object sender, EventArgs e)
{   string s = textBox1.Text;
    listBox1.Items.Add(s);
}
```

这时，代码编辑器的内容如图 1-23（c）所示。

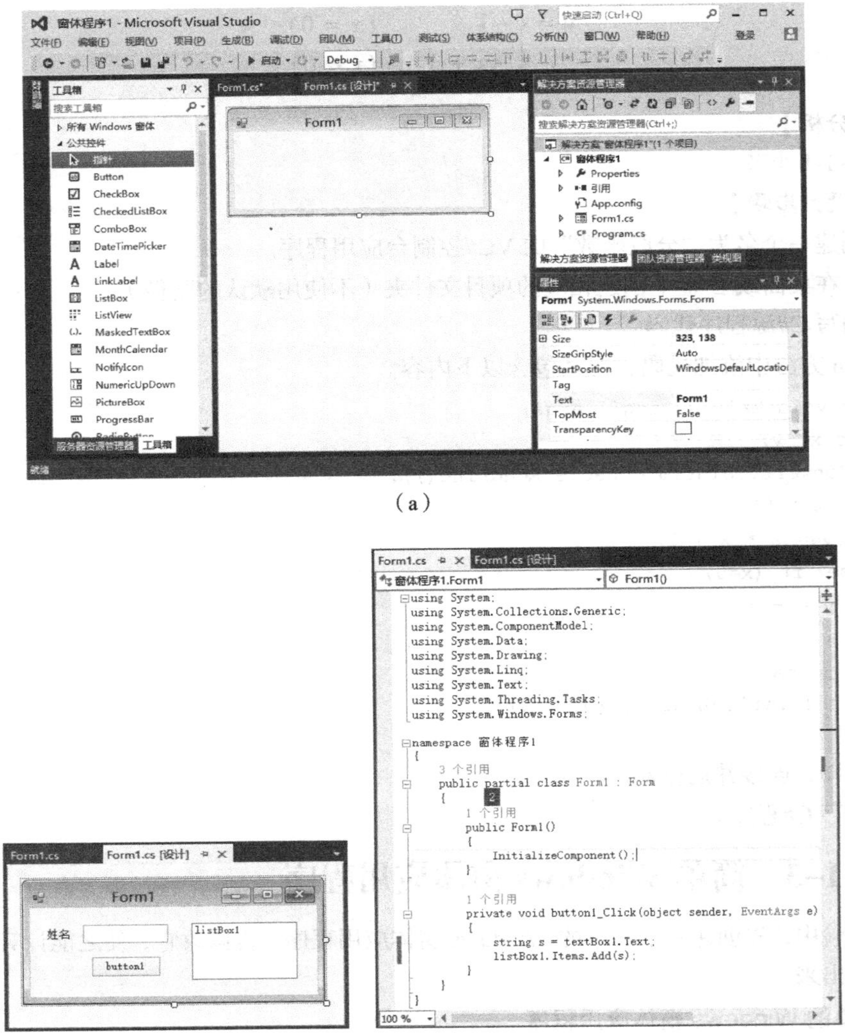
窗体程序1 - Microsoft Visual Studio
Form1
Form1.cs
Form1.cs [设计]
姓名
button1
listBox1
using System;
using System.Collections.Generic;
using System.ComponentModel;
using System.Data;
using System.Drawing;
using System.Linq;
using System.Text;
using System.Threading.Tasks;
using System.Windows.Forms;
namespace 窗体程序1
public partial class Form1 : Form
public Form1()
InitializeComponent();
private void button1_Click(object sender, EventArgs e)
string s = textBox1.Text;
listBox1.Items.Add(s);

（a）　（b）　（c）

图 1-23　设计“窗体程序 1”的 VC#环境

（5）运行程序。然后在文本框中输入姓名，单击按钮使其显示在列表框中。

【修改程序】

按以下步骤修改程序，使其能够按成绩=考试成绩*0.7+平时成绩*0.3 计算学生的成绩，并显示在列表框中。

（1）修改窗体，添加两个标签、两个文本框，使其成为图 1-24（a）所示的样式。

（2）双击按钮 button1，在代码编辑器中自动产生的 button1 的单击事件方法中添加代码，使其包含以下内容。

```
private void button1_Click(object sender, EventArgs e)
{   string s = textBox1.Text+"成绩: ";
    float g1 = float.Parse(textBox2.Text);
    float g2 = float.Parse(textBox3.Text);
```

```
        float g = g1* 0.7f + g2 * 0.3f;
        s += Math.Round(g);
        listBox1.Items.Add(s);
    }
```

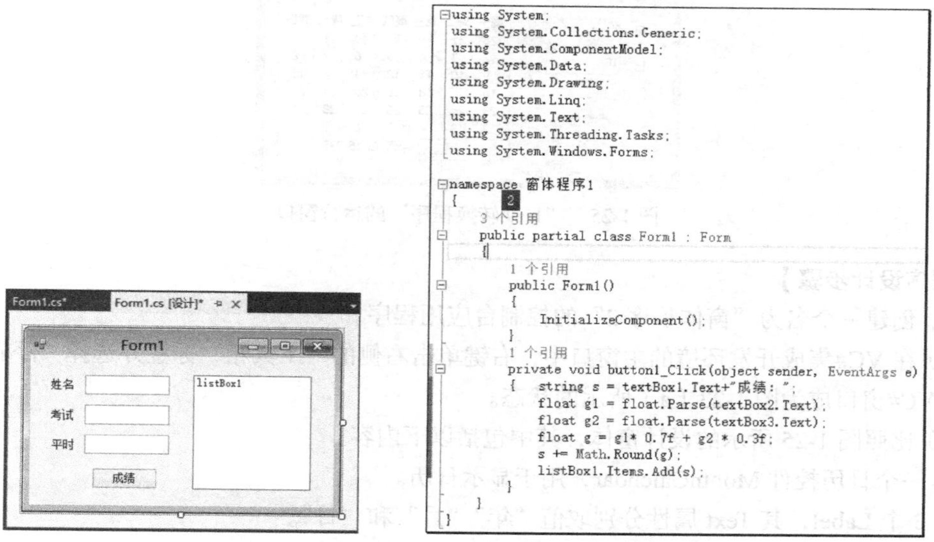
Form1.cs*
Form1.cs [设计]*
Form1
姓名
考试
平时
成绩
listBox1
using System;
using System.Collections.Generic;
using System.ComponentModel;
using System.Data;
using System.Drawing;
using System.Linq;
using System.Text;
using System.Threading.Tasks;
using System.Windows.Forms;
namespace 窗体程序1
{
3 个引用
public partial class Form1 : Form
{
1 个引用
public Form1()
{
InitializeComponent();
}
1 个引用
private void button1_Click(object sender, EventArgs e)
{ string s = textBox1.Text+"成绩: ";
float g1 = float.Parse(textBox2.Text);
float g2 = float.Parse(textBox3.Text);
float g = g1* 0.7f + g2 * 0.3f;
s += Math.Round(g);
listBox1.Items.Add(s);
}
}
}

（a）　　　　　　　　（b）

图 1-24　设计“窗体程序 1”的 VC#环境

- 字符串变量 s 用于形成列表框中显示的一行，其初值为用户在文本框 TextBox1 中输入的学生姓名后跟“成绩:”字样。
- 浮点（float）型变量 g1、g2 和 g 分别表示学生的考试成绩、平时成绩和总成绩。因为 C# 在计算含有浮点数的表达式时都是自动按双精度(double)型处理的，故数字 0.7 和 0.3 必须明确标记为 0.7f 和 0.3f 才能与两个 float 型变量 g1 和 g2 一起运算。
- 为了将成绩四舍五入成整型数，使用了 Math 类的 Round 方法。

（3）运行程序，然后分别在 3 个文本框中输入姓名、考试成绩和平时成绩，单击按钮计算总成绩并使其显示在列表框中。

【保存程序】

选择“文件”菜单的“全部保存”项，或者按组合键 Ctrl+Shift+S，保存该项目中的所有文件。

注意　创建应用程序时，可先在“新建项目”对话框中选择保存位置（如桌面或 E 盘根目录），然后右键单击当前位置空白处，选择“新建”→“文件夹”命令，创建一个文件夹，然后以当前项目的名字来命名它。此后，该项目中的所有文件都会保存在这个文件夹中了。

实验 1-4　有特殊控件的 Windows 窗体应用程序

【程序的功能】

通过 Windows 窗体应用程序来实现用户输入的日期与日历表上的日期互换。也就是说，在图 1-25 所示的窗口（程序运行后显示的与用户交互的窗体）上实现以下功能。

- 用户分别在 3 个文本框中输入年、月、日，并单击<<按钮，该日期在日历表上显示出来。

● 用户在日历表上选择一个日期，该日期在 3 个文本框中显示出来。

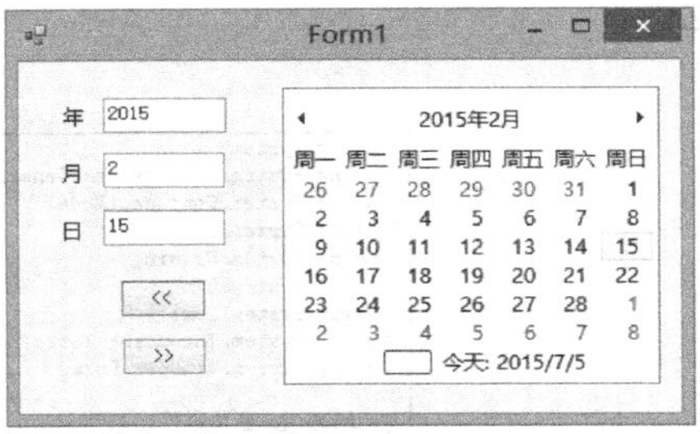

图 1-25 “日期转换程序”的运行窗口

【程序设计步骤】

（1）创建一个名为“窗体程序 2”的控制台应用程序。

（2）在 VC#集成开发环境的主窗口中，右键单击右侧的“工具箱”标签并选择“停靠”菜单项，使 VC#窗口成为图 1-23（a）所示的状态。

（3）比照图 1-25 所示的设计窗体，其中包括以下内容。

● 一个日历控件 MonthCalendar，用于显示日历。

● 3 个 Label，其 Text 属性分别取值“年”“月”和“日”。

● 3 个 TextBox，分别用于输入或显示“年”“月”“日”。

● 两个按钮，其 Text 属性分别取值“<<”和“>>”，其单击事件方法中分别用于添加实现将日历上选定的日期转换到文本框或者将文本框上输入的日期转换到日历上。

（4）双击按钮 button1，在代码编辑器中自动产生的 button1 的单击事件方法中添加代码，使其包含以下内容。

```
private void button1_Click(object sender, EventArgs e)
{   //用户输入的年月日转换（选定）到日历控件上
    int year = int.Parse(textBox1.Text);
    int month = int.Parse(textBox2.Text);
    int day = int.Parse(textBox3.Text);
    DateTime dt = new DateTime(year, month, day);
    monthCalendar1.SetDate(dt);
}
```

（5）双击按钮 button2，在代码编辑器中自动产生的 button2 的单击事件方法中添加代码，使其包含以下内容。

```
private void button2_Click(object sender, EventArgs e)
{   //日历控件上选定的年月日转换（输出）到文本框上
    textBox1.Text = monthCalendar1.SelectionStart.Year.ToString();
    textBox2.Text = monthCalendar1.SelectionStart.Month.ToString();
    textBox3.Text = monthCalendar1.SelectionStart.Day.ToString();
}
```

（6）运行该程序，显示出窗口。

在文本框中输入年、月、日，然后单击<<按钮，观察日历控件的变化。

在日历控件上选择一个日期，然后单击>>按钮，观察 3 个文本框的变化。

（7）保存（完全保存）C#程序。

实验 1-5　程序的调试和运行

在编译、连接阶段，输出窗口将会显示当前编译的信息。如果遇到错误，还能够显示出错误的位置（第几行）和性质（什么错误）。此时，只需双击错误提示行即可定位到程序中出错的地方，如果遇到的是漏写了一个分号之类的小错误，就可以立即改正它。但错误的起因往往来自于其他行中的错误而非本行有什么问题，这就需要仔细察看相关的行了。如果对显示出来的错误性质不太理解，可以加亮这个错误提示行，然后按 F1 键调出并查对该错误的解释。

如果改正了程序中所有的错误，使得编译通过了，但结果仍不正确，就需要使用调试的办法了。调试方法主要有两种：一是设置断点进行单步调试，二是运行时调试，即在程序执行过程中进行测试。

本实验中，将利用编译、链接与运行时的出错信息并设置断点来调试一个简单的程序。

假设要编程序实现以下功能。

（1）令 x=15，y=18。

（2）计算 $s=x+y$，$d=x-y$，$q=x/y$（整除），$r=x\%y$（求余数）。

（3）计算 $res=s+2d+3q+4r$。

（4）输出 res。

初步给出下面的程序。

```
using System;
using System.Collections.Generic;
using System.Linq;
using System.Text;
using System.Threading.Tasks;

namespace 实验 1_3
{
    class Program
    {
        static void Main(string[] args)
        {
            int aa, bb;
            int s, d, q, r, cc;
            double cc;
            console.WriteLine("aa=?  ");
            aa=Console.ReadLine();
            s = aa + bb;
            d = s - bb;
            q = aa / bb;
            r = aa % bb;
            cc = s + 2 * d + 3 * q + 4 * r;
            Console.WriteLine("cc={0}", cc);
        }
    }
}
```

1. 利用编译、链接时的出错信息改正错误

编译、连接阶段的常见错误包括以下几个。

（1）语法错误：可以检查是否存在下列问题。

- 是否缺少了分号（行结束符）。

- if 语句（分支语句）中的 if 子句和 else 子句是否匹配。
- switch 语句（多分支语句）的用法正确与否等。

（2）变量、函数未定义或者重定义：可以检查是否存在下列问题。

- 变量大小写。
- 是否引用了相应的命名空间，有时候，可能还引用用户自定义的命名空间。

（3）连接错误：如果程序中使用了动态链接库（DLL），无论是自己制作的还是 Windows 本身已有的，都可能会出现这种问题。此时，可以查看究竟是哪个方法（函数）出错了。例如，如果调用了一个 Windows API 函数（微软为方便 Windows 开发人员调用系统底层功能而公开的一系列函数接口。.NET 中很多函数就是系统底层 API 的封装），而在 MSDN 的相应内容中明确地指出该函数需要引用某个命名空间，就一定要用 using 语句引用了它之后才能使用。

注意　动态链接库 DLL（Dynamic Link Library）是一个包含可由多个程序同时使用的代码和数据的库。微软公司在 Windows 操作系统中用这种方式来实现函数库的共享。这些库函数的扩展名是.DLL、.OCX（包含 ActiveX 控制的库）或者.DRV（旧式的系统驱动程序）。

本例中，将初步给出的程序输入并发出运行命令之后，VC#弹出图 1-26（a）所示的错误提示消息框，同时在错误列表窗口中显示相应的错误信息，如图 1-26（b）所示。

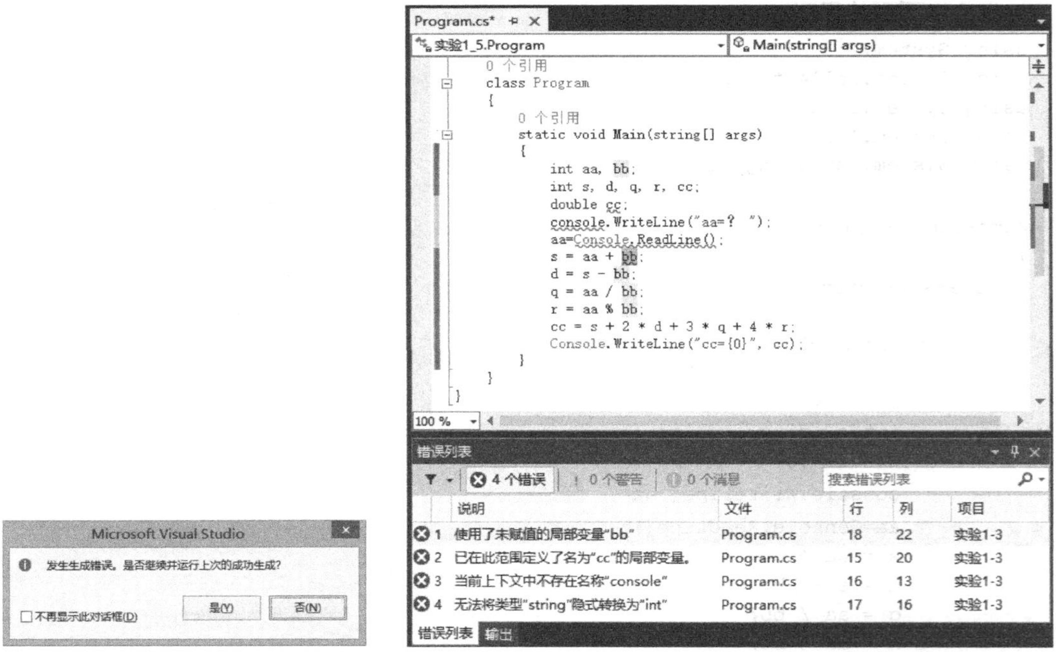

（a）　　　　　　　　（b）

图 1-26　代码编辑器、错误列表窗口及错误提示消息框

可以看出，程序没有通过编译并且显示了 4 个错误信息。可按以下步骤逐个查找并改正这些错误。

（1）单击第 1 个错误列表行，光标自动定位到第 18 行，根据提示信息

```
使用了未赋值的局部变量"bb"
```

很容易查到出错的原因是表达式中用到的变量“bb”未在前面赋值。可在之前添加语句

```
bb=int.Parse(Console.ReadLine());
```

（2）单击第 1 个错误列表行，光标自动定位到第 15 行，根据提示信息

已在此范围定义了名为"cc"的局部变量

很容易查到出错的原因是两个语句中都定义了“cc”变量。考虑到本程序要求进行整数运算，运算结果也是整数，因而删除定义双精度（浮点）型变量 cc 的语句即可。

（3）单击第 2 个错误列表行，光标自动定位到第 16 行，根据提示信息

当前上下文不存在名称"console"

可以查到出错的原因是“console”关键字的首字母没有大写（C#代码中区分大小写），改成大写字母即可。

（4）单击第 2 个错误列表行，光标自动定位到第 17 行，根据提示信息

无法将类型"string"隐式转换为"int"

可以查到出错的原因是未将由 Console.ReadLine()输入的数字型字符串转换为整数，并错误地赋值给了左式的整型变量 aa（数据类型不匹配），可以改成

```
aa=int.Parse.(Console.ReadLine());
```

2. 利用运行时错误提示信息改正错误或改进程序

改正了上述 4 个编译连接过程中的错误之后，本程序在运行时会暂停，等待用户输入 bb 的值之后重新运行，如果不小心输入了 0 值，便会出现运行错误而暂停了。这时，运行窗口如图 1-27（a）所示，其中有以下错误提示信息。

输入字符串的格式不正确

同时，C#还会弹出图 1-27（b）所示的消息框。

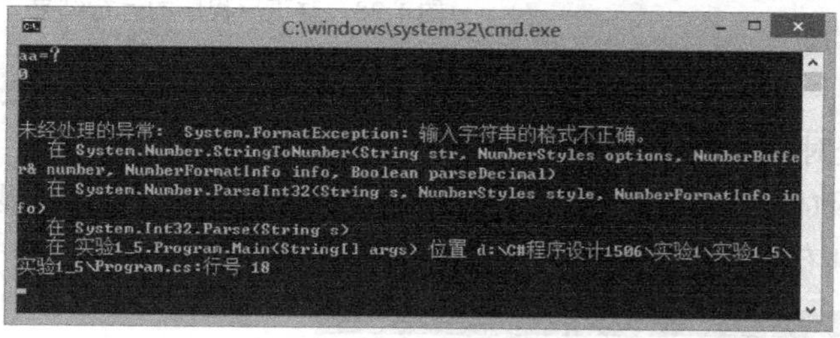

（a）

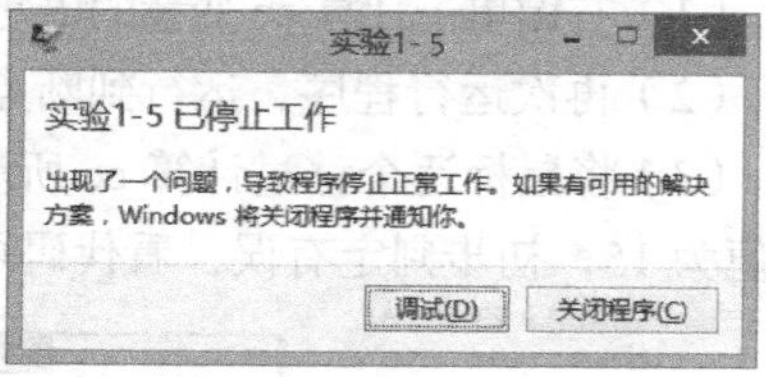

（b）

图 1-27　输入了初步给出的程序之后的用户界面

阅读程序便可发现：变量 bb 要在后面的表达式中作为除数，故其值不能为零。为了防止这种错误出现，可在程序前面加上如下语句。

```
Console.WriteLine("bb(不能等于0) = ?  ");
```

从而在用户输入变量 bb 的值之前给以提示。

3. 设置断点查找逻辑错误

经过上面的调试之后，程序成为下面的样子。

```
using System;
using System.Collections.Generic;
using System.Linq;
using System.Text;
using System.Threading.Tasks;
```

```
namespace 实验1_5
{
    class Program
    {
        static void Main(string[] args)
        {
            int aa, bb;
            int s, d, q, r, cc;
            Console.WriteLine("aa = ?  ");
            aa=int.Parse(Console.ReadLine());
            Console.WriteLine("bb（不能等于0）= ?  ");
            bb=int.Parse(Console.ReadLine());
            s = aa + bb;
            d = s - bb;
            q = aa / bb;
            r = aa % bb;
            cc = s + 2 * d + 3 * q + 4 * r;
            Console.WriteLine("cc={0}", cc);
        }
    }
}
```

这时，编译、连接和运行时都不再出问题。再次运行后，结果如图 1-28 所示。

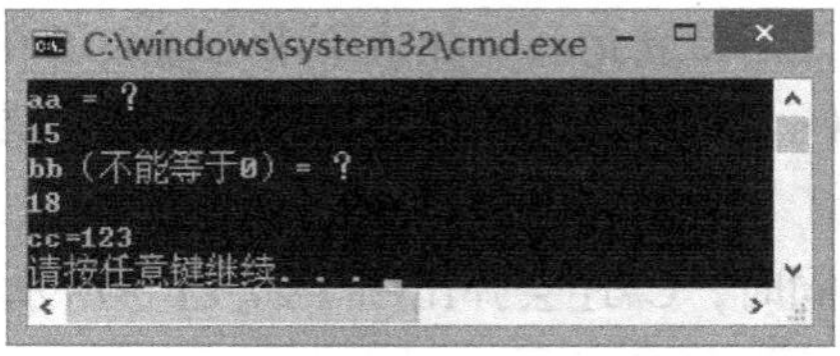

图 1-28　改正后程序的运行结果

但这个结果却是错的：变量 cc 的值应该是 87 而不是 123。也就是说，虽然这个程序通过了所有语法检查，但逻辑上或者算法上仍然有错误。

本例中，按以下步骤查找并改正错误。

（1）右键单击计算 cc 变量的语句行，选择菜单项："断点" → "插入断点"，在该行插入断点。

（2）再次运行程序，运行到断点处时自动暂停。

（3）将鼠标逐个移过计算 cc 所涉及的每个变量，查看变量的值。当悬停到 d 变量上时，显示其值为 15，初步判定有误，看代码可知右式中的 aa 误写为 s 了，如图 1-29 所示。

图 1-29　设置了断点的编辑窗口

改正这个错误后，程序成为：

```
using System;
using System.Collections.Generic;
using System.Linq;
using System.Text;
using System.Threading.Tasks;

namespace 实验1_5
{
    class Program
    {
        static void Main(string[] args)
        {
            int aa, bb;
            int s, d, q, r, cc;
            //double cc;
            Console.WriteLine("aa = ?  ");
            aa=int.Parse(Console.ReadLine());
            Console.WriteLine("bb(不能等于0) = ?  ");
            bb=int.Parse(Console.ReadLine());
            s = aa + bb;
            d = aa - bb;
            q = aa / bb;
            r = aa % bb;
            cc = s + 2 * d + 3 * q + 4 * r;
            Console.WriteLine("cc={0}", cc);
        }
    }
}
```

再次运行后，输出的结果如图 1-30 所示。

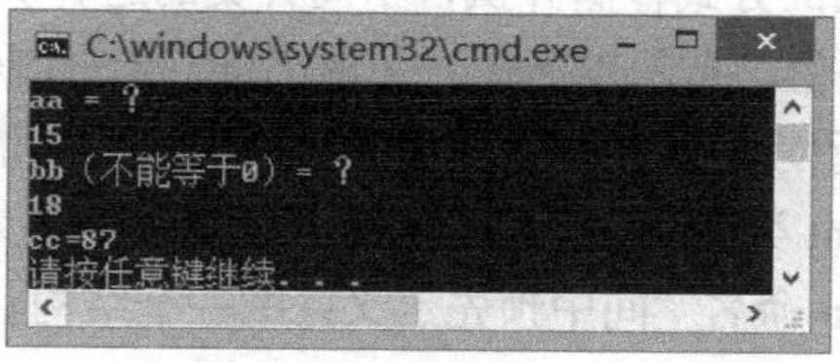

图 1-30　修改后程序的运行窗口

第2章 数据类型与运算符

C#程序中，每个数据都有一个确定的数据类型。不同类型的数据在计算机中有不同的存储形式和处理方式。C#语言提供了多种可以直接使用的预定义数据类型，也提供了自定义数据类型的方法，以便用户根据需要定义自己的数据类型。

C#程序对数据的处理主要体现在表达式的求值运算上。每个表达式都产生唯一的值，表达式的类型是由运算符的类型决定的。C#中的运算符种类很多，有些运算符（如赋值运算符）还有副作用，使用起来非常灵活，可以实现非常复杂的功能。

2.1 .NET 框架与 C#的数据类型

常量、变量、表达式和方法（C 和 C++语言中称为函数）等都是 C#程序中的基本语法成分。每个常量、变量、表达式求值的结果以及方法的返回值等都按各自的特点归属于不同的数据类型，并按不同的数据类型采用不同的方式存储并执行不同种类的运算。C# 提供了一组标准的内置数值类型，用来表示整数、浮点值、布尔表达式、文本字符、十进制值和其他数据类型。

值得注意的是，C#语言所使用的基本数据类型并非内置于 C#语言中，而是内置于.NET 框架中。例如，在 C#中定义一个 int 类型的变量时，实际上定义的是名为“Int32”的结构的一个实例，而 Int32 是.NET 框架的 System 命名空间中预先定义好的一个结构。

2.1.1 .NET 框架的数据类型

.NET 框架提供了可加快和优化开发过程并访问系统功能的类、接口和值类型。为了便于不同语言（如 C#、VB 等）编写的程序之间进行交互操作，大多数.NET 框架类型都符合 CLS（公共语言规范），只要某种语言的编译器符合 CLS，就可以在这种语言的程序中使用这些类型。

.NET 框架中所有数据类型（见图 2-1）可以划分为两个基本类别：值类型和引用类型。其中基元类型（编译器直接支持的数据类型，如 int32）、枚举类型和结构类型（两种用户自定义类型）为值类型，而类、字符串、标准模块、接口、数组和委托为引用类型。

注意：根类型 System.Object 例外。它既非引用类型亦非值类型，而且不能实例化。因此，Object 类型的变量既可赋值为值类型也可为引用类型。

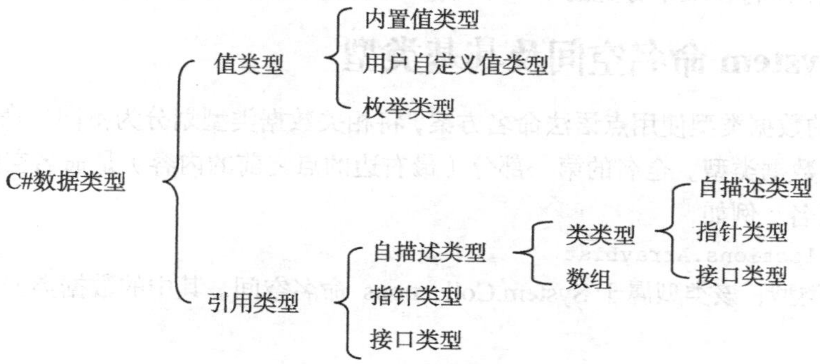

图 2-1　.NET 中的数据类型

1. 值类型

如果数据类型在自身所占用的内存空间中直接存储数据，则该数据类型就是“值类型”。值类型包括以下几种。

- 所有数字（Byte、Int32、Double 等）型。
- 布尔（Boolean）型、字符（Char）型和日期（Date）型。
- 结构（内含多个数据成员和方法成员的用户自定义类型），即使结构类型中的某些成员为引用类型，结构本身仍为值类型。
- 枚举型（可在多个表示整数的名称中任取一个的用户自定义类型），枚举类型总是基于 SByte、Short、Int16、Inte32、Long、Byte、UShort、UInteger 或 Ulong 等各种值类型定义的，故枚举型数据本身也是值类型。

值类型实例通常分配在堆栈（只能在一端存入和取出的一组内存单元）上，变量本身就包含它的实例数据。例如，一个整型变量就是一个值类型的实例，在它所占用的一组内存单元中，存储的就是它自身的值。

注意　值类型的实例也可能内联在结构中。

2. 引用类型

引用类型存储的是指向实际存储数据的另一个内存空间的指针（一组内存单元的首地址）。引用类型可以是自描述类型、指针类型或接口类型。而自描述类型进一步细分为数组和类类型。引用类型包括以下几种。

- 字符串（String）型。
- 数组（多个同类型数据的序列），即便是某种值类型数据所构成的数组，其本身仍为引用类型。
- 类类型（如定义窗体的可视化类 Form）
- 委托。

引用类型实例分配在托管堆上，变量保存了实例数据的内存引用。换句话说，引用类型存储的是其值所在的位于堆上的内存地址的引用。

托管堆是.NET 框架的 CLR（公共语言运行时）中自动内存管理的基础。初始化一个新进程（正在执行的程序）时，CLR 会为该进程保留一个连续的地址空间，称为托管堆。托管堆维护着一个指针，用它指向将在堆中分配的下一个对象的地址。最初，该指针设置为指向托管堆的基址。

2.1.2 System 命名空间及其基类型

.NET 框架的数据类型使用点语法命名方案，将相关数据类型划分为不同的命名空间组，以便搜索和引用这些数据类型。全名的第一部分（最右边的点之前的内容）是命名空间名。全名的最后一部分是类型名。例如，

```
System.Collections.ArrayList
```

表示 ArrayList 类型，该类型属于 System.Collections 命名空间。其中的数据类型可用于操作对象集合。

注意

这种命名方式使扩展.NET 框架的库开发人员可以轻松地创建具有层次结构的数据类型组，以统一且带有提示性的方式对其命名，而且可以使用全名（命名空间和类型名称）来明确地标识数据类型，从而防止类型名称发生冲突。库开发人员在创建其命名空间的名称时可使用约定“公司名称.技术名称”，例如，Microsoft.Word 命名空间就是一个例子。

通过这样的命名模式将相关类型分组为命名空间是构建和记录类库的一种实用的方式。一个命名空间可以划分到多个程序组中，单个程序组也可以包含来自多个命名空间的类型。程序组为 CLR（公共语言运行时）中的版本控制、部署、安全性、加载和可见性提供形式上的结构。

System 命名空间是.NET 框架中基本类型的根命名空间。其中包括那些描述了可用于所有应用程序的基本数据类型的类：Object（层次型类继承结构的根类）、Byte、Char、Array、Int32、String 等。这些类型中的许多类型与编程语言所使用的基元数据类型相对应。因而，编写代码时，如果需要使用某种数据类型，则既可使用.NET 框架中的指定类型，也可使用某种程序设计语言中的相关键字。

.NET 框架提供的基本数据类型如表 2-1 所示。

表 2-1　.NET 框架提供的基本类型

类　别	类　名	说　明
整型	Byte	8 位无符号整数
	SByte	8 位有符号整数，不符合 CLS
	Int16	16 位有符号整数
	Int32	32 位有符号整数
	Int64	64 位有符号整数
	UInt16	16 位无符号整数，不符合 CLS
	UInt32	32 位无符号整数，不符合 CLS
	UInt64	64 位无符号整数，不符合 CLS
浮点型	Single	单精度（32 位）浮点数字
	Double	双精度（64 位）浮点数字
逻辑运算	Boolean	布尔值（真或假）
其他	Char	Unicode（16 位）字符
	Decimal	十进制（128 位）值

续表

类　别	类　名	说　明
	IntPtr	由基础平台确定大小的有符号整数： 32 位平台上为 32 位值，64 位平台上为 64 位值
	UIntPtr	由基础平台确定大小的无符号整数（不符合 CLS）： 32 位平台上为 32 位值，64 位平台上为 64 位值
类对象	Object	对象层次结构的根
	String	Unicode 字符的定长串

除基本数据类型外，System 命名空间还包含 100 多个类，如处理异常的类、处理核心运行时概念的类（应用程序域、垃圾回收器等）。System 命名空间中还包含多个二级或更低级的命名空间，如 System.Data、System.Windows.Forms 等。

2.1.3　C#的数据类型

C#数据是.NET 数据在 C#语言上的一个实现。因此，C#同样有两种数据类型：值类型和引用类型。值类型的变量直接包含它们的数据，而引用类型的变量存储对它们的数据的引用。后者称为对象。

每个值类型的变量都有它自己的数据副本（ref 和 out 参数变量除外），故一个变量的操作不会影响另一个变量。而引用类型的两个变量有可能引用同一个对象，故一个变量的操作可能会影响另一个变量所引用的对象，这是需要特别注意的。

1. C#的数据类型

C#的值类型可以细分为简单类型、枚举类型和结构类型，引用类型可细分为类类型、接口类型、数组类型和委托类型，如表 2-2 所列举。

表 2-2　C#的数据类型

类　别	数　据　类　型	说　明
值类型	简单类型	有符号整型：sbyte，short，int，long
		无符号整型：byte，ushort，uint，ulong
		Unicode 字符：char
		IEEE 浮点型：float，double
		高精度小数：decimal
		布尔型：bool
	枚举类型	enum E{…}形式的用户定义类型
	结构类型	struct S{…}形式的用户定义类型
引用类型	类类型	所有其他类型的最终基类：object
		Unicode 字符串：string
		class C{…}形式的用户定义类型
	接口类型	interface I{…}形式的用户定义类型
	数组类型	一维和多维数组，例如 int[]和 int[,]
	委托类型	delegate TD(…)形式的用户定义类型

2. C#内置类型与.NET 类型的联系

C#中内置的值类型（除 object 与 string 之外，均为简单类型）实际上是 System 命名空间中相应预定义类型的别名，如表 2-3 所列。

表 2-3　C#内置类型与.NET 类型对照

C# 类型	.NET 类型	C# 类型	.NET 类型
bool	System.Boolean	uint	System.UInt32
byte	System.Byte	long	System.Int64
sbyte	System.SByte	ulong	System.UInt64
char	System.Char	object	System.Object
decimal	System.Decimal	short	System.Int16
double	System.Double	ushort	System.UInt16
float	System.Single	string	System.String
int	System.Int32		

C#类型的关键字及其别名可以互换。例如，下列两个语句是等效的，都可以定义其值为 123 的整数变量。

```
int x = 123;
System.Int32 x = 123;
```

可以通过系统方法 GetType 来查询某个 C#类型的实际类型（运行时类型）。例如，下面的语句显示 x 变量的实际类型为 System.Int32。

```
Console.WriteLine(x.GetType());
```

2.2 内置类型及其常量和变量

C#提供了一组标准的内置数值类型，如整型、浮点型、布尔型、字符型和字符串型等，用来表示不同种类的常量、变量以及函数（如数学函数 sin(*x*)）和表达式（如算术表达式 2*x+1）求值的结果。

变量和常量是程序加工的基本数据对象。常量是具体的数据，在程序执行过程中值不会变。而变量是表示数据的符号，一个变量对应计算机中的一组存储单元，可在程序执行过程中按需要重新赋值。常量的用法比较简单，通过本身的书写格式即可判断其类型；但变量在使用之前必须先说明其类型，否则程序无法为它分配存储。这条原则不仅仅适用于变量，也适用于程序中的其他成分。例如，在.NET 框架的 System 命名空间中，提供了一个自然对数函数求值的方法（C 或 C++中称为函数），这个方法的定义是

```
public static double Log(double d)
```

其中规定了方法中的自变量 d 和返回值（求值结果）都属于双精度型。

2.2.1 数值型常量

常量分为两种：字面常量和符号常量。

1. 字面常量

字面常量就是实际的常量，如下所述。

- 布尔常量：有 false（假）和 true（真）两种。
- 字符常量：指的是由单引号括起来的单个字符，如'a'、'B'、'9'。
- 字符串常量：如"y="、"C#"、"ZhangJinQi"。
- 整型常量：如 10、9、100。
- 浮点型常量：如 0.9m、98.5f、100.0。

2. 符号常量

符号常量使用 const 修饰符进行定义。只有 C#的内置类型（System.Object 除外）可以定义为符号常量，而用户自定义的数据类型（类、结构和数组）不能出现在 const 定义中。

> 注意：用 readonly 修饰符创建在运行时初始化一次就不可再更改的类、结构或数组。

常量必须在定义时初始化。例如，语句

```
public const int months=10;
```

定义了 months 为公有的符号常量，其值始终为 12，不可更改。

实际上，当编译器遇到 C#源代码中的常量修饰符时，直接把文本值替换到它生成的中间语言(IL)代码中。由于运行时并无与常量关联的像变量那样的地址，因此 const 字段不能通过引用传递且不能在表达式中作为左值出现。

可以同时定义多个相同类型的常量，例如，语句

```
const int months = 12, weeks = 52, days = 365;
```

同时定义了 3 个常量。

3. 常量的数据类型

书写数值型常数时，C#一般将小数解释为浮点型而非 decimal 型。书写一个十进制数值常数时，C#默认地按以下方法判断一个数值常数属于哪种 C#数值类。

- 如果一个数值常数不带小数点（如 56789），则判其为整型。
- 对于整型数值常数，按 int→uint→long→ulong 的顺序确定其类型。
- 对于带小数点的数值常数（如 3.14），确定为 double 类型。

如果不希望 C#使用上述默认的方式来确定一个十进制数值常数的类型，可以通过给数值常数加后缀的方式来指定数值常数的类型。数值常数后缀有以下几种。

- u（或大写的 U）后缀：加在整型常数后面，说明它是 uint 类型或者 ulong 类型。由实际值确定到底是两种中的哪一种（优先匹配 uint 类型）。
- l（或大写的 L）后缀：加在整型常数后面，说明是 long 类型或者 ulong 类型。由实际值确定到底是两种中的哪一种（优先匹配 long 类型）。
- ul 后缀：加在整型常数后面，说明它是 ulong 类型。
- f（或大写的 F）后缀：加在任何一种数值常数后面，说明常数是 float 类型。
- d（或大写的 D）后缀：加在任何一种数值常数后面，说明它是 double 类型。
- m（或大写的 M）后缀：加在任何一种数值常数后面，说明它是 decimal 类型。

2.2.2 数值类型及其变量

C#中的简单类型可进一步细分为以下几种。

- 8 种整型，分别是 8 位、16 位、32 位和 64 位整数值的有符号和无符号形式。

- 两种浮点型，分别使用 32 位单精度和 64 位双精度格式表示。
- 小数（decimal）型，是 128 位的数据类型，适用于财务计算和货币计算。
- 布尔（bool）型，取布尔值 true 或 false。
- 字符（char）型，16 位 Unicode 编码表示的字符。

注意

string 类型是 16 位 Unicode 字符的序列，属于引用类型。

C#简单类型中的数值类型如表 2-4 所列。

表 2-4 C#的数值类型

类 别	位 数	类 型	范围/精度
有符号整型	8	sbyte	–128…127
	16	short	–32,768…32,767
	32	int	–2,147,483,648…2,147,483,647
	64	long	–9,223,372,036,854,775,808…9,223,372,036,854,775,807
无符号整型	8	byte	0…255
	16	short	0…65,535
	32	uint	0…4,294,967,295
	64	ulong	0…18,446,744,073,709,551,615
浮点型	32	float	$1.5 \times 10^{-45} \sim 3.4 \times 10^{38}$，7 位精度
	64	double	$5.0 \times 10^{-324} \sim 1.7 \times 10^{308}$，15 位精度
小数型	128	decimal	$1.0 \times 10^{-28} \sim 7.9 \times 10^{28}$，28 位精度

1. 变量的概念及命名规则

变量的值在程序运行过程中随时可以变化。在计算机中，一个变量实际上代表了内存中的一组存储单元，因此，变量的名字就相当于这个存储空间的名字。对于一个 C#的值类型变量来说，这些存储单元中的内容就是这个变量的值。

C#中变量的命名需要遵守以下规则。

- 由字母、数字或下划线"_"组成。
- 以字母或下划线"_"开头（不能以数字开头）。
- 不能使用 C#中的关键字，如 int、string、bool、main、class 等。
- 区分大小写，如变量 a 和变量 A 是两个变量。

作为一个比较好的学习者，就必须遵守一些变量命名规范。

给变量命名时，要尽力做到"见名知意"。当变量名中包含多个英文单词组时，可使用骆驼命名法：第一个单词首字母小写，其他单词首字母大写，如：myName、myAge 等。

2. 变量的定义和赋值

定义变量的一般形式为

数据类型 变量名表;

例如，以下语句分别定义了无符号整型变量 number、小数型变量 price 和 money。

```
uint number;
decimal price, money;
```

为变量赋值的一般形式为

```
变量名 = 表达式;
```

其中，符号“=”为赋值运算符，意为将右边表达式求值的结果赋值给左边的变量。

可以在定义变量的同时为其赋值（称为赋初值）。例如，下面两个语句都可以定义 decimal 型变量 pay，并为其赋初值为 9000。

```
decimal pay = 9000.00m;
System.Decimal pay = 9000.00m;
```

这里需要注意以下两点。

- 前一语句使用了 C#中的类型名 decimal（相应.NET 框架中类型名的别名），后一语句使用了.NET 框架中的类型名 System.Decimal。
- C#默认 9000.00 为 Double 型常数，为给 decimal 型变量赋值，必须将该数显示地标记为 9000.00m。

3. 隐式类型

在定义局部变量（仅在一个类、一个循环语句等小范围内有效的变量）时，可使用 var 关键字赋予其“推断”类型而非显式类型。var 指示编译器根据初次赋值的语句右侧的表达式来推断变量的类型。推断类型可以是内置类型、匿名类型、用户定义类型或.NET 框架类库中定义的类型。

注意

从 Visual C# 3.0 开始，在方法范围中声明的变量可以具有隐式类型 var。

隐式类型就好像已经定义了该类型一样，但其类型是由编译器确定的。例如，下面两个语句在功能上是等效的，都可用于定义 i 变量并为其赋值为 10。

```
var i = 10;   // 隐式声明
int i = 10;    //显示声明
```

2.2.3 字符和字符串

C#的字符类型数据采用 Unicode 字符集，一个字符的长度为 16 位（二进制位），可用于表示世界上大部分语言文字符号以及其他常用符号。

1. 字符变量

字符类型变量可在全体 Unicode 字符集中取值。凡是在单引号中的一个字符（包括汉字），就是一个字符常数，例如，

```
'*'、'5'、'a'、'A'、'字'
```

字符类型的标识符是 char（或 System.Char），例如，语句

```
char c1='2',c2='A',c3 = '数';
```

定义了字符型变量 c1、c2 和 c3，并分别赋值为'2'、'A'和'数'。语句

```
Console.WriteLine("{0}、{1}", c3.GetType(), c3.GetTypeCode());
```

的输出结果为

```
System.Char、Char
```

前者为变量 c3 的类型名，后者为其 C#中的别名。

2. 转义符

对于控制字符，如“换行”、单引号、双引号、反斜杠符等，可以使用由一个反斜杠符和一个

符号组成的转义字符来表示，例如

'\n'、'\r'、'\t'、'\''、'\\''

分别表示“换行”“回车”“横向跳格”“单引号”和“反斜杠”。

3. 字符串的概念

字符串是由零个或多个字符组成的有限序列。一般可记为

$s=''a_1 a_2 \cdots a_n''\ (n>=0)$

它是程序设计语言中表示文本的数据类型，通常是整体作为操作对象的。例如，在字符串中查找某个子串、求取一个子串、在串的某个位置上插入一个子串以及删除一个子串等。两个字符串相等的充要条件是：长度相等，并且各个对应位置上的字符都相等。

无论创建什么类型的应用程序，都需要使用字符串。无论数据如何存储，终端用户总要与可读的文本打交道，因此，字符串是几乎所有程序设计语言都支持的最常用的数据类型。某些语言中，字符串属于基本数据类型，还有些语言中属于复合数据类型。多数高级语言都使用某种方式引用起来的字符串表示字符串数据类型的实例。这种元字符串既可以称为“字符串”，也可以称为“文本”。

注意

在C及较早的C++语言中，没有提供字符串类型，一般是用字符数组来存放字符串的，也可以用字符指针指向字符串。

4. C#中的字符串

一个字符串是双引号定界的字符序列（如"Hello C#!"）。String类是专门用于对字符串进行操作的，例如：

```
string sName = "张金";
string sClass = "电气51班";
string stu=sName+","+sClass+"学生";  //字符串连接运算
char c=stu3[0];  //取出stu中的第一个字符，即“张”字。
```

5. C#中的字符串常数

C#支持以下两种形式的字符串常数。

（1）常规字符串常数：位于双引号间的一串字符就是一个常规字符串常数。例如

```
"this is a String"
```

除了普通的字符，一个字符串常数也能包含一个或多个转义符。

（2）逐字字符串常数：以@开头，后跟一对双引号，字符位于双引号中。例如

```
@"C#程序设计"
```

逐字字符串常数与常规字符串常数的区别在于：逐字字符串常数的双引号中的每个字符都代表它最原始的意义，逐字字符串常数中不包含转义符。也就是说，逐字字符串常数的双引号中的内容在操作时是不变的，并且可以跨越多行。但有一个例外，如果其中包含双引号（ " ），就必须在一行中使用两个双引号（ " " ）。

2.2.4 数据类型转换

在编写实现数据的输入、输出或者赋值等多种操作的代码时，往往要将某个数据从一种数据类型转换为另一种数据类型。例如，在将一个整数赋值给浮点型变量时，需要先将整数转换为浮点数，然后再赋值给浮点型变量。又如，C#将用户键入的浮点数当作字符串对待，为了将这种浮

点数模样的字符串赋值给浮点型变量，也需要先将其转换为浮点数，然后再赋值给浮点型变量。

.NET 框架提供了多种功能来支持数据类型转换。下面介绍几种常用的转换方法。

> **注意**　数据类型转换时，创建一个等同于旧类型值的新类型值，但不必保留原始对象的恒等值（或精确值）。

1．数值类型之间的相互转换

比较 short 和 int 两种类型：虽然都是整型，但前者比后者短，所占用的存储空间自然小。再比较 long 和 float 两种类型：前者属于整型，其存储方式比属于浮点型的后者简单。假定我们将存储空间小或者存储方式简单称为“低”，反之称为“高”，那么，可将数值型数据按从低到高排序为：

Byte→short→int→long→float→double

（1）在从左到右（从短到长或从简单到复杂）进行数据类型转换时，可以直接进行转换（隐式转换），不必作任何说明。

例 2-1　数据类型的隐式转换。

```
//例 2-1_ 数据类型的隐式转换
using System;
namespace 隐式转换
{
    class Program
    {   static void Main(string[] args)
        {   //隐式转换（字节多←字节少 | 复杂格式←简单格式）
            int a = 9;
            long al = a; //长整型←整型
            float af = al; //浮点型←整型
            double ad = af; //双精度型←单精度型
            Console.WriteLine("a={0}; al={1}; af={2}; ad={2}", a, al, af, ad);
        }
    }
}
```

本程序的运行结果如图 2-2 所示。

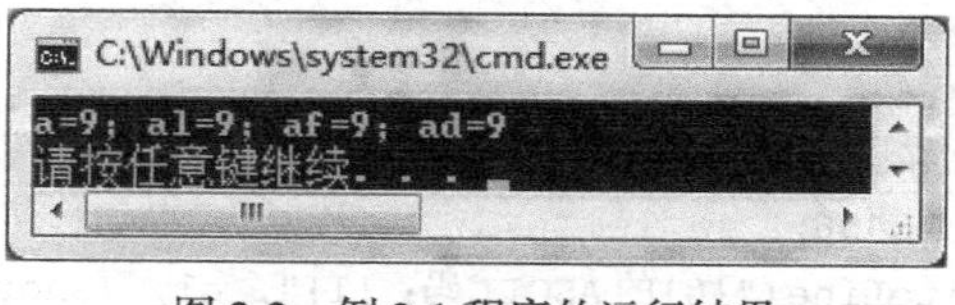

图 2-2　例 2-1 程序的运行结果

在执行语句

```
long al = a;
```

时，int 型变量 a 的值自动行转换成 long 型，再赋给 long 型变量 al。执行语句

```
float af = al;
```

时，long 型变量 al 的值自动行转换成 float 型，再赋给 float 型变量 af。

（2）如果想按相反的顺序赋值，则会出现错误提示信息。例如，键入以下两个语句：

```
long al = 9;
int a = al;
```

之后，错误列表窗口中立即显示：

无法将类型"long"隐式转换为"int"……

（3）如果一定要进行从长到短或从简单到复杂的转换，就应该使用

(类型名) 变量名

的形式强制类型转换。例如，下面两个语句可以顺利执行

```
long al = 9;
int a = (int)al;
```

在执行后一个语句时，C#先将 long 变量 al 的值强制转换成 int 型，再赋给 int 型变量 a。

值得注意的是，在将字节数较多的类型强制转换为字节数较少的类型，或者将字节数相同的无符号数强制转换成有符号数时，都有可能会因被转换类型的值超出目标类型的取值范围而产生溢出错误。例如，在将 byte 型的 129 强制转换为 sbyte 型时，就会溢出。

2. 字符的 ASCII 码和 Unicode 码

有时候，可能有如下需要。

（1）得到一个英文字符的 ASCII 码，或者一个汉字字符的 Unicode 码。

（2）查询某个编码对应的是哪个字符。

对于这种编码和字符互相转换的操作，不同的语言有不同的处理方式，如下所述。

（1）在 VB 中，Asc()函数用于将一个字符转换成相应的 ASCII 码，Chr()函数用于将 ASCII 码转换成相应的字符。

（2）在 C 语言中，如果将英文字符型数据强制转换成合适的数值型数据，就可以得到相应的 ASCII 码；反之，如果将一个合适的数值型数据强制转换成字符型数据，就可以得到相应的字符。

C#中字符的范围扩大了，不仅可以使用单字节字符，也可以使用像中文字符这样的双字节字符，而在字符和编码之间的转换，则仍延用了 C 语言的做法——强制类型转换。

例 2-2 字（英文字符、汉字）与编码（ASCII 码、Unicode 编码）的互相转换。

```
//例 2-2_ 字符与编码的转换
using System;
namespace 字符与编码
{
    class Program
    {   static void Main(string[] args)
        {   //英文字符<->ASCII 码 | 汉字<->Unicode 码
            char c1 = 'a';
            short i1 = 65;
            char c2 = '好';
            short i2 = 23456;
            Console.WriteLine("{0}的 ASCII 码：{1}", c1, (short)c1);
            Console.WriteLine("{0}的 ASCII 字符：{1}", i1, (char)i1);
            Console.WriteLine("“{0}”字的 Unicode 码：{1}", c2, (short)c2);
            Console.WriteLine("Unicode 码{0}的汉字：{1}", i2, (char)i2);
        }
    }
}
```

本程序的运行结果如图 2-3 所示。

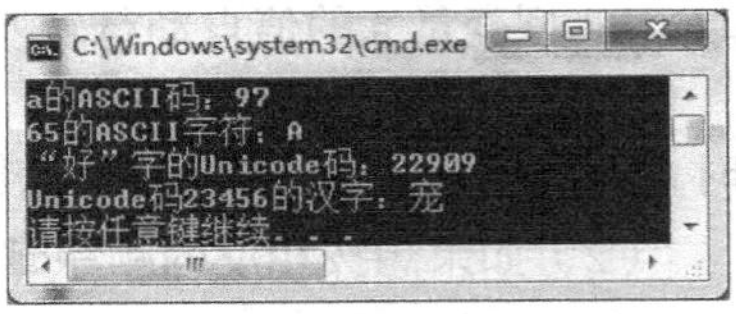

图 2-3 例 2-2 程序的运行结果

3. 数值字符串和数值之间的转换

在 C# 中，字符串是一对双引号定界的字符序列，如果这

个序列中的字符都是数字，则为数值字符串。例如，"56789"就是一个数值字符串。在输入数值的时候，需要把这样的字符串转换成数值；而在另一些时候，可能需要相反的转换。

将数值转换成字符串非常简单，因为每个类都有一个 ToString() 方法。所有数值型的 ToString() 方法都能将数据转换为数值字符串。反之，将数值型字符串转换成数值时，可以使用 short、int、float 等数值类型的 Parse() 函数，该函数用来将字符串转换为相应数值。

例 2-3 数值与数值型字符串的互相转换。

```
//例 2-3_ 数值与字符串的转换
using System;
namespace temp
{
    class Program
    {   static void Main(string[] args)
        {   //数字←Parse(字符串) | 字符串←ToString(数字)
            string s1 = "12345";
            int i = int.Parse(s1);
            Console.WriteLine("int 型变量 i={0}", i);
            string s2 = "567.985";
            double d = double.Parse(s2);
            Console.WriteLine("doubleint 型变量 d={0}", d);
            float f = 56.987F;
            string s3 = f.ToString();
            Console.WriteLine("string 型变量 s3={0}", s3);
        }
    }
}
```

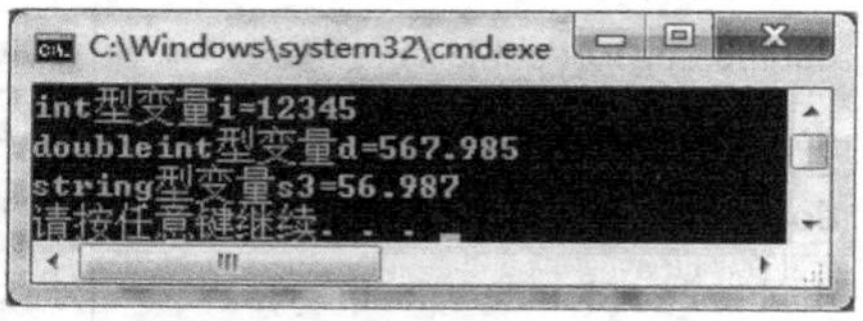

图 2-4　例 2-3 程序的运行结果

本程序的运行结果如图 2-4 所示。

Convert 是 System 命名空间中的一个专门用于数据类型转换的类，基本上可以转换所有常用的数据类型。例如，下面第 1 个语句将数值 56.987 转换为整数 57 并赋给 int 型变量 a，第 2 个语句将数值 56.987 转换为数值字符串并赋给 string 型变量 s。

```
int a = Convert.ToInt16(56.987);
string s = Convert.ToString(56.987);
```

2.2.5 常用数学函数

C#通过 System 命名空间中的 Math 类提供了一系列实现常用数学函数的静态方法，如表 2-5 所列，调用这些数学函数的一般形式为

```
Math.函数名(参数表)
```

例如，下面的语句计算 0.56 的正弦函数值并将其赋给 y 变量。

```
double y = Math.Sin(0.56);
```

常用的数学方法见表 2-5。

表 2-5　实现数学函数的常用方法

函 数 原 型	功 能	返 回 值	说 明
const double E = 2.71828	常数 e——自然对数的底		
const double PI = 3.14159	常数 π——圆周长与直径的比		

续表

函 数 原 型	功 能	返 回 值	说 明
int Abs(int x)	求整数 x 的绝对值	绝对值	
double Acos(double x)	求 arccos(x)的值	计算结果	–1≤x≤1
double Asin(double x)	求 arcsin(x)的值	计算结果	–1≤x≤1
double Atan(double x)	求 arctan(x)的值	计算结果	
double atan2(double y, double x);	求 arctan(y/x)的值	计算结果	
long BigMul(int x, int y)	求 x*y 的值	计算结果	
int Ceiling(double x)	返回大于或等于数字表达式 x 的最小整数	最小整数	
double Cos(double x)	求 cos(x)的值	计算结果	x 为弧度值
double Cosh(double x)	求 x 的双曲余弦 cosh(x)的值	计算结果	
int DivRem(int x,int y,int z)	求 x 与 y 的商，并将余数作为输出参数进行传递	x 与 y 的商，z 为余数	
double Exp(double x)	求 e^x 的值	计算结果	
int Floor (double x)	返回小于或等于数字表达式 x 的最大整数	最大整数	
int IEEERemainder(int x, int y)	求 x/y 的余数	计算结果	
double Log(double x)	求 ln(x)的值	计算结果	
double Log10(double x)	求 $\log_{10}(x)$的值	计算结果	
double Max(double x, double y)	返回 x 与 y 中较大者	计算结果	
double Min(double x, double y)	返回 x 与 y 中较小者	计算结果	
double Pow(double x,double y)	求 x^y 的值	计算结果	
int Round(double x)	将 x 四舍五入到最接近的整数	计算结果	
double Round(double x,int y)	将 x 四舍五入到 y 位小数	计算结果	
int Sign(double x)	返回表示 x 符号的值	x>0 时返回 1； x=0 时返回 0； x<0 时返回–1	
double Sin(double x)	求 sin(x)的值	计算结果	x 为弧度值
double Sinh(double x)	求 x 的双曲正弦 sinh(x)的值	计算结果	
double Sqrt(double x)	求 x 的平方根	计算结果	x≥0
double Tan(double x)	求 tan(x)的值	计算结果	x 为弧度值
double Tanh(double x)	求 x 的双曲正切值 tanh(x)	计算结果	
double Truncate(double d)	截去数字 d 的小数部分	整数部分	

2.3 运算符与表达式

运算的不同种类是由运算符描述的。运算符和操作数构成表达式。C#中的运算符种类较多，可以构成丰富多彩的表达式。灵活运用表达式，既可使程序显得短小简洁，也可较为轻松地实现一些在其他高级语言程序中颇费周章的功能。使用表达式应注意以下几点。

（1）注意运算符的正确书写方法。有些运算符与通常在数学公式中见到的符号有所区别，例如：相等为“==”，逻辑与为“&&”，整除求余用“%”。

（2）注意运算符与运算对象的关系。C#中的表达式可按其操作数（运算对象）个数分为单目表达式（负值、取地址等）、双目表达式（大多数运算）以及涉及 3 个或者更多个操作数的复合表达式（如有 3 个操作数的条件表达式）。

（3）注意运算符具有优先级和结合方向。

- 如果一个操作数两边有不同的运算符，首先执行优先级别较高的运算。
- 如果一个操作数两边的运算符级别相同，则应按自左而右的方向顺序处理。
- 如果对运算符的优先顺序没有把握，可使用括号来明确其运算顺序。

2.3.1　算术运算及自增减运算

算术运算的运算结果为数值，因而算术表达式也称为数值表达式，它由算术运算符（加、减、乘、除等）、数值型常量、变量、数学函数和圆括号组成。使用自增或自减运算符的表达式的运算结果也可以是数值。

C#的算术运算符如表 2-6 所列。

表 2-6　C#的算术运算符

算术运算符	描　述	示　例
–	负号	x=–y
+	加	z=x+y
–	减	z=x–y
*	乘	z=x*y
/	除	z=x/y
%	取模	z=x%y
++	自加	z++或++z
––	自减	z––或––z

1. 书写规定

不允许两个算术运算符紧挨在一起，也不能像在数学运算式中那样任意省略乘号或者用中圆点“·”代替乘号。如果遇到这些情况，应该使用括号将连续的算术运算符隔开或者在适当位置上添加乘法运算符。例如：

2*x*+1 应写成 2∗*x*+1；

x∗–*y*　应写成　*x*∗（–*y*）；

（*x*+*y*）（*x*–*y*）应写成（*x*+*y*）∗（*x*–*y*）。

2. 除法运算

除法运算符为“/”。如果除数和被除数均为整型数据，则结果也是整数。例如，9/5 的结果为 1，写成 9/5.0 才能得到 1.8。

取模运算符为“%”。“%”运算符两侧均应为整型数据，其运算结果为两个操作数作整除运算后的余数。例如，5%3 的结果为 2。

3. 自增与自减运算符

自增运算符“++”和自减运算符“--”都是单目运算符，其运算对象常为整型变量（或指针变量）。这两个运算符既可以放在作为操作数的变量之前，也可以放在变量之后，但对操作数的值影响不同。4 种表达式的值如下。

i++ 的值和 *i* 的值相同。

i-- 的值和 *i* 的值相同。

++*i* 的值为 *i*+1。

--*i* 的值为 *i*-1。

然而，自增和自减运算符真正的价值在于它们和赋值运算符类似，在参加运算的同时还改变了作为运算对象的变量的值。++*i* 和 *i*++会使变量 *i* 的值增大 1；类似地，--*i* 和 *i*--会使变量 *i* 的值减 1。

需要注意以下几点。

- ++和--的优先级别高于所有算术运算符和逻辑运算符。
- ++和--的运算对象只能是变量而不能是其他表达式。例如，(*i*+*j*)++就是一个错误的表达式。
- ++和--两个运算符的结合方向是“自右至左”（称为右结合性）。

2.3.2 关系运算和逻辑运算

关系运算就是同一类型的两个数进行比较，结果是逻辑值。简单的关系比较往往不能满足实际需求，可用逻辑运算符将关系表达式、逻辑量、算术表达式、字符串表达式等连接起来，构成较为复杂的逻辑表达式。逻辑表达式的值也是逻辑量。

1. 关系运算符

C#有 6 种关系运算符，如表 2-7 所列。

表 2-7 C#的关系运算符

关系运算符	描 述	示 例
<	小于	i<0
<=	小于或等于	i<=0
>	大于	i>0
>=	大于或等于	i>=0
==	等于	i==0
!=	不等于	i!=0

用关系运算符将两个表达式连接起来就构成了关系表达式。例如，

```
x >= (3+a)
a+b == c
```

如果比较运算的结果成立，则关系表达式取值为 true，否则取值为 false。关系运算符的优先级别低于算术运算符。因此

```
a+b == c 等价于 (a+b)==c
```

2. 逻辑运算符

C#中有 3 种逻辑运算符，如表 2-8 所列。

表 2-8　　C#的逻辑运算符

逻辑运算符	描　述	示　例
!	逻辑非	!(i<10)
&&	逻辑与	(i>0)&&(i<10)
||	逻辑或	(i==10)||(i>0)

在逻辑运算符中，逻辑与“&&”的优先级别高于逻辑或“||”的优先级，而所有关系运算符的优先级别均高于以上两个逻辑运算符。至于逻辑非运算符“!”，由于这是一个单目运算符，所以和其他单目运算符（如用于作正、负号的“+”和“-”）一样，优先级别高于包括算术运算符在内的所有双目运算符。例如，表达式

```
a*b>c && a*b<99 || -a*b>0 && !isgreat(c)
```

的运算顺序为

```
计算 a*b                                   // 算术运算优先于比较运算
计算 a*b>c                                 // 比较运算优先于逻辑运算
计算 a*b<100                               // 比较运算优先于逻辑与运算
计算 a*b>c && a*b<100                      // 逻辑与运算优先于逻辑或运算
计算 -a                                    // 单目运算优先于双目运算
计算 -a*b                                  // 算术运算优先于比较运算
计算 -a*b>0                                // 比较运算优先于逻辑运算
计算 isgreat(c)                            // 计算函数值优先于任何运算符
计算 !isgreat(c)                           // 单目运算优先于双目运算
计算 -a*b>0 && !isgreat(c)                 // 逻辑与运算优先于逻辑或运算
计算 a*b>c && a*b<99 || -a*b>0 && !isgreat(c)
```

2.3.3　位运算

所谓位运算，就是将两个操作数的机内二进制数据从低位对齐进行操作。C#中位运算的操作数为各种整型（如 char 型、int 型）数据。有 6 种位运算符，如表 2-9 所列。

表 2-9　　C#的位运算符

位运算符	描　述	操作数类型	结果类型	对象数	实　例
&	按位与	整型 字符型	整型	2	i & 128
|	按位或			2	j | 64
~	按位取反			1	~j
^	按位异或			2	i ^ 12
<<	按位左移			2	i<<1
>>	按位右移			2	j>>2

1. 按位与（&）

两个整型数据中的二进制位从低位到高位逐位对应进行“与”运算。运算规则为：如果参加运算的两个二进制位均为 1，则结果为 1；否则结果为 0。例如，假定两个变量 a 和 b 的定义为：

```
short a = 3, b = 5;
```

则 a 值对应的二进制数为 00000000 00000011，b 值对应的二进制数为: 00000000 00000101。按位

与 a&b 的运算过程为：

```
        00000000  00000011
     &  00000000  00000101
---------------------------------------------
        00000000  00000001
```

可见，a&b 的结果为二进制数 1，换算成十进制数也是 1。

2. **按位或（|）**

两个整型数据中的二进制从低位到高位逐位对应进行“或”运算。运算规则为：只要参加运算的两个二进制位中有一个为 1，则结果就是 1；只有当参加运算的两个二进制位均为 0 时，结果才为 0。例如，两个二进制数的或运算 10010001 | 11110000 的结果为 11110001。

3. **按位取反（~）**

按位取反是单目运算符，只需要一个操作数。按位取反运算将作为操作数的整型数据中的二进制位做“求反”运算。运算规则很简单：如果原来的二进制位为 1，则运算结果为 0；否则结果为 1。也说是说，运算结果和原来的数据相反。例如，对二进制的 10010001 进行按位取反，结果等于 01101110，用十进制表示就是 ~145 等于 110。

4. **按位异或（^）**

两个整型数据中的二进制位从低位到高位逐位对应进行“异或”运算。运算规则为：如果参加运算的两个二进制位不同则运算结果为 1，相同则结果为 0。例如，两个二进数的异或运算 10010001 | 11110000 的结果为 11110001。

5. **位左移运算符（<<）**

位左移运算用于将整型数据中的各个二进制位全部左移若干位，并在该数据的右端添加相同个数的 0。例如，假定 8 位的 byte 型变量 a 定义为

```
byte a=0x65
```

变量 a 的值就是二进制数 01100101，将其左移 3 位

```
a<<3
```

的结果为 0x27，即二进制数 00101000。

6. **位右移运算符（>>）**

位右移运算用于将整型数据中的各个二进制位全部右移若干位，并在该数据的左端添加相同个数的 0。例如，假定 8 位的 byte 型变量 a 定义为

```
Byte a=0x65
```

变量 a 就是二进制数 01100101，将其右移 3 位

```
a>>3
```

的结果是 0x0c，即二进制数 00001100。

2.3.4 赋值运算和条件运算

C#将赋值作为一个运算符处理。赋值运算符为“=”，用于构造赋值表达式。C#还提供了一种比较复杂的三目运算符，用于构造条件表达式。

1. **赋值表达式**

赋值表达式的格式为

```
<变量> = <表达式>
```

赋值表达式的值等于赋值运算符右边的表达式的值。实际上，赋值表达式的价值主要体现在它的副作用上，即赋值运算符可以改变作为操作数的变量 V 的值。赋值表达式的副作用是将计算出来的表达式 e 的值存入变量 V。和其他表达式一样，赋值表达式也可作为更复杂的表达式的组成部分。例如

```
x = y = a*b;
```

由于赋值运算符的优先级别低，并列的赋值运算符之间的结合方向为从右向左，所以上述语句的执行顺序如下。

- 先计算出表达式 a*b 的值。
- 再处理表达式 y = a*b，该表达式的值就是 a*b 的值，其值存入变量 y。
- 最后处理表达式 x = y = a*b，该表达式的值就是第一个赋值运算符右面的整个表达式的值，也就是说，最后 a*b 的值存入变量 x。

2. 条件表达式

条件表达式由问号“?”、冒号“:”和 3 个操作数构造而成，其格式为：

```
<表达式 1> ? <表达式 2> : <表达式 3>
```

条件表达式的值是这样确定的：如果<表达式 1>的值为 Ture，则取<表达式 2>的值作为条件表达式的值；否则取<表达式 3>的值作为问号表达式的值。利用问号表达式可以简化某些选择结构的程序。例如，分支语句

```
if(x<0)
   y = -x ;
else
   y = 2*x+1 ;
```

可以写成语句

```
y = x<0 ? -x : 2*x+1 ;
```

又如，当 score 变量的值在 60 以上时，语句

```
Console.WriteLine(score >= 60 ? "及格" : "不及格");
```

输出“及格”，否则输出“不及格”。

2.3.5 运算顺序

当一个表达式中出现多个运算符时，就要考虑运算顺序问题了。四则运算的运算顺序可归纳为“先乘除、后加减”，也就是说乘除运算的优先级别高于加减运算。C#语言有几十种运算符且分别归属于算术运算、逻辑运算、位运算等多个不同的门类，必须严格按照规定的优先级别来确定表达式中不同运算符的运算顺序，才能保证运算结果的正确性。

C#表达式中的不同运算符的优先级别如表 2-10 所列。

表 2-10　运算符的优先级别

优先级	类别	运算符
1	基本	(x)　x.y　f(x)　a[x]　x++　x-- new　typeof　sizeof　checked　unchecked
2	单目	+　-　!　~　++x　--x　(T)x
3	乘法、除法	*　/　%
4	加法、减法	+　-
5	左移、右移	<<　>>

续表

优先级	类别	运算符
6	关系运算	< > <= >= is
7	等于	== !=
8	位与	&
9	位异或	^
10	位或	|
11	与	&&
12	或	||
13	条件	?:
14	赋值	= *= /= %= += -= <<= >>= &= ^= |=

可以看出，运算符优先级的数字越大，其优先级别越低。优先级别最高的是括号，故当改变混合运算中的运算次序或者对运算次序把握不准时，可以使用括号来明确规定不同运算符的运算顺序。

例 2-4 逻辑表达式中的运算顺序。

假定几个变量定义为

```
int i=5;
char c='h';
string s = "ABC";
```

那么，逻辑表达式

```
i + 2 << 3 >= i * 6 || c > '高' && c > 123
```

按以下顺序求解。

（1）先求解算术表达式

- 先乘法： i * 6 → 30
- 再加法： i + 2 → 7
- 后移位： 7 << 3 → 56 (二进制数 111 → 111000)

（2）再求解关系表达式

- 最左： 56 >= 30 → True
- 往右： c > '高' → False
- 最右： c > 123 → False

（3）最后求解逻辑表达式

- 先逻辑与： False && False → False
- 再逻辑或： True || False → False

2.4 程序解析

本章解析 5 个程序，其中前 3 个为控制台应用程序，其功能分别为：根据海伦公式计算并输出三角形的面积，提取并输出一个 E-mail 地址中的用户名和域名，构造并输出一个 5 位整数的反序数；后两个为 Windows 窗体应用程序，其功能分别为：判断一个 4 位整数是否回文数（本数与其倒序数相同），两位以内整数的加法练习。

阅读和理解这 5 个程序，可以帮助读者进一步理解 C#程序的一般特点，初步体验算法（可以理解为：解决问题的套路或策略）在程序设计中的重要作用，为后面引入相应的算法或者程序设计思想打好基础。

程序 2–1　按海伦公式求三角形面积

本程序的任务是：输入三角形 3 个边的长度 a、b、c，根据海伦公式

$$area=\sqrt{s(s-a)(s-b)(s-c)}$$

计算并输出三角形的面积。其中

$$s=\frac{1}{2}(a+b+c)$$

。

1. 编程序所依据的算法

本程序按顺序执行以下操作。

（1）变量 a、b、c ←输入三角形的 3 个边长。

（2）判断：长为 a、b、c 的 3 条线段能不能构成三角形？不能则

- 输出“不能构成三角形！”；
- 转到（6）。

（3）变量 s←计算$(a+b+c)$。

（4）变量 $area$←计算 $sqrt(s(s-a)(s-b)(s-c))$。

（5）输出 $area$。

（6）结束。

2. 程序源代码

按照给定的算法，可编写如下程序。

```
//程序 2-1_ 求三角形面积
using System;
namespace temp
{
    class Program
    {   static void Main(string[] args)
        {   //输入三角形三边长
            Console.Write("三角形三边长：a=? b=? c=? ");
            string abcIn = Console.ReadLine();
            string[] abc = abcIn.Split(' ');
            double a = Convert.ToDouble(abc[0]);
            double b = Convert.ToDouble(abc[1]);
            double c = Convert.ToDouble(abc[2]);
            if (a + b > c && a + c > b && b + c > a)
            {   //能构成三角形时,按海伦公式计算并输出其面积
                double s = (a + b + c) / 2;
                double area = Math.Sqrt(s * (s - a) * (s - b) * (s - c));
                Console.WriteLine("三角形面积：{0}", area);
            }else //不能构成三角形时输出错误信息
```

```
                Console.WriteLine("长为{0}、{1}和{2}的三条线段不能构成三角形", a,b,c);
            }
        }
}
```

本程序中，在通过用户输入的3个边长计算三角形面积之前，先判断指定长度的3条线段能不能构成三角形？能构成三角形时再计算三角形的面积。这种数据检验操作是程序的重要组成部分，应给以足够的重视。

3. 程序的运行结果

这里给出本程序的两次运行结果。

第1次：用户输入的3条线段长度分别为30、40和50，能构成三角形，计算并输出的三角形面积为600，如图2-5（a）所示。

第2次：用户输入的3条线段长度分别为9、10和20，不能构成三角形，输出了错误提示信息，如图2-5（b）所示。

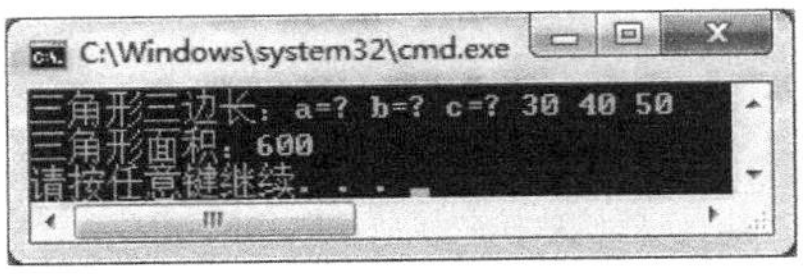

（a）

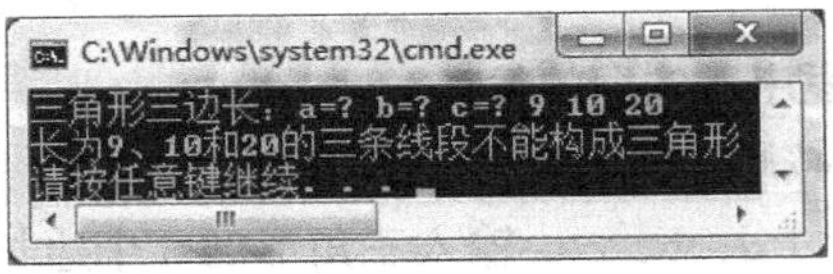

（b）

图2-5　程序2-1的运行结果

程序2-2　提取E-mail地址中的用户名和域名

本程序的任务是：输入一个E-mail地址，找出其中“@”符号的位置，然后从中取出并输出用户名（“@”前面的字符串）和域名（“@”后面的字符串）。

1. 编程序所依据的算法

本程序按顺序执行以下操作。

（1）变量*mail*←输入E-mail地址。

（2）变量*index*←查找E-mail地址中“@”符号的位置（序号）。

（3）判断：未找到“@”符号吗？是则

- 输出“非有效Email地址!”。
- 转到（8）。

（4）变量*user*←取出E-mail中的用户名（“@”前的子字符串）。

（5）变量*doman*←取出E-mail中的域名（“@”后的子字符串）。

（6）输出用户名（*user*的值）。

（7）输出域名（*doman*的值）。

（8）结束。

2. 程序源代码

按照给定的算法，可编写如下程序。

```
//程序2-2_ 提取E-mail中的用户名和域名
using System;
namespace Email
{
```

```
class Program
{   static void Main(string[] args)
    {   //输入待操作的 E-mail 地址
        Console.Write("您的 Email 地址是？ ");
        string mail = Console.ReadLine();
        int index =-1;
        index = mail.IndexOf("@");
        //判 E-mail 地址是否正确
        if (index < 0)  //非有效 E-mail 地址，输出错误信息
            Console.WriteLine(mail + "不是有效的 E-mail 地址!");
        else
        {   //有效 Email 地址，提取并输出用户名和域名
            string user = mail.Substring(0, index);
            string domain = mail.Substring(index + 1);
            Console.WriteLine("用户名：{0}", user);
            Console.WriteLine("域名：{0}", domain);
        }
    }
  }
}
```

程序中的语句

```
string mail = Console.ReadLine();
```

使用了 string 类的 IndexOf()方法，其功能为：查找当前字符串中指定字符所在的位置，也就是该字符在字符串中的序号。该语句的 mail 是 string 类的一个实例，也称为对象。IndexOf()是 string 类中定义的一个非静态方法，括号中的自变量（称为参数）就是待查找的字符。这种非静态方法需要通过类的实例而非类本身来调用。调用的一般形式为：

类的实例名.方法名（参数表）

3. 程序的运行结果

这里给出本程序的两次运行结果。

第 1 次：用户输入的是一个正确的 E-mail 地址（有“@”符号），程序分离并输出用户名和域名，如图 2-6（a）所示。

第 2 次：用户输入的字符串不是一个有效的 E-mail 地址（无“@”符号），程序输出了错误提示信息，如图 2-6（b）所示。

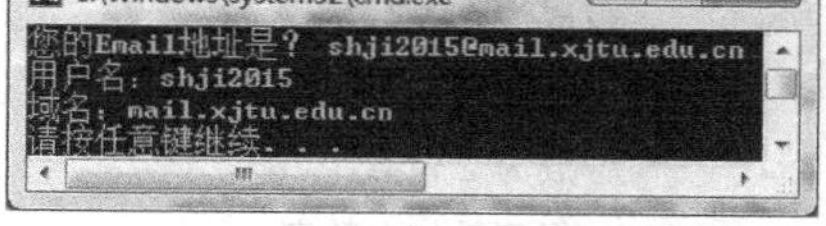

（a）

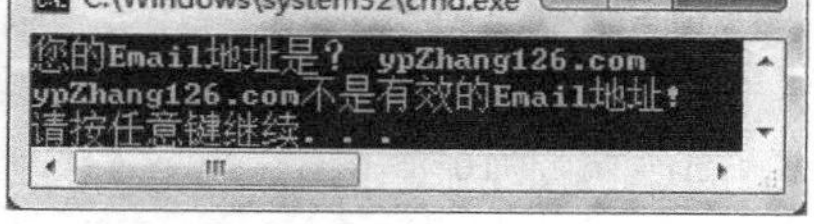

（b）

图 2-6　程序 2-2 的运行结果

程序 2–3　输出一个 5 位整数的反序数

本程序的任务是：输入一个 5 位的整数，构造并输出它的反序数。例如，如果运行时用户输入 56789，则本程序构造并输出 98765。

1. 编程序所依据的算法

本程序所依据的算法中有两大重要操作。

（1）n←输入一个整数。

（2）分离出该数每一位上的数字，可以通过整除和求余数两种运算配合来实现。例如，假定运行时用户输入的数 56789→n 变量，则分离 56789 中各位的方法如下。

- 56789÷10 取余数 =9→$n1$
- 56789÷10 取整数 =5678→n
- 5678÷10 取余数 =8→$n2$
- 5678÷10 取整数 =567→n
- 567÷10 取余数 =7→$n3$
- 567÷10 取整数 =56→n
- 56÷10 取余数 =6→$n4$
- 56÷10 取整数 =5→n
- 5÷10 取余数 =5→$n5$
- 5÷10 取整数 =0→n

（3）构造并输出反序数。

$n1(=9)+n2(=8)\times10+n3(=7)\times100+n4(=6)\times1000+n5(=5)\times10000\rightarrow m(=98765)$

2. 程序源代码

```
//程序 2-3_输出 5 位整数的反序数
using System;
namespace temp
{
    class Program
    {   static void Main(string[] args)
        {   //输入待操作的 5 位整数
            Console.Write("一个 5 位的无符号整数 (1000<n<9999) n=? ");
            uint n = Convert.ToUInt32(Console.ReadLine());
            Console.Write("5 位无符号数 {0}", n);      //与后面输出的内容拼凑成一句话
            //分离该整数的每一位数字
            uint n1 = n % 10;                        //除以 10 取余数，得到个位上数字
            n = n / 10;                              //整除以 10，成为 4 位数字
            uint n2 = n % 10;                        //得到十位上数字
            n = n / 10;                              //成为 3 位数字
            uint n3 = n % 10;                        //得到百位上数字
            n = n / 10;                              //成为 2 位数字
            uint n4 = n % 10;                        //得到千位上数字
            n = n / 10; //成为 1 位数字
            uint n5 = n % 10;                        //得到万位上数字
            //形成并输出原整数的反序整数
            uint m=(((n1*10+n2)*10+n3)*10+n4)*10+n5;
            Console.WriteLine(" 反序后是 {0}", m);
        }
    }
}
```

3. 程序运行结果

本程序的一次运行结果如图 2-7 所示。

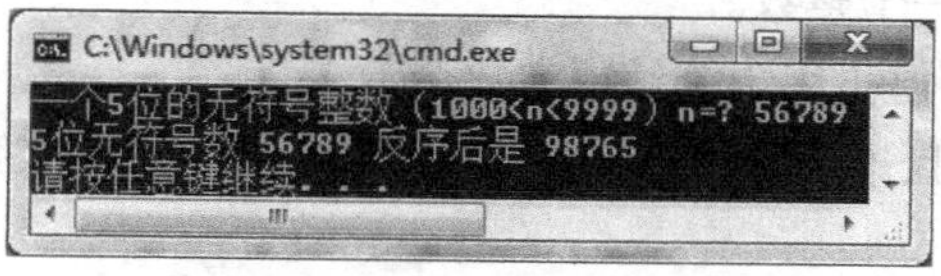

图 2-7　程序 2-3 的运行结果

4. 程序的改编

下面再给出重编后的程序。这个程序与前面程序所依据的算法相同，但分离整数各位及构造其反序数的语句有所区别。

```
//程序 2-3_ 输出 5 位整数的反序数
using System;
namespace temp
{
    class Program
    {   static void Main(string[] args)
        {   //输入三角形三边长
            Console.Write("一个 5 位的无符号整数 (1000<n<9999) n=? ");
            uint n = Convert.ToUInt32(Console.ReadLine());
            Console.Write("5 位无符号数 {0}", n);
            char c1 = Convert.ToChar(n % 10 + '0');           //分离个位数字
            char c2 = Convert.ToChar(n / 10 % 10 + '0');      //分离十位数字
            char c3 = Convert.ToChar(n / 100 % 10 + '0');     //分离百位数字
            char c4 = Convert.ToChar(n / 1000 % 10 + '0');    //分离千位数字
            char c5 = Convert.ToChar(n / 10000 + '0');        //分离万位数字
            Console.WriteLine(" 反序后是 {0}{1}{2}{3}{4}", c1, c2, c3, c4, c5);
        }
    }
}
```

改编后的程序中，表达式

```
Convert.ToChar(n % 10 + '0')
```

按以下步骤从当前整数分离出个位数字，并将其转换为一个数字型字符。

- 将一个 5 位的整数整除以 10，取余数，得到个位上数字。
- 个位上数字加上数字型字符“'0'”的 ASCII 值（隐式地将'0'转换为其码值 48），得到个位上数字的 ASCII 码值。
- 将个位上数字的 ASCII 码值转换为数字型字符。

程序 2-4　判断一个 4 位整数是否回文数

本程序的任务是：输入一个 4 位的整数，判定它是否为回文数并输出判定结果。

回文数的特点是：由该数各位上数字反序构成的数与原数相同。例如，4 位整数 9889 就是一个回文数。

对于 4 位整数来说，只要最高位（千位）和最低位（个位）、中间的两位（百位和十位）分别相等，就可以判定为回文数了。

1. 编程序所依据的算法

本程序执行以下操作。

（1）整型变量 *n*←输入一个整数。

（2）整型变量 *count*←0 值（用于统计回文数个数）。

（3）判：（个位=千位）且（十位=百位）？是则输出：“*n* 是回文数!”，变量 *count* 加 1。否则输出：“*n* 不是回文数!”。

（4）输入并判定下一个数吗？是则转到（1）。

（5）算法结束。

2. 窗体设计

该窗体上的控件及其属性设置如下。

（1）窗体 Form1 的 Text 属性初始设置为“判整数是否回文数”，运行后显示回文数个数。其他属性均为默认值。

（2）一个文本框，其属性均为默认值。

（3）一个按钮，Text 属性设为“回文数？”，其他属性均为默认值。

（4）一个列表框，其 Items 属性最上面一行设为：“判定结果:”，其他属性均为默认值。

本程序设计的窗体在运行后显示为图 2-8 所示的窗口。其功能为：用户在文本框中输入一个整数后，单击“回文数”按钮，列表框中就会显示该整数是否回文数的判定结果。如果用户单击 ☒ 按钮，则将关闭窗口并结束本次程序的运行。

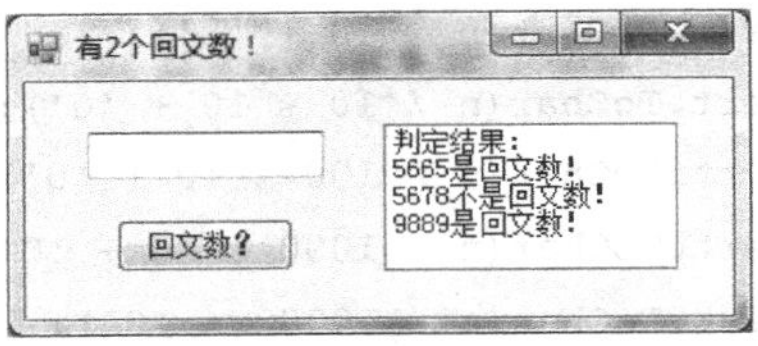

图 2-8　程序 2-4 的运行结果

3. 程序源代码

```
//程序 2-4_ 判整数是否回文数
using System;
using System.Windows.Forms;
namespace 判回文数
{
    public partial class Form1 : Form
    {
        public Form1()
        {   InitializeComponent();
        }
        byte count = 0;
        private void button1_Click(object sender, EventArgs e)
        {   //获取用户输入的 4 位整数
            int n = Convert.ToInt32(textBox1.Text);
            //分离该整数各位上的数字
            int n1 = n / 1000;              //千位
            int n2 = n / 100 % 10;          //百位
            int n3 = n / 10 % 10;           //十位
```

```
                int n4 = n % 10;    //个位
                //判该整数是否回文数
                if (n1 == n4 && n2 == n3)
                {   //是回文数：输出；统计个数
                    listBox1.Items.Add(n + "是回文数！");
                    this.Text = "有"+(++count)+"个回文数！";
                }
                else //非回文数：输出信息
                    listBox1.Items.Add(n + "不是回文数！");
                textBox1.Clear();
                textBox1.Focus();
            }
        }
    }
```

4. 程序的运行

本程序运行后显示出来的窗口(见图 2-8)的初始状态为：标题栏显示“判整数是否回文数”，左上的文本框为空白，左下的按钮上显示“回文数？”，右边的列表框上有一行字“判定结果:”。

用户在文本框中输入一个 4 位数字后，单击按钮，列表框中随之显示判定结果：如果是回文数，则在列表框中显示“××××是回文数!”并在窗口的标题栏上显示“有×个回文数!”；否则在列表框中显示“××××不是回文数!”。

如果用户单击 ☒ 按钮，则将关闭窗口并结束本次程序的运行。

程序 2–5 加法练习器

本程序的任务如下。

- 输出一个加法表达式。
- 由用户输入答案（和值）。
- 答案正确时，输出“答对了，请做下一题”，然后再输出一个题等待用户作答。
- 答案错误时，输出“答错了，请继续做本题”，等待用户再次作答。
- 输出所得分数或所做题数。

1. 编程序所依据的算法

本程序执行以下操作。

（1）判断（做题吗？），否则转到（9）。

（2）变量 *mark*←分数初值（或 *count*←题数初值）。

（3）出题：输出一个两位数以内的加法表达式“*a*+*b* = ”。

（4）答题：变量 *answer*←输入答案（*a* 与 *b* 之和）。

（5）判断（*answer*≠*a*+*b*？），是则

- 输出“答错了，请继续做本题”；
- 转到（3）。

（6）判分并准备做下一题。

- 输出“答对了，请继续做下一题…”。
- 判分（或题目个数加 1）。
- 转到（1）。

（7）分数 *mark* 加一个题的分数（或题数 *count* 加 1）。

（8）输出分数 *mark*（或题数 *count*）。

（9）算法结束。

2. 窗体设计

该窗体上的控件及其属性设置如下。

（1）窗体 Form1 的 Text 属性初始设置为“加法练习”。其他属性均为默认值。

（2）4 个标签，初始设置为：

- label1 和 label3（显示两个加数）的 Text 属性为空，BackColor 属性（背景色）为黑色（ControlText），ForeColor 属性（前景色）为白色（HighLightText）。
- label2 的 Text 属性为加号“+”。
- label4 的 Text 属性为加号“=”。

（3）一个文本框，其 Text 属性为空。

（4）两个按钮，其 Name 属性分别为 markBtn 和 nextBtn。Text 属性分别为“出题”和“评分”。

本程序设计的窗体在运行后显示为图 2-9 所示的窗口。其功能如下。

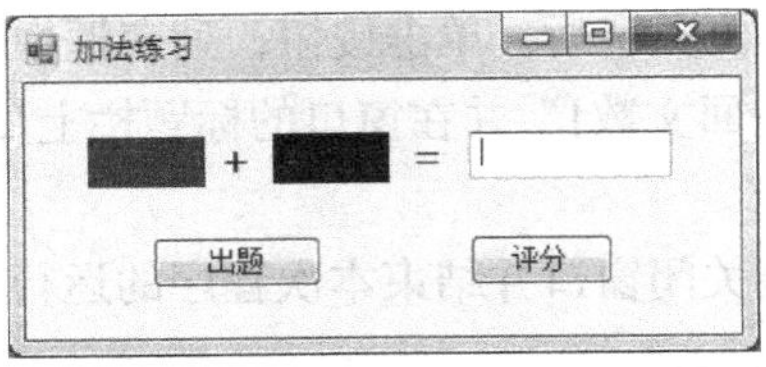

图 2-9 程序 2-5 的运行结果

（1）用户单击“出题”按钮后，第 1 个和第 3 个标签上显示两个加数（0~100 的整数），焦点移到文本框上（有闪烁的光标），并在标题栏上显示题号（如“第 1 题”）。

（2）用户在文本框上输入一个整数，并单击“评分”按钮后，禁用“文本框”（使其变为灰色显示），并判断答案是否正确（文本框上数字=两标签上数字之和？）。

如果答案正确，则启用“出题”按钮（使其变为正常显示），提示用户准备做下一题（再次单击“出题”按钮，输入答案），并在标题栏上显示题号。

如果答案不正确，则清空并聚焦到文本框，禁用“出题”按钮（使其变灰），并提示用户再次输入本题的答案。

（3）用户单击 ✕ 按钮后，关闭窗口并结束本次程序的运行。

3. 程序源代码

```
//程序 2-5_ 加法练习器
using System;
using System.Windows.Forms;
namespace 加法练习
{
    public partial class Form1 : Form
    {
        public Form1()
        {   InitializeComponent();
        }
        int n = 0;
```

```
        private void nextBtn_Click(object sender, EventArgs e)
        {   //出题：显示题号、两加数；激活、聚焦文本框
            Random r = new Random();
            label1.Text = Convert.ToString(r.Next(0, 100));
            label3.Text = Convert.ToString(r.Next(0, 100));
            this.Text= "第" + (++n) + "题";
            textBox1.Enabled = true;
            textBox1.Focus();
            textBox1.Clear();
        }
        private void markBtn_Click(object sender, EventArgs e)
        {   //评分：先禁用“答案”文本框
            textBox1.Enabled = false;
            //获取两加数、答案
            int a = int.Parse(label1.Text);
            int b = int.Parse(label3.Text);
            int answer = int.Parse(textBox1.Text);
            //判断：答案=两加数之和？
            if (answer == a + b)
            {   //答对时：显示提示信息；激活“出题”按钮
                MessageBox.Show("您答对了！请做下一题...");
                nextBtn.Enabled = true;
            }else
            {   //答错时：显示提示信息；激活、聚焦“答案”文本框
                MessageBox.Show("您答错了！请继续做本题...");
                textBox1.Enabled = true;
                textBox1.Clear();
            }
        }
    }
}
```

4. 程序的运行

本程序运行后显示出来的窗口的初始状态为：标题栏显示“加法练习”；上边的第 1 个和第 3 个标签均为底色（黑色），第 2 个和第 4 个标签分别显示加号和等号；右上边的文本框为空白。

（1）用户单击“出题”按钮后，效果如下。

- 第 1 个和第 3 个标签分别显示两个加数。
- 启用文本框，并聚焦其上，等待用户输入答案。
- 标题栏上显示题号（如“第 1 题”）。

（2）如果文本框中输入的数字与两个标签上的数字之和相等（如图 2-10（a）所示），则在单击“评分”按钮后，显示图 2-10（b）所示的消息框。用户单击“确定”按钮，则将启用“出题”按钮。

（3）如果文本框中输入的数字与两个标签上的数字之和不等（如图 2-10（c）所示），则在单击“评分”按钮后，显示图 2-10（d）所示的消息框。用户单击“确定”按钮，则会启用并聚焦到文本框。

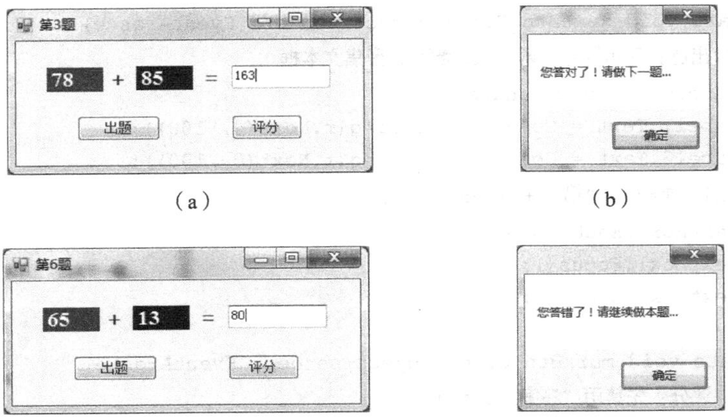

（a）　（b）　（c）　（d）

图 2-10　程序 2-5 的运行结果

（4）如果用户单击☒按钮，则将关闭窗口并结束本次程序的运行。

2.5　实验指导

本章安排 3 个各有侧重的实验。

1. 练习分属于不同数据类型的多个数据的输入、输出、计算以及互相转换。

2. 练习不同种类的表达式（算术表达式、字符表达式、字符串表达式、逻辑表达式）的计算，体验两种 VC#程序（控制台应用程序、Windows 窗体应用程序）的不同特点及其程序设计方式。

通过本章实验，读者能够加深对数据类型的概念的认知，基本理解常用的数值型、逻辑型、字符和字符串型的特点；能够正确地使用这几种类型的变量和表达式；能够理解并使用 C#语言或.NET 环境中那些实现数学函数与数据类型转换操作的常用方法。

实验 2-1　不同类型数据的输入输出

本实验中，通过控制台应用程序来编写并运行两个 C#程序。

- 练习字符型变量的定义、字节数测试、与整型变量的转换以及整型变量的自加和赋值。
- 练习算术表达式、字符串表达式以及逻辑表达式的使用。

1. 字符型与整型的转换

【程序的功能】

字符型变量的输入、类型长度测试、数据类型转换以及变量自加测试。

程序的运行结果如图 2-11 所示。

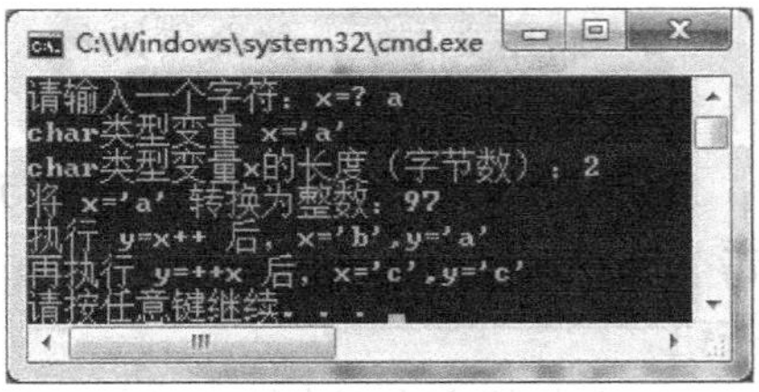

图 2-11　实验 2-1-1 的运行结果

【算法分析】

本程序按顺序执行以下操作。

（1）输入一个字符并赋予字符型变量 x。

（2）测试 x 的长度（占用字节数）。

（3）将 x 转换为整型并输出其值。

（4）x 赋予字符型变量 y 之后自加，并输出 x 和 y 的值。

（5）x 自加后赋予字符型变量 y，并输出 x 和 y 的值。

【程序设计步骤】

（1）补全下面的程序。

```
//实验 2-1-1_ 变量的输入、数据类型转换及自加测试
using System;
namespace 变量的输入_数据类型转换及自加_test
{
    class Program
    {   static void Main(string[] args)
        {   Console.Write("请输入一个字符：x=? ");
            char x = char.Parse(Console.ReadLine());
            Console.WriteLine("char 类型变量 x='{0}' ", ___①___);
            Console.WriteLine("char 类型变量 x 的长度（字节数）：___②___", sizeof(char));
            Console.WriteLine("将 x='{0}' 转换为整数：___③___",x, ___④___x);
            char y=x++;
            Console.WriteLine("执行 y=x++ 后，x='{0}',y='{1}'", ___⑤___, ___⑥___);
            y=++x;
            Console.WriteLine("再执行 y=++x 后，x='{0}',y='{1}'",___⑦___, ___⑧___);
        }
    }
}
```

（2）在 VC#的控制台应用程序中，输入并调试本程序。

（3）运行程序，可多次运行，每次输入不同的字符，查看运行结果。

2．算术运算符与逻辑运算符

【程序的功能】

测试各种表达式并分析其求值结果，包括：算术表达式、字符串表达式和逻辑表达式。

【算法分析】

本程序按顺序完成以下操作。

（1）定义 long 型变量 lx 并赋值。

（2）定义 int 型变量 ix 并以包含 lx 变量的表达式为其赋值。

（3）定义 float 型变量 fx 并以包含 lx 变量的表达式为其赋值。

（4）定义 double 型变量 dx 并以包含 lx 变量的表达式为其赋值。

（5）定义 string 型变量 $s1$ 和 $s2$ 并赋值。

（6）构造包含以上变量的逻辑表达式。

（7）输出逻辑表达式的值。

【程序设计步骤】

（1）补全下面的程序。

```
//实验 2-1-2_ 算术表达式与逻辑表达式
using System;
namespace 算术表达式与逻辑表达式
{
    class Program
    {   static void Main(string[] args)
```

```
        {   long lx=3;
            int ix=______①______lx++;
            float fx=2*lx-5.2______②______;
            double dx=lx/2______③______;
            string s1="ABD", s2="AC";
            bool x = ix>______④______Compare(s1,s2) || lx>fx+______⑤______Sqrt(dx);
            Console.WriteLine(x);
        }
    }
}
```

（2）在 VC#的控制台工程中，输入并调试本程序。

（3）运行程序，并根据运行结果分析为逻辑型变量 x 赋值的逻辑表达式。

- 找出该表达式中所有运算符，并归类为：算术运算符、字符串运算符、关系运算符和逻辑运算符。
- 排列出表达式求值过程中各运算符的运算顺序将给出每个运算符的求值结果。

实验 2-2　表达式求值

本实验中，先编写并运行两个 C#控制台应用程序，再编写并运行一个 C#Windows 窗体应用程序。

- 将一个华氏温度转换为摄氏温度，主要练习算术表达式以及控制数值型变量的取值范围的逻辑表达式的使用。
- 将一个大写字母转换为小写字母，主要练习字符表达式以及控制字符型变量的取值范围的逻辑表达式的使用。
- 计算由学生考试成绩和平时成绩按指定权值相加而得到的总评成绩，并统计高分人数。主要练习图形用户界面的输入、计算和输出方式，体验 Windows 窗体应用程序的特点。

1. 华氏温度转换为摄氏温度

【程序的功能】

温度转换：输入一个华氏度，按公式（*C* 表示摄氏度，*F* 表示华氏度）

$$C=5*(F-32)/9$$

将其转换为相应的摄氏度并输出它。

假定要转换的是实测得到的气温，则可将所输入的华氏度限定在–150℉ ~ 200℉（–101.11℃ ~ 93.33℃）之间。

【程序设计步骤】

（1）按以下形式编写程序：

```
//实验 2-2-1_ 华氏度转换为摄氏度
using System;
namespace 华氏度->摄氏度
{
    class Program
    {
        static void Main(string[] args)
        {
            输出提示信息： “华氏度 f=? ”；
            double 型变量 f←输入华氏度;
```

```
                判断(f<=-150 || f>=200?),是则
                输出:"您输入的数字超出了-150~200 的范围!";
            否则
            {       double 型变量 c←计算 5.0d/9.0d*(f-32d);
                输出摄氏度;
            }
        }
    }
}
```

（2）在控制台应用程序中运行本程序。

2. 字符的大小写转换

【程序的功能】

输入一个字符，判断它是否为大写字母，如果是，将其转换为对应的小写字母输出；否则，不用转换直接输出。

ASCII 表中所有的大写字母从 A ~ Z 是连续排列的，所有的小写字母从 a ~ z 也是连续排列的，但大写字母和小写字母并没有排在一起。因此，如果一个字符是大写字符，就可以通过对其 ASCII 码作如下运算转换为对应的小写字母的 ASCII 码。

小写=大写-'A'+'a'

【程序设计步骤】

（1）按以下形式编写程序。

```
//字符大小写转换
using System;
namespace CSHARP2_9
{
    class Program 大写->小写
    {
        static void Main(string[] args)
        {
            输出提示信息:"一个英文字母 ch=? ";
            char 型变量 ch←输入一个字母;
            判断(ch>='A' && ch<='Z' ?),是则
                ch←计算(char)(ch-'A'+'a');
            输出转换得到的小写字母;
        }
    }
}
```

（2）在控制台应用程序中，输入并调试本程序。

3. 计算总评分并统计优秀学生数

【程序的功能】

计算总评分数：输入 20 位学生的考试成绩和平时成绩，按公式

总评分=考试成绩*0.7+平时*30

计算并输出每位学生的总评分；同时统计高分（90 分以上）人数，最后输出高分人数。

【窗体设计】

该窗体上的控件及其属性设置如下。

（1）窗体 Form1 的 Text 属性初始设置为“计算总评分”。其他属性均为默认值。

（2）两个文本框，其属性均为默认值。

（3）两个标签，分别放在两个文本框左边，其 Text 属性分别设置为“考试成绩”和“平时成绩”。其他属性均为默认值。

（4）一个按钮，Text 属性设为“计算总评分”，其他属性均为默认值。

（5）一个列表框，其 Items 属性最上面一行设为“总评分表”，其他属性均为默认值。

【程序设计步骤】

（1）按以下形式编写程序（Windows 窗体应用程序中的 Form.cs 文件）。

```
//实验 2-2-2_ 计算总评分
using System;
using System.Windows.Forms;
namespace 总评分
{
    public partial class Form1 : Form
    {
        public Form1()
        {   InitializeComponent();
        }
        byte nStu = 0;
        byte nHigh = 0;
        private void button1_Click(object sender, EventArgs e)
        {
            double 型变量 exam←输入考试成绩;
            double 型变量 assign←输入平时成绩;
            double 型变量 mark←计算 exam*0.7+assign*0.3;
            输出 mark;
            判断（mark>=90？），是则
                nHigh++
            nStu++;
            判断（nStu>=20？），是则
            {   输出 nStu;
                显示消息框，输出“请单击关闭按钮，结束本次程序运行！”;
                禁用本窗体上摆放的按钮（button1）;
            }
        }
    }
}
```

（2）在 VC#的 Windows 窗体应用程序中运行本程序。

第 3 章 算法及程序的控制结构

为了使用计算机解决实际问题，需要在分析研究的基础上制定相应的算法，然后使用某种程序设计语言（如 C#）来编写并运行程序，就可以得到所期望的结果。解决同一个问题往往可以找到多种不同的算法，根据这些算法编写的程序自然会有高下之分。

程序中，需要将实现算法的一连串语句编排成顺序结构、选择结构、循环结构或者它们套叠而成的复杂结构，其中选择结构和循环结构都需要专门的语句来实现。

3.1 算法的概念与基本结构

算法是程序设计的依据。算法可以用自然语言、伪代码、流程图等多种方式表现出来，其中流程图有多种形式：框形流程图、N-S 流程图、PAD 图等。按照结构化程序设计的思想，使用 3 种基本结构（顺序结构、选择结构、循环结构）或者由 3 种基本结构套叠而成的复杂结构可以表示任何算法。

3.1.1 算法的概念

算法的应用无所不在，但却很难给出严格的定义。设计算法的目的是为了使用计算机来解决实际问题，因此，一个算法就是解决某种实际问题的一套操作规则。按照人们解决问题的一般方法，一个算法应该在一定的时间内，根据现有条件逐步地对给定的原材料进行适当的加工处理，从而得到预期的结果。

例 3-1 求两个自然数 m 和 n 的最大公约数（能同时整除 m 和 n 的最大正整数）。

利用辗转相除法求两个数的最大公约数的思想是：用较小的数除以较大的数，当余数不为 0 时，再将除数作为下一步的被除数，余数作为下一步的除数，继续进行除法运算，直到余数为 0 时停止。最后的除数就是这两个数的最大公约数。

假定变量 m、n 和 r 分别表达被除数、除数和余数，则可按这种思想编写以下算法。

S1：变量 m 和 n←输入两个自然数。

S2：判断（$m<n$？），是则执行以下操作（m 和 n 互换）。

　　S2.1：临时变量 *temp*←m。

　　S2.2：m←n。

　　S2.3：n←*temp*。

S3：反复执行以下操作，直到 r=0。

S3.1：$r \leftarrow m \div n$ 的余数。

S3.2：判断（$r \neq 0$？）是则执行以下操作。

S3.2.1：$m \leftarrow n$（除数作下一步的被除数）。

S3.2.2：$n \leftarrow r$（余数作下一步的除数）。

S4：输出 n（最大公约数）。

S5：算法结束。

对于同一个问题，往往可以写出几种不同的算法。例如，也可以这样求解两个自然数的最大公约数：用两个数中较小的一个作为测试数，试除 m 或 n。若能同时整除，则测试数即为最大公约数；不能除尽时，测试数减去 1，再试除……如此反复，直到测试数能够同时整除 m 和 n 为止，此时的测试数即为最大公约数。

假定用变量 i 作为测试数，i 的初始值为 n，可按这种思想编写以下算法。

S1：变量 m 和 $n \leftarrow$ 输入两个自然数。

S2：判断（$m<n$？），是则执行以下操作（m 和 n 互换）。

S2.1：临时变量 $temp \leftarrow m$。

S2.2：$m \leftarrow n$。

S2.3：$n \leftarrow temp$。

S3：$i \leftarrow n$。

S4：当 $m \div i$ 的余数 $\neq 0$ 且 $n \div i$ 的余数 $\neq 0$ 时，反复执行以下操作。

$i \leftarrow i-1$

S5：输出 i（最大公约数）。

S6：算法结束。

将这个算法与辗转相除法比较，当两个自然数 m 和 n 较大且最大公约数较小时，该算法需要执行的循环次数要多得多，因此，这是一种效率比较低的算法。但考虑到计算机的特点，用来编写程序同样是安全可靠的。另外，由于这个算法的思路要简单得多，所以，也是经常采用的一种算法。

3.1.2 算法的特征

通常认为一个算法必须具备有穷性、确定性、数据输入、输出和可行性这 5 个基本特征。

1. 有穷性

任何情况下，一个算法都应该在执行有穷步操作之后宣告结束。例如，辗转相除法就具备这一特征：无论两个自然数 m 和 n 是多少，都会在循环若干次之后，求得它们的最大公约数。m 和 n 越大，需要循环执行的操作步骤就会越多，但也只是增加了有穷次循环而已。

有穷性还包含了实际可容忍的合理限度，如果一个算法要执行几千年才能结束，实际上也是没有意义的。对这类问题的求解应另辟蹊径。

应该指出，程序是使用某种程序设计语言的算法的具体实现。程序可以不满足有穷性这一要求。例如，操作系统就是在无限循环中执行的程序，因而不是一个算法。然而可以把操作系统的各种任务看成是多个单独的问题，每个问题由操作系统中的一个子程序通过特定的算法来实现。该子程序得到输出结果后便会终止。

2. 确定性

算法中的每一步都必须是精确定义的，不能模棱两可，即每一步应该执行哪种动作必须是清楚的、无歧义的。否则，这样的算法是无法执行的。

例如，算法中不能出现“计算 $x÷0$”这样的描述，因为计算的结果是不确定的。也不能出现“把整数 10 赋给 x 变量或 y 变量”这样的描述，而必须指出：10 赋给哪个变量？或者什么情况下赋给 x 变量，什么情况下赋给 y 变量。

3. 数据输入

输入是算法执行过程中需要用到的原始数据，它们取自特定的对象集合。一个算法可以有一个或多个输入，也可以没有输入。

数据输入是编写通用算法的一种手段。数据输入操作可以用赋值操作来代替，但这将降低算法的通用性。例如，辗转相除法是求两数的最大公约数的通用算法，在算法执行的过程中，用户输入的两个数据（自然数 m 和 n）只要是自然数，都可以得到预期的结果。如果将这种输入操作用赋值操作来代替，就变成只能计算两个指定自然数的最大公约数的专用算法了。

4. 信息输出

算法是用来解决给定问题的，所以一个算法必须在执行之后输出设计者所关心的信息。这就是说，一个算法至少有一个已获得的有效信息输出。例如，辗转相除法在执行之后，会将按输入的两个自然数计算得到的最大公约数显示或打印出来。

计算机要解决的实际问题是多种多样的，因而，算法的输出也可以是数字、文字、图形、图像、声音、视频信息，以及具有控制作用的电信号等多种信息形式。

5. 可行性

算法中的任何一步操作都必须是可执行的基本操作，换句话说，每一种运算至少在原理上可由人用纸和笔在有限的时间内完成。例如，辗转相除法就具备可行性。因为它所涉及的两个整数相除、判断一个整数是否为零、设置一个变量的值为另一个变量的值等基本操作，都是人能完成的操作。又如，不限制长度的实数的算术运算不是可行的，因为某些实数值只能由无限长的十进制展开式来表示，这样的两个数相加不符合可行性的要求。

综上所述，可以得出如下的算法定义。

算法是一个过程，这个过程由一套明确的规则组成，这些规则指定了一个操作的顺序，以便在有限的步骤内提供特定问题的解答。

应该指出，算法的设计工作是一种不可能完全自动化的工作，学习算法的目的主要是学习已被实践证明行之有效的一些基本设计策略。这些策略不仅对程序设计，而且对整个计算机科学技术领域，乃至对运筹学、电气工程等其他领域都是非常有用的。可以预见，一个人如果掌握了这些策略，它的程序设计能力以及整体的分析问题、解决问题的能力将会大大地增强。

3.1.3　算法的 3 种基本结构

计算机问世之初，受计算机性能的限制，程序设计方法的研究重点是如何运用一些技巧来节省内存空间，提高运算速度，研制出来的软件产品存在着错误多、可靠性差、维护和修改困难等弊病或隐患。

随着计算机技术及其应用的发展，程序的可靠性和可维护性成为重要的追求目标，产生了结构化程序设计方法。这种方法的基本思路是：功能分解、逐步求精。即当要解决的问题比较复杂时，将其拆分成一些规模较小、易于理解或实现且互相独立的功能模块，每个模块还可以继续拆分为更小的模块，直到所有自完备的模块都易于理解且能够实现为止。

可以设想，如果规定几种基本结构，然后使用这些结构，如同使用一些基本预制件搭建房屋一样，按一定规律组建成一个算法的结构，那么，整个算法的结构是由上而下地将各个基本结构排列而成的。在这种由基本结构组成的算法中，流程线的转向限制在基本结构的内部以及各基本结构之间，而不允许从一个基本结构转到另一个基本结构的内部。这种算法的可读性将会大大地增强，从而有效地解决算法的可靠性和可维护性问题。

1. 算法的描述

为了描述算法，可以采用多种不同的工具，如自然语言、伪代码、流程图等。如果一个算法是采用计算机能够理解和执行的语言来描述的，它就是程序。设计这样的算法的过程就叫做程序设计。

（1）自然语言：就是使用人们日常生活中使用的语言来描述算法，可以做到通俗易懂，但其含义往往不太严格，容易出现歧义，也不便描述包含分支部分和循环部分的算法。

（2）伪代码：是为了表示算法而专门制定的语言，可以将算法表示得非常清楚，而且既可由自然语言改造而成，也可将某种程序设计语言简化而得到。但是，由于难于找到一种大家普遍接受的伪代码，因而限制了它的使用。

（3）流程图：是用于描述算法的特殊图形，它使用各种形状不同的带有说明性文字的图框分别表示不同种类的操作，用流程线或图框之间的相对位置来表示各种操作之间的执行顺序。流程图可以形象地描述算法中各步操作的具体内容、相互联系和执行顺序，直观地表明算法的逻辑结构，是使用最多的算法表示法。

常用的流程图有传统的框形流程图和 N-S 结构化流程图之分。其中传统流程图的主要构件如图 3-1 所示。

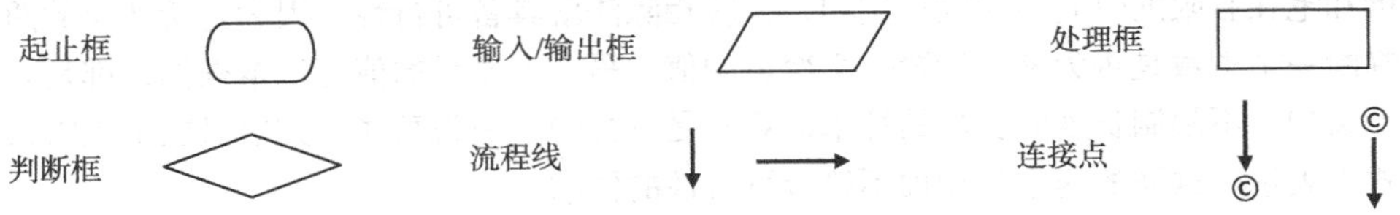

图 3-1　传统框形流程图的主要构件

2. 算法的 3 种基本结构

1966 年，Bobra 和 Jacopini 提出了 3 种基本结构：顺序结构、选择结构和循环结构。使用这 3 种基本结构以及由它们并列或者嵌套而成的复杂结构，可以表达任何算法。

（1）顺序结构：顺序结构是最基本、最常见的结构。在这种结构中，各操作块按它们出现的先后顺序逐个执行，如图 3-2（a）所示。简单的顺序结构只能表示很少的问题，大多数实际问题的算法都包含其他两种结构。

注意

一个操作块可以是一个操作、一组操作，或一个基本结构等。

（2）选择结构：在算法中，常要根据某一给定的条件是否成立来决定执行几个操作块中的哪一个，具有这种性质的结构称为选择结构。选择结构又分为双分支结构和单分支结构。双分支结构在条件成立时执行一个操作块，条件不成立时执行另一个操作块，如图 3-2（b）所示。单分支结构在条件不成立时不执行任何操作，如图 3-2（c）所示。

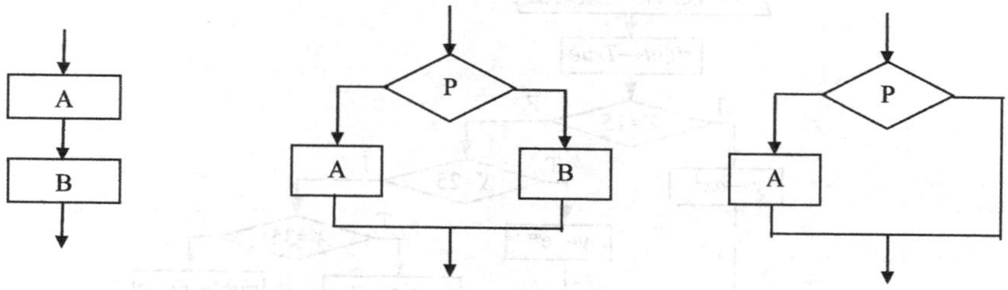

图 3-2　顺序结构和选择结构

（3）循环结构：算法中经常要在某个地方反复执行一连串操作，这种情况称为循环结构。需要反复执行的操作块称为循环体。按照是否进行循环的条件，可将循环结构分为两类。

一是当型循环结构：当给定条件 P_1 成立时，反复执行循环体（A 框）；条件不成立时终止执行。如果刚开始时条件 P_1 就成立，则一次也不执行循环体，如图 3-3（a）所示。

二是直到型循环结构：反复执行循环体（A 框），一直执行到给定条件成立时，终止执行。无论条件 P_2 是否成立，至少执行一次循环体，如图 3-3（b）所示。

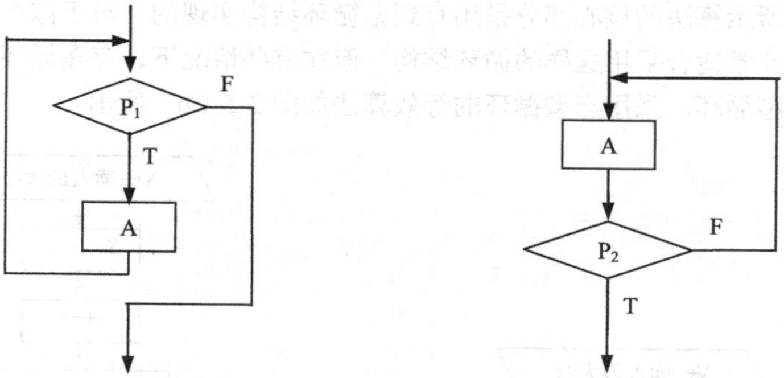

图 3-3　循环结构

同样一个问题，既可以用当型循环来解决，一般也可以用直到型循环来解决，也就是说，这两种循环可以互相转换。

例 3-2　求分段函数

$$y=\begin{cases} ax^2 & x=1.5 \\ e^{ax} & x=3.5 \\ \sin^2(a+x) & x=5.5 \end{cases}$$

算法流程图如图 3-4 所示。

算法中设置了逻辑（布尔）型变量 right，当程序正常运行时它的值为 True（逻辑真值），当用户输入的数字有误时，它的值变为 False。对于逻辑型变量，判断其值是否为 True，直接使用变量名即可，如果要判断其值是否为 False，写成 Not False。

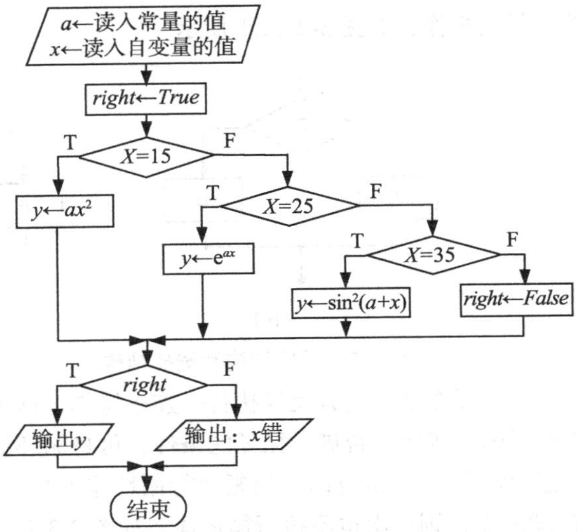

图 3-4 求分段函数的算法流程图

例 3-3 计算 1+2+3+⋯+N，N 由用户指定。

图 3-5（a）所示算法的核心部分是用直到型循环结构实现的，对于像本题这样至少执行一次的重复性操作，非常适合采用这样的循环结构，但在有些情况下，存在循环体一次也不执行的情况，最好采用当型循环。采用当型循环的等效算法如图 3-5（b）所示。

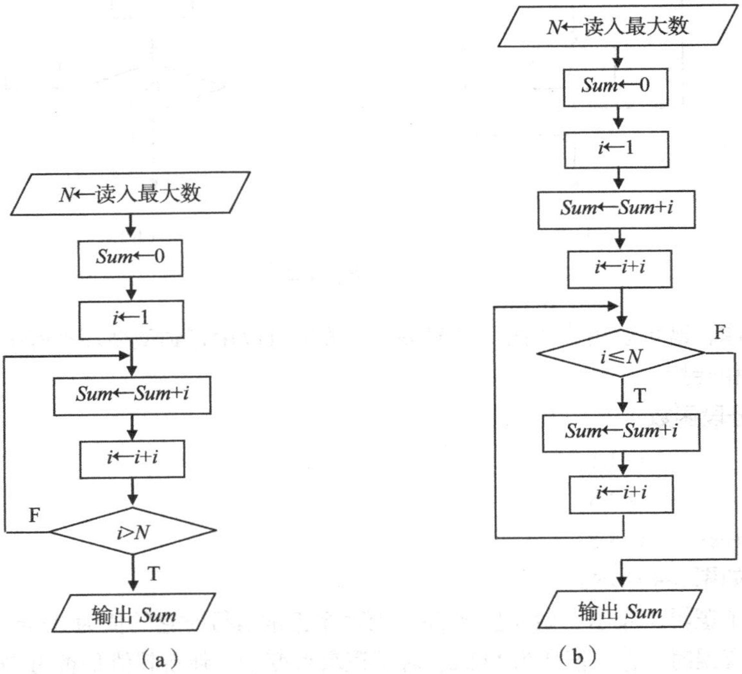

图 3-5 累加器（直到型循环）

本算法是一个累加器。形式如下所述的算法叫作累加器，其中 *e* 是一个算术表达式（可与循环变量 *i* 相关）。可看到，累加是依靠循环实现的，必须有一个变量 *Sum* 来存放累加的结果，S 必须在累加之前（循环之外）置初值。一般置初值为 0，叫作清零。

S1：$Sum \leftarrow 0$。

S2：$i \leftarrow I_1$。

S3：当 $i \leqslant I_2$ 时，反复执行以下操作。

S3.1：计算当前项 e。

S3.2：$Sum \leftarrow Sum+e$。

S3.3：$i \leftarrow i+I_3$。

S4：输出 Sum。

3.2 程序中的选择结构和循环结构

顺序结构的程序设计方法非常简单，按顺序执行，无需改变程序的流程。正常的程序中往往包括选择结构、循环结构和跳转语句，以使程序流程按需求进行。C#语言中，提供了以下语句来实现选择结构和循环结构。

- if 语句和 switch 语句用于实现选择结构。
- while 语句、do-while 语句和 for 语句用于实现循环结构。
- break 语句用于跳出当前结构，continue 语句用于缩短循环结构。另外，还可以使用 goto 语句实现流程的任意转向。

3.2.1 if 语句和 switch 语句

一个 if 语句可以实现单边选择结构，即当条件成立时执行一组语句；也可以实现双边选择结构，即当条件成立时执行一组语句，条件不成立时执行另一组语句。switch 语句主要用于实现具有两个以上分支的选择结构。

1. if 语句

if 语句的格式为

```
if(<表达式>)
    <if 块语句组>;
else
    <else 块语句组>;
```

一般来说，if 语句内嵌的两组语句可以是各种语句，甚至包括另一个 if 语句以及随后介绍的循环语句。如果 if 块或 else 块比较复杂，不能简单地用一条语句实现，则可以用一对花括号“{}”括起该块中的所有语句。也就是说，if 语句的一般形式为

```
if(<表达式>)
{
    ...
} else
{
    ...
}
```

这种用花括号括起来的程序段落称为分程序。分程序是 C#的一个重要概念。一个分程序具有以下形式

```
{
    <局部数据说明部分>
    <执行语句段>
}
```

分程序中还可以再嵌套新的分程序。分程序在语法上是一个整体，相当于一个语句。因此分程序可以直接和各种控制语句配合使用，构成C#程序的各种复杂的控制结构。在分程序中定义的变量的作用范围仅限于该分程序内部。

例 3-4　求解分段函数

$$y=\begin{cases}2x+1 & (x<0)\\ -1 & (0\leqslant x<1)\\ x^3/3 & (x\geqslant 1)\end{cases}$$

程序源代码如下。

```
//例 3-4_ 求解分段函数
using System;
namespace 分段函数
{
    class Program
    {
        static void Main(string[] args)
        {   Console.Write("自变量的值 x=?  ");
            double x = double.Parse(Console.ReadLine());
            double y;
            if (x < 0)
            {   y = 2 * x + 1;
                Console.WriteLine("x={0},  y=2x+1={1}", x, y);
            }else if (x < 1)
            {   y = -1;
                Console.WriteLine("x={0},  y={1}", x, y);
            }else
            {   y = x * x * x / 3.0;
                Console.WriteLine("x={0},  y=x*x*x/3={1}", x, y);
            }
        }
    }
}
```

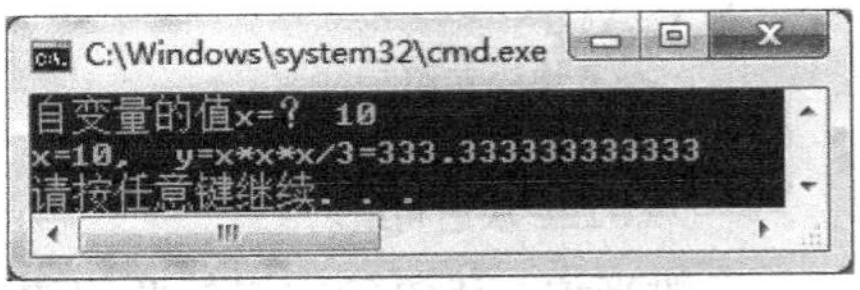

图 3-6　例 3-4 程序的运行结果

本程序的一次运行结果如图 3-6 所示。

2. switch 语句

switch 语句用于实现具有多重分支的选择结构，其格式为

```
switch (<整型表达式>)
{
    case <数值 1>:
        ...
    case <数值 2>:
        ...
    case <数值 3>:
        ...
    default:
        ...
}
```

其中 default 模块可以缺省。switch 语句的执行过程如下。

（1）首先计算整型表达式的值，然后将该值与每个 case 后面的数值常量依次比较。

- 如果相等则执行该 case 模块中的语句。
- 接下来依次执行其后每个 case 模块中的语句，无论整型表达式的值是否与这些 case 后面的数值常量匹配（相同）。

（2）如果需要在执行完匹配的 case 模块后立刻跳出 switch 语句，则可在该 case 模块的最后添加一个 break 语句，从而实现真正的多路选择。

（3）如果整型表达式的值与所有 case 后面的数值常量都不匹配，则执行 default 模块中的语句。带有 break 语句的 switch 多选择结构的框图如图 3-7 所示。

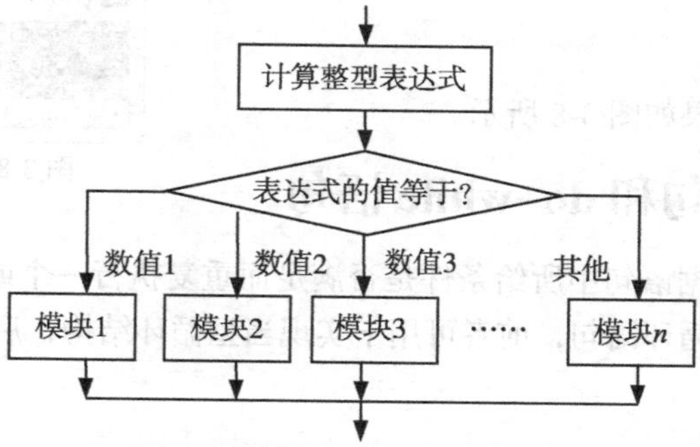

图 3-7　switch 语句实现的多分支选择结构

例 3-5　编写一个程序，将百分制的学生成绩转换为 5 级制成绩。转换的依据为：

优秀：100 ~ 90 分；

良好：80 ~ 89 分；

中等：70 ~ 79 分；

及格：60 ~ 69 分；

不及格：60 分以下。

使用 switch 语句构成的多分支选择结构编写这个程序时，需要构造一个整型表达式来把不同的分数段化为不同的整数。假定整数表达式为

```
old_grade/10
```

则当某个学生的分数在 60 ~ 69 之间时，这个表达式的值为 6。

程序源代码如下。

```
//例 3-5_ 转换百分制成绩为 5 级制成绩
using System;
namespace 5 级制成绩
{
    class Program
    {
        static void Main(string[] args)
        {   Console.Write("学生成绩(0~100): oldMark=?  ");
            int oldMark = Convert.ToInt32(Console.ReadLine());
            string newMark;
            switch (oldMark / 10)
            {   case 10:
                case 9:
```

```
                newMark = "优秀"; break;
            case 8:
                newMark = "良好"; break;
            case 7:
                newMark = "中等"; break;
            case 6:
                newMark = "及格"; break;
            default:
                newMark = "不及格"; break;
        }
        Console.WriteLine("百分制成绩: {0}; 5 级制成绩: {1}", oldMark, newMark);
    }
  }
}
```

本程序的一次运行结果如图 3-8 所示。

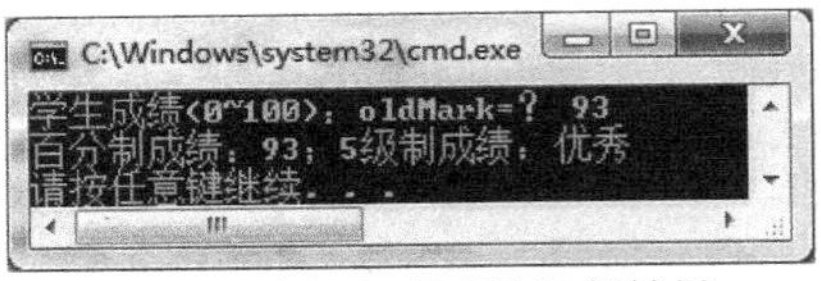

图 3-8　例 3-5 程序的运行结果

3.2.2　while 语句和 do-while 语句

循环语句的功能是根据语句中所给条件是否满足而重复执行一个或多个语句。while 语句和 do-while 语句都是常用的循环语句，前者可用于实现当型循环结构，后者可用于实现直到型循环结构。

1. while 语句

while 语句的格式为

```
while (<表达式>)
    <循环体>
```

其中<循环体>可以是一个语句，也可以是以下形式的一个分程序：

```
while(<表达式>)
{
    …
}
```

while 语句的功能为：当表达式的结果不为 0 时，反复执行循环体内的语句或者分程序，直到表达式的值为 0 时退出循环。编写 while 语句时，应在其循环体内包含修改<表达式>的语句，从而确保执行了指定次数之后退出循环。否则，循环永不结束，成为“死循环”。

例 3-6　计算 $e=1+\frac{1}{1!}+\frac{1}{2!}+\ldots+\frac{1}{n!}+\ldots$，当通项 $\frac{1}{n!}<10^{-7}$ 时停止计算。

按前面介绍的累加器程序的一般形式，可编写以下程序。

```
//例 3-6_ 级数求和得到 e 的值
using System;
namespace 求 e
{
    class Program
    {
        static void Main(string[] args)
        {   //e<-级数求和
            double e = 1.0;        //累加和初值<-第 1 项
            double u = 1.0;        //通项初值<-第 1 项分子
```

```
            int n = 1;              //项数初值<-1
            while (u >= 1.0E-7)
            {   //当通项值未缩小到退出循环的条件时
                u = u / n;          //求当前项
                e = e + u;          //累加当前项
                n++;                //项数加 1
            }
            Console.WriteLine("e(当 n={0}时)={1} ", n, e);
        }
    }
}
```

本程序的运行结果如图 3-9 所示。

图 3-9　例 3-6 程序的运行结果

根据计算结果同时打印出的项数 *n*，可看出该级数收敛相当快，仅计算到前 12 项其截断误差便已小于 10^{-7}。

2. do-while 语句

do-while 语句的格式为

```
do
{
    <循环体>
}while (<表达式>);
```

例 3-7　统计学生考试成绩中的最高分。

本程序中，用户输入若干位学生的考试成绩，找出并输出其中的最高分。每输入一位学生的成绩后，程序都要询问“是否继续输入？”，如果用户按回车键（Enter），则可继续输入下一位学生的成绩；如果用户按退出键（Esc），则将结束该程序的运行。

程序源代码如下。

```
//例 3-7_ 统计学生考试成绩中的最高分
using System;
namespace 最高分
{
    class Program
    {
        static void Main(string[] args)
        {   int n = 0;                  //统计学生人数的变量
            float max = 0f;             //保存最高分的变量
            ConsoleKey yes;             //询问“是否继续？”时保存用户按下的键名的变量
            do
            {
                n++;                    //学生数加 1
                Console.Write("第" + n + "个学生的分数 mark=?  ");
                float mark = float.Parse(Console.ReadLine()); //输入一个学生的成绩
                if (mark > max)  //该生成绩比前面的最高分更高时，更改为最高分
                    max = mark;
                Console.Write("继续吗(Enter/Esc)? ");  //询问“是否继续输入学生成绩？”
                yes = Console.ReadKey().Key;          //保存用户的选择(按下的键的名称)
            } while (yes !=ConsoleKey.Escape);        //用户未按 Esc 键时，再次进入循环体
```

```
                Console.WriteLine("\n{0}个学生中的最高分为: {1} ", n,max); //输出最高分
            }
        }
    }
```

本程序中使用了 Console 类的 ReadKey 方法，读入用户键入的一个字符（可以是回车、退出等控制字符）。

程序的一次运行结果如图 3-10 所示。

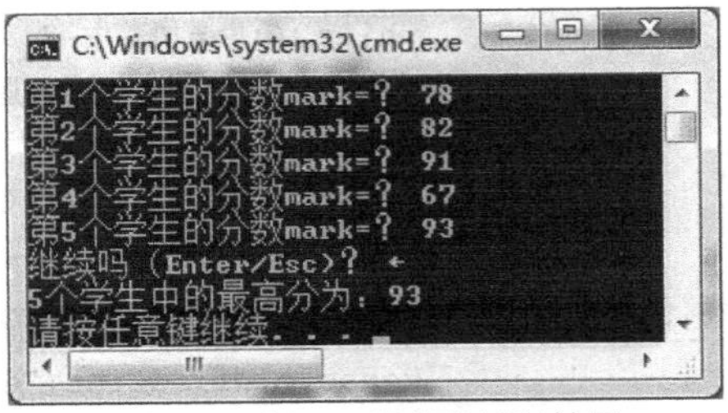

图 3-10　例 3-7 程序的运行结果

3.2.3　for 语句

C#中的 for 语句功能很强，能够简洁方便地实现已知循环次数的循环结构，还能够与条件表达式或者其他语句配合，构造出当型或者直到型循环结构。

for 语句的格式为

```
for (<表达式 1>; <表达式 2>; <表达式 3>)
    <循环体>
```

其中，“表达式 1”为初值，“表达式 2”为循环测试条件，“表达式 3”用于调整循环变量的值（增量）。for 语句的循环体与 while 语句的类似，也可以是一条语句或者一个分程序。

for 语句的执行过程是：先计算表达式 1 赋初值，然后测试表达式 2 的值，当其值非 0（为真）时执行内嵌“语句”（循环体），否则结束该循环语句。执行了内嵌“语句”后，计算表达式 3 修改循环变量，如此循环下去，直到表达式 2 为 0（假）时结束循环，如图 3-11 所示。

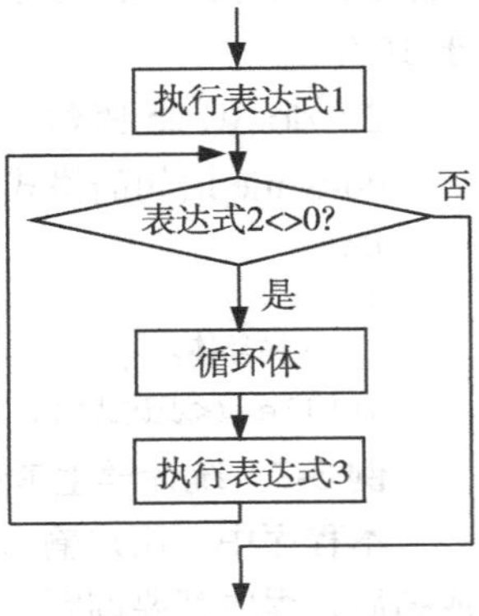

图 3-11　for 语句的执行

for 语句最常见的用途是构造指定重复次数的循环结构。例如，语句

```
for (i=0; i<10; i++)
{
    ...
}
```

用于实现重复 10 次的循环。虽然用 while 语句和 do-while 语句也可以构造出这样的循环，但使用 for 语句更为简单直观。

例 3-8　求水仙花数。

如果一个三位数的个位数、十位数和百位数的立方和等于该数自身，则称该数为水仙花数。本程序将求出所有的水仙花数。程序源代码如下。

```
//例 3-8_ 求水仙花数
using System;
namespace 水仙花数
{
    class Program
    {
        static void Main(string[] args)
        {   //循环（整数 n 从 100~999，每次 n 加 1）
            for (int n = 100; n <= 999; n++)
            {   //取出百位、十位、个位上的数字
                int i = n / 100;
                int j = (n / 10) % 10;
                int k = n % 10;
```

```
            //判断（整数 n=3 位上数字的立方和？），是则输出 n。
            if (n == i * i * i + j * j * j + k * k * k)
                Console.WriteLine("{0} = {1}^3 + {2}^3 + {3}^3", n, i, j, k);
        }
      }
    }
}
```

程序的运行结果如图 3-12 所示。

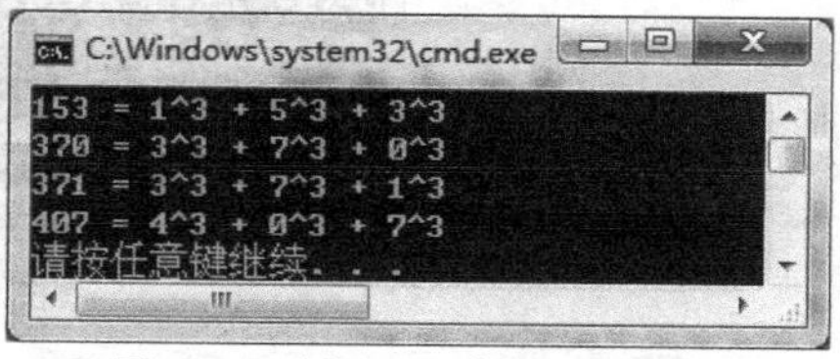

图 3-12　例 3-8 程序的运行结果

3.2.4　循环的嵌套

循环语句也可以嵌套，即在一个循环语句中完整地包含另一个循环语句。内嵌的循环语句还可以再嵌套下一层循环语句，从而构成多重循环。

C#语言中的 3 种循环结构可以互相嵌套。例如，

```
do {
   …
   for( ; ; ) { … }
   …
}while();
```

就是在 do-while 语句中嵌入了 for 语句的二重循环结构。

例 3-9　输出九九乘法表。

本程序中，外层循环执行 9 遍，分别输出 9 行乘法表达式。

- 第 1 遍：执行 1 次内层循环，输出 1 个乘法表达式。
- 第 2 遍：执行 2 次内层循环，输出 2 个乘法表达式。
- ……
- 第 9 遍：执行 9 次内层循环，输出 9 个乘法表达式。

程序源代码如下。

```
//例 3-9_ 输出乘法九九表
using System;
namespace 九九表
{
    class Program
    {
        static void Main(string[] args)
        {   //循环（i 从 1~9，每遍 i 加 1）
            for (int i = 1; i < 10; i++)
            {   //循环（j 从 1~i，每次 j 加 1）
                for (int j = 1; j <= i; j++)
                    Console.Write("{0}*{1}={2}\t", j, i, i * j);
                Console.WriteLine();
            }
        }
    }
}
```

程序的运行结果如图 3-13 所示。

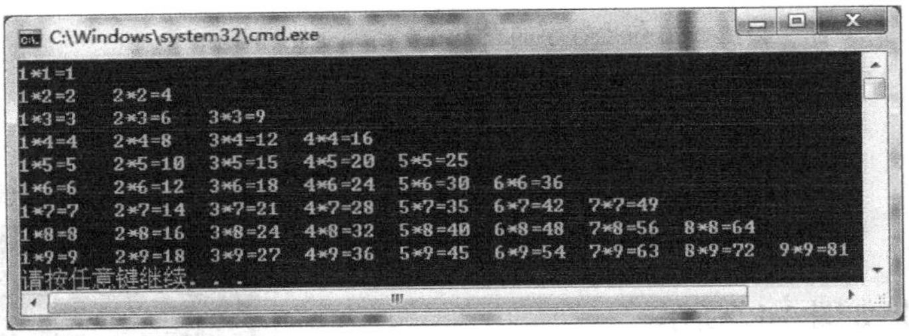

图 3-13 例 3-9 程序的运行结果

3.2.5 跳转语句

除了构造选择结构与循环结构的语句之外，C#还提供几个控制流程转向语句，最常用的是 break 语句和 continue 语句，前者用于跳出当前结构，后者用于缩短循环结构。另外，C#还保留了传统程序设计语言中的 goto 语句，可任意改变程序的流程。

1. break 语句

break 语句用于终止自身所在的当前层循环或者 switch 语句，转去执行逻辑上位于该循环或者 switch 语句之后（逻辑上）的语句。因其功能是退出当前循环或者 switch 语句，故只能出现在这些语句之中。

例如，下面的 for 循环试图输出从 1 到 10 这 10 个数字，但 break 语句使得 i 变量增值到 5 之后便终止了循环。

```
for(var i=1; i<=10; i++)
{
    if(i==6)
        break;
    Console.Write("{0}  ",i);
}
```

这段程序输出的是：1 2 3 4 5

如果一个循环的终止条件比较复杂，则可将包含多个条件的一个循环表达式中的某些条件用 break 语句来实现，使得循环表达式简洁一些。

2. continue 语句

continue 语句用于提前结束本轮循环，即跳过循环体中下面尚未执行的语句，接着进行下一次是否执行循环的判断，可用于 while 语句、do-while 语句和 for 语句中。

continue 语句的用法和 break 语句相似，一般要与 if 语句配合使用。例如，下面的 for 循环试图输出从 1 到 10 这 10 个数字，但 continue 语句在 i 变量增值到 6 时立刻中止当次（第 6 次）循环而直接进入下一次循环，最终输出的数字中便因第 6 次循环时未能执行输出语句而缺少了 6。

```
for (var i = 1; i <= 10; i++)
{
    if (i == 6)
        continue;
    Console.Write("{0}  ",i);
}
```

这段程序最终输出的是：1 2 3 4 5 7 8 9 10。

例 3-10 统计一批考试成绩的平均分数。

本程序中，输入一批考试成绩，如果输入的分数大于 100，则提示重新输入。如果输入的是 -1，则结束程序的运行。最后计算并输出平均分。

程序源代码如下。

```
//例 3-10_ 统计平均分
using System;
namespace 平均分
{
    class Program
    {
        static void Main(string[] args)
        {   //mark_分数，count_人数，sum_总分
            int mark, count = 0;
            double sum = 0;
            do
            {   count++;
                Console.Write("第{0}个成绩 mark=?  ",count);
                mark = Convert.ToInt32(Console.ReadLine());
                if (mark > 100)
                {
                    count--;
                    Console.Write("成绩不能大于 100，请重新输入！\n");
                    continue;
                }
                else if (mark == -1)
                    break;
                sum += mark;
            } while (true);
            Console.WriteLine("平均成绩={0}", sum / count);
        }
    }
}
```

图 3-14　例 3-10 程序的运行结果

程序的运行结果如图 3-14 所示。

3. goto 语句和语句标号

C#允许在语句前面放置一个标号，其一般格式为：

<标号>：<语句>;

标号的取名规则和变量名相同，即由下划线、字母和数字组成，第一个字符必须是字母或下划线，例如：

```
ExitLoop: x = x+1;
End: return x;
```

在语句前面加上标号主要是为了使用 goto 语句。goto 语句的格式为：

```
goto <标号>;
```

其功能是改变语句执行顺序，转去执行前面有指定标号的语句，而不管其是否排在当前语句之后。C#的 goto 语句只能在本函数模块内部进行转移，不能由一个函数中转移到另一个函数中去。

3.3　程序解析

本章中解析的 5 个程序：用海伦公式求三角形面积，使用多分支结构确定指定月份的天数，

输出指定范围内能够同时被两个数整除的所有数，穷举法求组合数，迭代法求累加和。

通过这几个程序的阅读和调试，读者可以较好地理解程序的 3 种基本结构，认知几种常用算法的程序实现方法，并进一步体验程序设计的一般方法。

程序 3-1　确定某年某月的天数

本程序的任务是：按照用户输入的年份和月份，求解并输出该月的天数。

1. 算法

（1）变量 *year*、*month*←输入年份和月份。

（2）分以下几种情况确定该年天数 *days*。

- 1、3、5、7、8、10、12 月：days←31
- 4、6、9、11 月：*days*←30。
- 2 月：判闰年（年份能被 4 但不能同时被 100 整除 | 年份能被 400 整除？），
  是则 *days*←29，
  否则 *days*←28。

（3）输出该年该月的天数 *days*。

（4）算法结束。

2. 程序源代码

按照给定的算法，可编写如下程序。

```
//程序 3-1_ 确定某年某月有多少天
using System;
namespace 某年某月天数
{
    class Program
    {
        static void Main(string[] args)
        {
            ConsoleKey yes=ConsoleKey.Enter;
            do
            {  //输入年份、月份
                Console.Write("年份: year=?  ");
                int year = int.Parse(Console.ReadLine());
                Console.Write("月份: month=?  ");
                int month = int.Parse(Console.ReadLine());
                int days;
                //确定该年该月有多少天
                switch (month)
                {  case 1:
                   case 3:
                   case 5:
                   case 7:
                   case 8:
                   case 10:
                   case 12: days = 31;
                         break;
                   case 4:
                   case 6:
                   case 9:
```

```
                case 11: days = 30;
                    break;
                case 2: if(year%4==0 && year%100!=0 || year%400==0)
                        days = 28;
                    else
                        days = 29;
                    break;
                default: days = -1; //月份不在 1~12 之间时的处理
                    break;
            }
            //输出该年该月有多少天
            if(days==-1)
                Console.WriteLine("月份（1~12）错！请重新输入。");
            else
                Console.WriteLine("{0}年{1}月有{2}天", year, month, days);
            //按用户选择确定是否进行下一个操作
            Console.WriteLine("继续吗（Enter/Esc）？ ");
            yes = Console.ReadKey().Key;
        }while(yes!=ConsoleKey.Escape);
    }
  }
}
```

3. 程序运行结果

本程序的一次运行结果如图 3-15 所示。

图 3-15　程序 3-1 的运行结果

程序 3–2　输出 100 以内能同时被 3 和 5 整除的数

本程序任务是：输出 100 以内能同时被 3 和 5 整除的自然数。

1. 算法

（1）变量 x←初值 5。

（2）判（x 能同时整除 3 和 5？），是则输出 x。

（3）x 加 1。

（4）判（x≤100？），是则转到（2）。

（5）算法结束。

2. 程序源代码

按照给定的算法，可编写如下程序。

```
//程序 3-2_ 100 之内能同时被 3 和 5 整除的自然数
using System;
namespace 整除 3 和 5 的数
{
    class Program
    {
        static void Main(string[] args)
        {
            Console.WriteLine("100 以内可同时被 3 和 5 整除的自然数：");
            for(int x=5;x<=100;x++)
             if(x%3==0 && x%5==0)
                 Console.Write("\t{0}",x);
```

```
            Console.WriteLine();
        }
    }
}
```

3. **程序运行结果**

本程序的运行结果如图 3-16 所示。

图 3-16 程序 3-2 的运行结果

4. **修改程序：扩大范围并限制每行显示的数字个数**

如果数的范围扩大到 500 以内而且要求每行只显示 5 个数字，则可增设一个统计符合条件的数字个数的变量。修改后的程序如下。

```
//程序 3-2_ 100 之内能同时被 3 和 5 整除的自然数
using System;
namespace 整除 3 和 5 的数
{
    class Program
    {
        static void Main(string[] args)
        {   int n = 0;
            Console.WriteLine("300 以内可同时被 3 和 5 整除的自然数: ");
            for(int x=3;x<=300;x++)
            if(x%3==0 && x%5==0)
            {   Console.Write("{0}\t",x);
                n++;
                if(n%5==0)
                Console.WriteLine();
            }
        }
    }
}
```

5. **范围扩大且限制每行数字个数的程序的运行结果**

本程序的运行结果如图 3-17 所示。

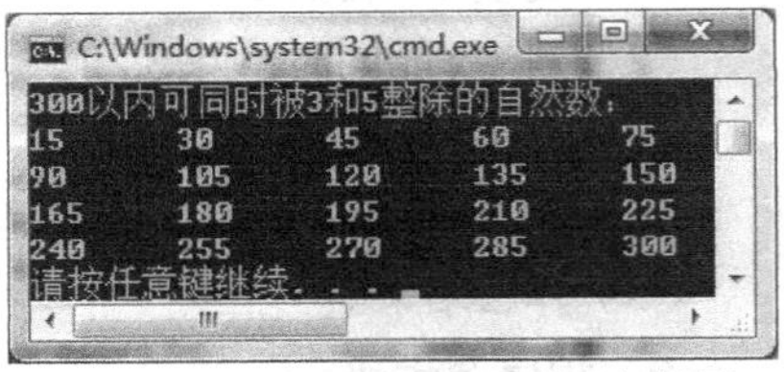

图 3-17 程序 3-2 修改后的运行结果

程序 3–3 找 2 ~ 10000 之内的所有完全数

完全数是该数与其所有真因子之和相等的自然数，又称为完美数或完备数。例如：自然数 6 共有 4 个约数：1、2、3、6，自身之外的约数之和等于自身（1+2+3=6），故为完全数。实际上，6 是最小的完全数。

本程序的任务是：查找并输出 2 ~ 10000 之内的所有完全数。

1. **算法**

（1）外层循环变量 i←初值 2。

（2）变量 *sum*（i 的真因子之和）←初值 1。

（3）内层循环变量 j←初值 2。

（4）判（i 能整除 j？），是则 $sum \leftarrow sum+j$。
（5）内层循环变量 j 加 1。
（6）判（j 不大于 $i/2$？），是则转到（4）。
（7）判（i 等于其真因子和 sum？），是则输出完全数 i。
（8）内层循环变量 $j \leftarrow$ 初值 2。
（9）判（i 能整除 j？），是则输出 i 的真因子 j。
（10）内层循环变量 j 加 1。
（11）判（j 不大于 $i/2$？），是则转到（9）。
（12）外层循环变量 i 加 1。
（13）判（i 不大于等于 10000？），是则转到（2）。
（14）算法结束。

2. 程序源代码

按照给定的算法，可编写如下程序。

```
//程序 3-3_ 找 2~10000 之间的完全数
using System;
namespace 完全数
{
    class Program
    {
        static void Main(string[] args)
        {   //找 2~10000 之间的完全数
            for (int i = 2; i < 10000; i++)
            {   //第 i 遍循环：计算 i 的真因子之和
                int sum = 1; //因子和<-因子 1
                //逐个查找并累加 2~i/2 中 i 的真因子
                for (int j = 2; j <= i/2 ; j++)
                {   //第 j 遍循环：判 j 是否 i 的真因子？是则累加
                    if (i % j == 0)
                        sum += j;
                }
                //当 i 是完数时输出 i
                if (sum == i)
                {   //输出 i 及第 1 个因子
                    Console.Write("{0} = 1", i);
                    //输出 i 的其他因子
                    for (int j = 2; j <= i/2; j++)
                    {   //第 j 遍循环：输出 i 的一个因子
                        if (i % j == 0)
                            Console.Write("+{0}", j);
                    }
                    Console.WriteLine();
                }
            }
        }
    }
}
```

3. **程序运行结果**

本程序的运行结果如图 3-18 所示。

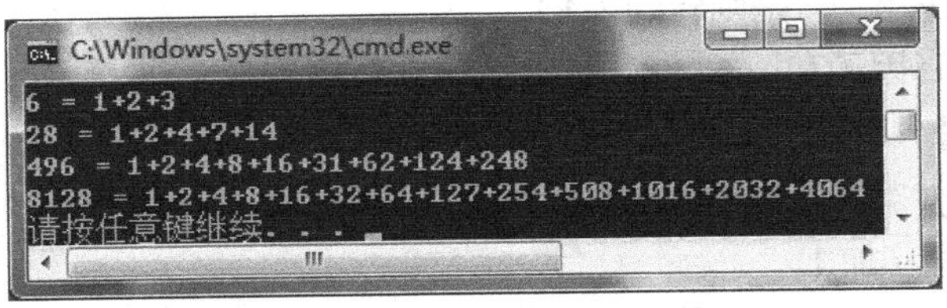

图 3-18 程序 3-3 的运行结果

程序 3-4 穷举法求组合数

张女士有 5 本好书，分别借给 Li、Ma、Wu 3 位朋友，假定每人每次只能借一本，请编写并运行程序，输出各种不同的借法。

1. **算法**

本程序将采用穷举法，逐个列举、判断并给出 3 个人各借一本书的所有可能性。算法中包含三层循环，分别用于以下情况。

- 列举 Li 借 5 本书中 1 本的全部情况。
- 列举 Ma 借 5 本书中 1 本的全部情况。
- 列举 Li 和 Ma 借了不同的书之后，Wu 借 5 本书中 1 本的所有可能性。

当 Wu 与 Li、Ma 二人借的书都不同时，输出三人所借书的序号。

2. **程序源代码**

按照给定的算法，可编写如下程序：

```
//程序 3-4_ 穷举法求组合数
using System;
namespace 组合数
{
    class Program
    {
        static void Main(string[] args)
        {   int Li,Ma,Wu,nn=0;
            for(Li=1;Li<=5;Li++)
               for(Ma=1;Ma<=5;Ma++)
                 for(Wu=1;Li!=Ma && Wu<=5;Wu++)
                   if(Wu!=Li && Wu!=Ma)
                       Console.WriteLine("第{0}种借法: \t李{1} 马{2} 吴{3}",
                                    ++nn,Li,Ma,Wu);
        }
    }
}
```

3. **程序运行结果**

本程序的运行结果如图 3-19 所示。因为内容太多，图中只列出了 3 人各自借不同书的 50 种可能的组合，其中图 3-19（a）为最前面的 25 种组合，图 3-19（b）为最后面的 25 种组合。

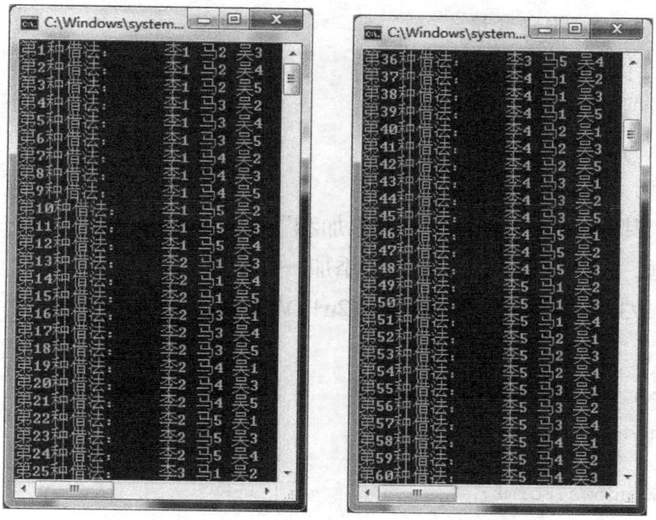

图 3-19　程序 3-4 的运行结果（部分内容）

程序 3-5　计算 sinx 函数的值

本程序的功能为：按照等式

$$\sin x = x - \frac{x^3}{3!} + \frac{x^5}{5!} - \frac{x^7}{7!} + \ldots + \frac{(-1)^n x^{2n+1}}{(2n+1)!}$$

通过逐个计算当前项以及累加和的方式得出正弦函数的值，并在当前项的绝对值小于 10^{-7} 时终止计算，然后通过与 C#标准函数 sin(*x*)求值结果的比较来确定计算得到的函数值是否精确。

1. 算法

（1）变量 *x*←输入自变量。

（2）项数 *n*←初值 1，当前项 *u*←初值 *x*，累加和 *sum*←初值 *x*。

（3）当前项 *u*←计算–*u*/(2**n*)/(2**n*+1)**x***x*。

（4）累加和 *sum*←计算 *sum*+*u*。

（5）项数 *n* 加 1。

（6）判（｜当前项 *u*｜≥10^(–7) ？），是则转到（3）。

（7）输出累加和 *sum* 作为 sinx 的值。

（8）sinx←调用标准函数 Math.sin(*x*)。

（9）判（｜*sum*–sin(*x*)｜< 10^(–7) ？），
是则输出“精确!”，
否则输出“误差大!”。

（10）算法结束。

2. 窗体设计

该窗体上的控件及其属性设置如下。

（1）窗体 Form1 的 Text 属性设为“sinx<-级数求和”。

（2）4 个标签，其 Text 属性分别如下。

- label1.Text："sin(x)的自变量="。
- label2.Text："| 当前项 | < 10^(–"。
- label3.Text："弧度"。
- label4.Text：")次方"。

（3）两个文本框，其 Text 属性为空。

（4）一个按钮，其 Text 属性设为"计算累加和"。

（5）一个列表框，初始时其 Items 属性上添加一行文字：

"sinx=x–x^3/3!+x^5/5!+…+(–1)^n*x^(2n+1)/(2n+1)!"

3. 程序源代码

按照给定的算法，可编写如下程序。

```
//程序 3-5_ sinx<-级数求和
using System;
using System.Windows.Forms;
namespace 求 sinx
{
   public partial class Form1 : Form
   {
      public Form1()
      {   InitializeComponent();
      }
      private void button1_Click(object sender, EventArgs e)
      {  //输入自变量 x、精度 eps
         double x=double.Parse(textBox1.Text);
         double eps = Math.Pow(10,-int.Parse(textBox2.Text));
         //当前项 u、累加和 sum、项数 n 赋初值
         double u=x;
         double sum=u;
         int n = 1;
         //求累加和
         while (Math.Abs(u) > eps)
         {  //第 n 次循环：求当前项 u，sum 累加 u，项数加 1
            u = -u / (2 * n) / (2 * n + 1) * x * x;
            sum = sum + u;
            n++;
         }
         //输出累加和
         listBox1.Items.Add("累加和（精确到"+eps+"）：\tsin("+x+")="+sum);
         double sinx = Math.Sin(x);
         //判级数求和算法优劣（与标准函数比较）
         listBox1.Items.Add("标准函数 Math.sin(x)：\tsin("+x+")="+sinx);
         if((sinx- sum) < eps)
            listBox1.Items.Add("求累加和得到的 sin(x)值精确！");
         else
            listBox1.Items.Add("求累加和得到的 sin(x)值误差太大！");
         listBox1.Items.Add("     ");
      }
   }
}
```

4. 程序运行结果

本程序设计的窗体在运行后显示为图 3-20 所示的窗口，其功能如下。

（1）用户在第 1 个文本框中输入 x 的值，在第 1 个文本框中输入 10 的幂次值，然后单击“计算累加和”按钮，则列表框中显示以下内容。

- 累加和作为 sin$x$ 的值。
- 调用标准函数 Math.sin(x)求得的 sin$x$ 值。
- 对累加和求值算法的评判。

（2）用户☒按钮后，关闭窗口并结束本次程序的运行。

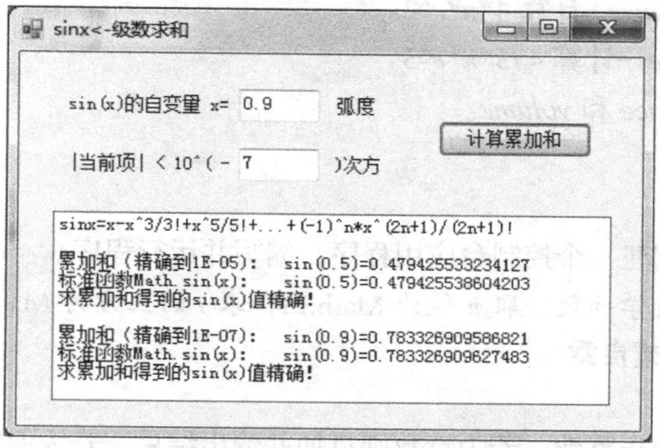

图 3-20　程序 3-5 的运行结果

3.4　实验指导

本章安排 3 个实验。

第 1 个实验侧重于 3 种基本结构的认知与使用。通过本实验，读者可以掌握使用 3 种基本结构编写程序来实现算法的一般方法。

第 2 个实验主要练习迭代法的程序实现。通过两个程序的编写和运行，读者可以体验迭代法的特点以及程序实现这种典型算法的一般方法。

注意　迭代法的基本思想是，不断地由前一个结果推演出后一个结果，而且每次都将推演结果赋给同样的迭代变量，作为下一次推演的依据，直到满足既定需求为止。

第 3 个实验主要练习穷举法的程序实现。通过两个程序的编写和运行，读者可以体验穷举法的特点以及程序实现这种典型算法的一般方法。

注意　穷举法的基本思想是，逐个列举并验证所有的可能性，找出问题的解。

实验 3–1　3 种基本结构

本实验中，需要编写 3 个程序：计算已知半径的圆面积、球体表面积和体积；一个正整数的自加和自乘；求多个数中的最大数。

1. 计算圆面积、球体积和表面积

【程序的功能】

输入一个数，计算以它为半径的圆面积、球体积和表面积。

【算法】

本程序按顺序执行以下操作。

（1）半径 r←输入一个浮点数。

（2）圆面积 *area* 计算←π*r^2。

（3）圆球表面积 *surface*←计算 4*π*r^2。

（4）圆球体积 *volume*←计算 4 /3*π*r^3。

（5）输出 *area*、*surface* 和 *volume*。

（6）算法结束。

【程序设计步骤】

依据给定的步骤，创建一个控制台应用程序，编写并运行程序。

提示：可调用标准数学函数。取π值为 Math.PI，求 r 的立方为 Math.Pow(*r*, 3)。

2. 一个正整数自加或自乘

【程序的功能】

输入一个 100 以内的正整数，若为奇数则自加并输出结果，若为偶数则自乘并输出结果。

【算法】

本程序按顺序执行以下操作。

（1）变量 x←输入 100 以内的正整数。

（2）判（(*x*%2)!=0 ？），

是则 x 自加（*x*++）并输出，

否则 x 自乘（*x**=*x*）并输出。

（3）算法结束。

【程序设计步骤】

依据给定的步骤，创建一个控制台工程，编写并运行程序。

3. 输入一批数并找出最大数

【程序的功能】

输入 20 个从−10 到 100 之间的数，找出并输出其中的最大数和最小数。

【算法】

本程序按顺序执行以下操作。

（1）最大数 max←初值−10。

最小数 min←初值 100。

（2）变量 x←输入一个浮点数。

（3）判（*x*>max？），是则 max←新的最大数 x。

判（*x*<min？），是则 min←新的最小数 x。

（4）输出最大数，输出最小数。

（5）算法结束。

【程序设计步骤】

依据给定的步骤，创建一个控制台应用程序，编写并运行程序。

实验 3–2 迭代法

本实验中，需要编写两个程序：使用迭代法求高次方程的根；使用辗转相减法（也属于迭代法）求两个数的最大公约数。

1. 迭代法求方程的根

【程序的功能】

使用迭代法求解方程 $x^3-x-3=0$ 在 x=1.671 附近的一个根。求解的基本思想如下。

- 将方程改写为迭代算式 $x=\sqrt[3]{x+3}$。
- 给定初始近似值 x_0=1.671（双精度数字）。
- 代入算式右端，得 $x_1=\sqrt[3]{x_0+3}=1.67162$。

再用 x_1 作为新的 x_0，代入算式右端，得……

重复以上步骤，直到两次迭代结果之差小于 10^{-5}（1e–5）时停止计算并输出结果。

【算法】

按照给定的迭代法思想，可以设计出便于程序实现的算法。

（1）迭代变量 $x1$←根的初始近似值 1.671。

（2）迭代次数变量 n←初值 1。

（3）迭代变量 $x0$←本次近似根 $x1$。

（4）第 n 次迭代：近似根 $x1$←计算(x0+3)^(1/3)。

（5）迭代次数 n 加 1（n++）。

（6）输出本次近似根 $x1$。

（7）判（｜两次迭代结果之差 $x1-x0$｜≥ 10^(–5) ？），是则转向（3）。

（8）算法结束。

【程序设计步骤】

（1）创建一个控制台工程应用程序，按以下框架编写程序。

```
//实验 3-2-1_ 迭代法求方程 x^(1/3)-x-3=0 的在 1.671 附近的根
using System;
namespace 一元三次方程的根
{
   class Program
   {
      static void Main(string[] args)
      {  定义迭代变量 x0、近似根变量 x1;
         迭代变量 x1 ← 输入初始近似根;
         定义迭代次数变量 n ← 初值 0;
         do
         {  迭代次数 n 加 1;
            迭代变量 x0 ← 近似根 x1
            近似根 x1 ← 计算 (x0+3)^(1/3);
```

```
                输出近似根 x1;
            }while( | x1- x0 | > 0.000005 );
        }
    }
}
```

（2）运行程序。

（3）将程序中的 do-while 循环改写为 for 循环或 while 循环，重新运行程序。

2. 辗转相减法求两个整数的最大公约数

【程序的功能】

使用辗转相减法[①]求整数 189 和 81 的最大公约数。辗转相减法的基本思想是：当两个数不相等时，从大数中减去较小的数；如果较小的数不等于差，则将它作为大数，并将差作为较小的数，再从大数中减去较小的数……如此反复执行，直到较小的数与差相等为止。

【算法】

按照辗转相减法的基本思想，可以写出求两个整数最大公约数的算法。

（1）输入两个整数，分别作为减数和被减数。

（2）如果减数比被减数小，则交换两个变量的值（用变量 *t* 作中介）。

（3）当减数不等于被减数时，从减数中减去被减数求得差。

（4）如果被减数等于差，则差为求得的“等数”，即最大公约数（可赋予减数变量，准备输出）；否则被减数作为新的减数，差作为新的被减数，转向（3）。

（5）输出等数（可以是减数变量）。

（6）算法结束。

【程序设计步骤】

（1）创建一个 Windows 窗体应用程序。

（2）窗体上的控件及其属性设置如下。

- 窗体 Form1 的 Text 属性设为“更相减损法求最大公约数”。
- 两个文本框，其 Text 属性为空。
- 一个按钮，其 Text 属性设为“最大公约数”。
- 一个列表框。

（3）按以下框架编写 Form1.cs 文档。

```
//实验 3-2-2_ 辗转相减法求最大公约数
using System;
using System.Windows.Forms;
namespace 更相减损法
{
    public partial class Form1 : Form
    {
        public Form1()
        {   InitializeComponent();
        }
        private void button1_Click(object sender, EventArgs e)
        {   定义被减数变量 m ← 输入一个整数;
            定义减数变量 n ← 输入一个整数;
```

① 参见中国古算书《九章算术》中“方田”章的约分术：“副置分母、分子之数，以少减多、更相减损，求其等也，以等数约之。”

```
            if(m<n)
            m和n互换其值;
            while(m != n)
            {   定义差变量 r ← 计算 m-n;
                if (n > r)
                    m←n; n←r;
                else
                    m←r;
            }
            输出最大公约数 n ;
        }
    }
}
```

（4）运行程序。

（5）将本程序修改为使用辗转相除法求最大公约数的程序，再次运行程序。

实验 3-3　穷举法

本实验需要编写两个程序：穷举法求解鸡兔同笼问题，穷举法求解不定方程问题。

1. 鸡兔同笼问题

【程序的功能】

笼中有鸡和兔，共有 30 个头，96 只脚，求解并输出鸡、兔各多少只。

要求：至少一只鸡、一只兔。

【算法】

本程序是一个头、脚个数可变的通用程序，将按顺序执行以下操作。

（1）变量 *head*←输入头数。

变量 *foot*←输入脚数。

（2）鸡数 x←初值 1。

（3）判（$2x+4(head-x)=foot$?），是则输出鸡数 x，兔数 $head-x$。

（4）鸡数 x 加 1。

（5）判（鸡数 $x<head$?），是则转到（3）。

（6）算法结束。

【程序设计步骤】

（1）创建一个 Windows 窗体应用程序。

（2）窗体上的控件及其属性设置如下。

- 窗体 Form1 的 Text 属性设为“鸡兔同笼问题”。
- 两个文本框，其 Text 属性为空。
- 一个按钮，其 Text 属性设为“鸡兔各多少”。
- 一个列表框。

（3）按以下框架编写 Form1.cs 文档。

```
//实验 3-3-1_ 已知笼中鸡兔的头数脚数，求鸡兔各多少
using System;
using System.Windows.Forms;
namespace 鸡兔同笼
{
```

```
    public partial class Form1 : Form
    {
        public Form1()
        {   InitializeComponent();
        }
        private void button1_Click(object sender, EventArgs e)
        {   定义头数变量 head ← 输入一个整数;
            定义脚数变量 foot ← 输入一个整数;
            for( … )
            {
                if( … )
                    输出鸡数 x、兔数 head-x
            }
        }
    }
}
```

（4）运行程序。

2. 穷举法求解不定方程

【程序的功能】

解答问题：

男职工、女职工和他们的孩子一起动手搬走 10 个桌子和 100 凳子。搬桌子时，男职工 3 人 1 个，女职工 4 人一个，孩子 5 人一个；搬凳子时，男职工每人 2 个，女职工每人 3 个，孩子每人 4 个。问各有多少男职工、女职工和孩子？

【算法分析】

提示：假设男职工 x人，女职工 y人，孩子 z人，则得方程组：

$$\begin{cases} x/3+y/4+z/5=10 \\ 2x+3y+4z=100 \end{cases}$$

可估算出：男职工不会超过 30 人，女职工不会超过 40 人。故可令 x 从 0 循环到 30，y 从 0 循环到到 40，分别计算 z，然后判断是否满足条件。

【程序设计步骤】

（1）创建控制台应用程序，并按以下框架编写程序。

```
//实验 3-3-2_ 穷举法求解不定方程
using System;
namespace 解不定方程
{
    class Program
    {
        static void Main(string[] args)
        {   定义变量：男数 x、女数 y、孩子数 z;
            for(x=0;x<=30;x+=3)
              for( … )
              {   z= … /4.0;
                  if( … &&z>0)
                      输出男数 x、女数 y、孩子数 z;
              }
        }
    }
}
```

（2）运行程序。

第 4 章 类和对象

类是用来定义对象（类的实例）的一种抽象数据类型。类将数据与操作数据的方法（C 语言中称为函数）封装成一个整体，用于描述客观事物，事物的属性表示类中的数据成员，事物的行为表示类中的成员方法。这种机制不仅可以更好地模拟需要编程序处理的客观事物，同时也为继承性地创建新的类以便实现代码重用提供了可能。

对象可以在使用之前通过构造函数来创建，使用之后通过析构函数来撤销，从而使得对象成为有别于传统意义上的变量的“动态”数据，可以充分利用存储空间等计算机资源。

4.1 类及类的实例

C#程序设计的基本单位是类。类是逻辑上相关的方法与数据的封装，是待处理问题的描述。程序中的类可用于抽象地描述具有共同属性和行为的一类事物，事物的共同属性表示类中的数据成员，而它们的共同行为表示类中的方法。例如，可定义类来描述一个班级的学生，其中数据成员包括“学号”“姓名”“性别”“出生年月”和“籍贯”等，分别表示所有学生共有的一种属性，而成员方法“输入”“查找”和“插入”等分别用于输入学生的信息，查找指定学号或姓名的学生的信息，或者添加某个学生的信息。

一个类所描述的事物中的个体（具体事物）称为类的实例或对象，它们都有各自的状态（属性值）和行为特征。例如，通信 86 班的学生“杨一明”可以通过“创建”而成为“学生”类的一个对象，他的学号、姓名、出生年月等都可以通过调用“学生”类的成员函数“输入”而赋予相应的数据成员，从而成为一个完整的对象。同样地，可以逐个建立用于表现“张亚奇”“温丽”等通信 86 班所有学生的对象。此后，如果需要查找某个学生，输入他的学号（或姓名等其他属性）并调用相应的成员函数“查找”，便可找到该生的信息；如果某个学生要转到其他班级去，调用相应的成员函数“删除”，便可删除他的信息；同样地，如果一个学生要从其他班级转来，调用相应的成员函数“插入”，便可添加他的信息。

类相当于一种为要解决的问题定制的数据类型。设计精当的类类型（Class Type）可以像标准类型一样使用。类类型常被称为抽象数据类型，它将用数据成员表示的状态和用成员函数表示的作用于状态的操作整合在一起，从而得到易于编写、理解及进一步扩充的程序。

4.1.1 面向对象程序设计的概念

客观世界是由形形色色的实体以及实体之间各种各样的相互联系构成的。为了解决来自于客观世界的问题，面向对象程序设计技术以认知论为依据，将实体特征的数据以及描述实体行为的功能模块封闭成类，使用对象的概念来分析问题空间，然后设计和开发由对象构成的软件系统。这样，分析问题和解决问题都通过对象来完成，避免了由于问题空间和解决空间不一致所带来的麻烦，如图 4-1 所示。

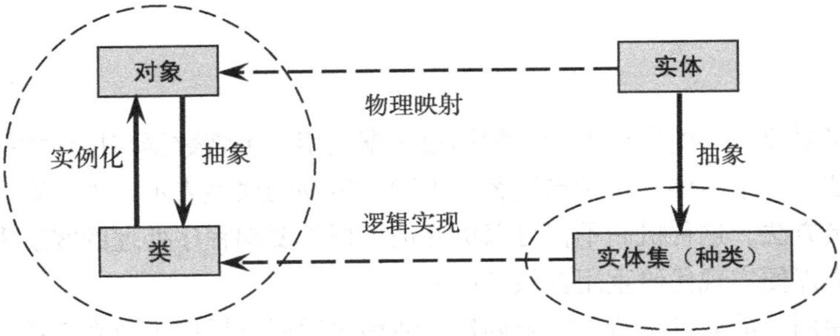

图 4-1　对象与实体的关系

1. 对象与面向对象程序设计

我们把客观世界的实体称为问题空间的对象。万事万物都可以当作分析和处理的对象，一个事物也可以当作各种对象以及它们之间的联系构成的复合体。例如，一本书是一个对象；一个员工也是一个对象；一家书店既可看作为一个对象，也可看作为是由书、员工以及采购业务、销售业务等各种对象以及它们之间的各种联系构成的对象簇。如此说来，世界上的任何事物都是对象，复杂对象是由相对简单的对象以某种方式组成的。

在面向对象设计中，“对象”是应用领域中的建模实体。同一个类的不同对象在外观上表现出相同的特性，即固有的处理能力和通过传递消息而实现的统一的联系方式。

在面向对象程序中，“对象”是基本运行单位。一个“对象”是由一些特定属性（数据）和行为方式（方法）构成的一个实体。在创建了一个对象之后，系统就会为它分配相应的存储空间，用于存放隶属于它的数据（变量、数组、下属对象等），并在必要时调用它所提供的方法，完成指定的任务。

2. 传统程序设计思想

面向对象程序设计技术构造的程序中包含各种既互相独立又可以互相调用的对象，也就是说，这种程序中的每个对象都能够接收数据、处理数据并将数据传达给其他对象。而传统程序设计（面向过程）思想则将程序看作一系列函数的集合，甚至是一系列直接操纵计算机或由计算机执行的指令的集合。

结构化程序设计是传统程序设计思想的典型代表，这种思想首先考虑的是如何处理数据，然后再考虑如何选择最有效的组织方式来表示数据。其核心理念被归纳为：算法+数据结构=程序。

虽然数据与数据的处理过程在逻辑上或者功能上密切相关，但在程序的实现上却彼此独立，使得程序的可重用性、可维护性和可扩展性都很弱，举例如下。

- 当数据结构改变时，相关的处理过程往往需要随之改变。
- 某些关键数据结构的改变，可能会导致整个软件系统结构推翻重构。

3. 面向过程与面向对象程序的区别

例 4-1 设计一个公司的员工工资管理系统。要求根据不同的计算方式分别计算不同工种员工的月工资。

（1）面向过程程序设计。

首先统计该公司所有员工的工种，得出以下结果。

```
enum jobEmp
{   Manager,        //管理岗
    Sales,          //销售岗
    Engineer,       //技术岗
    …
}
```

注意

这是一个自定义的枚举类型，将在下一章讲解。

然后依据各工种的不同薪金制度，计算它们的工资。

```
定义 jobEmp 类型变量 pay←输入员工的工种
switch(pay)
{   case jobEmp. Manager Engineer:
        按管理岗计算工资
    case jobEmp. Sales:
        按销售岗计算工资
    case jobEmp. Engineer:
        按技术岗计算工资
}
```

（2）面积对象程序设计。

依据不同的工种设计不同的类，并使这些类继承自同一个 employee 抽象类，其中有一个抽象方法 pay。在各个不同工种的类中，依据不同的计算方式，重写 pay 方法。

```
abstract class Employee
{   …
    public abstract int pay();
}
class Manager: Engineer:
{   …
    public override int pay()
    {  按管理岗计算工资
    }
}
class Sales: Employee
{   …
    public override int pay()
    {   按销售岗计算工资
    }
}
class Engineer: Employee
{   …
    public override int getSalary()
```

```
        {   按技术岗计算工资
        }
    }
```

（3）两种程序的区别。

随着公司的发展以及社会大环境的变化，往往需要重组或者拓展业务，因此可能会出现更多的工种（钟点工、计件工等），原有的工资管理系统就需要随之调整。

- 对于面向过程的程序，几乎所有涉及工种的地方都必须改变，这些代码需要重新编写、编译和部署。
- 对于面向对象程序，只需要添加继承自 Employee 基类的新员工类，并在新员工类中重写 pay 方法就可以了。

4.1.2 类的定义和使用

面向对象程序中，用类（Class）来模拟描述从现实世界中抽象得到的“一类事物”，可将其看作为用户自定义的数据类型。对象是类的实例，声明了类之后，就可以用类名来定义，并用 new 关键字来创建该类的对象。可将对象看作为其所属类类型的变量。

类定义的一般格式为：

```
附加属性  类修饰符  class  类名
{
    类体
}
```

（1）关键字 class、类名和类体是必须有的，其他项都可以缺省。

（2）类修饰符包括 private、public、protected、internal、new、abstract 和 sealed。其中前 4 种为访问修饰符，用于指定类成员的可访问性。

- public　公有访问。公有成员方法可在类外部调用，公有数据成员可在类外部直接使用。公有方法实际上是类和外部联系的接口，外部方法通过调用公有方法，按照预先设定好的方法修改类的私有成员和保护成员。
- private　私有访问。只限于本类成员访问，子类、实例都不能访问。不加访问修饰符时，默认为 private。
- protected　保护访问。只限于本类和子类访问，实例不能访问。
- internal　内部访问。只限于本项目内访问，其他不能访问。
- protected internal　内部保护访问。只限于本项目或子类访问，其他不能访问。

（3）类体用于定义类的成员，包括成员方法、数据成员和属性。类成员可以在类体内部（类定义的一对花括号内）以任何顺序定义。也就是说，定义类中某个成员时，可以引用同一个类体中另一个在它后面定义的成员。

（4）附加属性可以是 static、const、readonly 等属性。其中 static 用于定义类的静态成员（方法、字段、属性或事件）。类的静态成员是使用类名来直接访问的，而且静态方法和属性只能访问静态字段和静态事件。不能使用类的实例访问其静态成员。

例 4-2　设计一个描述圆的 Circle 类，其中包括以下 3 方面。

- 表示圆心坐标和半径的静态数据成员 x、y 和 r。
- 为数据成员赋值的静态方法 setCircle。
- 输出圆的静态方法 showCircle。

程序源代码如下。

```
//例 4-2_ 圆类
using System;
namespace 圆
{
    class Program
    {
        static void Main(string[] args)
        {   //以类名调用其方法
            Circle.setCircle(30, 50, 10);
            Console.Write("圆 p: ");
            Circle.showCircle();
        }
    }
    class Circle
    {   //定义静态数据成员
        static private double x, y, r;
        //定义静态成员方法
        static public void setCircle(double a, double b, double c)
        {   //数据成员初值
            x = a;
            y = b;
            r = c;
        }
        static public void showCircle()
        {   //输出圆
            Console.WriteLine("圆心为({0},{1}), 半径={2}",x,y,r);
        }
    }
}
```

程序的运行结果如图 4-2 所示。

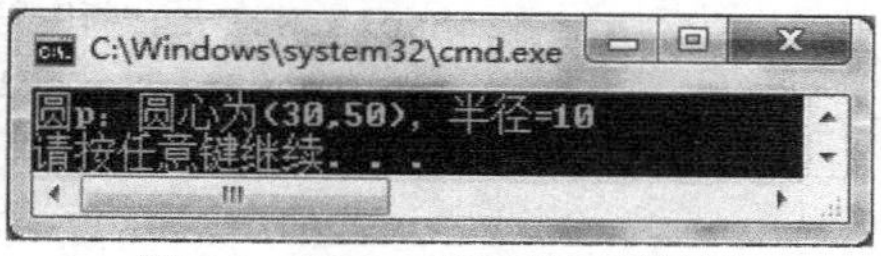

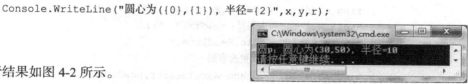

图 4-2　例 4-2 程序的运行结果

4.1.3　对象的创建和使用

类定义的作用类似于蓝图，对象实际上是据此蓝图分配和构建的内存块。一个程序中可以创建同一个类的多个对象。对象也称为类的实例，可以存储为变量（或数组、集合）。使用这些变量（或数组、集合）来调用对象方法（非静态方法）或者访问对象的公共属性。在 C#程序中，典型的程序是由动态交互的多个对象构成的。

声明了类之后，就可以用类名来定义该类的对象了。创建类的对象分为两步。

第 1 步，定义一个类类型的变量。其格式为：

```
类名 变量名;
```

如果变量未曾初始化，则其值为 null。定义类类型变量时所分配的内存并不保存类对象的实际数据，而是用来保存其数据引用（保存实际数据的内存块的地址）的。

第 2 步，使用 new 运算符创建对象，即为实际数据分配并初始化内存块。其格式为：

```
对象名 = new 类名();
```

这两步也可以合并为一步，即在定义变量的同时使用 new 运算符为其分配并初始化内存块。其格式为：

```
类名 对象名 = new 类名();
```

例如，语句

```
Point a=new Point();
```

定义了一个名为 a 的 Point 类的对象。这个创建对象的命令可以分解为两步：先定义引用变量，再为类对象分配内存。

```
Point a;            //声明引用变量
a=new Point();      //为对象分配内存
```

例 4-3 设计一个编辑密码的 authentic 类，其中包括以下 3 方面。

- 保存密码的私有数据成员 passWord。
- 判断密码是否正确的公有方法 isCorrect。
- 更改密码的公有方法 changeWord。

程序源代码如下。

```
//例 4-3_ 密码类
using System;
namespace 密码
{
    class Program
    {
        static void Main(string[] args)
        {   //创建 authentic 类的实例
            authentic Zhang = new authentic();
            //输入原密码与新密码
            Console.Write("原密码是: oldStr=?  ");
            string oldStr = Console.ReadLine();
            Console.Write("新密码是: newStr=?  ");
            string newStr=Console.ReadLine();
            //调用 changeWord 方法更改密码
            bool done = Zhang.changeWord(oldStr,newStr);
            //调用 changeWord 方法求得真值时才更改密码
            if (done == true)
                Console.WriteLine("密码已经更改! ");
            else
                Console.WriteLine("原密码错, 不能更改! ");
        }
    }
    //定义 authentic 类, 判密码正确否、更改密码
    class authentic
    {   //定义数据成员 passWord 并赋值为密码
        private string passWord = "Yao369888";
        //定义方法 isCorrect: 判密码是否正确
        public bool isCorrect(string userWord)
        {   //判 (调用时括号中参数=密码? ), 是则返回真值
            return (passWord == userWord) ? true : false;
        }
        //定义方法 changeWord, 更改密码
        public bool changeWord(string oldWord, string newWord)
        {   //当原密码正确时更改为新密码
```

```
                if(isCorrect(oldWord))
                {    //调用本类中的 isCorrect 方法，得真值时更改密码
                    passWord = newWord;
                    return true;
                }else
                    return false;
            }
        }
    }
```

程序的一次运行结果如图 4-3（a）所示，可看到密码修改成功了。程序的另一次运行结果如图 4-3（b）所示，可看到密码修改失败了。

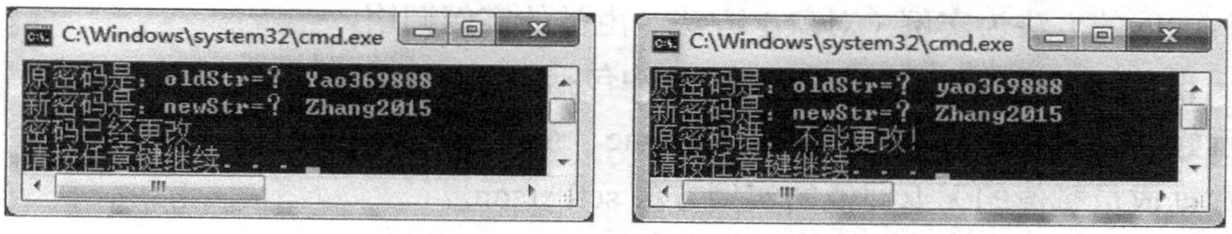

（a）　　（b）

图 4-3　例 4-3 程序的运行结果

4.2　类的成员

在类的定义中，可有多种成员：字段、构造函数、析构函数、方法和属性等。

- 字段是类定义中的数据，可以是变量、常量或者只读变量。类所模拟的客观事物的各种特征就是由类定义中的各个字段来分别描述的。
- 构造函数与类同名，主要用于在以类来创建对象时，完成字段的初始化工作。
- 析构函数是由内存回收机制自动调用的，主要用于释放对象所占用的内存。
- 方法是操作类中数据的代码段。例如，类中某些字段的输出、计算以及各种各样的其他操作，都需要编写相应的方法来处理。类所模拟的客观事物的各种行为就是由类定义中的各个方法来分别实现的。
- 属性借助于访问器来读出或写入字段的值，可以提供修改字段的方法。

4.2.1　类中的方法

类中定义的方法是按方法名调用的可执行代码块，可以在程序中多种不同的地方甚至在其他程序中调用执行。一个方法在被调用而执行时，按该方法定义时的顺序执行其内含代码，然后返回到调用它的代码。有些方法还会给被调用处返回一个值。

方法定义的格式为

```
访问修饰符 返回值类型 方法名（参数表）
{
    方法体
}
```

（1）访问修饰符包括 private、public、protected 和 internal，这些修饰符的意义与将其放于类定义前面时相同。

（2）返回类型声明了方法返回值的类型。如果一个方法不返回值，则将其返回值类型指定为 void。

（3）方法名后面的参数表中可以有一个或多个参数，也可以没有参数（不能省略其后的圆括号）。这里的参数在该方法被调用而执行时，将由相应的值来替换，因而称为形参（形式参数）；调用时得到的参数称为实参（实在参数）。

（4）方法体由一对大括号组成，其中包含能够完成方法的任务的代码。

（5）可以添加附加属性 static（访问修饰符之前），这种方法为静态方法，由它所属的类名调用；未使用 static 的方法为实例（对象）方法，由类的实例调用。

例 4-4 设计一个描述人的 Person 类，其中包括以下 3 个方面。

- 表示姓名、年龄和性别的数据成员 Name、Age 和 Sex。
- 为数据成员赋值的无返回值的实例方法 setPerson。
- 返回由数据成员之值构成的字符串的实例方法 showPerson。

程序源代码如下。

```
//例 4-4_ 类中的方法
using System;
namespace 人
{
   class Program
   {
      static void Main(string[] args)
      {  //创建 Person 类的实例 Zhang、Wang
         Person Wang = new Person
         Person Zhang = new Person();
         //调用 Person 类的实例方法，为数据成员赋值
         Zhang.setPerson("张京", 19, '男');
         Wang.setPerson("王莹", 18, '女');
         //调用 Person 类的实例方法，输出实例
         Console.WriteLine("Zhang: \t"+Zhang.showPerson());
         Console.WriteLine("Wang: \t"+Wang.showPerson());
      }
   }
   //定义 Person 类，含数据、构造函数、实例方法
   class Person
   {  //定义数据成员（非静态，由实例调用）
      string Name = "某某某";
      int Age = 0;
      char Sex = 'm';
      //定义无返回值的实例方法，为类的数据成员赋值
      public void setPerson(string name, int age, char sex)
      {  //创建实例时为数据成员赋值
         Name = name;
         Age = age;
         Sex = (sex == '男' ? 'm' : 'w');
      }
```

```
        //定义实例方法，返回由数据成员的值构成的字符串
        public string showPerson()
        {   //返回：姓名、年龄、性别构成的字符串
            string str = (Sex == 'm' ? "男" : "女");
            return Name + '\t' + Age + '\t' + str;
        }
    }
}
```

程序的运行结果如图 4-4 所示。

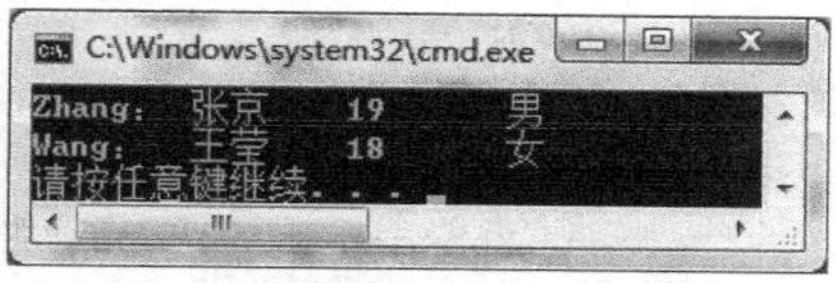

图 4-4 例 4-4 程序的运行结果

4.2.2 构造函数

构造函数是类中的特殊成员。在定义一个类的对象时，编译程序自动调用构造函数为其分配存储空间并进行必要的初始化工作。一个类中可能有多个接受不同参数的构造函数。构造函数使得程序员可以设置默认值，限制实例化，编写出灵活多样且可读性强的代码。

1. 构造函数的定义

构造函数定义的格式为

```
访问修饰符  类名(形参表)
{
    方法体
}
```

构造函数的名称与类名相同，没有返回值（连 void 都不必写）。

例如，可以在定义 Person 类的代码中添加下面的构造函数。

```
public Person(string name, int age, char sex)
{    Name = name;
     Age = age;
     Sex = (sex == '男' ? 'm' : 'w');
}
```

每当用 new 生成类的对象时，自动调用类的构造函数。例如，在执行语句

```
Person Zhang=new Person("张京", 19, '男')
```

生成 Person 类的实例时，就会自动调用这个构造函数。

2. 默认构造函数

每个类中至少要有一个构造函数，如果在类的声明中没有提供构造函数，则编译器生成默认的构造函数。这个构造函数没有任何参数，使用默认值来初始化对象字段。数字型初始化成 0/0.0，string 类型初始化成 null，char 类型初始化成'\0'。

3. 构造函数的重载

如果同一个类中包含多个这样的方法，它们的方法名相同但参数不同（参数个数、顺序不同或某些参数的数据类型不同），则称为方法重载。调用这些方法时，C#系统自动按照不同的参数表来选择合适的方法。

注意

如果几个方法只有返回值不同，则不构成方法重载。

利用方法重载机制，可在一个类定义中同时定义多个名字相同但参数不同的构造函数。每当生成类的实例时，C#系统会自动按照参数表来选择调用合适的构造函数方法。

例如，假定在Person类的定义中再添加一个无参数的构造函数。

```
public Person( )
{   Name = "某某某";
    Age = 0;
    Gender = 'm' ;
}
```

则当用语句

```
Person  Zhang=new  Person("张京", 19, 'm')
```

生成对象时，将调用有参数的构造函数；而当用语句

```
Person  Zhou=new  Person( )
```

生成对象时，将调用无参数的构造函数。

例 4-5　设计一个描述周长的Perimeter类，其中包括以下几个方面。

- 表示周长的数据成员myPerimeter。
- 圆的半径为形参的构造函数。
- 长方形的长和宽为形参的构造函数。
- 三角形的三边长为形参的构造函数。
- 返回周长值的实例方法。

程序源代码如下。

```
//例 4-5_ 构造函数及其重载
using System;
namespace 周长
{
    class Program
    {
        static void Main(string[] args)
        {   //创建 perimeter 类的实例，
            //按不同的参数表分别调用相应构造函数，为数据成员赋值
            perimeter circle = new perimeter(2.6);
            perimeter rectangle = new perimeter(3.2,5.1);
            perimeter triangle = new perimeter(3.3, 4.5, 6);
            //分别输出不同图形的周长
            Console.WriteLine("圆周长：\t{0}",circle.valuePerimeter());
            Console.WriteLine("矩形周长：\t{0}",rectangle.valuePerimeter());
            Console.WriteLine("三角形周长：\t{0}",triangle.valuePerimeter());
        }
    }
    //定义表示周长的类
    class perimeter
    {   //表示周长的数据成员
        public double myPerimeter = 0;
        //返回周长值的方法
        public double valuePerimeter()
        {   //返回数据成员的值给调用处代码
            return myPerimeter;
        }
        //构造函数
        public perimeter(double r)
```

```
        {   //创建对象时给数据成员 myPerimeter 赋值为圆周长
            myPerimeter = 2 * Math.PI * r;
        }
        public perimeter(double x, double y)
        {   //创建对象时给数据成员 myPerimeter 赋值为矩形周长
            myPerimeter = 2*(x + y);
        }
        public perimeter(double a, double b, double c)
        {   //创建对象时给数据成员 myPerimeter 赋值为三角形周长
            myPerimeter = a + b + c;
        }
    }
}
```

程序运行结果如图 4-5 所示。

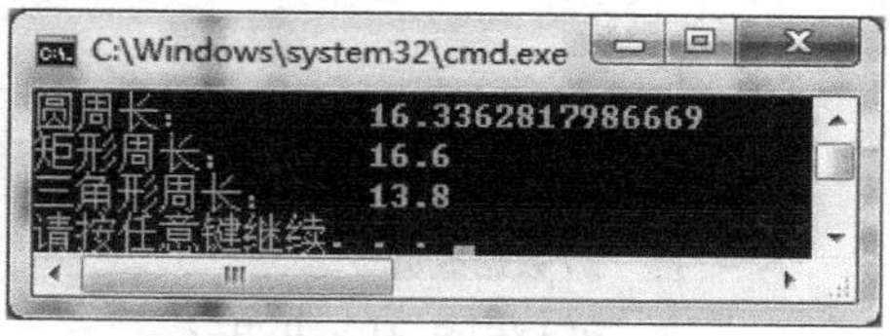

图 4-5 例 4-5 程序的运行结果

4.2.3 内存回收与析构函数

创建每个对象都要使用各种系统资源（如内存资源）。如果某个对象已经不再使用了，但还不释放它所占用的资源，则程序就不能再利用这些资源了，这就产生了资源泄漏。为了避免资源泄漏，CLR（公共语言运行时）的自动内存管理机制使用垃圾回收器释放对象不再需要的内存，以便其他对象可以使用它。

为实现自动内存管理，每个对象都需要一个称为析构函数的特殊成员，析构函数是由垃圾回收器调用的。如果垃圾回收器认为某个对象符合析构条件，则会调用析构函数（如果有）并回收该对象占用的内存。程序退出时也会调用析构函数。通常这个回收过程是自动进行的。

> **注意** 其他类型的资源泄漏也时有发生，例如，程序在打开一个磁盘文件并修改了文件的内容之后，如果没有关闭文件，则其他程序就不能修改这个文件了。

在默认情况下，编译器自动生成空的析构函数，因此 C#中不允许定义空的析构函数，析构函数的一般形式如下。

```
~类名()
{
    语句
}
```

关于析构函数要注意以下问题。

（1）析构函数命名时，在类名之前加上“~”符号。

（2）只能在类中定义析构函数，并且一个类中只能有一个析构函数。

（3）析构函数不能继承或重载。

（4）析构函数声明时没有修饰符和参数。

（5）析构函数不能显示地调用，是由系统在释放对象时自动调用的。

例 4-6 析构函数的自动调用。

本程序中定义 Time 类，类中有析构函数，在 Program 类的 Main()方法中测试。

程序源代码如下：

```
//例 4-6_ 析构函数的自动调用
using System;
namespace Time 类
```

```
{
    class Program
    {
        static void Main(string[] args)
        {   //创建并使用 Time 类的实例
            Time startTime = new Time();
            Console.WriteLine("开始时间: {0}", startTime);
            Time endTime = new Time(9, 15, 33);
            Console.WriteLine("结束时间: {0}", endTime);
        }
    }
    //定义表示时间的类 Time
    public class Time
    {   //数据成员
        private int hour;
        private int minute;
        private int second;
        //构造函数
        public Time(){}
        public Time(int h,int m,int s)
        {   hour = h;
            minute = m;
            second = s;
        }
        //析构函数
        ~Time()
        {   Console.WriteLine("自动调用 Time 类的析构函数!");
        }
        //重载 System.Object 默认提供的 ToString()方法
        public override string ToString()
        {   //显示对象的有关信息
            return string.Format("{0:D2}:{1:D2}:{2:D2}", hour, minute, second);
        }
    }
}
```

本程序分析如下。

（1）程序中定义了析构函数，其中只有一个输出语句。同时各定义了一个无参的构造函数和一个包含 3 个参数的构造函数。

（2）程序中还重载（由 override 标记）了 ToString()方法。ToString()方法是 System 命名空间中定义的 Object 类默认提供的方法，其功能为返回当前对象的完整类型名称，即

```
命名空间 + "." + 类名
```

由于 Object 类是所有类的根类，故当显示用户自定义类的对象时，C#调用这个方法并按这种格式显示该实例的信息，如果想要看到对象相关的更多信息，就需要在定义类时重写（重载）该方法。

（3）在 Program 类的 Main()方法中，先创建了一个 Time 类的对象 startTime 并自动调用了无参构造函数；随后又创建了另一个 Time 类的对象 endTime 并自动调用了包括 3 个参数的构造函数。

（4）Program 类的 Main()方法中还有两个输出语句，分别输出两个对象 startTime 和 endTime 的有关信息。

本程序的运行结果如图 4-6（a）所示。如果 Time 类的定义中没有重载 ToString()方法，则其

运行结果如图 4-6（b）所示。

程序的运行结果如图 4-6 所示。

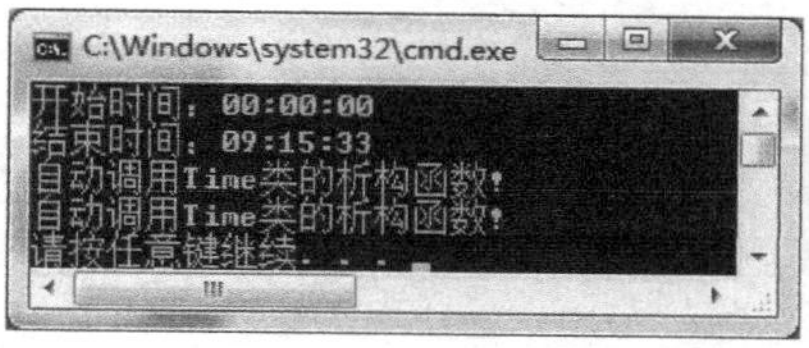

（a）

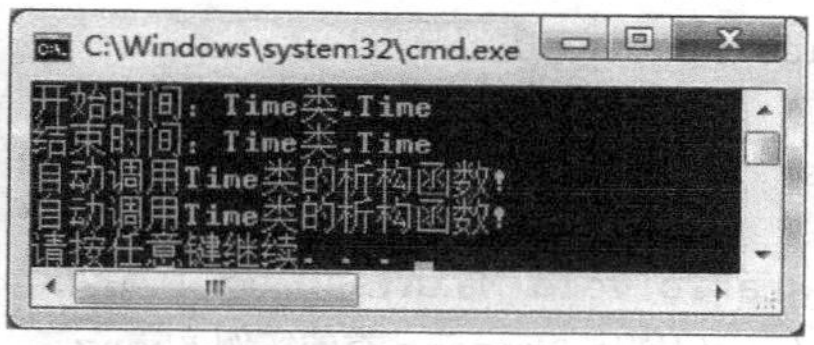

（b）

图 4-6　例 4-6 程序的运行结果

类的析构函数与构造函数比较如下。

- 构造函数在创建对象时自动调用，析构函数在撤销对象时自动调用。
- 构造函数允许重载，析构函数不允许重载。

4.2.4　类中的属性

字段是类（或结构）中定义的数据成员。而属性借助于访问器来读写字段的值，实际上定义了修改字段的方法。访问属性值的语法形式和访问一个变量大体相同，这就使得访问属性像访问变量一样方便。

1. 访问器 set 和 get

给属性赋值时使用 set 访问器，通过 value 设置属性的值；获取属性值时使用访问器 get，通过 return 返回属性的值。在访问定义中，

- 可以只包含 get 访问器，定义该属性为只读属性。
- 也可以只包含 set 访问器，定义该属性为只写属性。
- 如果既有 get 访问器，也有 set 访问器，则该属性为读写属性。

定义属性的格式为：

```
访问修饰符 数据类型 属性名
{
    get{
        get 访问器代码块
    }
    set{
        set 访问器代码块
    }
}
```

2. 访问器中的代码及自动属性

很多时候，可以在 get 或 set 中加入代码，例如，可以在 set 中加入检查代码，使得只有在符合要求时才赋值。如果仅是简单的输入和输出操作而不需要检查，则可以使用 C#的自动属性，即不给出属性对应的 private 字段，由编辑器自动补上。需要注意的是，自动属性必须既包含 get，也包含 set。

例 4-7　统计学生 3 门课程的平均分并输出学生成绩表。

本程序将输入两个学生的学号、姓名和 3 门课程的成绩，统计每个学生 3 门课程的平均分，并输出包括平均分的学生成绩表。

程序源代码如下。

```
//例 4-7_ 学生成绩表
using System;
namespace Student类
{
    class Program
    {
        static void Main(string[] args)
        {   //创建 Student 类的实例 Zhang
            Student Zhang = new Student();
            Zhang.sName = "张金";
            Zhang.sID = "15010302";
            Zhang.mathsMark = 80;
            Zhang.englishMark = 90;
            Zhang.PEMark = 100;
            //创建 Student 类的实例 Li
            Student Li = new Student();
            Li.sName = "李玉";
            Li.sID = "15010319";
            Li.mathsMark = 70;
            Li.englishMark = 93;
            Li.PEMark = 95;
            //输出学生成绩表：两个对象 Zhang、Li 的属性值及其计算值
            Console.WriteLine("---------------------------------------------------");
            Console.WriteLine("学号\t\t 姓名\t 高数\t 英语\t 体育\t 平均分");
            Console.WriteLine("---------------------------------------------------");
            Zhang.showStu();
            Li.showStu();
        }
    }
    //定义表示学生的类 Student
    class Student
    {   //定义字段：学号、姓名、3 门课成绩
        private string ID = "00000000";  //学号
        private string name = "xxx";     //姓名
        private int maths = 0;           //数学成绩
        private int english = 0;         //英语成绩
        private int PE = 0;              //体育成绩
        //定义属性：分别访问 Student 类中的 5 个字段
        public string sID
        {   //学号属性
            get{  return ID; }
            set{  ID = value; }
        }
        public string sName
        {   //姓名属性
            get{  return name; }
            set{  name = value; }
        }
        public int mathsMark
```

```
        {   //数学成绩属性
            get{  return maths; }
            set{   maths = value; }
        }
        public int englishMark
        {   //英语成绩属性
            get{  return english; }
            set{  english = value; }
        }
        public int PEMark
        {   //体育成绩属性
            get{  return PE; }
            set{   PE = value; }
        }
        //定义方法：输出对象属性值及其计算值
        public void showStu()
        {   Console.Write(ID + "\t" + sName + "\t");
            Console.Write(mathsMark + "\t" + englishMark + "\t" + PEMark + "\t");
            Console.WriteLine((mathsMark + englishMark + PEMark) / 3);
        }
    }
}
```

程序的运行结果如图 4-7 所示。

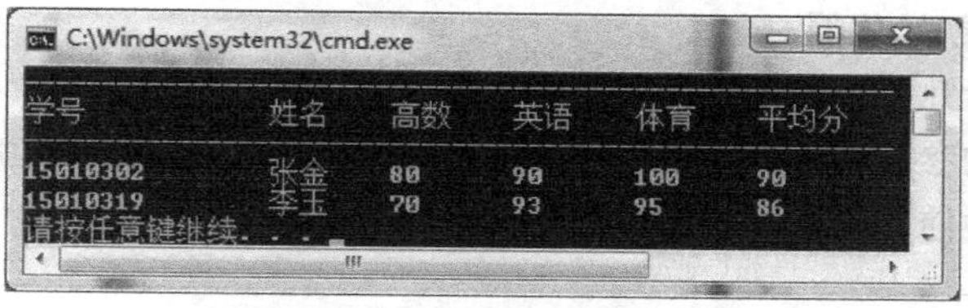

图 4-7　例 4-7 程序的运行结果

本程序中的属性只有输入和输出功能，而且 set 和 get 访问器都包含在内，故可用自动属性改写代码。改写后的 class Student 代码如下。

```
class Student
{  public string ID { get; set; }
   public string name { get; set; }
   public int maths { get; set; }
   public int english { get; set; }
   public int PE { get; set; }
   public void showStu()
   {   Console.Write(ID + "\t" + name + "\t");
       Console.Write(maths + "\t" + english + "\t" + PE + "\t");
       Console.WriteLine((maths + english + PE) / 3);
   }
}
```

4.2.5　this 引用

C#中的 this 关键字引用类的当前实例，可用于在构造函数、实例方法和实例化访问器中访问成员。类的方法中出现的 this 作为一个值类型表示对调用该方法的对象的引用，类的构造函数中出现的 this 作为一个值类型表示对正在构造的对象本身的引用，还可使用 this 将本类的当前实例传送到另一个类中去。

静态成员方法没有 this 指针，因而不能在静态方法、静态属性访问器或者字段定义的变量初始化程序中使用 this 关键字。

注意　this 关键字也可用于结构（见第 5 章）的方法或构造函数中。

1. 限定被相似的名称隐藏的成员

当方法中包含了与字段（数据成员）同名的局部变量时，需要显式地用 this 来引用类中被隐藏的实例变量，通常在方法中的参数或局部变量应避免和类中的实例变量同名。

例如，下面代码段中，Add 类中使用 this 来代表当前对象，使当前对象中与参数同名的数据成员与参数区分开来。

```
class Add
{
    public double x, y;
    public void tAdd(double x, double y)
    {   this.x = x;
        this.y = y;
        Console.WriteLine("x+y={0}",x + y);
    }
}
```

2. 用于构造函数初始化器

一个类中往往包含几个构造函数，它们的参数表会有所不同，但几个不同的构造函数中都需要为一个或多个相同的参数赋值，可将几个构造函数中共有的赋值操作放在其中一个构造函数中，然后在其他构造函数中使用构造函数初始化器来为共有数据成员赋值。

注意　构造函数初始化器在构造函数之前执行。

例 4-8　使用构造函数初始化器为重载构造函数中的共有数据成员赋值。

程序源代码如下。

```
//例 4-8_ 构造函数初始化器
using System;
namespace 初始化器
{
    public class thisTest
    {
        public static void Main()
        {   //创建当前类的对象
            thisTest x =new thisTest();
        }
        //定义数据成员
        int count =0;                    //实例数据成员
        String str =null;
        //定义构造函数
        thisTest(int n)                  // thisTest 类构造函数
        {   count = n;
```

```
            Console.WriteLine("构造函数（int n）, n->count={0} ",count);
        }
        thisTest(String str, int n) //重载 thisTest 类构造函数
            : this(n) //初始化器，调用另一个构造函数
        {   this.str = str;              //this.表示 str 是当前类的数据成员
            Console.WriteLine("构造函数(String str,int n):this(n) ,str->this.str={0} ",str);
        }
        this Test()                      //重载 this Test 类构造函数,：
            : this("参数 1", 2) //
        {   Console.WriteLine("默认构造函数(): this(“参数 1” , 100), ");
        }
    }
}
```

程序的运行结果如图 4-8 所示。

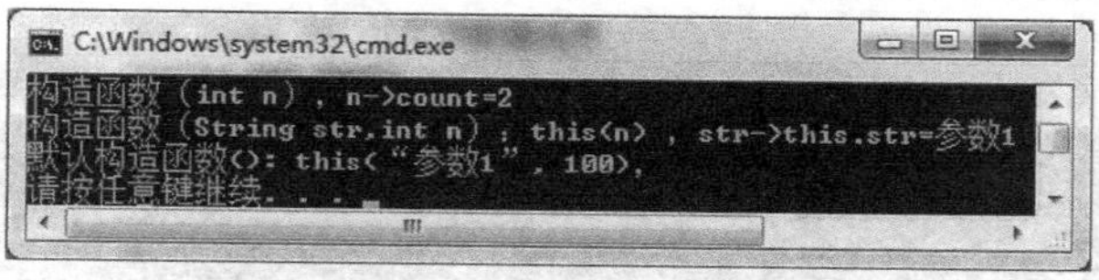

图 4-8　例 4-8 程序的运行结果

3. 将方法的对象型参数传递给另一个方法

如果一个方法的参数为其所属类的对象，则可在另一个方法（称为主调方法）调用它时，用 this 代替被调方法中的对象型参数，传递给主调方法。

例 4-9　在方法中使用 this 将对象型参数传递给另一个方法。

程序源代码如下。

```
//例 4-9_ this 表示对象参数
using System;
namespace this 参数
{
    public class thisKey
    {
        public static void Main()
        {   //创建当前类 thisKey 的对象，调用其中的 method 方法
            thisKey oneObj=new thisKey(1);
            oneObj.method();
            thisKey twoObj=new thisKey(2);
            twoObj.method();
        }
        //定义数据成员
        private byte nObj = 0;
        //构造函数
        public thisKey(byte n)
        {   //为数据成员赋值、输出解释本构造函数功能的字符串
            nObj = n;
            Console.WriteLine("创建第{0}个 thisKey 类对象",nObj);
        }
        //定义当前类的对象作参数的方法
```

```
        public void show(thisKey obj)
        {   //输出一个说明参数的字符串
            Console.Write("show 方法的参数为 thisKey 类第{0}个对象，",nObj);
        }
        //定义调用了当前类中其他方法的方法
        public void method()
        {   //this 为当前类实例 obj，由 thisKey obj=news thisKey();创建
            show(this);
            Console.WriteLine("由 this 指针传给当前方法 method! ");
        }
    }
}
```

可以看到，show 方法中有一个对象型参数，当 method 方法中调用 show 方法时，以 this 代替了对象型参数。

程序的运行结果如图 4-9 所示。

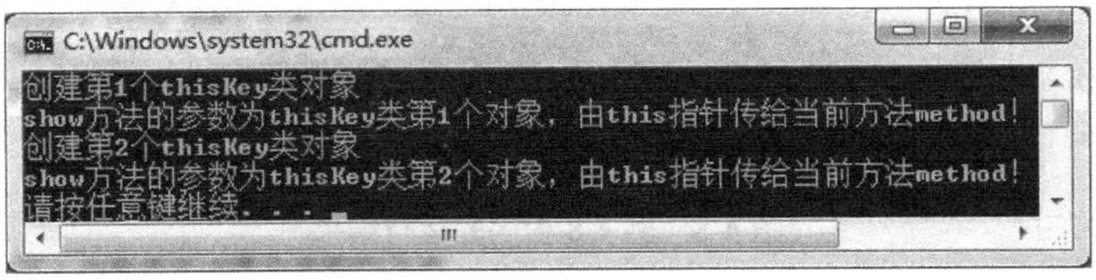

图 4-9　例 4-9 程序的运行结果

4.2.6　类中的成员常量和只读字段

常量就是一个值（数字、字符、逻辑值等），例如，语句

```
const double PI=3.14159265;
```

定义了常量 PI，它是数字 3.14159265 的代号。程序中定义常量 PI 的目的是为了便于多次使用 3.14159265 这个数字且提高代码的可读性，PI 的值在定义之后就不能改变了。实际上，程序编译时就已经把 PI 当成了数字 3.14159265，不需要为它分配内存空间。

只读变量的值也和常量一样不能改变。但两者之间的最大区别在于：只读变量是变量而不是常量。定义只读变量时，需要给它分配内存空间（或称为缓冲），赋给只读变量的值就存储在这个内存空间里。当然，一经赋值之后，只读变量的值就不能再改变了。

1．成员常量

常量是在编译时已知并在程序的生存期内不发生更改的不可变值。使用 const 修饰符定义常量。只有 C#内置类型可以定义为常量（System.Object 除外），而用户自定义类型（包括类、结构和数组）不能。

常量分为成员常量和本地常量。成员常量就是在类中定义的常量，它与本地常量相似但作用域不同。本地常量只存在方法中，而成员常量存在于类当中。成员常量有以下特征。

（1）成员常量使用 const 关键字来定义，可以使用修饰符（默认为 private），必须在定义时初始化。

（2）成员常量的值在初始化之后是不可改变的，即使是在类内部也不行。

实际上，当编译器遇到 C#源代码中的常量修饰符时，直接把文本值替换到它生成的中间语言 (MSIL) 代码中。因为运行时不存在与常量关联的变量地址，所以 const 字段不能通过引用传递，

并且不能在表达式中作为左值出现。

（3）一条语句中可以同时定义多个相同类型的常量。例如，下面的语句同时定义了 int 型成员常量 months、weeks 和 days。

```
const int months = 12, weeks = 52, days = 365;
```

（4）用于初始化一个常量的表达式可以引用另一个常量。例如，下面的成员常量定义引用了上面已经定义的常量。

```
const double daysPerWeek = (double)days / (double)weeks;
const double daysPerMonth = (double)days / (double)months;
```

（5）常量值对该类型的所有实例是相同的，因而有点像静态变量。成员常量可当作 static 数据成员一样访问。未包含在定义常量的类中的表达式按以下格式来访问该常量。

类名.常量名

例如，下面的语句访问了成员常量 months。

```
var m = MyCalendar.months;
```

（6）不能定义静态常量。

虽然成员常量与静态数据成员的访问方式相同，但静态数据成员有自已的存储空间，而成员常量没有，常量在编译时已被编译器替换成了定义时给出的字面常量。

2. 只读字段

可以使用 readonly 修饰符来定义只读字段。如果字段定义中包括 readonly 修饰符，则该定义引入的数据成员赋值只能作为定义的一部分出现，或者出现在同一类的构造函数中。例如，在以下代码段中，定义了 int 型的只读变量_year，并为其赋值为 1。在当前类的构造函数中，又用参数替换了只读变量_year 的值。

```
class stuAge
{
    // 定义一个只读字段，同时初始化
    readonly int _year = 1;
    // 构造函数
    stuAge(int year)
    {       //在构造函数中改变只读字段的值
        _year = year;
    }
}
```

例 4-10　包含成员常量和只读字段的类。

（1）本程序中定义了 Person 类，其中包含

- 公有数据成员 Name、成员常量 Nationality 和只读字段 Passport。
- 构造函数，为公有字段 Name 和只读字段 Passport 赋值。

（2）在另一个类中，

- 创建了 Person 类的实例 Li，并输入姓名和护照号，由构造函数分别为公有字段 Name 和只读字段 Passport 赋值。
- 访问实例数据成员以及实例成员方法，输出实例的信息。

程序源代码如下。

```
//例 4-10_ 包含成员常量和只读字段的类
using System;
namespace 常量和只读字段
```

```
{
    class Program
    {
        static void Main(string[] args)
        {   //创建 Person 类的对象 Li
            Console.Write("姓名: name=?  ");
            string name = Console.ReadLine();
            Console.Write("护照: passport=?  ");
            string passport = Console.ReadLine();
            Person Li = new Li(passport, name);
            //访问 Person 类的实例数据成员、方法成员
            Console.Write("{0}:  ", Li.Name);
            Li.show();
        }
    }
    class Person
    {   //数据成员，包括成员常量和只读字段
        private const string Nationality = "中国";
        private readonly string Passport;
        public string Name;
        //构造函数
        public Person(string passport, string name)
        {   //为字段及只读字段赋值
            Passport = passport;
            Name = name;
        }
        public void show()
        {   //输出成员常量及只读数据成员
            Console.WriteLine("国籍“{0}”、护照“{1}”", Nationality, Passport);
        }
    }
}
```

程序的运行结果如图 4-10 所示。

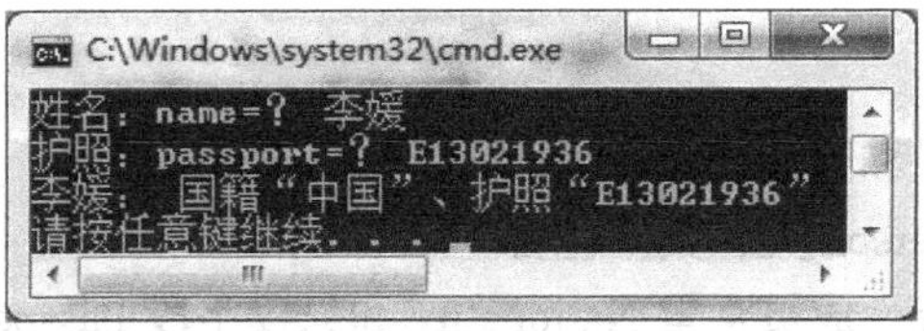

图 4-10 例 4-10 程序的运行结果

4.3 异常处理

所谓异常，就是指在程序运行过程中，由于程序本身的问题或用户的不当操作而造成的暂停程序执行和出现错误结果的情况。异常的来源是多方面的，例如，要打开的文件不存在，未向操作系统申请到内存，进行除法运算时除数为零等，这些都可能导致异常。

异常处理机制是管控程序运行时错误的一种结构化方法。这种机制将程序中的正常处理代码与异常处理代码明显地区分开来，提高了程序的可读性。

4.3.1　处理异常情况的传统方式

为保证程序顺利运行，传统程序设计语言，如 FORTRAN、Pascal、C 等，主要通过条件语句来预防异常情况发生。

例 4-11　预防零作除数的传统方式。

本例设计图 4-11 所示的窗体，其上摆放以下控件。

（1）一个标签，其 Text 属性为“x=”，用于指示旁边文本框的功能。

（2）一个文本框，提供给用户输入变量 x 的值。

（3）一个列表框，用于显示计算结果。其 Items 属性上预先显示两行文本。

```
int a = 2, b = 3;
int y = 10 / x + 20 / a + 30 / b;
```

（4）一个按钮，其 Text 属性为“计算 y”，主要程序代码将由它的单击事件来启动执行。

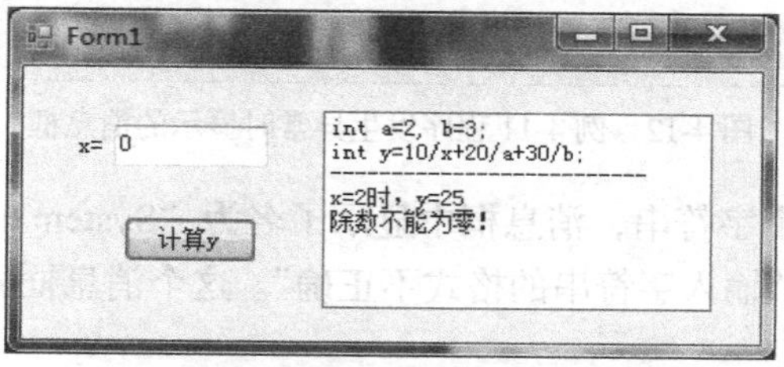

图 4-11　例 4-11 程序的运行结果

程序源代码如下。

```
//例 4-11_ 预防零作除数错误
using System;
using System.Windows.Forms;
namespace 条件语句
{
    public partial class Form1 : Form
    {
        public Form1()
        {   InitializeComponent();
        }
        private void button1_Click(object sender, EventArgs e)
        {
            int a = 2, b = 3;
            int x = int.Parse(textBox1.Text);
            if (x != 0 && a != 0 && b != 0)
            {   int y = 10 / x + 20 / a + 30 / b;
                listBox1.Items.Add("x=" + x + "时, y=" + y);
            }else
                listBox1.Items.Add("除数不能为零！");
        }
    }
}
```

在本程序的主要代码（按钮单击事件处理方法）中，将所有可能出错的情况都写成条件，组合成 if 语句的条件表达式，条件成立则计算并输出 y 的值；条件不成立则显示相应的错误信息。

这种事先预防的方式至少有两个缺点。

（1）要预估所有可能发生的异常情况，把所有相应的条件都组织到 if 语句中，往往使其十分繁琐。例如，上面给 y 变量赋值的语句中，如果再多几个作分母的变量，if 语句中的条件就会冗长不堪。

（2）如果没有预估到发生某种异常的可能性但程序运行时却发生了，可能会导致程序非正常终止或者发生其他难以预料的结果。例如，如果程序运行后用户输入的 a 值为字符串 "abc"，将会显示图 4-12 所示的消息框。

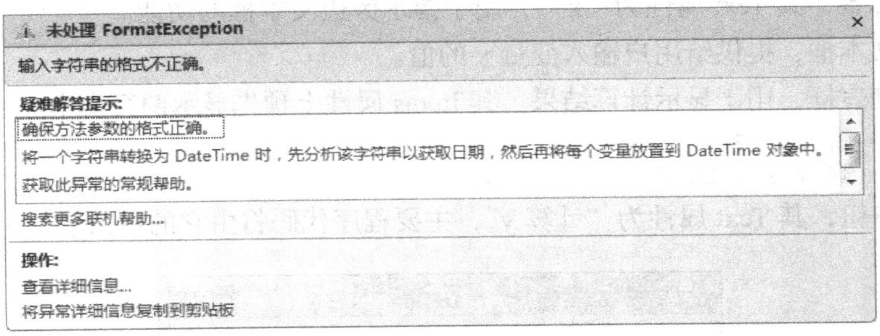

图 4-12　例 4-11 程序发生异常时显示的消息框

因为输入的除数是一个字符串，消息框中显示了名为“System.FormatException”的未处理异常，发生异常的原因是“输入字符串的格式不正确”。这个消息框显示之后，代码中出现异常的语句

```
int y = 10 / x + 20 / a + 30 / b;
```

立即被醒目地标记出来。

4.3.2　try-catch 语句

C#等新型语言（C++、Delphi 等）提供特定的异常处理机制，可以在异常发生后才按其需求来采取相应措施进行处理。

1. 异常处理的概念

异常处理机制将异常的检测与处理分离。当在一个方法体中遇到异常条件存在但却无法确定相应的处理方法时，将引发一个异常，交由函数的直接或间接调用者检测并处理这个异常。采用异常处理机制的程序中的正常代码与异常处理代码明显地区别开来，这不仅增强了程序处理各种错误的能力，而且程序代码简练、可读性好。

处理异常是指当异常被引发时所要采取的动作。可以发出一条消息，使用户了解所发生的问题的性质或者给出更正错误的思路。异常处理程序的功能是采取某种措施来保证程序的继续执行，如果程序只能终结，则会使其尽可能安全结束。

2. 使用 try 和 catch 捕捉和处理异常

为了捕获异常，需要将可能产生异常的语句放在 try 语句中，try 语句提供了在语句执行过程中捕获异常的机制。C#中的 try 语句有 3 种格式。

- try 后跟一个或多个 catch 块语句。
- try 后跟一个 finally 块语句（在后面介绍）。
- try 后跟一个或多个 catch 块语句和一个 finally 块语句。

使用 try 和 catch 捕捉和处理异常的一般格式如下。

```
try
{
    语句块 1    //可能引发异常的代码
}
catch(异常类型 1  异常对象 1)    //捕捉异常类 1 对象
{
    语句块 2    //实现异常处理
}
catch(异常类型 2  异常对象 2)    //捕捉异常类 2 对象
{
    语句块 3    //实现异常处理
}
… …
```

其中，catch 后面括号内是异常参数，表示 catch 块可以处理的异常类型。如果不指定异常的类型，表示捕获所有的异常类型。

try-catch 语句的执行逻辑如下。

当 try 块中有异常发生时，程序先创建一个包含异常信息的异常对象，然后从前向后依次搜索是否有与该异常对象匹配的 catch 代码块，找到匹配的代码块后，就会执行该 catch 块中的语句，实现异常处理。

如果未发生异常，则跳过 catch 子句，继续执行 try-catch 之后的语句。

例 4-12　在例 4-11 的程序中添加捕捉和处理异常的功能，使其成为异常发生后再按需求处理的程序。

本例设计的窗体与上一题的相同（见图 4-11）。

本程序改写例 4-11 的程序，对可能出现的错误进行捕捉，然后对捕捉到的错误进行处理，其中 try 语句为后跟多个 catch 块语句的格式，每个 catch 块语句捕获一个异常错误，程序源代码如下。

```
//例 4-12_ 采用异常处理机制，异常发生后按需求处理
using System;
using System.Windows.Forms;
namespace 异常处理
{
    public partial class Form1 : Form
    {
        public Form1()
        {  InitializeComponent();
        }
        private void button1_Click(object sender, EventArgs e)
        {
            try
            {  int a = 2, b = 3;
               int x = int.Parse(textBox1.Text);
               int y = 10 / x + 20 / a + 30 / b;
               listBox1.Items.Add("x="+x+"时, y=" + y);
            } catch (DivideByZeroException)
            {  listBox1.Items.Add("除数不能为零! ");
            } catch (FormatException)
            {  listBox1.Items.Add("除数必须是数字! ");
            }
        }
    }
}
```

本程序的主要代码（按钮单击事件方法）分析如下。

（1）为变量赋值、求解及输出表达式的值等主要操作都放在 try 语句块（try 关键字和 catch 关键字之间）中。块中的代码可能出现异常以及发生异常时跳过的代码。例如，如果块中为 y 变量赋值的表达式计算出错，它后面的输出语句就不会执行了。

（2）因为作分母的 x 变量是由用户输入的，用户可能会输入一个 0，也可能会输入一个无法转换成数字的字符串。这两种情况都将引发异常。程序会创建一个包含异常信息的异常对象，然后在两个 catch 代码块中搜索。

- 如果用户输入的是 0 值，则引发的是 DivideByZeroException 异常，与之匹配的是前一个 catch 代码块，执行该块时，输出“除数不能为零!”的错误信息。
- 如果用户输入的是无法转换成数字的字符串，则引发的是 FormatException 异常，与之匹配的是后一个 catch 块，执行时，输出“除数必须是数字!”的错误信息。

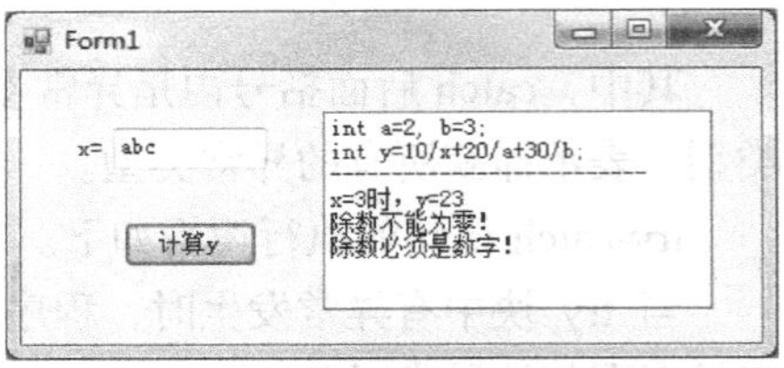

图 4-13　例 4-12 程序的运行结果

（3）程序的运行结果如图 4-13 所示。

- 当输入的 x 值为 3 时，得到正确的结果 y=23。
- 当输入的 x 值为 0 时，输出了错误信息“除数不能为零!”，显然是第 1 个 catch 块执行的结果。
- 当输入的 x 值为字符串"abc"时，输出了错误信息“除数必须是数字!”，显然是第 2 个 catch 块执行的结果。

显然，两次错误的输入都被捕捉到了，并且对出现的错误进行了处理。这里的处理仅仅是输出出错信息。

3. 使用 try-catch 语句时应该注意的问题

（1）在 catch 语句中指定一个异常类型时，该类型必须是 System.Exception 或其派生类。

（2）catch 语句中可以不指定异常类型和异常对象名，这样的 catch 语句称为通用的 catch 语句，一个 try 块中只能有一条通用的 catch 语句，并且必须是该 try 块中最后一条 catch 语句，其格式为：catch{… …}。

（3）try 和 catch 后面的一对花括号“{}”是必须的，即使代码块中只有一条语句。

（4）catch 语句中同时指定异常类型和异常对象时，该对象代表当前正在被处理的异常，可以在 catch 语句块内部使用。

（5）try 语句中可以有多个 catch 块，由于在搜索匹配异常时是从前向后的顺序进行的，如果某个 catch 语句指定的类型与在此之前的某个 catch 指定的类型一致，或者是由此类型派生而来，则程序运行时会出现错误。

try 块和相应的 catch 与 finally 块构成 try 语句。这里要注意区别 try 块和 try 语句，try 块是指关键字 try 后面的代码块，try 语句包括从关键字 try 开始到最后一个 catch 与 finally 块的所有代码，包括 try 块和相关的 catch 与 finally 块。

4.3.3　.NET 的异常类

异常是在程序运行期间发生的错误或者意外。异常由遇到错误的代码引发，由能够处理错误的代码捕捉。C#的异常处理机制为各种可能出现的错误或者意外情况定制了相应的异常类，一个异常类标识相应异常的种类并提供描述这种异常的属性。例如，在例 4-12 程序中使用过的 DivideByZeroException 和 FormatException 是两个不同的异常类，它们都有一个只读属性 Message，用来描述出现异常的信息。

引发一个异常时，便会创建异常派生类的实例，配置异常的属性（可选择），然后使用 throw 关键字引发该对象。对于 C#中预先定义的异常类来说，这些工作是由 C#系统完成的。用户也可自定义异常类，并编写引发和处理自定义异常的代码。

1. C#中的异常类

C#中所有定义好的异常类都是由 System 命名空间中的 Exception 类派生出来的，也就是说，System.Exception 类是所有异常类的基类。System.Exception 类的所有派生类又可归结为两大分支。

- SystemException 类：所有 CLR 提供的异常类型都是由 SystemException 派生的。
- ApplicationException 类：由用户程序引发，用于派生用户自定义的异常类，一般不直接进行实例化。

C#中常用的系统异常类如表 4-1 所列。

表 4-1 常用异常类

异 常 类	引发异常的原因
AccessViolationException	试图读写受保护的内存
ApplicationException	发生非致命应用程序错误
ArithmeticException	起因于算术运算或类型转换操作
DivideByZeroException	试图用零除整数值或十进制数值
FieldAccessException	试图非法访问类中的私有字段或受保护字段
IndexOutOfRangeException	试图访问索引超出数组界限的数值
InvalidCastException	因无效类型转换或显示转换
NotSupportedException	调用的方法不受支持
NullReferenceException	尝试取消引用空对象
OutOfMemoryException	没有足够的内存继续执行应用程序
OverflowException	选中的上下文所执行的操作导致溢出
FileLoadException	当找到托管程序集时却不能加载它
FileNotFoundException	尝试访问磁盘上不存在的文件

例 4-13 修改例 4-12，使用异常类的 Exception 基类捕获相关异常类（Exception 类的派行类）中的异常，使其显示相应的异常信息。

本例设计的窗体与上面两个例子相同，程序源代码也与上例基本相同，只不过使用的异常类为 Exception 基类。下面只给出源代码中按钮单击事件的内容。

```
private void button1_Click(object sender, EventArgs e)
{
    try
    {
        int a = 2, b = 3;
        int x = int.Parse(textBox1.Text);
        int y = 10 / x + 20 / a + 30 / b;
        listBox1.Items.Add("x=" + x + "时，y=" + y);
```

```
        } catch (Exception E)
        {   listBox1.Items.Add(E.Message);
        }
    }
```

其中，catch 块括号里的 E 是异常的对象，使用参数“Exception E”可以捕获所有从基类 Exception 派生的异常，异常处理中的 E.Message 是对象 E 的 Message 属性，是 C#中预设的异常信息说明，这个说明在异常发生时将会显示在列表框中。

程序的运行结果如图 4-14 所示。

- 当输入的 x 值为 3 时，显示正确的运算结果：y=23。
- 当输入的 x 值为 0 时，显示相应的错误信息：“尝试除以零。”
- 当输入"abc"时，显示相应的错误信息：“输入字符串的格式不正确。”

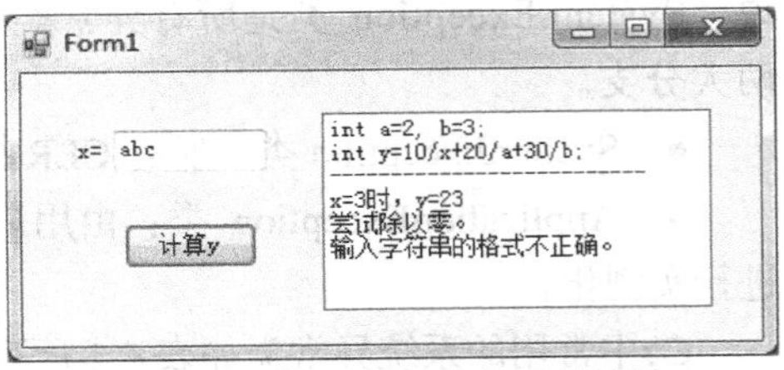

图 4-14　例 4-13 程序的运行结果

这里的“试图除以零”和“输入字符串的格式不正确”就是预设的两种异常时 E.Message 属性的值。

2. Exception 类的常用属性

Exception 是异常类的基类，该类有以下几个常用的属性，用于形成错误的消息，表示捕获的异常。

（1）Message 属性：存储与 Exception 对象相关的错误消息，可以是与异常类相关联的默认消息或抛出 Exception 对象时传入 Exception 对象构造函数的定制消息。

例 4-13 中使用过这个属性了。

（2）StackTrack 属性：所包含的字符串表示方法调用堆栈。

StackTrack 表示系列方法在发生异常时还没有处理完毕。堆栈踪迹显示发生异常时的完整方法调用堆栈，堆栈中的信息包括发生异常时调用堆栈中的方法名、定义这些方法的类名和定义这些类的命名空间。

（3）innerException 属性：返回与传递给构造函数的值相同的值，如果没有向构造函数提供内部异常值，则返回 null 引用，此属性为只读。

（4）其他 Exception 属性：HelpLink、Source 和 TargetSite。

HelpLink 属性指定描述所发生问题的帮助文件的地址，如果没有这个文件，则该属性为 null。Source 属性指定发生异常的程序名。TargetSite 属性指定产生异常的方法。

4.3.4　finally 语句块

在 try-catch 语句中，仅当捕获到异常之后，才会执行 catch 语句中的代码。还有一些特殊的操作，如动态请求和释放资源、文件的关闭、内存的回收等，无论是否发生异常都必须执行，否则可能会造成系统资源的占用和不必要的浪费。这些无论是否捕获到异常都必须执行的代码可以用 finally 关键字定义，将这些代码放在 finally 块中。

1. Finally 语句的使用

Finally 语句常与 try-catch 语句配合使用，完整的格式如下。

```
try
{
    语句块 1                              // 可能引发异常的代码
}
catch(异常类型 1  异常对象 1)             // 捕捉异常类 1 对象
{
     语句块 2                             // 实现异常处理
}
finally
{
     语句块 3                             // 无论是否异常，都要进行处理
}
```

例 4-14 编写使用 finally 语句块的异常处理程序，程序中打开一个文本文件，读出该文件的内容并将其显示出来，不论文件是否存在，都要执行文件的关闭操作。

注意　本例涉及文件的简单操作（文件操作将在后面的章节中讲解）。

本例设计图 4-15 所示的窗体，其上摆放以下控件。

（1）一个标签，其 Text 属性为“文件路径名:”，用于指示旁边文本框的功能。

（2）两个文本框。

- 一个文本框提供给用户输入待打开的文本文件的路径名。
- 另一个文本框显示打开了的文本文件的内容。它的 MultiLine 属性设置为 True，变成多行文本框；Dock 属性设置为 file，使其充满窗体下半部。

（3）一个按钮，其 Text 属性为“显示文件内容”，主要程序代码将由它的单击事件来启动执行。

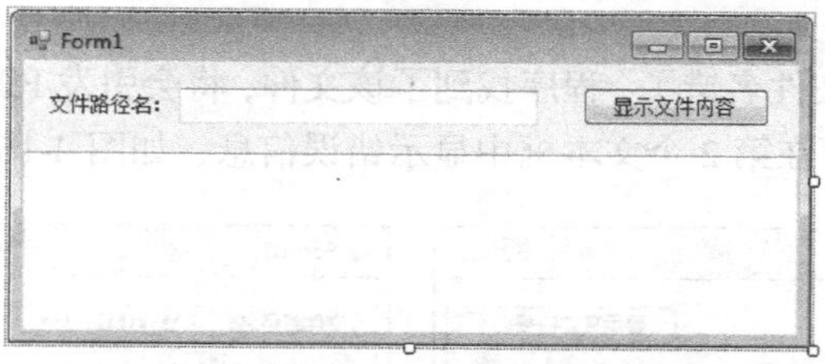

图 4-15　例 4-14 程序的运行结果

程序源代码如下。

```
//例 4-14_ 读文本文件时使用 finally 块释放资源
using System;
using System.Windows.Forms;
using System.IO;
namespace 读文件
{
    public partial class Form1 : Form
    {
        public Form1()
        {   InitializeComponent();
        }
        private void button1_Click(object sender, EventArgs e)
        {   //定义文件流对象 file
            StreamReader file=null;
```

```
            try
            {   //打开文件；读出文件内容并显示在文本框中
                string str = textBox1.Text;
                file = new StreamReader(new FileStream(@str, FileMode.Open));
                textBox2.Text=file.ReadToEnd()+'\r'+'\n';
            } //catch 块：捕获文件不存在异常后执行
            catch(FileNotFoundException)
            {   textBox2.Text+="未找到指定文件！\r\n";
            } //finally 块：无论是否异常都会执行
            finally
            {   //关闭文件并显示相应信息
                if(file != null)
                    file.Close();
                textBox2.Text+="执行了 finally 中语句，文件已关闭！\r\n";
            }
        }
    }
}
```

本程序的主要代码（按钮单击事件方法）及运行结果分析如下。

（1）本例的主要操作（输入文件名、打开文件、显示文件）都放在 try 语句块中。如果用户输入的文件路径名正确，通过它就能找到指定的文件，第 2 个文本框中就会显示该文件的内容。

（2）如果用户输入的文本名是错的，就会因不能据此找到文件而出现“文件不存在”异常，转去执行 catch 代码块，在第 2 个文本框中显示错误信息“未找到指定文件！”。

（3）无论是否出现异常，finally 块中的内容都会执行：当文件不空时关闭文件，并在第 2 个文本框中显示相应信息。

（4）正常情况下，程序按用户输入的文件名找到了文本文件，打开它并显示出来，如图 4-16（a）所示。

（5）如果用户输入的文件名错了，程序找到了该文件，将会引发 FileNotFoundException 异常，执行 catch 块中的语句，而在第 2 个文本框中显示错误信息，如图 4-16（b）所示。

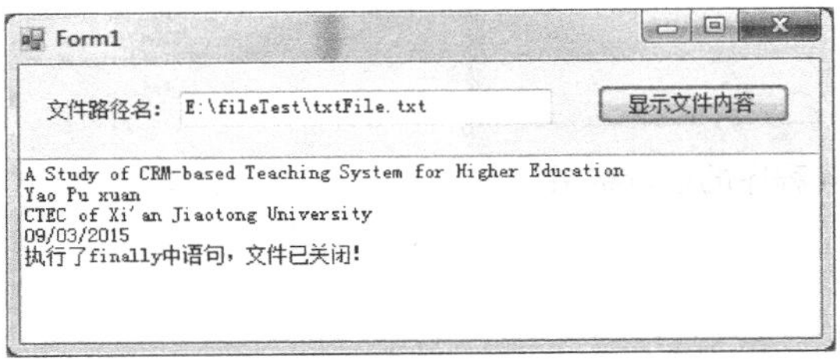

（a）

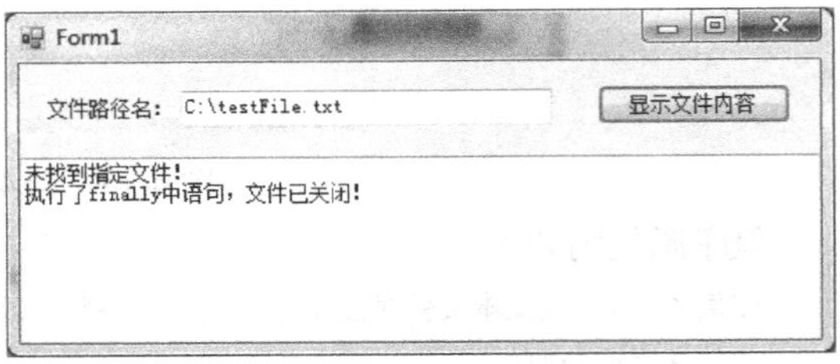

（b）

图 4-16　例 4-14 程序的运行结果

2. finally 块的返回

finally 块结束之后执行的下一条语句取决于异常处理的状态。如果 try 块顺利完成或者 catch 块捕获并处理了异常，则程序转入执行 finally 块后面的下一条语句。如果异常没有捕获或 catch 块再次抛出异常，则程序控制转入外层 try 块。外层 try 块可能在调用方法中，也可能在其调用者中。

try 块中可以嵌套 try 块，这里外层 try 语句的 catch 块处理内层 try 中没有捕获的任何异常。

如果 try 块执行并有相应的 finally 块，则执行 finally 块，即使 try 块因为 return 语句而终止也会执行 finally 块。

使用 finally 语句要注意以下问题。

（1）finally 语句中不能出现 return 语句。return 语句在执行 finally 块之后执行。

（2）可以省略 catch 块，即使用 try-finally 结构，这时不对异常进行处理。

3. using 语句

资源释放代码要放在 finally 块中，不管相应的 try 块中使用资源时是否发生异常，都要保证释放资源，在 try 块中使用资源和在相应的 finally 块中释放资源的代码可以使用 using 语句进行简化。

例如，using 语句

```
using ( R Obj = new R() )
{
   Obj.F();
}
```

完全等效于下面的代码段。

```
R Obj = new R();
try
{
   Obj.F();
}finally
{   if ( Obj != null )
      ( (IDisposable)Obj ).Dispose();
}
```

4.3.5 throw 语句

前面各例题中捕获到的异常都是在程序遇到错误时，由系统自动通知运行环境发生了异常。但实际编程序处理的问题千变万化，有时候可能需要自已编写代码来告诉运行环境什么时候发生了什么异常，也就是说，需要手动抛出异常。手动抛出异常可以使用 throw 语句，该语句有两种形式。

```
throw 异常对象;
throw;
```

前一种形式常在 try 块中使用，执行 throw 语句后，try 块中所有位于 throw 语句之后的语句都不再执行。

后一种形式只能在 catch 语句中使用。用于重新抛出异常，使得系统继续搜索，寻找另外的 catch 块。

语句中带有异常对象时，则抛出指定的异常类，并显示异常的相关信息。该异常既可以是预定义的异常类，也可以是自定义的异常类，如果是自定义的异常类，应该从 ApplicationException 类派生。

程序中使用 throw 语句时，是无条件地、主动地抛出异常，所抛出的异常要使用 catch 语句来捕获。

例 4-15 在程序中使用几种不同形式和位置的 throw 语句抛出异常。

本程序的主要代码中包含 3 个方法 A、B 和 C，其中使用了不同形式的 throw 语句。

（1）方法 A 使用了无参的 throw 语句。可看作为 rethrow（继续抛出），抛出的是已经出现的同样的异常。

（2）方法 B 的 throw 语句中有一个异常变量。虽然抛出了同样的异常，但改变了 StackTrace（堆栈轨迹）就不是一个完全的 rethrow 了。如果有必要的话，可收集一些异常信息。

（3）方法 C 创建了一个新的异常对象，可通过这种方法实现自定义的错误处理。

程序源代码如下。

```
//例 4-15_ 不同形式和位置的 throw 语句
using System;
namespace 抛出异常
{
    class Program
    {
        static void Main(string[] args)
        {
            try
            {   Console.Write("x(正整数、或字符串、或“null”)=?  ");
                string s = Console.ReadLine();
                int x = 0;
                if(int.TryParse(s, out x) == true)
                    A(s);                //以数字参数调用 A 方法
                else if(s == "null")
                    C(null);             //以空值参数调用 C 方法
                else
                    B(s);                //以字符串参数调用 B 方法
            }catch (Exception ex)
            {   Console.WriteLine(ex);
            }
        }
        static void A(string x)
        {   //重新抛出异常
            try
            {   int value = 1/int.Parse(x);
            }catch
            {   throw;                   //将来自 try 块中的异常再抛出
            }
        }
        static void B(string str)
        {   //过滤异常类型
            try
            {   int value = 1 / int.Parse(str);
            }catch(DivideByZeroException ex)
            {   throw ex;
            }
        }
        static void C(string value)
        {   //创建新的异常对象
            if (value == null)
                throw new ArgumentNullException("value");
        }
    }
}
```

本程序的运行结果分析如下。

（1）如果用户输入了 0 值，则会调用 A 方法，重新抛出异常。程序执行的结果如图 4-17（a）所示，可看到出现异常的语句的行号为 28 和 14，前者为 throw 语句所在的行，后者为调用 A 方法的行。

（2）如果用户输入了字符串，则会调用 B 方法。程序执行的结果如图 4-17（b）所示，可看到出现异常的语句的行号为 34 和 18，前者为出错的表达式所在的行，后者为调用 B 方法的行。也就是说，因为发生的不是 catch 后括号中指定的 DivideByZeroException 类，自然不能生成该类的对象 ex，这个 catch 块中的 throw 语句就不执行了。

（3）如果用户输入了字符串“null”，则会以 null 值作为参数调用 C 方法，重新抛出异常。程序执行的结果如图 4-17（c）所示，可看到出现异常的语句的行号为 42 和 16，前者为 throw 语句所在的行，后者为调用 C 方法的行。

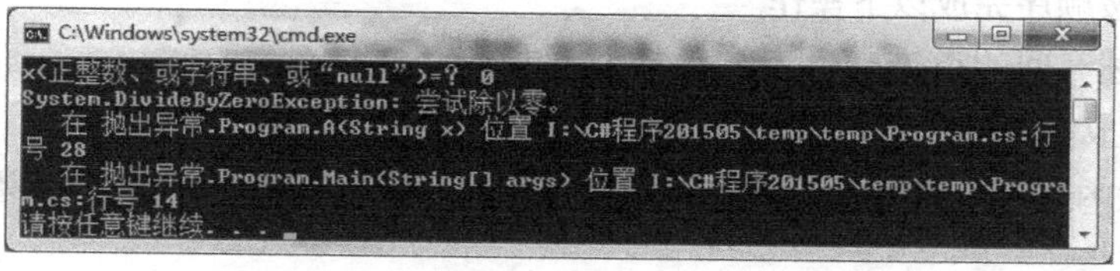

（a）

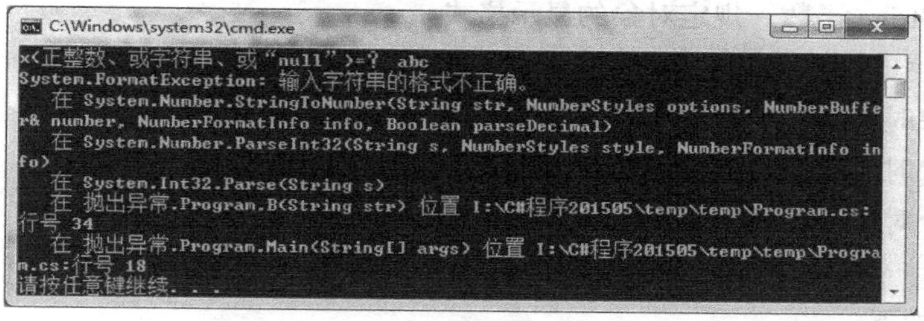

（b）

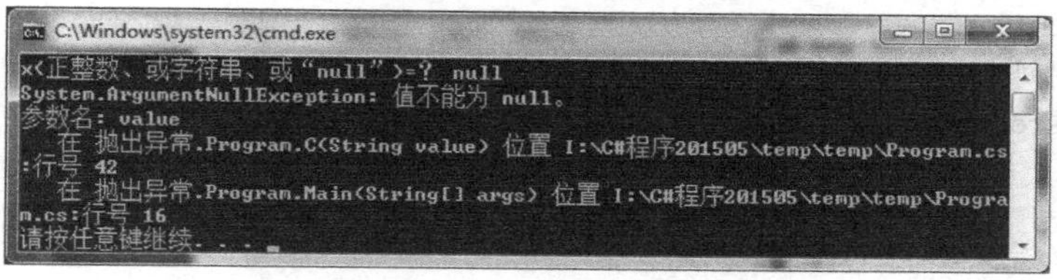

（c）

图 4-17　例 4-15 程序的运行结果

4.4　程序解析

本章通过 3 个程序诠释类的定义以及对象的使用方法。

（1）程序 4-1 定义了描述时间（由时、分、秒构成）的类，可构造表示时间的字符串并按“00:00:00”的形式显示出来。程序中创建并输出了几个时间类对象的信息。

（2）程序 4-2 定义了描述复数的构造及其行为的类，可生成复数（复数类对象），执行复数的加法、减法、乘法和求模运算。程序中创建、输出了两个复数，执行了加法、减法、乘法和求模运算，并输出了相应结果。

（3）程序 4-3 先定义描述点（由 x、y 坐标构成）的类，再定义由点类的对象构造而成的矩形类。程序中先创建两个点（点类的对象），并分别作为左上角和右下角创建一个矩形，然后计算矩形的横轴向长度、纵轴向长度、周长和面积，并以指定格式输出了计算结果。

程序 4–1　时间类

本程序执行的任务是：定义一个描述时间（时、分、秒）的类，然后创建几个该类的对象，测试类中各属性、构造函数以及对象显示格式等。

1. 算法及程序结构

本程序中，按顺序完成以下操作。

（1）定义描述时间的类 Time，其中包括以下内容。

- 3 个数据成员 hour、minute 和 second，分别表示：时、分、秒。
- 4 个构造函数（与类同名），分别为无参数的、1 个参数的、2 个参数的、3 个参数的构造函数。
- 3 个读写属性 Hour、Minute 和 Second，分别存取 3 个数据成员 hour、minute 和 second。
- 重载 ToString 函数，规定对象的显示格式。

（2）在自动生成的 Program 类的主方法中，创建 Time 类的对象测试它。

- 定义对象时使用对象初始化器，测试不同的构造函数。
- 定义对象时给予不同个数的实参，测试不同的构造函数。
- 输出几个对象，测试 ToString 函数中指定的格式。

2. 程序

程序源代码如下。

```
//程序 4-1_ 时间（时、分、秒）类
using System;
namespace 时间
{   class Program
    {
        static void Main(string[] args)
        {   //定义时间：Time 类的对象
            Time t1 = new Time{ Hour = 3, Minute = 5, Second = 6 }; //对象初始化器
            Time t2 = new Time{ Hour = 9, Second = 5 };
            Time t3 = new Time{ Second = 6 };
            Time t4 = new Time(12,10);
            Time t5 = new Time(15,23,35);
            //输出对象：默认调用 ToString()方法
            Console.WriteLine(t1);
            Console.WriteLine(t2);
            Console.WriteLine(t3);
            Console.WriteLine(t4);
            Console.WriteLine(t5);
        }
    }
    public class Time
    {   //数据成员：时、分、秒
```

```
        private int hour;
        private int minute;
        private int second;
        //构造函数：无参数、1参数、2参数、3参数
        public Time()
        {   hour = minute = second = 0;
        }
        public Time(int h):this()
        {  hour = ((h >= 0 && h < 24) ? h : 0); //确保hour在有效范围
           minute = second = 0;
        }
        public Time(int h, int m)
        {   hour = ((h >= 0 && h < 24) ? h : 0); //确保hour在有效范围
            minute = ((m >= 0 && m < 60) ? m : 0);
            second = 0;
        }
        public Time(int h, int m, int s)
        {   hour = ((h >= 0 && h < 24) ? h : 0); //确保hour在有效范围
            minute = ((m >= 0 && m < 60) ? m : 0);
            second = ((s >= 0 && s < 60) ? s : 0);
        }
        //属性：时、分、秒
        public int Hour  //属性名与被访字段不同名（首字母大写）
        {   get { return hour; }
            set { hour = (value >= 0 && value < 24) ? value : 0; }
        }
        public int Minute
        {   get { return minute; }
            set { minute = (value >= 0 && value < 60) ? value : 0; }
        }
        public int Second
        {   get { return second; }
            set { second = (value >= 0 && value < 60) ? value : 0; }
        }
        //重载ToString方法
        public override string ToString()
        {   string str = "{0:D3} {1:D2}:{2:D2}:{3:D2}";
            if(Hour<6)
                return string.Format(str,"凌晨", hour, minute, second);
            else if(Hour<12)
                return string.Format(str,"上午", hour, minute, second);
            else if(Hour<14)
                return string.Format(str,"中午", hour, minute, second);
            else if(Hour<18)
                return string.Format(str,"下午", hour, minute, second);
            else if(Hour<21)
                return string.Format(str,"傍晚", hour, minute, second);
            else
                return string.Format(str,"晚上", hour, minute, second);
        }
    }
}
```

3. 程序的运行结果

本程序的运行结果如图 4-18 所示。

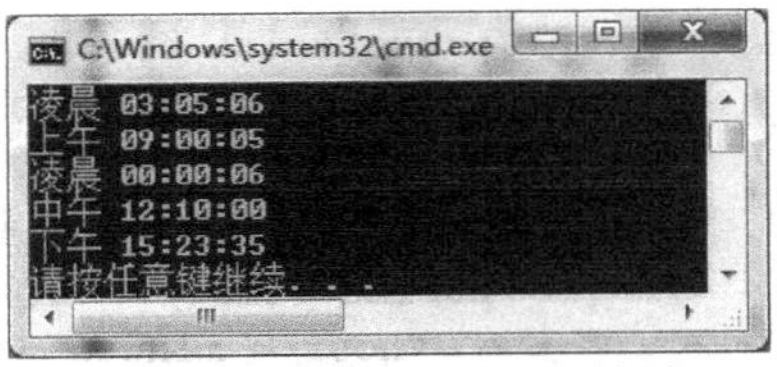

图 4-18 程序 4-1 的运行结果

程序 4-2 复数运算

本程序执行的任务如下。

（1）定义一个复数类，其中两个数据成员分别表示复数的实部和虚部。方法成员分别完成两个复数的加法、减法、乘法以及复数的求模运算。

（2）创建几个复数类的对象，验证复数类中的方法。

1. 算法及程序结构

本程序中，按顺序执行以下操作。

（1）定义描述复数的类 Complex，其中包括以下内容。

- 两个私有数据成员 real 和 image，分别表示数的实部和虚部。
- 两个读写属性 Real 和 Image，分别访问两个数据成员 real 和 image。
- 3 个构造函数：分别为无参的默认构造函数、仅有实部的构造函数以及既有实部又有虚部的构造函数。
- 4 个进行复数运算的方法 add、sub、mul 和 toModul，分别执行复数的加法、减法、乘法和求模运算。
- 重载 ToString 函数，返回各种不同形式的复数，使得对象以接近数学表达式的形式显示出来。

（2）在自动生成的 Program 类的主方法中，执行对复数类 Complex 的测试。

- 定义 4 个复数，即 4 个 Complex 类的对象：实部和虚部均为零的 c1、仅有实部的 c2、既有实部又有虚部的 c3 和 c4。
- 输出前两个复数 c1 和 c2。
- 计算并输出后两个复数 c3 和 c4 的和与差。
- 分别计算并输出后两个复数 c3 和 c4 的模。
- 计算并输出后两个复数 c3 和 c4 的积。

2. 程序

程序源代码如下。

```
//程序 4-2_ 复数运算：加法、减法、求模、乘法
using System;
namespace 复数运算
{   class Program
    {
        static void Main(string[] args)
        {   //定义复数：Complex类的实例
            Complex c1=new Complex();
            Complex c2 = new Complex(9);
            Complex c3 =new Complex(5, 6);
            Complex c4 = new Complex(3, 4);
            //调用方法：复数运算、输出
            Console.WriteLine("c1 = {0}", c1);
            Console.WriteLine("c2 = {0}", c2);
            Console.WriteLine("({0})+({1}) = {2}",c3,c4,c3.add(c4));
```

```
        Console.WriteLine("({0})+({1}) = {2}",c3,c4,c3.sub(c4));
        Console.WriteLine("|{0}| = {1}",c3,c3.toModul());
        Console.WriteLine("|{0}| = {1}",c4,c4.toModul());
        Console.WriteLine("({0})*({1}) = {2}",c3,c4,c3.mul(c4));
    }
class Complex
{   //数据成员：实部、虚部
    private double real;
    private double image;
    //属性：实部、虚部
    public double Real
    {   get{ return real; }
        set{ real =value; }
    }
    public double Image
    {   get{ return image; }
        set{ image = value; }
    }
    //构造函数：默认、仅实部、实部和虚部
    public Complex() : this(0, 0) { }
    public Complex(double real):this(real,0){}
    public Complex( double real,double image)
    {   this.Real = real;
        this.Image = image;
    }
    //复数运算方法：加法、减法、乘法、求模
    public Complex add(Complex x)
    {   return new Complex(this.Real+x.Real ,this.Image+x.Image);
    }
    public Complex sub(Complex x)
    {   return new Complex(this.Real-x.Real ,this.Image-x.Image);
    }
    public Complex mul(Complex x)
    {   return new Complex(this.Real*x.real-this.image*x.image,
                          this.image*x.real+this.real*x.image);
    }
    public double toModul()
    {   return Math.Sqrt(real * real + image * image);
    }
    //重载 ToString 方法
    public override string ToString()
    {   //实部、虚部取不同值时复数的不同形式
        if (real == 0 && image == 0)
            return string.Format("{0}", 0);
        if (real == 0 && (image!=1 && image!=-1))
            return string.Format("{0}i", image);
        if (image == 0)
            return string.Format("{0}", real);
        if (image == 1)
            return string.Format("i");
        if (image == -1)
            return string.Format("-i");
        if (image <0)
```

```
                return string.Format("{0}-{1}i",real,-image);
            return string.Format("{0}+{1}i",real,image);
        }
    }
  }
}
```

3. **程序的运行结果**

程序的运行结果如图 4-19 所示。

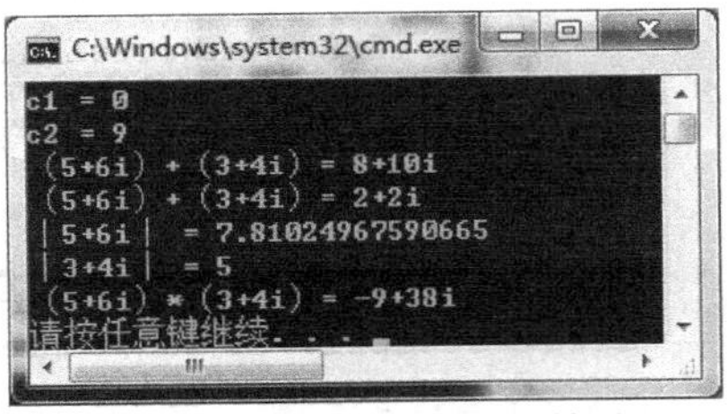

图 4-19　程序 4-2 的运行结果

程序 4-3　点类和矩形类

本程序执行的任务如下。

（1）定义描述点的类，由 x 坐标和 y 坐标构造并输出点。

要求：坐标值在第一象限，且不大于 30.0，不合法时通过以下方法退出程序执行。

```
Environment.Exit(0);
```

（2）定义描述矩形的类，由左上角和右下角两个点（均为点类的对象）构造并输出矩形。计算并输出矩形的周长和面积。

1. **算法及程序结构**

本程序中，按顺序执行以下操作。

（1）定义描述点的 Point 类，其中包括以下内容。

- 数据成员 x 和 y：点的 x 坐标和 y 坐标。
- 读写属性 X 和 Y：分别访问数据成员 x 和 y。
- 构造函数：为数据成员 x 和 y 赋值。其中要验证 x 和 y 的值是否在[0，30]之间。如果超出这个范围，显示错误信息并调用 Environment.Exit(0);退出程序运行。
- 重载方法 ToString：指定点的输出格式为(x,y)。

（2）定义描述矩形的 Rectangle 类，其中包括以下内容。

- 数据成员 topLeft 和 lowRight：矩形左上角坐标和右下角的坐标点，两个点都是 Point 类的对象。
- 读写属性 TopLeft 和 LowRight：分别访问数据成员 topLeft 和 lowRight。
- 构造函数：为数据成员 topLeft 和 lowRight 赋值。
- 4 个方法：分别计算横轴方向长度、纵轴方向长度、周长和面积。
- 重载方法 ToString：指定矩形的输出格式。

（3）在自动生成的 Program 类的主方法中，执行对 Rectangle 以及 Point 类的测试。

- 创建并输出两个点（两个 Point 类对象）。
- 以两个点为左上角和右下角，创建一个矩形（Rectangle 类的对象）。
- 计算并输出矩形在横（x）轴方向的长度。
- 计算并输出矩形在纵（y）轴方向的长度。
- 计算并输出矩形的周长。
- 计算并输出矩形的面积。

2. **程序**

程序源代码如下。

```
//程序 4-3_ 定义点类和矩形类
using System;
```

```
namespace 时间
{   class Program
    {
        static void Main(string[] args)
        {   //创建并显示 Point 类对象 p1、p2
            Point p1 = new Point(1.0, 0.9), p2 = new Point(23, 18.5);
            Console.WriteLine("点: p1{0}、p2{1}", p1, p2);
            //创建 Rectangle 对象 r，包含点对象（左上角、右下角）
            Rectangle r = new Rectangle(p1, p2);
            Console.WriteLine("矩形 {0}的横轴长度: {1}", r,r.xLength());
            Console.WriteLine("矩形 {0}的纵轴长度: {1}", r,r.yLength());
            Console.WriteLine("矩形 {0}的周长: {1}", r,r.perimeter());
            Console.WriteLine("矩形 {0}的面积: {1}", r,r.area());
        }
    }
    //定义点类
    class Point
    {   //数据成员: x 坐标、y 坐标
        private double x;
        private double y;
        //属性: x 坐标、y 坐标
        public double X
        {   get{  return x;}
            set{  x = value;}
        }
        public double Y
        {   get{  return y; }
            set{  y = value;}
        }
        //构造函数: 为 x 坐标、y 坐标赋值
        public Point(double x, double y)
        {   if (x >= 0 && x <= 30.0 && y >= 0 && y <= 30.0)
            {   this.x = x;
                this.y = y;
            }else
            {   Console.WriteLine("坐标应在第一象限且不大于 30.0: 0<=x/y<=30! ");
                Environment.Exit(0);
            }
        }
        //重载 ToString 方法: 显示点为(X,Y)格式
        public override string ToString()
        {   return string.Format("({0}, {1})", X, Y);
        }
    }
    //定义矩形类
    class Rectangle
    {   //数据成员: 左上角、右下角坐标点
        private Point topLeft, lowRight;
        //属性: 访问左上角、右下角坐标点
        public Point TopLeft
        {   get { return topLeft; }
```

```
                set { topLeft = value; }
            }
            public Point LowRight
            {   get { return lowRight; }
                set { lowRight = value; }
            }
            //构造函数：生成左上角、右下角坐标点
            public Rectangle(Point topLeft, Point lowRight)
            {   this.topLeft = new Point(topLeft.X, topLeft.Y);
                this.lowRight = new Point(lowRight.X, lowRight.Y);
            }
            //方法：求长、宽、周长、面积
            public double xLength()
            {   return Math.Abs(TopLeft.X - lowRight.X);
            }
            public double yLength()
            {   return Math.Abs(TopLeft.Y - lowRight.Y);
            }
            public double perimeter()
            {   return (xLength() + yLength()) * 2;
            }
            public double area()
            {   return xLength() * yLength();
            }
            public override string ToString()
            {   return string.Format("【{0}~{1}】", TopLeft, LowRight);
            }
        }
    }
```

3. 程序的运行结果

本程序的运行结果如图 4-20 所示。

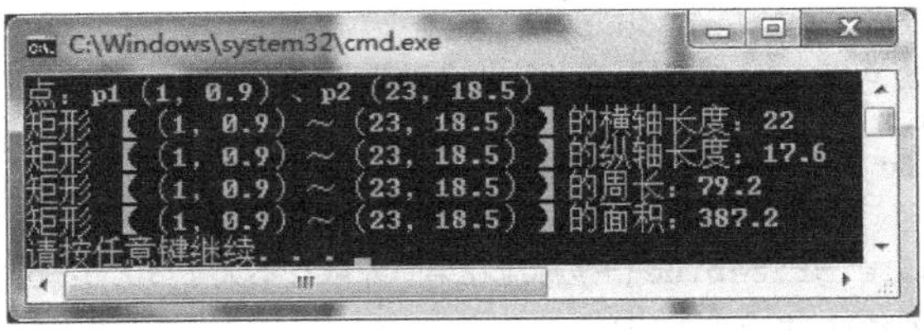

图 4-20　程序 4-3 的运行结果

4.5　实验指导

本章安排的 3 个实验各自完成以下任务。

实验 4-1，根据给定的程序或程序段回答问题，进行必要的修改并调试运行程序。

实验 4-2，按要求编写程序，再逐步添加构造函数、成员函数或者改变某些成员的定义，然后调试并运行程序。

实验 4-3，按要求编写程序，逐步添加或者改变某些成员，并调试运行程序。

通过本章实验，读者可以基本理解类和对象的概念以及它们在程序设计中的作用，基本掌握类定义的一般形式以及类中数据成员和成员方法的访问控制方式，基本掌握对象的定义以及利用构造函数来初始化对象的数据成员的方法。

实验 4–1　修改并运行程序

本实验需要按照给出的 3 个小程序完成以下任务。

第 1 个，修改、完善数据成员的定义，然后测试程序。

第 2 个，编写成员函数，然后测试程序。

第 3 个，主要测试程序中构造函数的功能。

1. 修改并测试程序段

阅读给定程序段，按要求修改并测试该程序段。

【回答问题】

下列程序段中的错误是什么？产生错误的原因是什么？

```
Class Time
{  hour=0;
   minute=0;
   sec=0;
}
```

提示：类不是实体，并不占用存储空间，故无法容纳数据。

【修改错误】

可以通过成员函数（可以是构造函数）来给数据成员赋值。修改后的程序段如下。

```
Class Time
{   int hour;
   ______①______
   public void setTime(int hour, int minute, int sec)
   {
        ______②______
   }
}
```

请补全指定位置的代码，完成 Time 类的定义。

【完善程序段】

在上述定义 Time 类的程序段中添加一个头语句为

```
void showTime()
```

的函数，用于输出（显示）3 个数据成员。

【测试程序段】

在 Time 类的主方法中创建 Time 类的对象 zero，然后调用 showTime()函数输出它。

2. 为计数器类添加成员方法

下面是一个计数器类的定义，请添加相应的成员方法的定义。

```
class Calculator
{   private: int value;
    public: int x, y;
    public Calculator(int number);
    public void PlusOne();        //原值加上 1
    public void MinusOne();       //原值减去 1
```

```
    public int getValue();        //获取计数器的值
    public int show();            //显示计数器的值
};
```

【添加成员方法的定义】

在 Calculator 类的定义中，私有数据成员 value 为当前计数值、公有数据成员 x 和 y 分别为计数的起始值和最大值。其中的成员方法按以下说明编写。

（1）构造方法 Calculator()，当形参 number 的值大于数据成员 x 且小于数据成员 y 时，将其值赋予数据成员 value。

（2）成员方法 PlusOne()，当数据成员 value 的值小于数据成员 y 时，其值加 1。

（3）成员方法 MinusOne()，当数据成员 value 的值大于数据成员 x 时，其值减 1。

（4）成员方法 getValue()，返回数据成员 value 的值，即方法体内有语句

```
return value;
```

（5）成员方法 show，显示并返回数据成员 value 的值。

【测试程序段】

在主函数中,进行以下测试。

（1）定义 Calculator 类的对象 n1。

（2）输入 x 和 y 的值，分别为 1 和 100。

（3）计数 98 次，然后输出计数值。

（4）定义 Calculator 类的对象 n2。

（5）输入 x 和 y 的值，分别为 90 和 10。

（6）计数 83 次，然后输出计数值。

3. 测试有重载构造函数的程序

下面程序体现了重载构造函数的定义方法，说明程序执行的结果。

```
using System;
class Sample
{   public int x, y;
    public Sample(){x=y=0;}
    public Sample(int a, int b){x=a; y=b;}
    public void show()
    {   cout<<"x="<<x<<", y="<<y<<endl;
    }
};
static void Main()
{   Sample s1(2,3);
    s1.show();
}
```

【运行程序】

程序运行后，观察运行的结果，并指出创建 s1 对象时调用了哪个构造函数。

【修改后再运行程序】

在主方法中添加以下语句：

```
Sample s2;
s1.show();
```

再次运行程序，观察运行的结果，并指出创建 s2 对象时调用了哪个构造函数。

实验 4–2 人员类及其对象

按以下要求创建表示人员的 Member 类及其对象，并进行指定的操作。

（1）Member 类中包括以下成员。

- 3 个数据成员：Name、Age 和 Gender，分别表示姓名、年龄和性别。
- 成员方法 SetID，用于给 3 个字段赋值。
- 成员方法 IsAdult，用于判断是否为成年人，年满 18 岁即为成年人。

（2）member 类的两个对象如下。

- ‘Wang’、17、false。
- ‘Li’、22、true。

其中 false 和 true 分别表示“女”和“男”。

（3）判断两个对象（两个人）是否为成年人。

1. 编写程序

按下列要求定义 Member 类，创建其对象并调用其中的成员方法。

（1）Member 类定义的格式如下。

```
class Member
{   私有成员：
        表示年龄的整型变量；
        表示性别的布尔型变量；
    公有成员：
        表示姓名的字符型数组；
        无类型方法 setMember()，用于输入姓名、年龄、性别；
        布尔型方法 isAdult()，判断是否为成年人（年满 18 岁）；
};
```

（2）主方法中的内容如下。

```
static void Main()
{   定义 Member 类的对象 Wang ；
    调用 setMember()成员方法，输入 Wang 的 3 个数据成员的值；
    调用 isAdult()成员方法，判断 Wang 是否为成年人，输出姓名及判断结果；
    定义 Member 类的对象 Li ；
    调用 setMember()成员方法，输入 Li 的 3 个数据成员的值；
    调用 isAdult()成员方法，判断 Li 是否为成年人，输出姓名及判断结果；
}
```

2. 运行程序

运行程序，并分析运行结果。

3. 添加输出对象数据成员的方法并运行程序

（1）在类的定义中添加一个公用的无参成员方法 showMember()，用于输出（显示）3 个数据成员的值。

（2）在主函数中添加两个语句，分别输出 Member 类的两个对象 Wang 和 Li 的 3 个数据成员的值。

（3）再次运行程序，并分析运行结果。

4. 添加构造函数并运行程序

（1）在类的定义中添加一个无参构造函数，分别为 3 个数据成员赋 0 值、空（null）值以及空的字符串值。

（2）在主方法中添加 Member 类的对象 Zhang 的定义以及调用 showMember()函数输出 Zhang 的 3 个数据成员的语句。

（3）再次运行程序，并分析运行结果，说明 Zhang 的 3 个数据成员的值是如何得来的。

5. 添加另一个构造函数（重载）并运行程序

（1）将 setMember()成员函数改写为构造函数。

（2）改写 Wang 和 Li 两个对象的定义，直接使用构造函数为其数据成员赋值。

（3）再次运行程序，并分析运行结果。

6. 将数据成员都定义成私有成员并运行程序

如果将表示姓名的公有数据成员定义为私有成员，则在主函数中就会因无法访问这个数据成员而不能输出姓名，应该如何解决这个问题?

想出解决的办法之后，改写程序并再次运行程序。

实验 4–3 异常的捕获与处理

编写一个具有以下功能的计算器程序。

（1）输入两个整数之后，如果整数超出其类型允许的取值范围，程序能够捕获这个异常并要求重新输入。

（2）单击“计算”按钮之后，实现以下功能。

- 计算并输出两个整数的和、差、积、商。
- 如果求商时除数为零，程序能够捕获这个异常并要求重新输入。

1. 设计窗体

按以下步骤设计用作用户界面的窗体。

（1）将窗体的 Text 属性改为“简单计算器”。

（2）摆放两个文本框，用于输入两个作为操作数的整数。

（3）摆放两个标签，其 Text 属性分别为“a=”和“b=”，分别放在两个文本框旁边。

（4）摆放一个按钮，其 Text 属性为“求：和、差、积、商”，其单击事件方法中填写本程序的主要代码。

（5）摆放一个列表框，用于显示计算结果（两个整数的和、差、积、商）或者相关的异常信息。

2. 编写按钮的单击事件方法

按以下框架编写本程序中的主要代码。

```
private void button1_Click(object sender, EventArgs e)
{   定义 int16 型变量 a、b
    try
    {   输入变量 a
    }catch(OverflowException)
    {   MessageBox.Show("溢出错误信息，要求重新输入变量 a 的值")
    }
    同样的 try-catch 语句，输出 b 变量
```

```
        定义 int32 型和变量 c、计算并输出和
        定义 int32 型差变量 d、计算并输出差
        定义 int32 型积变量 g、计算并输出积
        定义 int32 型商变量 f
        try
        {   f←计算商
            输出商 f
        }catch(DivideByZeroException)
        {   MessageBox.Show("被零除错误信息，要求重新输入被除数")
        }
    }
```

3. 运行程序

运行程序，并分析运行结果。

实验 4-4　包含异常处理的分数类

编写一个能够进行正分数的加法和乘法运算的程序。

（1）分别输入两个分数的分子和分母（均为正整数）之后，如果整数超出其类型允许的取值范围，程序能够捕获这个异常并要求重新输入。

（2）单击"计算"按钮之后，实现以下功能。

- 计算并输出两个分数的和及积。
  要求输出的和及积为最简分数（要求最大公约数并约分）。
- 如果求最大公约数时发现除数为零，程序能够捕获这个异常并要求重新输入。

1. 设计窗体

按以下步骤设计图 4-21 所示的窗体。

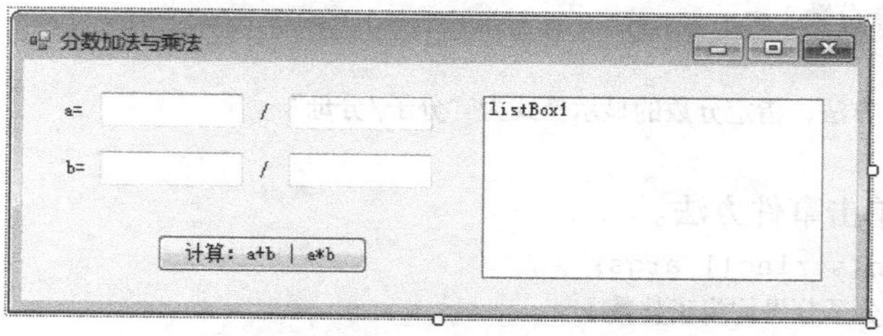

图 4-21　实验 4-4 程序的窗体

（1）将窗体的 Text 属性改为"分数加法与乘法"。

（2）摆放 4 个文本框，用于输入两个分数的分子和分母。

（3）摆放 4 个标签，修改其 Text 属性，分别放在 4 个文本框左侧。

（4）摆放一个按钮，其 Text 属性为"计算：a+b | a*b"，其单击事件方法中填写本程序的主要代码。

（5）摆放一个列表框，用于显示计算结果（两个分数的和、积）或者相关的异常信息。

2. 编写程序

按以下框架编写本程序中的主要代码。

（1）定义分数类。

```
class fraction
```

```
{   定义表示分子和分母的 int 型变量 numer 和 denonin
    public fraction(int a = 1, int b = 1)  //构造函数
    {   调用 Gcd 方法求分子和分母的最大公约数
        分子和分母除以最大公约数
    }
    public int Gcd(int a, int b)
    {   当 a<b 时，a、b 互换其值
        while(b>0)
        {   r←a 除以 b 取余数
            a=b
            b=r
        }
        返回 a
    }
    public fraction Add(fraction b)
    {   创建 fraction 类对象 c
        c.numer←分子通分并相加
        两分母相乘得通分母（c.denonin ← this.denonin * b.denonin）
        调用 Gcd 方法求最大公约数
        约简分数
        返回 c（结果分数）
    }
    public fraction Mul(fraction b)
    {   创建 fraction 类对象 c
        分子相乘得对象 c 的分子
        分母相乘得对象 c 的分母
        求最大公约数并约简分数
        返回 c（结果分数）
    }
    重载 ToString 方法，指定分数的显示格式为“分子/分母”
}
```

（2）编写按钮的单击事件方法。

```
static void Main(string[] args)
{   定义两个分数（分子分母均为正整数）
    求两分数之和（c ← a.Add(b) ）
    输出和分数
    求两分数之积（c ← a.Add(b) ）
    输出积分数
}
```

3. 运行程序

运行程序，并分析运行结果。

4. 修改并再次运行程序

（1）将表示分子和分母的 int 型变量 numer 和 denonin 都改为 byte 型，并使用 try-catch 语句，在输入其值时捕捉超出取值范围的异常，发现异常时，显示错误信息并要求重新输入。

（2）计算分子和分母的最大公约数时，有可能出现分母为零的情况，使用 try-catch 语句，捕捉除数为零的异常，发现异常时，显示错误信息并要求重新输入。

（3）重新运行程序，并分析运行结果。

实验 4–5　椭圆类及其对象

本实验将按多种不同的方式编写并运行计算椭圆面积的程序。

1. 可直接访问左上角和右下角坐标的椭圆类

（1）定义名为 Ellipse 的类，其公有数据成员为椭圆外切矩形的左上角与右下角坐标。

（2）定义两个 Ellipse 类的对象。

（3）输入顶点坐标，计算并输出椭圆的面积。

2. 用成员方法访问左上角和右下角坐标的椭圆类

（1）定义名为 Ellipse 的类，其私有数据成员为椭圆外切矩形的左上角与右下角坐标，声明公有的成员方法访问椭圆外切矩形的顶点坐标。

（2）定义两个 Ellipse 类的对象。

（3）输入顶点坐标，计算并输出椭圆的面积。

3. 用属性和成员方法访问左上角和右下角坐标的椭圆类

（1）定义名为 Ellipse 的类。

- 私有的数据成员为椭圆外切矩形的左上角与右下角坐标。
- 两个分别访问左上角与右下角坐标的属性。
- 构造函数 Ellipse(int,int,int,int)对椭圆外切矩形的顶点坐标赋值。
- 方法 Area()计算椭圆的面积。

（2）定义两个 Ellipse 类的对象。

（3）计算并输出椭圆的面积。

4. 用圆心坐标及半轴长度表示的椭圆类

设计并测试表示椭圆的类，其数据成员为圆心坐标以及半长轴和半短轴的长度，有一个构造函数初始化这些属性，还有一个成员方法计算椭圆的面积。

（1）Ellipse 类定义的格式如下。

```
class Ellipse{
私有成员:
    表示圆心坐标的浮点型变量 x 和 y;
    表示半短轴和半长轴的浮点型变量 a 和 b;
公有成员:
    构造函数，为圆心坐标、半短轴和半长轴赋值;
    成员函数 getCentre()，获取圆心坐标;
    成员函数 getShortLong()，获取短轴和长轴;
    成员函数 showArea()，输出椭圆面积;
};
```

（2）定义两个 Ellipse 类的对象。

（3）计算并按下面的格式输出椭圆面积。

圆心在（*x*,*y*），短轴为 2**a*，长轴为 2**b* 的椭圆的面积是：3.1415926**a***b*。

第5章 数组、枚举与结构

整型、浮点型、字符型等数据都属于C#语言中预定义的、可以直接使用的基本类型。程序设计过程中，经常需要处理成批互相关联的数据，只使用属于基本数据类型的变量和常量是远远不够的，这就需要用到数组、枚举或者结构类型。这些数据类型都是由数值型、字符型等基本类型导出的“构造类型”。

数组是一组具有相同数据类型的数据的有序集合，通过数组名和下标来操作其中每个数据。枚举类型用一组符号表示一组整数，提供了在定义变量时逐个列举其值而提高程序可读性的一种方式。结构则是与类相似的由多种类型的数据成员以及方法成员构造的数据类型。

5.1 数组

数组用于将多个相同数据类型的数据组织在一起，这些数据可以属于任何值类型（简单类型、枚举、结构等），也可以是引用类型（字符串、数组、类等）。组成数组的这些变量称为数组的元素，元素的个数称为数组的长度或者容量。数组一旦创建，其容量就固定了，也就是说，该数组的元素个数就不能增加或减少了。

每个数组元素都有一个称之为下标的编号（index，索引号），表示它在数组中的位置。数组元素是通过数组名和下标来引用的，因此，数组元素又称为下标变量。假定数组 a 的长度为 n，那么下标就是 $0 \sim n-1$ 之间的整数。下标变量 $a[0]$就是数组 a 的第一个元素，$a[i-1]$是第 i 个元素，$a[n-1]$是第 n 个也就是最后一个元素。

数组可以只有一个下标，这种数组称为一维数组，可看作为一个线性排列的数据表或者矢量。有两个下标的数组称为二维数组，可看作为一个由若干行、若干列数据组成的二维数据表或者矩阵。数组还可以有 3 个或者更多个下标，称为三维数组或者多维数组。C#还允许使用“交错数组”，即其中每个元素都是数组，而且可以是长度不等的数组。

5.1.1 一维数组的定义和引用

数组属于引用类型。创建之后，便会在托管堆中占用一块内存，所有数组元素按其索引号逐个存储在成员域 Length（表示数组长度）之后。同时在堆栈中存放指向这个内存块的指针（首个内存单元的地址）。知道了数组名之后，就可以通过索引号来访问数组中每个元素了。例如，可以用 $a[0]$来访问数组中的第 1 个元素。需要注意的是，索引号不能超出定义的容量。例如，如果定

义时指定了 *a* 数组有 6（0～5）个元素，则 *a*[6]就是试图访问第 7 个元素的错误引用了。

1. 一维数组的定义

数组和单个变量一样，也必须在定义之后才能使用。

（1）一维数组变量的定义包含对数组名和数据类型（数组元素的数据类型）的说明，其格式为

```
数据类型[] 数组名;
```

（2）数组是引用，需要实例化才能使用，实例化一维数组的格式为

```
数组名 = new 数据类型[数组长度];
```

其中，数组长度是无符号整型表达式，表示数组元素的个数。例如，下面第 1 个语句定义了整型数组变量 a，第 2 个语句将 a 数组实例化为包含 5 个元素的数组。

```
int [] a;
a = new int[5];
```

（3）这两步也可以合并，例如，下面语句的作用等同于上面两个语句。

```
int [] a = new int[5];
```

定义了数组 a 之后，C#就会在托管堆中为其分配一块连续的内存空间（见图 5-1），依次存放各个数组元素及成员域 length，并在当前正在运行的程序建立的堆栈中保存指向这个内存空间的指针。

length: 5	a[0]	a[1]	a[2]	a[3]	a[4]

图 5-1 a 数组的存储

2. 一维数组的初始化

数组元素必须在赋值之后才能访问。如果数组未在定义时赋值，则 C#系统自动为每个元素赋予相应数据类型的默认值。例如，整型数组的每个元素均赋予零值，字符串数组均赋予空（null）值。

（1）可以在定义数组的同时为其中的数组元素赋值，称为数组初始化。数组初始化的格式为：

```
数组名 = new 数据类型[数组长度表达式]{值1, 值2, … };
```

例如，语句

```
int [] b = new int[6]{-1, 2, 5, 6, 0, 9};
```

创建了包含 6 个元素的整型数组 b，并初始化为

```
b[0]=-1,b[1]=2,b[2]=5,b[3]=-6,b[4]=0,b[5]=9
```

需要注意的是，使用这种方式时，右边表达式中方括号内的数组大小必须与花括号内给出的值的个数相等。

（2）还可以采用较为简单的数组初始化语句来直接定义并初始化一个数组。这种语句的格式为

```
数据类型[] 数组名 = {值1, 值2, …, 值n};
```

例如，语句

```
int [] c = {6, 8, 2, 3, 9};
```

创建了包含 5 个元素的整型数组 c，并初始化为

```
c[0]=6,c[1]=8,c[2]=2,c[3]=3,c[4]=9
```

（3）数组名是引用变量，可与另一个数据类型相同的数组名相互赋值。例如，语句

```
char[] c1 = { 'h', 'k', '5', 'A', 'G', 'y' };
```

创建了字符型数组 c1。语句

```
char[] c2 = c1;
```

通过将 c1 数组赋值给同类型数组 c2 而直接创建了 c2 数组。这时候，数组 c1 和 c2 实际上是指向托管堆中同一个内存块（存放 c1 数组）的两个指针。

3. 一维数组元素的访问

数组元素可像单个变量一样使用，通过数组名和下标能够存取数组中每个元素。应该注意的是，在访问数组时，只能访问其中的数组元素，而不能将整个数组作为一个整体来使用。

例 5-1 求一维整型数组中的最大值。

程序源代码如下。

```
//例 5-1_ 求一维整型数组中最大值
using System;
namespace 数组最大值
{    class Program
     {
        static void Main(string[] args)
        {   //创建并显示 Point 类对象 p1、p2
            int[] arr = new int[] { 87, 69, 78, 92, -10, 90, 95, 36, 39};
            int max = arr[0], indexMax=0;
            for (int i = 1; i < arr.Length; i++)
               if (arr[i] > max)
               {  indexMax=i;
                  max = arr[i];
               }
            Console.WriteLine("int 型数组 arr 中最大数 arr[{0}]={1}", indexMax,max);
        }
     }
}
```

程序的运行结果如图 5-2 所示。

图 5-2 例 5-1 程序的运行结果

5.1.2 多维数组的定义和使用

由两个下标的数组元素所构成的数组称为二维数组。二维数组在逻辑上可以想象成若干行、若干列的一个表格或者矩阵。二维数组的许多性质都可以直接推广到三维数组（有 3 个下标）或更高维数组。

1. 创建二维数组

与一维数组类似，二维数组定义的格式有以下两种。

（1）先定义数组变量，再创建数组，并使用系统默认的初始化值。

```
数组类型 [,] 数组名;
数组名=new 数组类型[m,n];
```

例如，下面两个语句定义并创建 3 行 4 列的二维数组 m，其中每个元素的初始值都是默认值 0。

```
int[,] m;
m = new int[3, 4];
```

（2）定义数组变量并创建数组，使用系统默认的初始化值。这种格式相当于把前一种格式中的两个语句合为一体。

```
数组类型 [,] 数组名=new 数组类型[行数, 列数];
```

其中，行数、列数可以是常量或变量表达式。

> **注意**　C#的二维数组类型标志："数组类型[,]"，与 C 或 C++中的"数组名[ ][ ]"不同。

例如，下面的语句与前面两个语句等效，也创建 3 行 4 列的二维数组 m，其中元素的初始值默认为 0。

```
int[,] m = new int[3, 4];
```

可以把二维数组 m 想象成图 5-3（a）所示的二维表：共有 3 行，每行 4 个元素；第 1 个元素是 m[0][0]，最后 1 个元素是 m [2][3]。

由于计算机内存是由巨量内存单元逐个排列而成的线性体，故二维数组也是线性存储的。C#中的二维数组是按行次序存储的，即第 1 行各元素占据最前面的存储单元，接着是第 2 行、第 3 行……每行中各元素按列号存储。数组 m 的存储分配如图 5-3（b）所示。

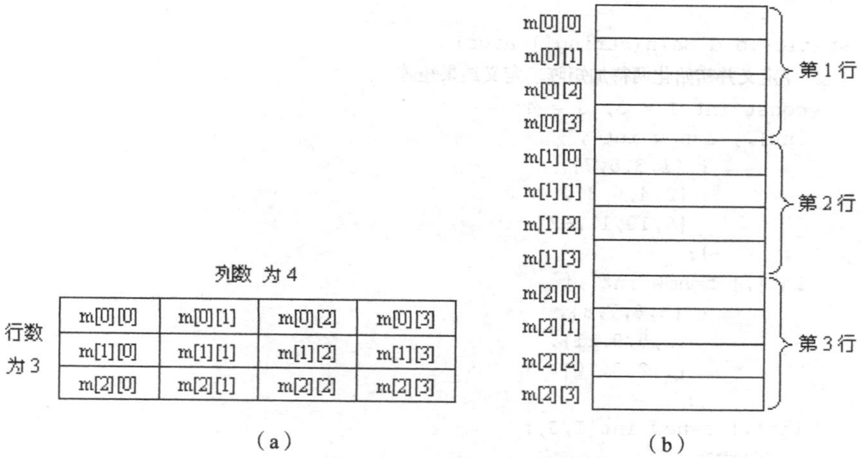

图 5-3　二维数组的结构及存储分配

2. 创建并初始化二维数组

与一维数组类似，二维数组初始化的格式有以下两种。

（1）创建二维数组，同时初始化。

```
数组类型 [,] 数组名=new 数组类型[,]{{...},{...},...,{...}};
```

例如，下面的语句创建 3 行 5 列的二维数组 mark，存放 3 个学生各 5 门课程的成绩。

```
int [,] mark = new int[3,5]{ { 86, 90, 78, 99, 88 },
                             { 75, 91, 80, 90, 78 },
                             { 80, 82, 83, 68, 90 }
                           };
```

（2）使用数组初始化语句来直接定义并初始化二维数组。

```
数组类型 [,] 数组名=[,]{{...},{...},...,{...}};
```

例如，与上一个语句等效的语句如下。

```
int [,] score = { { 86, 90, 78, 99, 88 },
                  { 75, 91, 80, 90, 78 },
                  { 80, 82, 83, 68, 90 }
                };
```

3. 二维数组的访问

使用数组名和两个下标可以访问二维数组中任意一个元素。

例 5-2 实现下面的矩阵加法运算。

$$\begin{bmatrix} 1 & 3 & 5 & 7 \\ 2 & 4 & 6 & 8 \\ 9 & 10 & 11 & -2 \end{bmatrix} + \begin{bmatrix} 5 & 6 & 7 & 8 \\ 2 & 5 & 9 & 11 \\ 1 & 2 & 3 & 10 \end{bmatrix}$$

假定两个矩阵 $\boldsymbol{a}$ 和 $\boldsymbol{b}$ 同为 M 行 N 列，则两矩阵之和 $\boldsymbol{c}$ 矩阵也同为 M 行 N 列。$\boldsymbol{c}$ 矩阵中每个元素都是 $\boldsymbol{a}$ 矩阵与 $\boldsymbol{b}$ 矩阵中相应位置上元素之和。即

$$\boldsymbol{c}_{ij} = \boldsymbol{a}_{ij} + \boldsymbol{b}_{ij}$$

程序源代码如下。

```
//例 5-2_ （3 行 4 列）矩阵 c←矩阵 a+矩阵 b
using System;
namespace 矩阵求和
{    class Program
    {
        static void Main(string[] args)
        {   //定义并初始化两待加矩阵、定义结果矩阵
            const int I = 3, J = 4;
            int[,] a=new int[,]
                     { {1,3,5,7},
                       {2,4,6,8},
                       {9,10,11,-2}
                     };
            int[,] b=new int[,]
                     { {5,6,7,8},
                       {2,5,9,11},
                       {1,2,3,10}
                     };
            int[,] c=new int[I,J];
            //矩阵求和
            for (int i = 0; i < I; i++)
                for (int j = 0; j < J; j++)
                    c[i, j] = a[i, j] + b[i, j];
            //按 i 行 j 列输出结果矩阵 c
            Console.WriteLine("结果矩阵是: ");
            for (int i = 0; i < c.GetLength(0); i++)
            {   for (int j = 0; j < c.GetLength(1); j++)
                    Console.Write("{0,5}", c[i, j]);
                Console.WriteLine();
            }
        }
    }
}
```

程序的运行结果如图 5-4 所示。

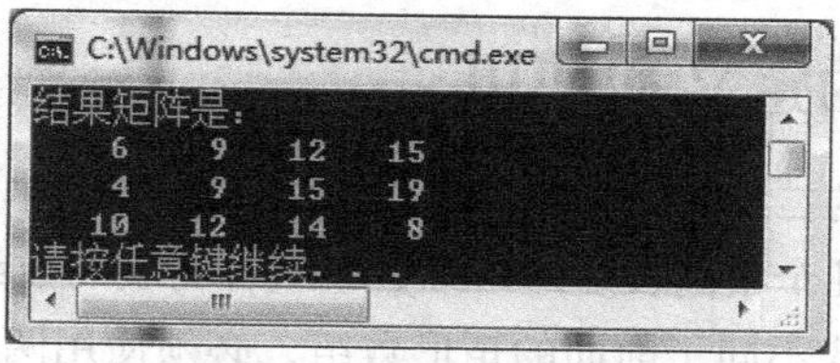

图 5-4　例 5-2 程序的运行结果

4. 创建并初始化三维数组

三维数组的定义与初始化代码可以比照二维数组的格式来写。

例 5-3　创建并初始化三维数组，然后输出其内容。

本例创建一个共有 2 页、每页 3 行、每行 4 个元素的三维数组，同时初始化它，然后输出该数组。

```
//例 5-3_ 创建并初始化三维数组
using System;
namespace 三维数组
{   class Program
    {
        static void Main(string[] args)
        {   //创建 2*3*4 的三维数组
            int[, ,] v = new int[2, 3, 4]
                        { { {2,3,-1,1},
                            {1,0,3,-2},
                            {5,4,6,10} },
                          { {6,3,8,-2},
                            {3,0,7,-1},
                            {-1,6,3,9} }
                        };
            //输出三维数组
            for (int i = 0; i <2; ++i)
            {   for (int j = 0; j < 3; ++j)
                {   for (int k = 0; k < 4; ++k)
                        Console.Write("v[{0}{1}{2}]={3}\t", i, j, k, v[i, j, k]);
                    Console.WriteLine();
                }
                Console.WriteLine();
            }
        }
    }
```

程序的运行结果如图 5-5 所示。

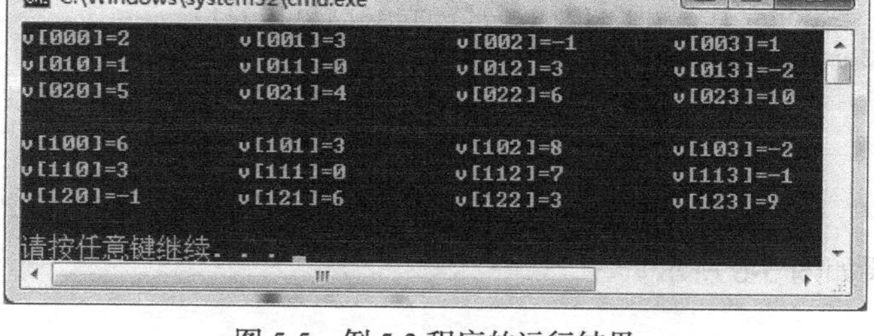

图 5-5　例 5-3 程序的运行结果

5.1.3 交错数组的定义和使用

交错数组是一种不规则的二维数组，它与矩形数组（二维数组）最大的差异在于数组中每行长度可以不同，可看作为由几个不同长度的一维数组组合而成的数组，故又称为数组中的数组。

创建交错数组的语法格式不同于前面的矩形数组，必须使用两个[]运算符，在不指定初始值时，必须指定第 1 个下标的个数。例如，语句

```
Int [][] arr = new int[5][];
```

定义了包含 5 个元素的交错数组 arr。其中每个元素又是一个一维数组，必须初始化（创建）之后才能使用。例如， 语句

```
arr[0] = new int[3];
```

定义 arr 数组的第 1 个元素是由 3 个整数构成的数组。语句

```
arr[1] = new int[6];
```

定义 arr 数组的第 2 个元素是由 6 个整数构成的数组。

例 5-4 交错数组的定义、赋值及输出。

本例定义包含 5 个数组元素的交错数组，再分别创建 5 个数组元素并为其赋初值，然后使用二重循环输出该数组。

程序源代码如下。

```
//例 5-4_ 创建并输出交错数组
using System;
namespace 交错数组
{    class Program
    {
        static void Main(string[] args)
        {   //定义有 5 个元素的交错数组 jagArr
            int[][] jagArr = new int[5][];
            //为 5 个元素分别赋值
            int[][] jagArr = new int[5][];
            jagArr[0] = new int[] { 1, 2, 3 };
            jagArr[1] = new int[] { 3, 4, 5, 6, 7 };
            jagArr[2] = new int[] { 3, 4 };
            jagArr[3] = new int[] { -1, -2, -3, -4, -5 };
            jagArr[4] = new int[] { 5, 6, 9, 10, 0, 1, 7 };
            //输出交错数组
            for (int i=0; i<jagArr.Length; i++)  //交错数组长度: jagArr.Length
            {   Console.Write("jagArr[{0}]: ", i);
                for (int j=0; j<jagArr[i].Length; j++)  //第 i 个元素数组长度: jagArr[i].Length
                    Console.Write("{0,5}", jagArr[i][j]);
                Console.WriteLine();
            }
        }
    }
}
```

程序的运行结果如图 5-6 所示。

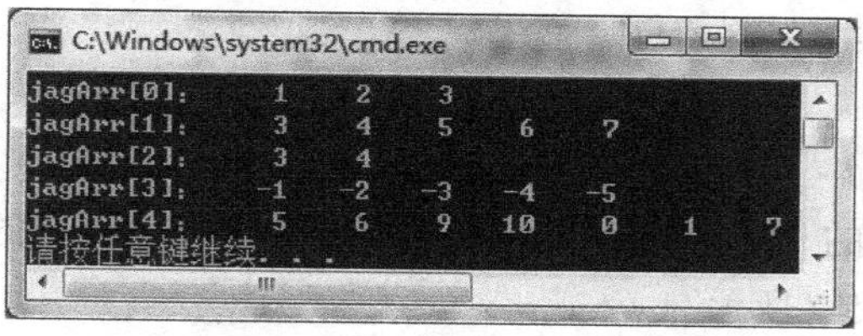

图 5-6　例 5-4 程序的运行结果

5.1.4　使用 foreach 语句遍历数组

foreach 是 C#中专用于遍历数组元素的循环语句。使用这个循环，不必指定数组长度即可逐个访问数组中的每个元素，而且不会发生数组越界的异常。

foreach 语句的格式为

```
foreach (数据类型 变量名 in 数组名或集合对象)
{
  循环体
}
```

在该语句的循环体中，通过语句中声明的循环变量来循环访问数组或集合中的元素。

- 首先，使变量获取数组或集合中的第 1 个元素。
- 每执行一次循环体，这个循环变量就会顺序获取下一个元素，直到数组或集合中的所有元素都访问为止。
- 在访问了最后一个元素之后，跳出该语句，将控制传递给该循环后面的语句。

可以在 foreach 块中使用 break 跳出循环，或使用 continue 进入下一次循环。

例 5-5　使用 foreach 输出一维整型数组的内容。

本例有两个值得注意的地方：一是如何在一行中输入多个数据，然后在程序中分别赋给多个变量；二是如何使用 foreach 语句显示数组的内容。

程序源代码如下。

```
//例 5-5_ 创建数组，输入其值，并用 foreach 输出
using System;
namespace 数组输入输出
{    class Program
   {
      static void Main(string[] args)
      {   Console.WriteLine("15 个整数（数与数之间一个空格）? ");
          //string 型变量 strInput ← 输入的 15 个数字作为一个字符串
          string strInput= Console.ReadLine();
          //string 型数组 strArr ← 将空格隔开的数字型字符串分离开来
          string[] strArr = strInput.Split(' ');
          //定义 int 型数组 intArr，其长度与 string 型数组 strArr 相等
          int[] intArr = new int[strArr.Length];
          //int 型数组 intArr ← string 型数组中元素逐个转换成 int 型
          for (int i = 0; i < strArr.Length; i++)
             intArr[i]=int.Parse(strArr[i]);
          //foreach 语句：逐个输出 int 型数组 intArr 中各元素（遍历）
          foreach (int i in intArr)
             Console.Write("{0}\t",i);
```

```
                Console.WriteLine();
            }
        }
    }
```

其中，foreach 语句里的 i 为整型变量，与它所遍历的数组 intArr 的元素类型相同。

程序的运行结果如图 5-7 所示。

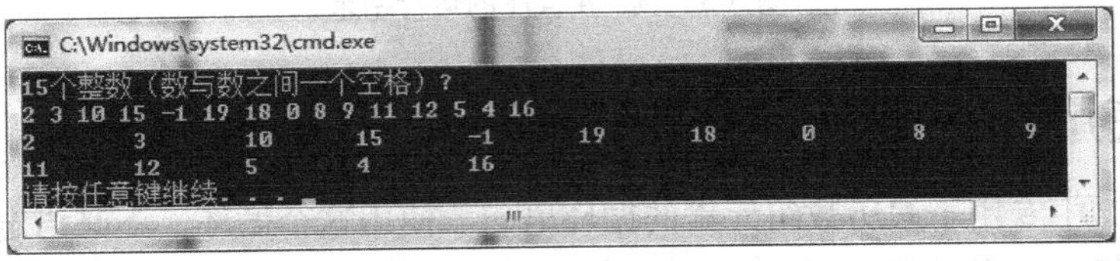

图 5-7　例 5-5 程序的运行结果

foreach 语句的功能是“遍历”数组中的所有元素：无论一维数组还是多维数组，都会从第 1 个元素开始，逐个访问到最后一个元素。因而，如果只是逐个操作所有元素，使用起来非常方便。但当遇到某些特殊需求，如控制每行输出元素个数、输出交错数组等，就需要按情况构造循环了。

例 5-6　使用 foreach 输出二维数组和交错数组的内容。

在本例的 foreach 循环中，使用整型变量 count 统计遍历过的元素个数。

- 输出二维数组时，用 count 变量的值控制每行输出 5 个元素。
- 输出交错数组时，用 count 变量的值输出元素的序号。

程序源代码如下。

```
//例 5-6_ foreach 输出二维数组与交错数组
using System;
namespace 二维-交错
{   class Program
    {
        static void Main(string[] args)
        {   //定义二维数组 aa
            int[,] aa = { { 1,2,3,4,5 },
                          { 6,7,8,9,0 },
                          { 5,4,3,2,1 }
                        };
            //输出二维数组 aa
            int count = 0;
            foreach (int i in aa)
            {   //输出第 i 个元素，满 5 个时换行
                Console.Write("\t{0}",i);
                count++;
                if (count % 5 == 0)
                    Console.WriteLine();
            }
            //定义交错数组 bb
            int[][] bb = new int[5][];
            bb[0] = new int[] { -1, -2, -3 };
            bb[1] = new int[] { 1, 2, 3, 2, 1 };
            bb[2] = new int[] { 5, 6, 7 };
            bb[3] = new int[] { 5, 6, 7, 8, 0 };
            bb[4] = new int[] { 1, 2, 3, 4, 5, 6, 7, 8, 9 };
```

```
                //输出交错数组 bb
                count=0;
                foreach (int[] row in bb)
                {   //输出第 row 个数组
                    Console.Write("bb[{0}]: ", count);
                    foreach(int col in row) //输出第 row 个数组的第 col 个元素
                        Console.Write("{0,5}",col);
                    count++;
                    Console.WriteLine();
                }
            }
        }
    }
```

程序的运行结果如图 5-8 所示。

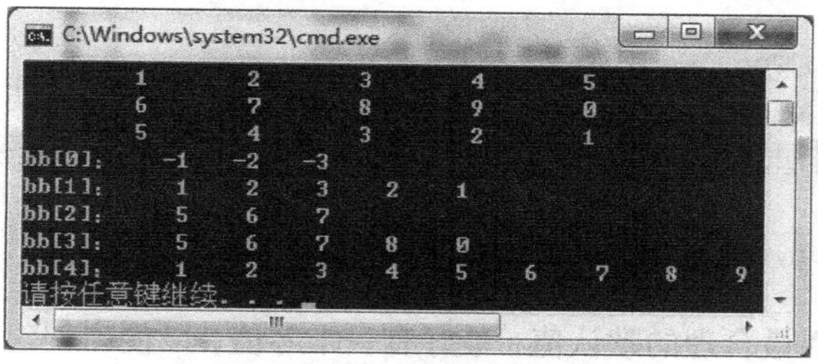

图 5-8 例 5-6 程序的运行结果

5.2 枚举与结构

在 C#程序中，用户除可直接使用内置数值类型来定义整型、浮点型、布尔型、字符与字符串型数据之外，还可使用 enum、struct、class 和 interface 来自定义几种数据类型，如枚举、结构、类和接口等。本章介绍枚举和结构类型的定义和使用方法。

值得注意的是，用户必须在显式地定义了这些数据类型的名称和成员之后，才能在程序中使用它们。

> **注意** .NET 框架类库本身就是微软提供的一个允许用户在自己的应用程序中使用的定制类型的集合。

5.2.1 枚举的定义和使用

在程序设计过程中，有些变量只能在一个限定的较小范围内取值，例如，扑克牌的花色只有 4 种，一个星期内的日期有 7 种。如果将这些量说明为 int 型，则难以体现它们的含义和取值范围。为此，C#提供了枚举数据类型。所谓“枚举”是指将变量的值一一列举出来，变量的值限定在列举出来的值的范围内。

枚举类型是具有命名常量的独特的类型。在定义枚举类型的同时，需要指定一组已命名的常量的集合，这个集合决定了所声明的枚举类型可以获得的值。因此，每一种枚举类型都具有一个基础类型，基础类型必须是 8 种整型之一。枚举类型的值集与其基础类型值集相同。未显式定义基础类型时，枚举定义所对应的基础类型是 int。

> **注意** 一般地，最好在命名空间内直接定义枚举，以便该命名空间中所有类都能访问它。当然，枚举也可以嵌套在类或结构中。

定义枚举的一般格式为：

```
访问修辞符 enum 枚举名:基础类型
{
    枚举成员
}
```

（1）默认情况下，第 1 个枚举数之值为 0，其后每个枚举数之值依次递增 1。例如，在下面的枚举中，Sat 是 0，Sun 是 1，Mon 是 2……。

```
enum Days
{   Sat, Sun, Mon, Tue, Wed, Thu, Fri
};
```

（2）可以用初始值来重写默认值。例如，下面的枚举中，强制元素序列从 1 而不是从 0 开始。

```
enum Days
{   Sat=1, Sun, Mon, Tue, Wed, Thu, Fri
};
```

创建枚举时，应选择最合理的默认值，最好有一个零值，以便当创建枚举时未为其显式赋值，则所创建的全部枚举都将具有该默认值。

（3）枚举类型都是基于某种基础类型定义的，基础类型可以是除 char 之外的任何整型。包括 byte、sbyte、short、ushort、int、uint、long 或 ulong。枚举元素的默认基础类型为 int。当定义基础类型非 int（如 byte）的枚举时，需要指定类型名，例如，

```
enum Days : byte
{   Sat=1, Sun, Mon, Tue, Wed, Thu, Fri
};
```

枚举类型 Days 的变量可取其基础类型定义域内的任何值，且不限于已命名的常数。

> **注意** System.Enum 类型是所有枚举类型的抽象基类，并且从 System.Enum 继承的成员在任何枚举类型中都可用。System.Enum 本身不是枚举类型而是一个类类型，所有枚举类型都是从它派生的。

例 5-7 判断某天是休息日还是工作日。

本例中，设计一个窗体，其上摆放一个标签（Label 控件）、一个文本框（TextBox 控件）、一个按钮（Button 控件）和一个列表框（ListBox 控件）。程序运行时，显示图 5-9 所示的窗口。用户在文本框中输入一个数字并单击“询问”按钮后，列表框中显示相应的信息。

图 5-9　例 5-7 程序运行后的窗口

```
//例 5-7_ 休息日还是工作日？
using System;
using System.Windows.Forms;
namespace 枚举
{
    public partial class Form1 : Form
    {
        public Form1()
        {   InitializeComponent();
        }
        //定义枚举类型
        enum Days
        {   Sunday,Monday,Tuesday,Wednesday,Thursday,Friday,Saturday
        }
        private void button1_Click(object sender, EventArgs e)
        {   //获取文本框中用户输入的日子
            int day = int.Parse(textBox1.Text);
            string strDay = Enum.GetName(typeof(Days), day);
            //判断文本框中输入的日子是工作日还是休息日
            if (day > 0 && day < 6)
                listBox1.Items.Add("星期"+ day.ToString() + "(" + strDay + ")是工作日！");
            else if(day==0 || day==6)
                listBox1.Items.Add("星期" + day.ToString() + "(" + strDay + ")是休息日！");
            else
                listBox1.Items.Add("没有星期" + day.ToString() + "！");
        }
    }
}
```

程序中的表达式

```
Enum.GetName(typeof(Days), day);
```

用于获取整型变量 day 的值所对应的枚举型变量 Days 中的枚举成员的名称。

5.2.2　结构的定义和使用

为了表示一组互相关联但却分属于不同数据类型的数据，C 语言提供了一种用户自定义的“结构”数据类型。C#继续支持这种类型并扩充了它的功能。

1. 结构的特征

结构是和类相当的.NET 框架中常规类型系统的另一种基本构造。结构和类都相当于模板，用于在运行时创建实例（对象）。但结构是一种值类型，并且不需要堆分配。因此，结构实例化时可不使用 new 运算符。创建一个结构时，赋值了该结构的变量保存的是它的实际数据。而类是一种“引用类型”。创建类的对象时，赋值了该对象的变量只保存它对内存的引用。

在结构的定义中，如果字段并未定义为 const 或 static，就不能初始化。结构中只能定义带参数的构造函数而不能定义默认的无参构造函数或析构函数。结构类型不支持用户指定的继承，并且所有结构类型都隐式地从类型 object 继承。

将一个结构赋值给新变量时，新变量保存的是复制得到的该结构的副本。新变量的更新不会影响原始变量。而将一个对象引用赋给新变量时，新变量引用的是原始对象。一个变量的更新会在另一个变量中反映出来，因为两者引用的是同样的数据。

类通常用于较为复杂的行为建模，或针对要在创建类对象后修改的数据建模。结构比较适用于某些小型数据结构，其中包含的数据以创建结构后不再修改的数据为主。

2. 结构的定义和使用

结构需要使用 struct 关键字定义，结构定义的格式为：

```
struct 结构类型名
{   public 类型名  成员名;
    public 类型名  成员名;
    …
}
```

其中，结构类型名可以省略。

定义了结构类型之后，就可以像使用基本数据类型那样用这种类型来定义变量了，定义结构变量的格式为

```
结构类型名  变量名
```

还可以在定义结构变量的同时为其赋值。由于结构变量往往包含多个数据成员，故需要使用大括号且用逗号将分别赋给不同数据成员的多个值隔开。

例 5-8 统计候选人得票数。

假定由 10 张选票推举 3 位职工中的一位为优秀职工，得票数最多者当选。本程序将逐个输入 10 张选票中的候选人名字，统计并输出 3 位职工各自的得票数。

程序源代码如下。

```
//例 5-8_ 统计候选人得票数
using System;
namespace 票数
{   class Program
    {
        static void Main(string[] args)
        {   //定义结构数组：存放候选人数据
            goodEmp[] employee = new goodEmp[3];
            employee[0]=new goodEmp("1001","zhang",0);
            employee[1]=new goodEmp("1002","wang",0);
            employee[2]=new goodEmp("1003","ma",0);
            //统计选票
            for (int i = 1; i <= 10; i++)
            {   //输入当前选票，累加到被投人结构的 count 数据成员
                Console.Write("第{0}张选票：\t 姓名？ ",i);
                string name = Console.ReadLine();
                for (int j = 0; j < 3; j++)
                    if (name.Equals(employee[j].eName))
                        employee[j].Count++;
            }
            //输出所有候选人得票情况
            Console.WriteLine("票数统计结果：");
            for (int i = 0; i < 3; i++)
                employee[i].show();
        }
```

```
    //定义表示候选人的结构类型
    struct goodEmp
    {   //数据成员：候选人编号、姓名、得票数
        public string eID;
        public string eName;
        private int count;
        //构造函数：为全体数据成员赋值
        public goodEmp(string id, string name, int n)
        {   eID = id;
            eName = name;
            count = n;
        }
        //属性：存取私有数据成员 count（票数）
        public int Count
        {   get { return count;}
            set { count = value; }
        }
        //方法：输出候选人编号、姓名及票数
        public void show()
        {   Console.WriteLine("{0}号候选人{1}得票：\t{2}",eID,eName,Count);
        }
    }
  }
}
```

程序的一次运行结果如图 5-10 所示。

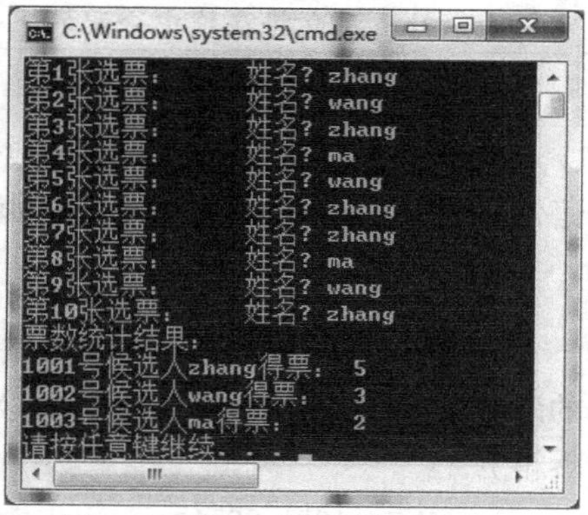

图 5-10　例 5-8 程序运行后的窗口

5.2.3　装箱与拆箱

在 C#中，object 是所有数据类型的最终基类。也就是说，所有数据类型都直接地或者间接地派生自 object 类，所以值类型和引用类型的值可以通过显式或隐式操作来互相转换。将值类型转换为引用类型的过程称为装箱（Boxing），反之，将引用类型转换为值类型的过程称为拆箱（Unboxing）。

1. 值类型

值类型包括以下几项。

- 整型（sbyte、byte、char、short、ushort、int、uint、long、ulong）。
- 浮点型（float、double）。
- 小数型（decimal）。
- 逻辑型（bool）。
- 用户定义的结构（struct）。

值类型总是在内存中占据一个预定义字节数（如 int 型占 4 个字节，string 型的字节数随字符串长度的不同而不同）的内存块。定义一个值类型变量时，便会在当前正在运行的程序所建立的堆栈（按后进先出方式存储程序中使用的数据）中得到分给它的内存块，其中存储该变量的值。

.NET 中保有一个堆栈指针，其内容为堆栈中下一个可用内存空间的地址。当一个变量离开作用域时，这个指针便会下移若干个字节（被释放变量所占用的字节数），指向下一个可用地址。

将一个值类型变量赋值给另一个值类型变量的操作是：将前一个变量的值拷贝一份，存入后一个变量占用的内存块。

2. 引用类型

引用类型包括：类、接口、委托、数组以及内置引用类型 object 与 string。

引用变量也利用堆栈，但这时堆栈中存放的只是对另一个内存位置的引用，实际的值存放在托管堆的一个内存块中。堆栈中的引用就是托管堆中内存块的地址。因为引用类型只包含引用而不包含实际的值，因此，对方法体内参数所做的任何修改都将影响传递给方法调用的引用类型的变量。

.NET 中也保有一个托管堆指针，包含堆中下一个可用内存空间的地址。但是，堆不是后进先出的数据表，因为对对象的引用可在程序中传递（如作为参数传递给方法调用），堆中的对象不会在程序的一个预定点离开作用域。为了将不再需要的堆中的内存块释放，.NET 定期进行垃圾收集。

注意　托管堆是 CLR（公共语言运行时）中自动内存管理的基础。初始化新进程（正在运行的程序）时，CLR 会为它保留一个连续的地址空间，称为托管堆。托管堆保有一个指针，指向将在堆中分配的下一个对象的地址。最初该指针设置为指向托管堆的基址。

3. 装箱和拆箱

装箱是值类型到 object 类型（或该值类型所实现的任何接口类型）的隐式转换。例如，下列语句执行的就是一个装箱的过程，即将值类型的 x 转换为引用类型的 obj 的过程。

```
int x = 100;
object obj = x;
```

拆箱是从 object 类型到值类型或从接口类型到实现该接口的值类型的显式转换。例如，下面的语句执行的就是一个拆箱的过程：将对象 obj 强制转换成原来的类型（被装过箱的对象才能被拆箱）。

```
int y = (int) obj;
```

在将值类型的值转换为类型 object 时，将分配一个对象实例以包含该值，并将值复制到这个箱子中。反过来，当将一个 object 引用强制转换为值类型时，将检查所引用的对象是否含有正确的值类型，如果是，则将箱子中的值复制出来。C#的统一类型系统实际上意味着值类型可以“按需”转换为对象。由于这种统一性，object 类型的通用库（如.NET 框架中的集合类）既可用于引用类型，又可用于值类型。

在.Net 中，装箱或者拆箱往往都是隐式发生的，例如，某个方法的形参是 object 类型，调用时传递过来的实参却是值类型，那就会自动装箱了。当然，大部分情况下是不能隐式转换的，需要编写代码进行强制转换。

注意　装箱/拆箱操作比较耗时，故.Net 中许多基本函数都提供了对不同数据类型参数的重载，尽可能避免不必要的装箱操作。

5.3　程序解析

本章解析的几个程序将分别使用一维数组、二维数组、结构和枚举型变量来存储和处理成批的数据，以便更为深入地认知编程序解决问题的一般方法和 C#程序的特点，其中包括两个顺序表操作的程序，可以从另一个角度上认知算法在程序设计中的作用。

程序 5-1　顺序查找

本程序的任务如下。

（1）建立“查找表”：定义一维数组并存入一批浮点数。这个数组就是查找的数据源，称为查找表。

（2）输入查找“关键字”：将用户键入的一个数字作为待查数。

（3）在查找表中查找关键字：即在(1)所创建的一维数组中查找(2)所输入的数字，然后输出查找结果，即与关键字等值的元素下标或“找不到”之类的信息。

1. 算法分析

算法的基本思想是：数组中每个元素与待查数逐个比较，直至有一个相等或者到达数组末尾为止。如果找到了，则为查找成功，输出待查数在数组中的位置（相应数组元素下标加 1）即可；如果到达数组末尾仍未找到与待查数相等的元素，则为查找失败，输出“找不到”之类的提示信息。

按照这种思想，可以编写出图 5-11（a）所示的顺序查找算法。实现这种算法的程序中的主要语句是：

```
int i = 0;
while (i < a.Length && a[i] != x  )
   i++;
```

这个算法存在两个显而易见的问题。

（1）数组中每个元素的下标都比其实际序号小 1，故当查找成功时，所比对的元素的下标加 1 才是正确的结果。

（2）在逐个比较的过程中，除需要判断当前元素是否等于待查数之外，还需要随时判断是否已经到达数组末尾，并按照判断结果来确定是否应该结束查找。

针对这两个问题，可以采取以下改进措施。

（1）数组中第 1 个（即第 0 号）元素空置，从第 2 个（即第 1 号）元素起存放查找表。

（2）将待查数字存入数组中第 0 号元素，也就是放到查找表前面；从最后一个元素开始逐个与待查数比较，如果相等，输出当前元素的序号即可；即使找不到，比较到第 0 号元素时也会自然停止。

按照这种思路，可以编写出图 5-11（b）所示的改进顺序查找算法。实现这种算法的程序中的主要语句是：

```
int i = a.Length-1;
while (a[i] != x  )
   i--;
```

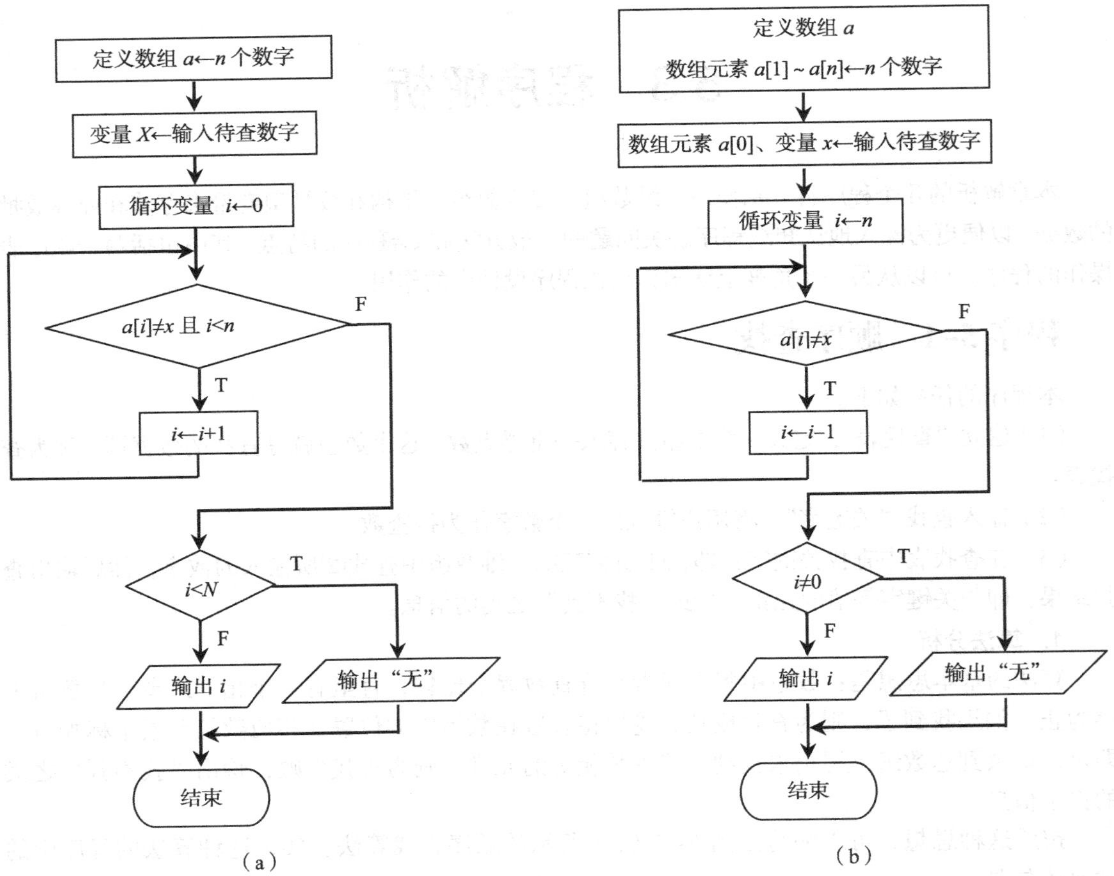

图 5-11　顺序查找算法及改进顺序查找算法

2. 程序

按照改进的顺序查找算法编写的程序源代码如下。

```
//程序 5-1　改进的顺序查找算法_ 数组 a 中查找数字 x
using System;
namespace 顺序查找
{
    class Program
    {
        static void Main(string[] args)
        {   //定义数组 a 并存放一批浮点数
            double[] a={0,22,30,54.9,30,93,29.5,28,88,87.6,30,67.9,95,78.3,20,19};
            char next='y';
            do
            {   //数组 a 首元素 a[0]←输入待查数字
                Console.Write("您要找的数(0.0~100.0) x=?  ");
                double x=double.Parse(Console.ReadLine());
                a[0] = x;
                //查找：数组 a 中所有元素逐个比较待查数字
                int i = a.Length-1;
                while (a[i] != x  )
```

```
                i--;
            //输出查找结果
            if (i != 0)
                Console.WriteLine("找到: a[{0}] = {1}", i, x);
            else
                Console.WriteLine("a 数组中无{0}! ", x);
            Console.Write("还找下一个数吗(y/n)? ");
            next = char.Parse(Console.ReadLine());
        } while (next == 'y' || next == 'Y');
    }
  }
}
```

3．程序的运行结果

本程序的一次运行结果如图 5-12 所示。

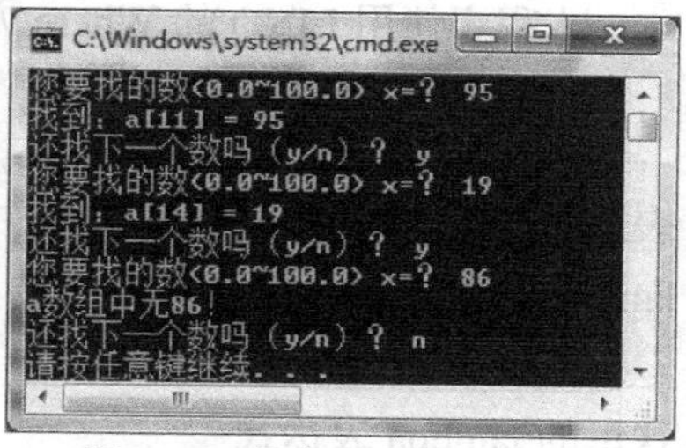

图 5-12　程序 5-1 的运行结果

程序 5–2　LINQ 查询

本程序的任务如下。

（1）建立与程序 5-1 相同的查找表：定义一维数组并存入若干个整数。

（2）输入查找“关键字”：将用户输入的一个整数作为待查数。

（3）构造 LINQ 查找表达式，用于搜索查找表中所有大于查找关键字的元素，然后输出这些元素。

本程序的重点在于构造 LINQ 查找表达式。

LINQ（Language Integrated Query，语言集成查询）是 Visual Studio 集成开发环境（2008 以后版本）中引入的一组功能。它提供了标准易学的数据查询和更新模式，允许用户在 C#或者 Visual Basic 程序中编写类似于数据库查询模式的代码来操纵内存中的数据。

具体来说，LINQ 定义了数十个查询操作符（select、from、in、where、orderby 等）以及查询方法（如 Select、Where、Max 等），用于编写查询语句。借助于这些查询操作符或者方法，可以使用一种类似于 SQL 语句的形式来查询各种数据源中的数据，如数据库（SQL Server）、XML 文档、数组以及内存中的数据集合。开发人员还可以使用它提供的扩展框架添加更多的数据源，如 MySQL、Amazon 甚至是 Google Desktop 等。

1．算法及程序结构

本程序按顺序执行以下操作。

（1）定义一维浮点型数组 a ← 15 个浮点数。

（2）查找所有奇数下标的数字。

- 构造 LINQ 语句：var aOdd = a.Where((value, index) => (index % 2 == 1));
- 输出查找结果：foreach (var i in aOdd) { Console.Write("{0}\t", i); }

（3）查找用户指定范围内的元素。

- 输入待查数：int key = int.Parse(Console.ReadLine());
- 构造 LINQ 语句（数组 a 中大于待查数的所有元素的平均值）：

```
double aAvg = a.Where(value=>value>=key).Average();
```

- 构造 LINQ 语句（数组 a 中大于待查数的所有元素的值与下标）：

```
var aSel=a.Where(value=>value>=key)
        .Select((value,index)=>new {Value=value, Index=index});
```

- 输出查找结果（数组 a 中大于待查数的所有元素的平均值）：

```
Console.Write("数组 a 中{0}以上数字的平均值 = {1}",key,aAvg);
```

- 输出查找结果（数组 a 中大于待查数的所有元素的值与下标）：

```
foreach (var i in aSel) { if(i.Value>=key) Console.WriteLine(i); }
```

2. LINQ 语句

本程序使用 LINQ 的 Where 方法和 Select 方法来构造查询语句。

（1）LINQ 查询语句

```
var aOdd = a.Where((value, index) => (index % 2 == 1));
```

表示对数组 a 进行 where（按条件筛选）操作，括号中用一个 lambda 表达式描述筛选条件。lambda 表达式的一般形式为

```
(输入参数列表) => {语句序列}
```

这里的 lambda 表达式

```
(value, index) => (index % 2 == 1)
```

中，运算符“=>”左边的两个参数 value 和 index 分别表示正在筛选的当前数组元素的值和下标，右边的表达式表示筛取下标为奇数的元素。

> **注意** lambda 表达式本质上就是一个匿名方法，而且是进一步简化的匿名方法，它依附于委托（代表某个方法的名称）。

（2）LINQ 查询语句

```
double aAvg = a.Where(value=>value>=key).Average();
```

中，使用 Where 方法筛选大于用户键入的数字的数组元素，再使用 Average 方法计算这些元素的平均值。

（3）LINQ 查询语句

```
var aSel=a.Select((value,index)=>new {Value=value, Index=index});
```

中，使用分别表示值和下标的两个参数创建对象，使得筛选出来的数组元素都按

（值表达式，下标表达式）

的数对的形式显示出来。

3. 程序

程序源代码如下。

```
//程序 5-2_ LINQ 查询数组中指定元素
using System;
using System.Linq;
namespace LINQ 查询
{
    class Program
    {
        static void Main(string[] args)
        {   //定义数组 a 并存放一批浮点数
            double[] a={0,22,30,54.9,80,93,89.5,28,88,87.6,30,67.9,95,78.3,20,19};
            //查找下标为奇数的元素：构造查找表达式、输出查找结果
            var aOdd = a.Where((value, index) => (index % 2 == 1));
            Console.WriteLine("数组 a 中下标为奇数的元素：");
            foreach (var i in aOdd)
```

```
            {   Console.Write("{0}\t", i);
            }
            //查找用户指定的范围内元素：输入查找关键字、构造查找表达式、输出查找结果
            Console.Write("\n查找关键字：key=?  ");
            int key = int.Parse(Console.ReadLine());
            double aAvg = a.Where(value=>value>=key).Average();
            var aSel=a.Select((value,index)=>new {Value=value, Index=index});
            Console.Write("数组a中{0}以上数字的平均值 = {1}",key,aAvg);
            Console.WriteLine("\n数组a中{0}以上的数字及其序号：",key);
            foreach (var i in aSel)
            {   if(i.Value>=key)
                    Console.WriteLine(i);
            }
        }
    }
}
```

4. 运行结果

本程序的一次运行结果如图 5-13 所示。

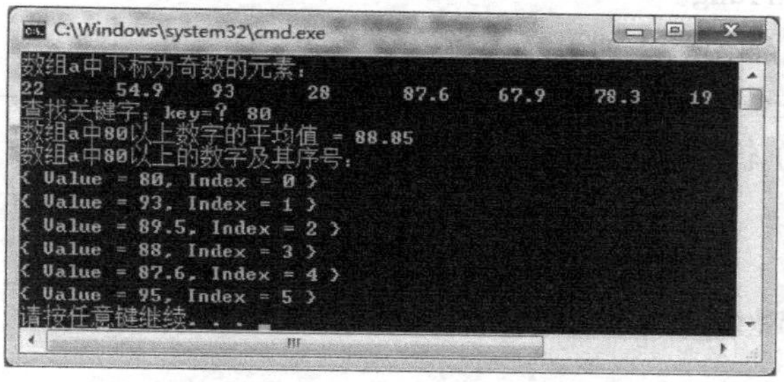

图 5-13　程序 5-2 的运行结果

程序 5-3　输出杨辉三角

杨辉三角是我国南宋数学家杨辉 1261 年所著的《详解九章算法》一书中辑录的图 5-14 所示的三角形数表，表示二项式各次方展开式系数的规律，称之为“开方作法本源”图。书中说明此表引自贾宪公元 1050 年（大约）所著的《释锁算术》，故此又称为“贾宪三角”。法国数学家帕斯卡 1654 年也发现了这一规律，故又称为“帕斯卡三角”。

```
                        1
                      1   1
                    1   2   1
                  1   3   3   1
                1   4   6   4   1
              1   5  10  10   5   1
            1   6  15  20  15   6   1
          1   7  21  35  35  21   7   1
        1   8  28  56  70  56  28   8   1
      1   9  36  84 126 126  84  36   9   1
    1  10  45 120 210 252 210 120  45  10   1
  1  11  55 165 330 462 462 330 165  55  11   1
1  12  66 220 495 792 924 792 495 220  66  12   1
...
```

图 5-14　杨辉三角（二项式系数表）

本程序将利用交错数组生成并输出杨辉三角。

1. 算法及程序结构

本程序按顺序执行以下操作。

（1）定义交错数组 hYang。

① 变量 n ← 用户键入元素个数（杨辉三角行数）。

② 创建长度为 n 的交错数组 hYang。

③ 创建数组 hYang 的 n 个元素。

（2）为交错数组 hYang 赋值。

① 为第 0 行赋值：1 个元素 hYang[0][0] ← 1

② 循环（i = 1 ~ n–1）为第 1 到第 n–1 行赋值。

- 第 i 行首元素 hYang[i][0] ← 1。
- 第 i 行末元素 hYang[i][i] ← 1。
- 循环（j = 1 ~ i–1）为第 i 行第 1 到第 i–1 个元素赋值。
  第 i 行第 j 个元素 ← 第 i–1 行第 j–1 + 第 j 个元素。

（3）输出交错数组 hYang。

循环（i = 1 ~ n–1）输出第 1 到第 n–1 行。

- 输出该行数字左侧的一串空格：Console.Write("".PadLeft((n–i)*3–3,' '));
- 循环（j = 1 ~ i）输出第 i 行的第 1 到第 i 个数字。

2. 程序

程序源代码如下。

```
//程序 5-3_ 使用交错数组输出杨辉三角形
using System;
namespace 杨辉三角
{
    class Program
    {
        static void Main(string[] args)
        {   //创建交错数组 hYang，行数 n←用户键入
            Console.Write("杨辉三角形行数：n=?  ");
            int n=int.Parse(Console.ReadLine());
            int[][] hYang = new int[n][];
            //创建交错数组 hYang 的 n 个元素（每行的列数）
            for (int i = 0; i < n; i++)
                hYang[i] = new int[i + 1];
            //为交错数组 hYang 赋值
            hYang[0][0] = 1; //首行：1
            for (int i = 1; i < n; i++)
            {   //第 i 行：首元素 1、末元素 1、其余各列为第 i-1 行两元素之和
                hYang[i][0] = 1;
                hYang[i][i] = 1;
                for (int j = 1; j < i; j++)
                    hYang[i][j] = hYang[i - 1][j - 1] + hYang[i - 1][j];
            }
            //输出杨辉三角
            Console.WriteLine("(a+b)^n 展开式系数表：");
```

```
                for (int i = 0; i < n; i++)
                {    //输出第 i 行：一串空格、(a+b)^i 展开式各项系数
                     Console.Write("".PadLeft((n-i)*3-3,' '));
                     for (int j = 0; j <= i; j++)
                          Console.Write("{0,6}", hYang[i][j]);
                     Console.WriteLine();
                }
            }
        }
}
```

3. 程序运行结果

程序运行结果如图 5-15 所示。

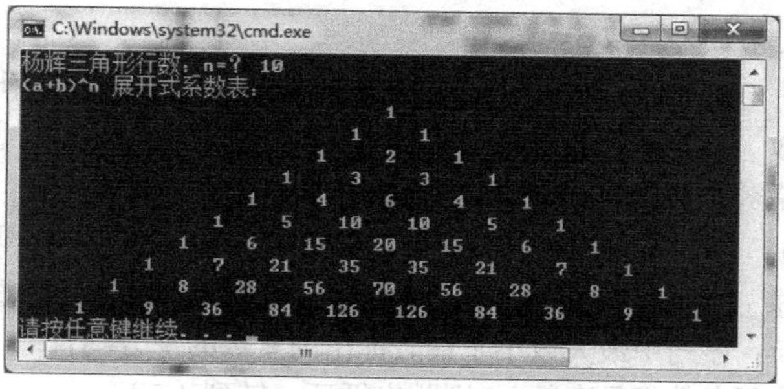

图 5-15　程序 5-3 的运行结果

程序 5-4　筛法求素数

本程序的任务是：用“筛法”求 500 以内的素数。

素数指的是大于 1 的自然数中那些除过 1 和自身之外再也不能被其他自然数整除的数。也就是说，素数是这样的整数：它除了能表示为自身和 1 的乘积以外，再也不能表示为任何其他两个整数的乘积。例如，

- 15 = 3*5，所以 15 不是素数。
- 12 = 2*6 = 3*4 = 2*2*3，所以 12 也不是素数。
- 13 只能等于 13*1 而不能再表示为其他任何两个整数的乘积，所以 13 是一个素数。

另外，素数是很少的。例如，50 以内的素数只有：

2　3　5　7　11　13　17　19　23　29　31　37　41　47

而且，随着数的范围的扩大，素数会越来越稀少。

1. 算法分析

“筛法”是古希腊数学家埃拉托色尼提出的一种检定素数的算法。“筛法”求素数的基本思想是：给出要筛除数值的范围 n，找出 $\sqrt{n}$ 以内的素数 p_1，p_1，…，p_k。先用 2 去筛，即把 2 留下，把 2 的倍数剔除掉；再用下一个素数 3 去筛，把 3 留下，把 3 的倍数剔除掉；接下去用下一个素数 5 去筛，把 5 留下，把 5 的倍数剔除掉；不断重复下去。例如，求出 25 以内的素数的过程如下。

（1）列出 2 及 2 之后所有自然数。

2　3　4　5　6　7　8　9　10　11　12　13　14　15　16

17　18　19　20　21　22　23　24　25　26　27　28　29　30

（2）第 1 遍：标记第 1 个素数 2。

2	3	4	5	6	7	8	9	10	11	12	13	14	15	16
17	18	19	20	21	22	23	24	25	26	27	28	29	30	

（3）第 1 遍：划掉素数 2 之后所有 2 的倍数。

2	3	④	5	⑥	7	⑧	9	⑩	11	⑫	13	⑭	15	⑯
17	⑱	19	⑳	21	㉒	23	㉔	25	㉖	27	㉘	29	㉚	

（4）第 1 遍：判断：序列中最大数小于刚才标记的素数的平方吗？

是（序列中剩下的所有数都是素数），则跳出循环，转到（5）。

否（序列中仍有非素数），则返回（2），再次循环。

此时，从（2）到（4）循环了第 1 遍，因为序列中还有非素数（29 不小于 2 的平方），故返回（2），继续标记下一个素数，并划掉它的所有倍数。

（2）第 2 遍：标记第 2 个素数 3。

2	3	④	5	⑥	7	⑧	9	⑩	11	⑫	13	⑭	15	⑯
17	⑱	19	⑳	21	㉒	23	㉔	25	㉖	27	㉘	29	㉚	

（3）第 2 遍：划掉素数 3 之后所有 3 的倍数。

2	3	④	5	⑥	7	⑧	[9]	⑩	11	⑫	13	⑭	[15]	⑯
17	⑱	19	⑳	[21]	㉒	23	㉔	25	㉖	[27]	㉘	29	㉚	

（4）第 2 遍：判断：序列中最大数小于最后标出的素数的平方吗？

是（序列中剩下的所有数都是素数），则跳出循环，转到（5）。

否（序列中仍有非素数），则返回（2），再次循环。

此时，从（2）到（4）循环了第 2 遍，因为序列中还有非素数（29 不小于素数 3 的平方），故返回（2），继续标记下一个素数，并划掉它的所有倍数。

（2）第 3 遍：标记第 3 个素数 5。

2	3	④	5	⑥	7	⑧	[9]	⑩	11	⑫	13	⑭	[15]	⑯
17	⑱	19	⑳	[21]	㉒	23	㉔	25	㉖	[27]	㉘	29	㉚	

（3）第 3 遍：划掉素数 5 之后所有 5 的倍数。

2	3	④	5	⑥	7	⑧	[9]	⑩	11	⑫	13	⑭	[15]	⑯
17	⑱	19	⑳	[21]	㉒	23	㉔	◇25	㉖	[27]	㉘	29	㉚	

（4）第 3 遍：判断：序列中最大数小于最后标出的素数的平方吗？

是（序列中剩下的所有数都是素数），则跳出循环，转到（5）。

否（序列中仍有非素数），则返回（2），再次循环。

此时，从（2）到（4）循环了第 3 遍，因为序列中还有非素数（29 不小于素数 5 的平方），故返回（2），继续标记下一个素数，并划掉它的所有倍数。

（2）第 4 遍：标记第 4 个素数 7。

2	3	④	5	⑥	7	⑧	[9]	⑩	11	⑫	13	⑭	[15]	⑯
17	⑱	19	⑳	[21]	㉒	23	㉔	25	㉖	[27]	㉘	29	㉚	

（3）第 4 遍：划掉素数 7 之后所有 7 的倍数。

2	3	④	5	⑥	7	⑧	[9]	⑩	11	⑫	13	⑭	[15]	⑯
17	⑱	19	⑳	[21]	㉒	23	㉔	◇25	㉖	[27]	㉘	29	㉚	

（4）第 4 遍：判断：序列中最大数小于最后标出的素数的平方吗？

是（序列中剩下的所有数都是素数），则跳出循环，转到（5）。

否（序列中仍有非素数），则返回（2），再次循环。

此时，从（2）到（4）循环了第 4 遍，因为序列中已无非素数（29 小于素数 7 的平方），故跳出循环，转到（5）。

（5）输出序列（只包含素数）。

2. 程序

程序源代码如下。

```
//程序 5-4_ 筛法求素数(用户指定范围)
using System;
namespace 筛法求素数
{
    class Program
    {
        static void Main(string[] args)
        {   //定义并初始化数组 a[N]
            Console.Write("素数的范围: N=?  ");
            int N = int.Parse(Console.ReadLine());
            int[] a = new int[N + 1];
            for (int i = 1; i <= N; i++)
                a[i] = i;
            //筛掉数组 a[N] 中所有非素数
            for (int i = 2; i * i < N; i++)             //逐个（2～N 的开平方）标记素数
                for (int j = i + 1; j <= N; j++)        //逐个筛掉素数的倍数
                    if (a[i] != 0 && a[j] != 0)         //判（当前素数与其后元素）
                        if (a[j] % a[i] == 0)           //是倍数关系时
                            a[j] = 0;                   //当前元素赋值
            //输出数组（所有非素数元素均为 0）
            int conut = 0;                              //变量 n <- 统计素数个数
            for (int i = 2; i <= N; i++)
                if (a[i] != 0)                          //数组元素非 0 值时
                {   conut++;                            //素数个数加 1
                    if (conut % 15 == 0)                //判（本行是否已有 15 个数）
                        Console.WriteLine();            //是则换一行
                    Console.Write("{0,5}", a[i]);       //按 5 列宽输出数组元素（素数）
                }
            Console.WriteLine();
        }
    }
}
```

3. 程序的运行结果

本程序的运行结果如图 5-16 所示。

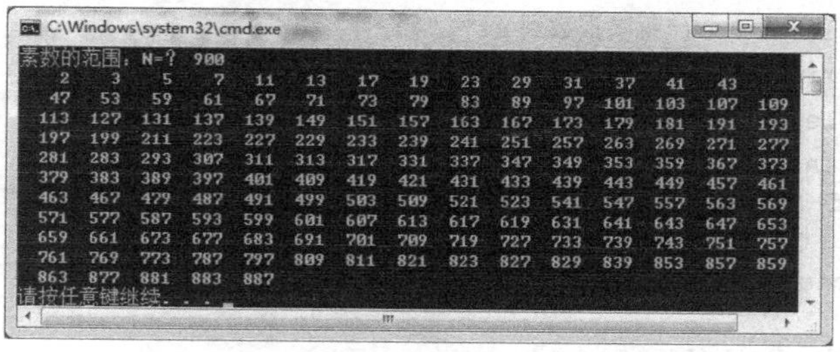

图 5-16　程序 5-4 的运行结果

程序 5-5 Josephus 问题

约瑟夫斯（Josephus）是著名的古（约公元 37 ~ 95 年）犹太历史学家和军人，他在反对罗马的犹太起义中指挥军队迎击前来镇压的罗马军队，经过 40 多天的殊死搏斗，终因寡不敌众而与 40 个犹太人一起被敌人围困。他们决定宁死不降，于是围成一圈准备自杀（编号从 1 到 41），由第 1 个人开始报数，每报数到第 3 人时该人就必须自杀，然后再由下一个重新报数，直到所有人都自杀身亡为止。就这样，直到圈内只剩下一个人时，因为无人监督，他就可以选择投降了。

本程序需要解决的问题是：有 N 个人围成一圈，按顺序排号。从第 1 个人起，从 1 到 x 报数，凡报到 x 的人退出圈子，计算最后留下来的人原来是第几号？

1. 算法分析

本程序按顺序执行以下操作。

（1）定义表示 N 个参与者的数组，其中每个元素存放从 1 ~ N 的自然数。由于数组的限制，程序中必须预先假设有多少个人参与报数。

（2）输入 x（每次报数都是从 1 数到 x）。

（3）反复执行以下操作。

- 数组中所有元素逐个从 1 数到 x，输出 x 对应的元素（相当于数到 x 的人离队）。
- 数组中剩余元素再从 1 数到 x，输出 x 对应的元素（即数到 x 的又一人离队）……
- 如此循环，直到数组中只剩下一个元素为止。

这一段程序中，用一个加 1 取模的方法

```
p=(p+1)%num
```

回到首位置，形成环链。

（4）输出数组中最后一个元素在数组中原来的序号。

2. 程序

```
//程序 5-5_ Josephus 问题
using System;
namespace Josephus
{
    class Program
    {
        static void Main(string[] args)
        {   //定义并初始化数组 a[N]
            Console.Write("Josephus 问题：人数 N=?  ");
            int N=int.Parse(Console.ReadLine());
            int[] a=new int[N];
            for(int i=0;i<N;i++)
                a[i]=i+1;
            Console.Write("每次报数到 x=? ");
            int x=int.Parse(Console.ReadLine());
            Console.WriteLine("所有参与者的编号：");
            for (int i = 0; i < N; i++)
            {   if (i % 20 == 0)
                    Console.WriteLine();
                Console.Write("{0,3}", a[i]);
            }
            Console.WriteLine();
```

```
            int k=1, p=-1;
            Console.WriteLine("陆续出局者的编号：");
            while(true)
            {   for(int j=0;j<N;)
                {   p=(p+1)%N;
                    if(a[p]!=0)
                        j++;
                }
                if(k==N)
                    break;
                if (k % 20 == 0)
                    Console.WriteLine();
                Console.Write("{0,3}",a[p]);
                a[p]=0;
                k++;
            }
            Console.WriteLine("\n最后留下来的是第{0}号",a[p]);
        }
    }
}
```

3. **程序的运行结果**

本程序的一次运行结果如图 5-17 所示。

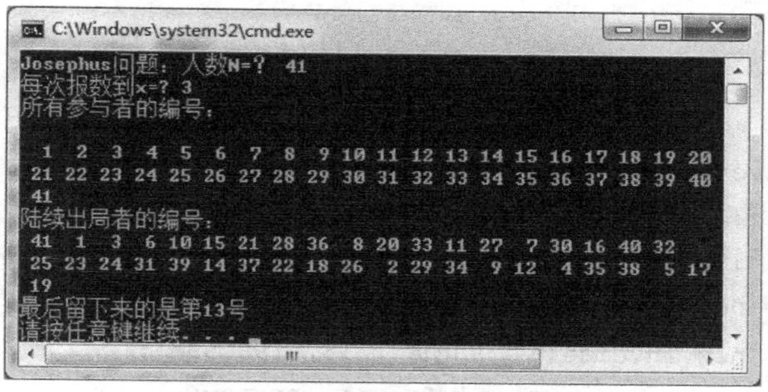

图 5-17　程序 5-5 的运行结果

程序 5-6　计算商品金额

本程序的任务如下。

（1）创建结构数组，保存一张发票上的一批商品的编号、名称、数量和单价。

（2）构造 LINQ 查找语句，用于查询结构数组中每一种商品的编号、名称、数量和单价，根据数量和单价计算并输出金额（应付款数）。

本程序有两个重点：一是定义和使用结构，二是使用 LINQ 的查询操作符（select、from、in、where、orderby）构造查询表达式。

1. **算法及程序结构**

本程序按顺序执行以下操作。

（1）定义结构类型 Invoice，其中包括以下几项。

- 公有数据成员 partID、partName 和 Quantity，分别表示编号、名称和数量。
- 私有数据成员 price，表示单价。
- 构造函数，为所有数据成员赋值。

- 属性 Price，访问私有数据成员 price。

（2）定义 Invoice 型数组 arr，存放一张发票上的商品数据。

（3）构造 LINQ 语句：var invoiceQuery =

```
from invoi in arr  //在 arr 数组中查询 invoi（当前项）
orderby invoi.Price descending  //结果按 invoi 各值的降序排列
select new  //投影操作（选择字段）
{   pID=invoi.partID,  //选择已有字段
    Name=invoi.partName,  //选择已有字段
    Money=invoi.Quantity*invoi.Price  //形成计算字段
};
```

（4）foreach 语句查询并输出商品金额表

```
foreach (var inv in invoiceQuery)
    Console.WriteLine("{0}\t{1,-8}\t{2,-10}", inv.pID, inv.Name, inv.Money);
```

2. 程序

程序源代码如下。

```
//程序 5-6_ 计算一批（一张发票）商品的金额
using System;
using System.Linq;
namespace 商品金额
{
   class Program
   {
      static void Main(string[] args)
      {  //定义 Invoice 类型数组 arr[9]
         Invoice[] arr = new Invoice[9];
         //为 arr[9]数组赋值
         arr[0] = new Invoice(90, "电砂轮", 7, 157.98M);
         arr[1] = new Invoice(54, "电锯", 18, 199.99M);
         arr[2] = new Invoice(7, "大锤", 11, 95.50M);
         arr[3] = new Invoice(87, "榔头", 76, 30.99M);
         arr[4] = new Invoice(39, "割草机", 3, 179.5M);
         arr[5] = new Invoice(68, "螺丝刀", 106, 16.99M);
         arr[6] = new Invoice(56, "细锯", 21, 81.00M);
         arr[7] = new Invoice(3, "扳手", 34, 27.50M);
         arr[8] = new Invoice(2, "钳子", 35, 17.50M);
         //LINQ 查询语句
         var invoiceQuery = from invoi in arr
                            orderby invoi.Price descending
                            select new
                            {   pID=invoi.partID,
                                Name=invoi.partName,
                                Money=invoi.Quantity*invoi.Price
                            };
         Console.WriteLine("按单价降序排列:
                            \n{0}\t{1,-8}\t{2,-10}","编号","名称","金额");
         foreach (var inv in invoiceQuery)
            Console.WriteLine("{0}\t{1,-8}\t{2,-10}", inv.pID, inv.Name, inv.Money);
```

```
        }
    }
    //定义 Invoice 结构
    public struct Invoice
    {   //数据成员，分别表示：编号、名称、数量、单价
        public int partID;
        public string partName;
        public int Quantity;
        private decimal price;
        //构造函数：为所有数据成员赋值
        public Invoice(int ID, string name, int quantity, Decimal price)
        {   partID = ID;
            partName = name;
            Quantity = quantity;
            this.price = price;
        }
        //属性：访问私有数据成员 price
        public decimal Price
        {   set { price = value; }
            get { return price; }
        }
    }
}
```

3. 程序运行结果

本程序的运行结果如图 5-18 所示。

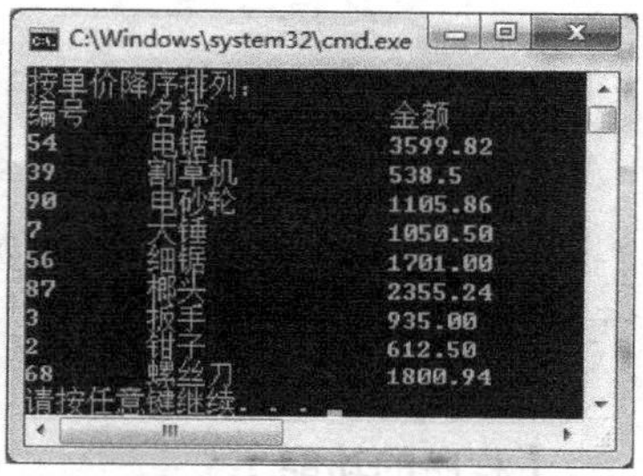

图 5-18　程序 5-6 的运行结果

5.4　实验指导

本章安排 4 个实验：一维数组与二维数组的使用，字符数组与字符串的使用，结构及结构数组的使用。

通过本章实验，读者可以掌握数组、字符串和结构这几种常用构造类型的使用方法，加深对数据类型概念的理解，同时进一步体验程序设计的一般方法。

实验 5-1　数组的使用

本实验中，需要编写并运行 3 个程序：输入一维数组中所有元素并逆序输出，输入二维数组中所有元素并按指定的格式输出，将二维数组中所有元素转存到一维数组中。

1. 一维数组元素逆序输出

【程序的功能】

输入 10 个整数并依次放入一维数组中，然后将数组中的数逆序输出。

【算法分析】

（1）逐个输入 10 个数，放入一维数组中。

（2）按颠倒的次序（逆序）输出数据，即按下标从大到小的顺序来遍历并输出每个数组元素（数组中每个元素的内容都不能变）。

（3）算法结束。

【程序设计步骤】

（1）按给定的形式编写程序。

```
//实验 5-1-1_ 逆序输出数组
using System;
namespace 顺序查找
{
    class Program
    {
        static void Main(string[] args)
        {   定义 float 型数组 a[10]
            for(int i=0;i<10;i++)
                a[i]←输入第 i 个整数
            for(int i=9; … )
                输出 a[i]  //要求 10 个数输出在一行
            输出换行符
        }
    }
}
```

（2）创建一个控制台应用程序，编写并运行程序。

（3）将本程序中的浮点型数组改为字符串数组，存放 15 个人的姓名，再逆序输出 15 个数组元素。

2. 二维数组及交错数组

【程序的功能】

输入 4 行 5 列二维数组中所有元素，再按 4 行 5 列形式输出所有元素。

【算法分析】

（1）输入 20 个数，放入 4 行 5 列的二维数组中。

（2）按 4 行 5 列形式输出二维数组中所有元素（每输出一行元素后，换行）。

（3）算法结束。

【程序设计步骤】

（1）按给定形式编写程序。

```
//实验 5-1-2_ 二维数组输入输出
using System;
namespace 顺序查找
{
    class Program
    {
        static void Main(string[] args)
        {   定义 int 型数组 a[4,5]
            for(int i=0;i<10;i++)
                for (int j=0;j<5;j++)
                     a[i,j]←输入一个整数
            for(int i= … )
            {   for (j=0;j<5;j++)
                     输出 a[i,j]
                输出一个换行符
            }
        }
    }
}
```

（2）创建一个控制台应用程序，编写并运行程序。

（3）将本程序中的二维数组 a[4,5]改为交错数组 a[4][5]，完成同样的功能。再次运行该程序。

3. 将二维数组存入一维数组

【程序的功能】

将 3 行 4 列的二维数组中每个元素逐行逐个存入一维数组中，实现以下功能。

- 二维数组第 0 行第 0 列上元素 a[0,0]成为一维数组的第 1 个元素 b[0]。
- 二维数组第 0 行第 1 列上元素 a[0,1]成为一维数组的第 2 个元素 b[1]。
- 二维数组第 0 行第 2 列上元素 a[0,2]成为一维数组的第 3 个元素 b[2]。
- ……
- 二维数组第 1 行第 0 列上元素 a[1,0]成为一维数组的第 5 个元素 b[4]。
- 二维数组第 1 行第 1 列上元素 a[1,1]成为一维数组的第 6 个元素 b[5]。
- ……
- 二维数组第 2 行第 3 列上元素 a[2,3]成为一维数组的第 12 个元素 b[11]。

【算法分析】

（1）输入 3 行 4 列的二维数组中的数据。

（2）按 3 行 4 列形式输出二维数组中所有元素。

（3）逐行、逐列地将二维数组中每个元素存入一维数组。

（4）输出一维数组中所有元素。

（5）算法结束。

【程序设计步骤】

（1）补全以下程序。

```
//实验 5-1-2_将二维数组保存到一维数组中
using System;
namespace 顺序查找
{
    class Program
    {
        static void Main(string[] args)
        {   定义二维数组 a[3,4]
            定义一维数组 b[12]
            输入二维数组 a 中所有元素
            按 3 行 4 列形式输出二维数组 a 中所有元素
            将二维数组 a 中元素逐行逐列存入一维数组 b
            输出一维数组 b 中所有元素
        }
    }
}
```

（2）创建一个控制台应用程序，编写并运行程序。

实验 5-2　结构及结构数组的使用

【程序的功能】

在学生成绩表中，找出不及格的成绩，然后显示相应学生的学号、姓名以及不及格课程的名称和分数。

【算法分析】

（1）定义结构数据类型 student，其成员为学号、姓名和保存 5 门课成绩的数组。

（2）定义有 10 个元素的 student 类型数组，存放 10 个学生的学号、姓名和各门课成绩，再定义一个字符串数组用来保存 5 门课程的名称。

（3）显示成绩表：每行为一个学生的学号、姓名及 5 门课程的成绩。

（4）逐行判断每个学生的成绩，当有不及格课程（门数大于 0）时，显示该生的学号、姓名和不及格课程的名称、分数和门数。

（5）算法结束。

【程序设计步骤】

（1）按以下框架编写程序。

```
//实验 5-2-1_ 查找不及格成绩
using System;
namespace 成绩
{
    class Program
    {
        static void Main(string[] args)
        {
            public struct student
            {   char sno[9];
                char sname[20];
                ____①____;
            };
            student[] stu = ____②____
                { { "15020206","张京",80,87,69,78,91},
                { "08091102","王莹",93,81,79,80,90},
                { "08091103","李玉",54,69,76,79,60},
                { "08091104","刘蓝",87,88,97,99,78},
                { "08091105","陈强",69,56,80,34,32},
                { "08091106","赵圆",77,87,99,65,76},
                { "08091107","周正",91,67,67,87,65},
                { "08091108","杨宸",87,45,77,56,79},
                { "08091109","朱红",89,69,89,100,73},
                { "08091110","林奇",79,76,97,96,99}  };
            string[5] course = ____③____ {"数学","物理","语文","语文","英语"};
            int i,j,cnt;
            输出一行字符串："成绩表："
            输出表头字符串："    学号\t 姓名\t 数学\t 物理\t 化学\t 英语\t 计算机"
            输出一行字符串(与表头等长)："======================== … "
            for(i=0;i<10;i++)
            {   输出：stu[i].sno、stu[i].sname
                for(j=0;j<5;j++)
                    输出 5 门课程成绩
                输出换行符
            }
```

```
            输出一行字符串(与表头等长)："========================== … "
            输出一行字符串："不及格情况："
            // 处理不及格分数
            for(i=0;i<10;i++)
            {     ④     ;
                for(j=0;j<5;j++)
                    if(stu[i].score[j]<60)
                          ⑤     ;
                if(cnt>0)
                {   输出："姓名："、stu[i].sname、" 学号："、stu[i].sno、
                          " 不及格门数："、cnt
                    输出一行字符串(与表头等长)："========================== … "
                    for(j=0;j<5;j++)
                        if(     ⑥     )
                            输出     ⑦
                    输出一行字符串(与表头等长)："========================== … "
                }
            }
        }
    }
}
```

（2）创建一个控制台应用程序，编写并运行程序。

实验 5-3　枚举型变量的使用

【程序的功能】

本程序需要解决的问题是：口袋中有红、黄、蓝、白、黑共 5 种颜色的小球若干个，如果每次都从口袋中取出 3 个不同颜色的小球，共有多少种组合？

本程序将使用枚举类型来表示小球的颜色，并输出每种组合的 3 种颜色。本程序的运行结果如下。

```
5 色球每次取 3 色的组合：
red     yellow  blue
red     yellow  white
red     yellow  black
red     blue    white
red     blue    black
red     white   black
yellow  blue    white
yellow  blue    black
yellow  white   black
blue    white   black
共有 10 种组合。
```

【算法分析】

（1）可选取的球只有 5 种颜色，而且每个球都是其中某一种颜色，故可使用枚举类型来表示小球的颜色。本程序中，设枚举元素为：

```
red, yellow, blue, white, black
```

枚举类型定义为：

```
enum color{ red, yellow, blue, white, black };
```

（2）使用穷举法，列举 5 种颜色小球中每次取 3 种颜色的所有可能的组合。本程序中，设 i、j、k 分别表示取出的 3 种颜色的小球，且各自的取值范围如下。

i：从 red 到 blue

j：从 i+1 到 white

k：从 j+1 到 black

【程序设计步骤】

（1）按以下框架编写程序。

```
//实验 5-3_ 15 色球每次取 3 色的组合
______①______
static void Main(string[] args)
{    定义表示颜色的枚举类型 Color{red,yellow,blue,white,black}
     int count=0,temp;
     输出一行字符串："5 色球每次取 3 色的组合："
     for(int i=red;i<=blue;i++)
          //i 循环：每一遍前 3 色中取其 1
          for(int j=i+1;j<=white;j++)
               //j 循环：每一趟中间 3 色中取其 1
               for(int k=j+1;k<=black;k++)
               {    //k 循环：每一趟后 3 色中取其 1
                    count++;
                    for(int t=0;t<3;t++)
                    {    switch(t)
                         {
                              ______②______
                         }
                         switch((enum color)temp)
                         {    //枚举值不能直接输出，字符串代之
                              case red:cout<<"red"<<"\t";
                                   break;
                                   ______③______
                              default:
                                   cout<<"不可能"<<endl;
                         }
                    }

               }
     输出："共有"、count、"种组合。"
     输出换行符
}
```

（2）创建一个控制台应用程序，编写并运行程序。

第6章 方 法

方法是在类中定义的由方法名、限定返回值的类型名、形式参数表、方法体等几部分构成的具有一定功能的代码块，用于实现由类或者对象（类的实例）所执行的操作。必要时，用方法名以及一组对应于形式参数的实际参数来调用执行，从而得到预期的结果。

在 C#程序中，可以直接使用.NET 框架类库（FCL）或其他类库中预定义的类中的方法，例如，用于输出一个字符串的 WriteLine 方法就是.NET 框架类库中 Console 类的方法。合理使用类库中的方法使得编写程序轻松快捷，但需要编程序解决的问题千变万化，再好的类库也有无法满足需求的时候，因此，用户自定义方法就成为必须掌握的重要知识和技能。

6.1 方法的定义和调用

C#程序使用类来组合各种代码，如数据、属性、函数、用户自定义类以及.NET 框架类库（FCL）或其他类库中预定义的类等。函数是类中的成员，表示类所模拟的客观事物的功能或者行为，因此，也称为类的方法。

一般来说，方法有两种作用：一是把一段常用的代码封装起来，需要时调用执行，使得设计好的代码能够重复使用；二是在设计较为复杂的程序时，把它划分为几个相互独立的功能模块并分别用不同的函数来实现，从而降低程序设计的难度并使得设计出来的程序具有较好的结构和可读性。

6.1.1 静态与非静态方法

类的成员（字段、属性、方法、事件等）有非静态和静态之分。非静态成员为类的实例对象所有，需要创建实例来访问。静态成员属于类所有，直接由类来访问。类的实例对象不能访问类的静态成员。

回顾：使用 static 声明的变量（域）称为静态变量。一个静态变量固定地占用内存中一块存储区域。静态变量不能被撤销（与非静态变量区别开来）。

1. 静态方法的调用

使用 static 修饰符定义的方法为静态方法。静态方法独立于类的实例之外，调用时要用类名而不能用实例对象名。

> **注意** 实例方法比静态方法多传递一个隐含的指针参数，指向该方法所从属的实例化对象。这一区别的外在表现为：实例方法内可以使用 this 关键字代表所从属的实例对象，而静态方法则因不针对任何实例对象而不能使用 this。实例对象调用静态方法会因参数中多出一个指向自己的指针（this）而发生错误。

例 6-1 静态与非静态方法。

在 Program 类中定义静态和非静态方法各一个，并分别用类名或实例对象名来调用。

```
using System;
namespace testMethod
{
    class Program
    {   public static int sAdd(int x,int y)  //定义静态方法 sAdd
        {   return x+y; }
        public int Add(int x, int y)         //定义非静态方法 Add
        {   return 2*x+y; }
        static void Main(string[] args)
        {   Console.WriteLine("类名调用静态方法计算: "+Program.sAdd(3,6));
            Program Obj= new Program();      //实例化类 Program
            Console.WriteLine("实例名调用非静态方法计算: "+Obj.Add(3,6));
        }
    }
}
```

程序的运行结果如图 6-1 所示。

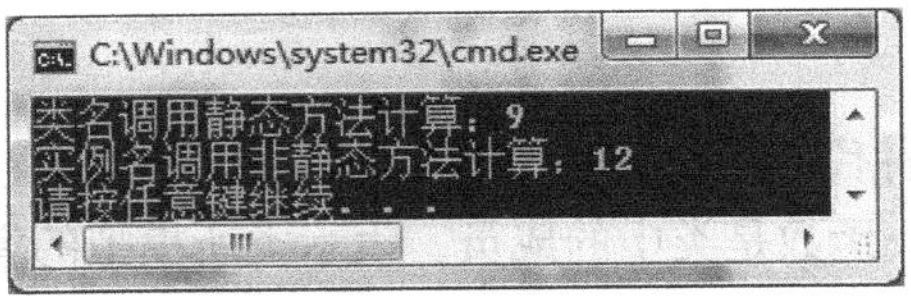

图 6-1　例 6-1 程序运行结果

2. 静态方法访问类的成员

非静态方法可以访问类的任何成员，而静态方法只能访问类中的其他静态成员。例如，Main 方法是静态的，所以 Main 方法不能直接访问类中的实例字段、属性和方法，否则编译器会报错。

例 6-2 静态方法访问变量。

```
using System;
namespace 静态方法
{
    class axClass
    {   public int a;                        //非静态变量 a
        public static int x;                 //静态变量 x;
        public void fun()                    //非静态方法 fun
        {   a = 3;                           //非静态方法访问非静态变量
            x = 3;                           //非静态方法访问静态变量
        }
        public static void sFun()            //静态方法 sFun
        {   x = 5;                           //静态方法访问静态变量
```

```
        }
    }
    class Program
    {  static void Main(string[] args)           //静态方法
       {   axClass oneObj = new axClass();       //创建axClass类的实例oneObj
           oneObj.a = 2;                          //类的实例访问非静态变量
           axClass.x = 2;                         //类名访问静态变量
           oneObj.fun();                          //类的实例访问非静态方法
           axClass.sFun();                        //类名访问静态方法
           //类的实例访问非静态变量，类名访问静态变量
           Console.WriteLine("{0},{1}", oneObj.a, axClass.x);
           axClass twoObj = new axClass();       //创建axClass类的实例twoObj
           //类的实例访问非静态变量，类名访问静态变量
           Console.WriteLine("{0},{1}", twoObj.a, axClass.x);
       }
    }
}
```

6.1.2 方法的定义和调用方式

方法在类或结构中定义。从语法上来说，方法有几个要素：方法（函数）名、参数表（一个或多个参数，也可以没有）、访问权限（省略则为private）、返回类型（不返回则写void）和方法体。其中方法体中包括了执行其功能的一组语句。如果返回类型不为空，则方法体中必须返回一个符合类型要求的值。

注意 *与C等其他语言不同的是，C#中没有全局变量或方法。即便是作为程序入口点的Main方法也必须在类或结构内部声明。*

1. 方法定义的形式

方法定义的一般形式为：

```
访问修饰符  返回值类型  方法名（参数表）
{
   语句序列
}
```

（1）访问修饰符：常用public，以便类定义外部的代码能够调用该方法。

（2）返回值类型：用于指定由该方法计算并返回的值的类型，可以是任何值类型或引用类型。如果该方法不需要返回值，则返回值类型是void。

（3）方法名：是符合C#标识符命名规范的有意义的标识符。

（4）参数表：指定参数的类型和参数名称，如果有多个参数，各参数之间用逗号隔开。方法定义时指定的参数称为形参（形式参数），用于在方法调用时获取来自对应实参（实在参数）的值。

（5）方法体：是实现方法的功能的一系列语句。如果指定了非void的返回值类型，则方法体中必须至少包含一个return语句来指定返回值。如果指定的返回值类型是void（方法无返回值），则方法体中不包含return语句或包含一个不指定值的return语句。

例如：假定在类myClass的定义中有一段代码

```
public int Max(int a,int b)
{
```

```
        return a>b?a:b;
    }
```

那么，它定义了公有的、返回整型值的方法 Max，其中包含两个整型参数 a 和 b，其功能为找出 a 和 b 中较大的数并返回较大数。而另一段代码

```
public static void Say()
{
    Console.WriteLine("您好！");
}
```

定义了公有的、无返回值的静态方法 Say，它没有参数，其功能为显示字符串"您好！"。

2. 方法调用的方式

方法可按其静态、非静态以及有无返回值而采用不同的调用方式。如果方法定义中指定了一个或多个形参，则在方法调用时，要逐个对应地提供类型相同或者相容的实参，实参之间用逗号隔开。实参的值或者地址会在调用函数时传递给相应的形参。

（1）静态有返回值的方法：使用类名以表达式的形式调用，例如，语句

```
y=Math.Sqrt(10);
```

调用了 Math 类的静态方法 Sqrt(x)。

注意 用户自定义方法的调用方式与.NET 框架类库或其他类库中的预定义方法相同。

（2）静态无返回值的方法：使用类名以独立语句的形式调用。其一般形式为

```
类名.方法名(实参表);
```

例如，语句

```
myClass.Say();
```

调用了上面定义的 myClass 类的静态方法 Say。

（3）非静态有返回值的方法：使用对象名以表达式的形式调用。

（4）非静态无返回值的方法：使用对象名以独立语句的形式调用，其一般形式为

```
对象名.方法名(实参表);
```

例 6-3 静态与非静态方法的访问。

本程序中定义 3 个方法：非静态返回 int 型值的 Max 方法、静态返回 int 型值的 Add 方法以及静态无返回值的 Show 方法，并调用它们完成指定的任务。

```
using System;
namespace callMethod
{
    class maxORadd
    {
        public static void Main(string[] args)
        {   Random rd = new Random();
            int a = rd.Next(1,100); //a变量赋值为1~100之间的随机数
            int b = rd.Next(1,100);
            maxORadd.Show(); //以类名调用静态无返回值方法 Show
            int result;
            if (a < 10)
                result=maxORadd.Add(a, b); //表达式中以类名调用静态方法 Add
            else
            {
```

```
                maxORadd maxNum = new maxORadd();
                result = maxNum.Max(a, b); //表达式中以对象名调用非静态方法 Max
            }
            Console.WriteLine("a={0} b={1} 结果={2}",a,b,result);
        }
        public int Max(int x, int y) //非静态、返回 int 型值的 Max 方法
        {   return x > y ? x : y;
        }
        public static int Add(int x, int y) //静态、返回 int 型值的 Add 方法
        {   return 2 * x + y;
        }
        public static void Show() //静态、无返回值的 Show 方法
        {   Console.WriteLine("方法调用示例：");
        }
    }
}
```

程序的运行结果如图 6-2 所示。

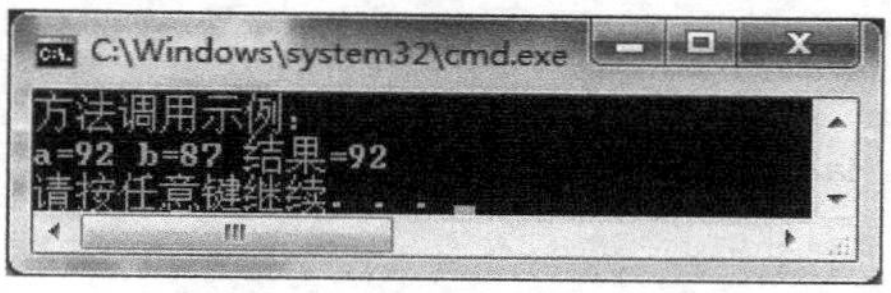

图 6-2　例 6-3 程序运行结果

6.1.3　方法体及变量的作用域

一般地，方法体中可以包含语句、变量定义（或声明）以及返回值等几部分内容。

1. 语句及代码块

一般来说，方法的主体中需要一系列语句来实现方法的功能，包括变量定义语句、赋值语句、表达式语句、选择语句、循环语句、跳转语句等。如果语句较多或者语句的逻辑结构较为复杂，还可能出现由多个语句构成的代码"块"，即由一对大括号"{ }"定界的一组语句，将语句放在块中可以清晰地划分工作单位的起点和终点，还可以确立比方法本身更为精细的"作用域"。

2. 局部变量

方法可以改变对象的状态，改变时有可能需要一些中间值，C#允许声明局部变量，即在方法中声明的变量，它是相对于全局变量而言的。一个方法中声明的"局部"变量不能为其他方法使用。例如，程序段

```
static void Main(string[] args)
{   bool myBool=true;
    {   int myInt=10;
        myBool=false;
    }
}
```

是 Main 方法的定义，其中的语句

```
bool myBool=true;
```

定义了逻辑型变量 myBool，它是一个只能在该 Main 方法中使用的局部变量。这个语句下面由一对大括号定界的代码块中，语句

```
int myInt=10;
```

定义了整型变量 myInt，它是一个只能在该块中使用的局部变量，也就是说，myInt 变量的作用域从左大括号开始，到右大括号结束。

3. this 关键字

一个方法中定义的局部变量可能会与它所在的类中的字段同名。这时候，不能直接使用同名的标识符访问该字段。为解决这个问题，C#引入了 this 访问方式。其一般形式为

```
this.字段名
```

类的方法中出现的 this 作为一个值类型，表示对调用该方法的对象的引用。而静态字段从根本上来说是属于类本身的，故不能使用 this 访问静态字段。

4. 全局变量

全局变量也称为外部变量，即在方法（函数）外部定义的变量。这种变量不属于任何一个函数而属于一个源程序文件，其作用域是整个源程序。全局变量的定义符是 extern。例如，下列代码段中定义的整型变量 a 和 b 的作用域为这段代码所在的源程序文件。

```
extern int a,b;
class Program
{   void fun()
    {   //fun 函数的主体 }
    public static void Main(string[] args)
    {   //Main 函数的主体 }
}
```

5. 返回值

返回值是通过方法进行数据交换的最简单的方式。有返回值的方法会计算这个值，其方式与表达式中使用变量计算其值完全相同。

返回值也有数据类型，而且必须与方法定义时指定的返回值类型兼容，也就是说，实际返回值的类型必须与指定的数据类型相同或者可以互相转化。

通常，一个方法在两种情况下返回：一是遇到该方法定义代码中的右括号时返回，二是执行 return 语句返回（该语句的功能）。一个方法中可以有多个 return 语句，但这种包含多个退出点的代码结构是不好的。也就是说，应该尽量避免在一个方法中使用多个 return 语句。

6.2 参数传递方式

理想情况下，一个方法的定义中有多个形参。调用这个方法时，主调方法通过实参向这个被调方法的相应形参传递数据，被调方法在执行结束时将一个方法值返回给主调方法。但实际情况多种多样，经常会出现以下需求。

- 需要被调方法在执行结束时向主调方法传递多个值。
- 需要通过被调方法中某些形参的改变来改变相应实参的值。
- 需要输出被调方法中某些形参的实际值。

这些需求都可以借助参数修饰符（如 ref、out）来实现。参数修饰符用于控制参数的传递方式。

方法调用时的参数传递方式可以分为两种：按值传递和按引用传递，而 C#的数据类型也可以

分为两种：值类型和引用类型。因此，C#中的参数传递可以分为 4 种情况：值类型按值传递、引用类型按值传递、值类型按引用传递和引用类型按引用传递。

6.2.1 方法中的参数修饰符

方法中的参数可按其形实结合方式的不同而分为 4 类。

- 值参数：不用修饰符，用于将实参的值传递给形参。
- 引用参数：用 ref 修饰符，调用方法前需要初始化用作实参的变量，调用时将实参的地址传递给形参。
- 输出参数：用 out 修饰符，用于将形参的值返回给主调方法，与引用型参数不同的是：调用方法前无需初始化用作实参的变量。
- 参数数组：在无法确定需要传递多少个参数时，可用 params 修饰符指定一个可变的参数数组。

1. 值参数

如果方法定义中的某个形参未使用任何参数修饰符，它就是值参数。值参数采用值传递方式，即在方法调用时将实参的值传递给形参。当通过值向方法传递某个参数时，编译程序将这个实参的值拷贝一份并将这个拷贝传递给相应的形参，方法执行过程中对形参的操作是在拷贝得到的副本中进行的，形参的值的变化不会影响实参，所以实数是安全的。

2. 引用参数（使用 ref 修饰符标记的参数）

如果方法定义中的某个形参使用 ref 修饰符来标记，它就是引用参数。引用参数采用引用传递方式，即当实参传递给形参时，将实参变量的引用（实参变量的地址）而不是值复制给形参。这时候，形参作为实参的别名与实参共用同一块内存单元的值，被调方法中使用形参操作就等同于主调方法中使用实参操作。因此，当某个形参的值有所变化时，相应实参的值也会随之变化。

提示：对于引用参数，无论是方法声明还是方法调用，都必须使用 ref 修饰符。作为实参的引用参数还必须显式初始化。

例 6-4 值参数与引用参数。

本程序中定义两个同名的 Swap 方法，用于交换两个变量的值。其中一个使用值参数，另一个使用引用参数。

```
using System;
class Test
{   static void Swap( ref int x, ref int y )
    {   int temp = x;
        x = y;
        y = temp;
    }
    static void Swap( int x, int y )
    {   int temp = x;
        x = y;
        y = temp;
    }
    static void Main()
    {   int a = 1, b = 2;
        Swap(a, b);
        Console.WriteLine("传值: a={0}、b={1}", a, b);
        Swap(ref a, ref b);
```

```
        Console.WriteLine("引用: a={0}、b={1}", a, b);
    }
}
```

程序的运行结果如图 6-3 所示。

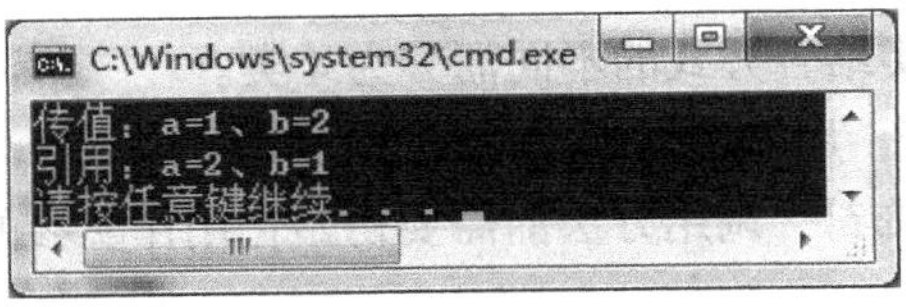

图 6-3　例 6-4 程序运行结果

可以看到，前一个 Swap 函数中的两个参数直接使用变量名（未加修饰符），属于值参数。方法执行时交换了两个形参变量 x 和 y 的值，而相应实参变量 a 和 b 的值并未随之变化，因而不能完成两个变量互换其值的任务。

后一个 Swap 函数中的两个参数都使用了 ref 修饰符，属于引用参数。方法执行过程中操作形参 x 和 y 其实就是操作相应的实参 a 和 b。因此，通过形参变量 x 和 y 互换其值，同时达到了实参变量 a 和 b 互换其值的目的。

3. 输出参数

输出参数是使用 out 修饰符标记的参数。输出参数与引用参数类似，也采用引用传递。通过设置输出参数，可以从方法中传回更多的数据值。与引用参数不同的是，输出参数不要求相应的实参变量在方法调用之前初始化，但在方法中必须为输出参数提供数据值。

提示：对于输出参数，无论是方法声明还是方法调用，都必须用 out 修饰符显式标记。输出参数在方法调用前不必显式初始化，但方法中要提供数据值。

例 6-5　输出参数的应用。

本程序中定义一个方法 Calcul()，用于执行四则算术运算。该方法中有 6 个参数，其中前两个是未加修饰符的值参数，用于获取主调方法通过实参传递过来的两个整数作为运算对象；后 4 个参数是使用 out 修饰符标记的输出参数，分别用于返回两个整数的和、差、积和商。

```
using System;
class Test
{   static void Calcul(int x, int y, out int add, out int sub, out int mul, out int div)
    {   add = x + y;
        sub = x - y;
        mul = x * y;
        div = x / y;
    }
    static void Main(string[] args)
    {   int a = 9, b = 3;
        int sum, sub, mul, div;
        Calcul(a, b, out sum, out sub, out mul, out div);
        Console.WriteLine("{0}+{1}={2}", a, b, sum);
        Console.WriteLine("{0}-{1}={2}", a, b, sub);
        Console.WriteLine("{0}*{1}={2}", a, b, mul);
        Console.WriteLine("{0}/{1}={2}", a, b, div);
    }
}
```

程序的运行结果如图 6-4 所示。

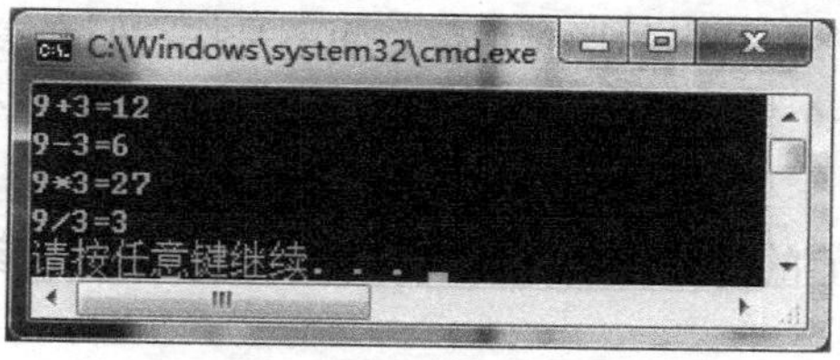

图 6-4 例 6-5 程序运行结果

在方法 Calcul 中，通过赋值语句使得它的 4 个输出参数 add、sub、mul 和 div 分别取得四则不同的算术运算的结果，满足了方法中必须为输出参数提供数据值的要求。在主调方法也就是主方法中，语句 Calul()中对应的 4 个实参变量 sum、sub、mul 和 div 未在调用之前初始化是合法的。

4. 参数数组

参数数组是使用 params 修饰符标记的个数可变的一组参数。参数数组都是一维数组，而且必须是形参表中最后一个参数；参数数组始终以值传递方式传递，而且不能将 params 修饰符与 ref 和 out 修饰符组合使用。

例 6-6 参数数组的应用。

本程序中定义一个方法 Avg()，用于执行计算方法调用时由参数数组传递过来的几个整型变量的平均值。

```
using System;
class Program
{
    static void Main(string[] args)
    {   double d = Avg(10, 15, 29, 22, 9); //参数数组<-几个整数
        Console.WriteLine("平均值（5个数）= {0}",d );
        int[] dd = { 16, 29, 10, 33, 35, 18, 26, 32, 36 };
        Console.WriteLine("平均值（{0}个数）= {1}",dd.Length,Avg(dd)); //参数数组<-数组
    }
    static public double Avg(params int[] nums)
    {   int sum=0, count=0;
        foreach(int n in nums)
        {   sum+=n;
            count+=1;
        }
        nums[0]=100;
        return sum/count;
    }
}
```

程序的运行结果如图 6-5 所示。

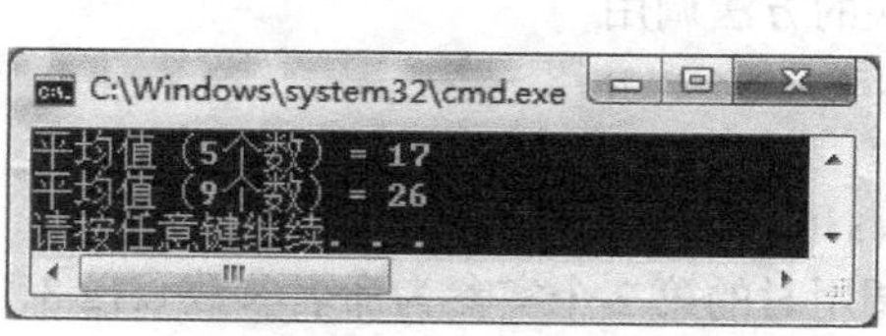

图 6-5 例 6-6 程序运行结果

6.2.2 可选参数和命名参数

如果将形参表中某些参数定义为“可选参数”，则在方法调用时可以不给这些参数指定相应的

实参。如果想要强制某个实参与特定的形参结合，而不是按它们在参数表中的排列顺序结合，则可使用“命名参数”，即为一个实参指定对应的形参名，使得二者按名字而不是按位置互相关联。

1. 可选参数

可选参数就是带有默认值的形参。如果在声明方法时给某个形参指定了默认初值，则在调用该方法时就可以省略实参。

例如，假定以代码段

```
public static int Days(int day, int month, int year=2015)
{…}
```

定义了 Days()方法，它的形参 year 是可选参数，其默认初值为 2015。则在方法调用

```
Days(23, 8)
```

中，23 传入 day，8 传入 month，而 year 使用自己的默认初值 2015。在方法调用

```
Days(23, 8, 2014)
```

中，传入 year 的值为 2014，覆盖了原有的默认初值。

需要注意的是，参数表中的可选参数必须位于所有必选参数之后（参数表的右端）。如果参数表中有多个可选参数，而在调用时为其中某个提供了实参，就必须为这个参数之前的所有可选形参都提供相应的实参。

例如，假定 fun 方法定义为

```
public static double fun(double a, double b=20.0, double c=15.0)
{…}
```

其中第 1 个为必选参数，第 2 个和第 3 个为可选参数。下面的方法调用将导致编译错误。

```
Console.WriteLine(fun(5.0, ,12.3));
```

出错的原因是：方法调用中为第 3 个可选参数 c 提供了实参，却没有为它前面的第 2 个可选参数 b 提供实参。

2. 命名参数

命名参数就是为实参指定一个形参名。使用命名参数可以实现参数按名传递，这种参数的形实结合与参数的位置次序无关。例如，在方法调用

```
Days(month:8,day:23)
```

中，命名参数 day:23 将 23 传递给形参 day，命名参数 month:8 将 8 传递给形参 month。又如，在方法调用

```
Days(year:2015, month:8, day:23)
```

中，命名参数 year:2015 将 2015 传递给形参 year，命名参数 month:8 将 8 传递给形参 month，命名参数 day:23 将 23 传递给形参 day。

可见，如果把上面的错误的方法调用

```
Console.WriteLine(fun(5.0, ,12.3));
```

改写为

```
Console.WriteLine(fun(5.0, c:12.3));
```

即可正常使用了。其中方法调用时的第 2 个实参为命名参数 c:12.3，将 12.3 传递给形参 c。

6.2.3 参数传递时的数据类型转换

方法调用时，如果实参的数据类型与形参不同，则在默认情况下 C#系统会依据“类型转换规则”隐式地将实参值转换成形参的类型并传递给形参。例如，预定义类 Math 的 Sqrt 方法中的形

参声明为 double 型，但可以使用整型实参来调用。因此，语句

```
Console.WriteLine(Math.Sqrt(9));
```

中的方法调用 Math.Sqrt(9)求得的结果为 3.0。执行这个方法调用时，C#按照参数本来的数据类型将 int 值 9 转换成 9.0，然后传入 Sqrt 方法。

在将实参转换成相应形参的数据类型时，如果它们的数据类型不相容，或者说不满足 C#的类型转换规则，就会产生编译错误。因此，应该了解相关的隐式转换规则，也就是哪种实参类型可以转换成哪种形参类型？以及将哪种类型转换成哪种类型不丢失数据？

上面的 Sqrt 方法调用的例子中，将 int 型实参转换成 double 型不会丢失数据，而且 double 型变量占用的存储单元较多，可以存放比 int 型变量绝对值更大的值。但如果反过来，将 double 型实参转换成 int 型，就需要截断 double 的小数部分，造成数据精度的损失。同时，还可能会因 double 值无法放进 int 型中而造成数据的丢失。同样的道理，将较大的整数类型（如 long int）转换为较小的整数类型（如 int）也可能改变参数的值。

1. 隐式转换

隐式转换就是系统默认的、不必加以声明即可进行的转换。

在 C#语言中，一些预定义的数据类型之间存在着预定义的转换关系。编译器利用这种转换关系，无需详细检查即可安全地执行隐式转换。例如，从 int 类型转换为 long 类型就是一种隐式转换。隐式转换一般不会失败，转换过程中也不会损失或者丢失数据。

数据类型转换规则适用于包含两个或多个简单类型构成的表达式或作为方法参数传递的简单类型值。每个值转换为表达式中的适当类型。表 6-1 列举出了简单类型可以转换成的类型（按字母排序）。

注意

C#中所有简单类型都可以隐式转换为 object 类型。

表 6-1 简单数据类型的隐式转换规则

类 型	转 换 类 型
bool	不能隐式转换成其他简单类型
byte	ushort，short，uint，int，ulong，long，decimal，float 或 double
char	ushort，uint，int，
decimal	不能隐式转换成其他简单类型
double	不能隐式转换成其他简单类型
float	double
int	long，decimal，float 或 double
long	decimal，float 或 double
sbyte	short，int，long，decimal，float 或 double
short	int，long，decimal，float 或 double
uint	ulong，long，decimal，float 或 double
ulong	decimal，float 或 double
ushort	uint，int，ulong，long，decimal，float 或 double

2. 强制转换

默认情况下，如果形参类型不能表示实参类型，则 C#不允许它们之间进行隐式转换。例如，带小数的浮点数不能用隐式转换成整型，也就是说，double 型不能隐式转换成 long 型、int 型或者 short 型。同样的道理，int 型值 1999999 也不能隐式转换成 short 型。

为了防止编译错误，避免简单类型隐式转换而造成信息丢失，编译器要求用类型转换运算符显式强制转换，从而“控制”编译器。比方说，如果需要调用 Square 方法来计算整数的平方。Square 方法中的形参是 int 型，而方法调用时使用的实参却是 double 型，则可将方法调用写成

```
Square((int)doubleValue)
```

其中，显式指定 double 型的 Value 变量的值转换成 int 型。假定 Value 变量的值为 3.5，方法调用时将其截尾变成 3，求得方法值 9 并返回给主调函数。

6.2.4 按值传递参数

C#中的数据类型分为值类型和引用类型两大类。值类型数据存储的是数据的值，而引用类型存储的是对数据值的引用，也就是数据占用的内存单元地址。C#预定义的简单类型，如 int、float、double、bool、char 等都是值类型，枚举型、结构型也是值类型。而字符串、数组、类等都是引用类型。

方法调用时，参数传递方式也有两类：按值传递和按引用传递。因此，细分起来，C#中的参数传递应该有 4 种情况：值类型按值传递、引用类型按值传递、值类型按引用传递和引用类型按引用传递。

1. 值类型与引用类型的内存分配

值类型数据保存在堆栈中。

引用类型数据是由数据值和它所占用的内存地址两部分构成的，分别保存在内存的堆栈（托管堆栈）空间和堆（托管堆）空间中，C#约定堆空间中保存实际数据值，而堆栈空间中保存值所占用的内存单元地址。使用引用类型数据时，需要先找到堆栈中的地址，再通过地址找到堆中的实际值。实际编程时，只是使用堆栈中的引用变量，系统会通过该变量的地址间接访问堆中的值。

假定一个变量 x 的一个数组定义为

```
int x=10;
int[] a=new int[5]{35,98,90,78,100};
```

这里，x 是整型变量，属于值类型，其值保存在堆栈中；a 为数组，属于引用类型，数组值按下标顺序保存在堆中，而堆中数组的首地址（引用）保存在堆栈中，用 a 访问，因此 a 称为引用变量。使用引用变量 a 可以间接访问数组中每个元素，如图 6-6 所示。

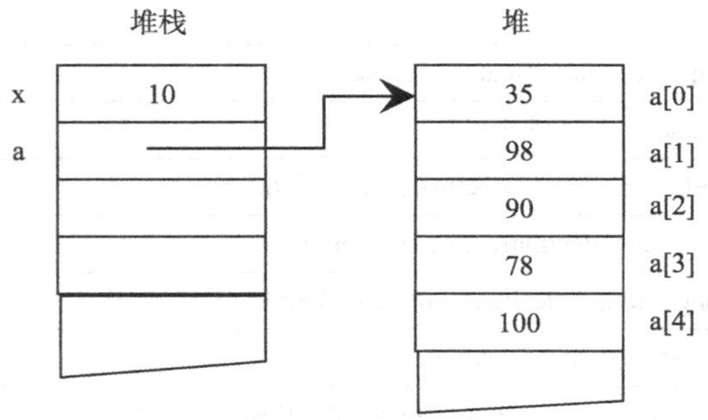

图 6-6　值类型数据和引用类型数据占用的内存

2. 值类型按值传递

值类型变量按值传递时，传递给形参的是一个由实参变量复制而来的副本。方法内发生的对形参的更改都是在这个副本上进行的，完全不影响实参变量的值。

例 6-7 整型变量（值类型）x 作实参，按值传递方式调用 valueBYvalue 方法。

```
using System;
class Program
{   //主方法
    static void Main(string[] args)
    {   int x=10;
        Console.WriteLine("main 方法内：调用 valueBYvalue 方法前，变量 x={0}", x);
        valueBYvalue(x);
        Console.WriteLine("main 方法内：调用 valueBYvalue 方法后，实参 x={0}", x);
    }
    //自定义方法 valueBYvalue
    static void valueBYvalue(int xx)
    {   xx=23;
        Console.WriteLine("valueBYvalue 方法内：形参 xx={0}", xx);
    }
}
```

程序的运行结果如图 6-7 所示。

图 6-7 例 6-7 程序运行结果

对本程序作如下说明。

（1）x 变量占用堆栈中的几个存储单元（默认为 4 个字节），x 变量的值 10 就保存在这几个单元中。

（2）用 x 变量作实参调用 valueBYvalue 方法时，将实参变量 x 复制一份并将复制而来的副本保存到形参变量 xx 所占用的堆栈中的另外几个存储单元（默认为 4 个字节）。这样，形参 xx 得到与实参 x 相等的值 10。

（3）valueBYvalue 方法执行时，将形参 xx 的值修改成 23，但这个值保存在自身所占用的存储单元中，实参变量 x 所占用的存储单元中的内容并没有变化。

因此，valueBYvalue 方法调用过程中形参 xx 的变化并没有改变相应实参变量 x 的值。

3. 引用类型按值传递

例 6-8 自定义类 Rectangle 的实例（引用类型）rectange 与整型变量 x 作实参，按值传递方式调用 rectArea 方法。

```
using System;
class Program
{   //主方法
    static void Main(string[] args)
    {   Program pro=new Program();
        Rectangle rectange=new Rectangle();
        int x=10;
```

```
            Console.WriteLine("调用方法 rectArea 前, x={0}", x);
            Console.WriteLine("调用方法 rectArea 前, rectange.Area={0}", rectange.Area);
            pro.rectArea(rectange, x);  //调用方法
            Console.WriteLine("调用方法 rectArea 后, 实参 (值类型) x={0}", x);
            Console.WriteLine("调用方法 rectArea 前,实参(引用类型)rectange.Area={0}", rectange.Area);
        }
        //自定义方法 rectArea
        public void rectArea(Rectangle rect, int a)
        {   rect.Length+=10;
            rect.Width+=15;
            rect.Area=rect.Length*rect.width;
            a++;
            Console.WriteLine("rectArea 方法内, 形参 (值类型) a={0}", a);
            Console.WriteLine("rectArea 方法内, 形参 (引用类型) rect.Area={0}", rect.Area);
        }
    }
    //自定义 (矩形) 类
    public class Rectangle
    {   public int Length=9;
        public int Width=5;
        public int Area=0;
    }
```

程序的运行结果如图 6-8 所示。

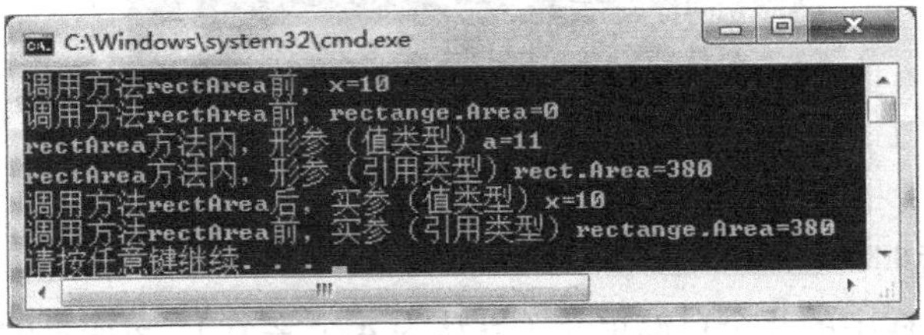

图 6-8　例 6-8 程序运行结果

对本程序作如下说明。

（1）方法调用前：系统在堆栈中为 Rectangle 类的实例 rectange 和整型变量 x 分配空间，其中引用类型 rectange 指向堆中的 Rectangle 对象实例，值类型 x 位于堆栈中，如图 6-9（a）所示。

（2）方法调用时： 实参的值拷贝到 reacArea 方法的形参。

- 变量 x 为值类型，直接拷贝其值。
- 对象 rectange 为引用类型，拷贝的是一个新的引用 rect，这时，两个引用指向同一个对象 Rectangle，如图 6-9（b）所示。

（3）方法调用过程中：改变形参。

- 形参 a 自增值 1。
- 形参 rect 所指向的对象的 Length 字段、Width 字段和 Area 字段都计算得到新的值，如图 6-9（c）所示。

（4）方法调用后：形参 x 和 rect 都从堆栈中弹出。

- 形参 a 是值类型，其值未变。
- 形参 rect 是引用类型，对它的修改实际上就是对堆中对象的修改，对象的值变了，如图

6-9（d）所示。

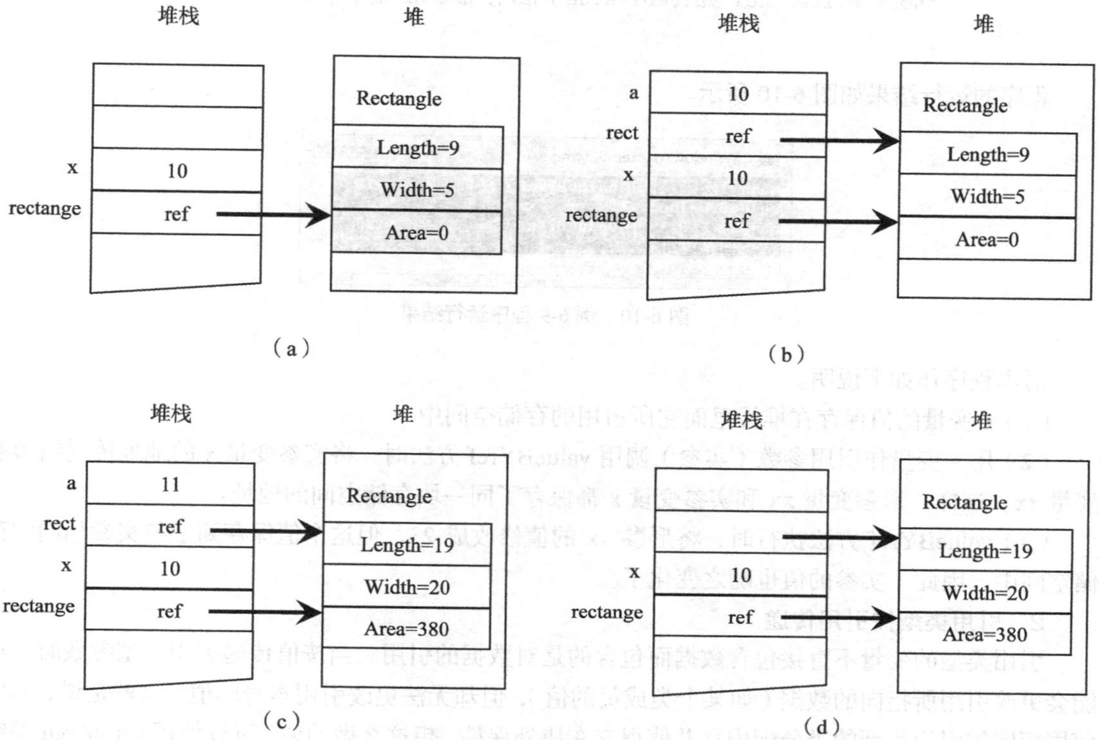

图 6-9　例 6-8 中方法参数的内存分配

6.2.5　按引用传递参数

方法调用时，如果是按引用传递参数（用 ref 或 out 修饰），则传递的是变量本身而不是变量的值。也就是说，按引用传递时，不会创建新的存储位置而是使用与变量相同的存储位置。这样，调用方法上下文中传递给方法的变量（实参）与方法内部使用的参数（形参）实际上是同一个。

1．值类型按引用传递

按引用传递值类型参数时，将实参变量的地址传递给形参，方法调用时形参操作的就是实参变量，因而被调用方法内部对形参所做的任何改动都会通过实参在它外部反映出来。

例 6-9　值类型变量作引用参数。

```
using System;
class Program
{
    static void Main(string[] args)
    {   int x=10;
        Console.WriteLine("main 方法内：调用 valueBYref 方法前，变量 x={0}", x);
        valueBYref(ref x);
        Console.WriteLine("main 方法内：调用 valueBYref 方法后，实参 x={0}", x);
    }
    static void valueBYref(ref int xx)
```

```
    {   xx=23;
        Console.WriteLine("valueBYvalue 方法内：形参 xx={0}", xx);
    }
}
```

程序的运行结果如图 6-10 所示。

图 6-10　例 6-9 程序运行结果

对本程序作如下说明。

（1）x 变量的值保存在堆栈里面它所占用的存储空间中。

（2）用 x 变量作引用参数（实参）调用 valueBYref 方法时，将实参变量 x 的地址传递给形参变量 xx。这样，形参变量 xx 和实参变量 x 都保存了同一块存储空间的地址。

（3）valueBYref 方法执行时，将形参 xx 的值修改成 23，但这个值保存到了与实参相同的存储空间中，因此，实参的值也随之变化了。

2. 引用类型按引用传递

引用类型的变量不直接包含数据而包含的是对数据的引用。当按值传递引用类型参数时，可能会更改引用所指向的数据（如某个类成员的值），但却无法更改引用本身的值。也就是说，不能使用相同的引用为新的类分配内存并使得它在块外保持。想这么做的话，可以使用 ref 或 out 关键字传递参数。

例6-10　交换两个字符串。

本程序中，两个字符串变量 g1 和 g2 在 Main 方法内初始化，并作为由 ref 关键字修饰的实参分别传递给 stringSwap 方法中的两个形参——字符串变量 s1 和 s2。stringSwap 方法将两个形参 s1 和 s2 互换其值，同时使得两个实参 g1 和 g2 也互换其值。

```
using System;
class 二字符串交换
{   //自定义方法
    static void stringSwap(ref string s1, ref string s2)
    {   string temp=s1;
        s1=s2;
        s2=temp;
        Console.WriteLine("stringSwap 方法内形参：s1={0}、s2={1}", s1,s2);
    }
    //主方法
    static void Main()
    {   string g1="English";
        string g2="Chinese";
        Console.WriteLine("Main 方法内：调用 stringSwap 方法前，串变量 g1={0}、g2={1}", g1,g2);
        stringSwap(ref g1, ref g2); //调用 stringSwap 方法：按引用传递引用参数
        Console.WriteLine("Main 方法内：调用 stringSwap 方法后，串变量实参 g1={0}、g2={1}",
g1,g2);
    }
}
```

程序的运行结果如图 6-11 所示。

图 6-11　例 6-10 程序运行结果

6.2.6　数组参数的传递

数组和数组元素都可作为方法的参数。在数组作为方法的参数时，也有按值传递与按引用传递之分，而数组元素作为方法的参数时，与同类型变量的用法相同。

数组属于引用类型，故当数组作为方法的实参时，传入方法形参的是该数组的引用（数组在内存中的首地址），方法中通过形参操作的数组其实就是实参数组本身，因而可以通过方法调用时相应形参数组的变化来改变实参数组的值。

数组元素作为方法的实参时，传入方法形参的一般是该元素值的副本，例如，作为实参的整型数组元素传入形参的是一个整数（拷贝过来的该元素的值），方法调用时可以改变副本的值，但不影响实参元素本身。

注意　参数本身的类型（值类型、引用类型）与参数的传递方式（按值传递、按引用传递）是两组不同的概念。例如，在下面两个方法中，参数 aa 是引用类型，参数 a 是值类型，但它们的传递方式相同，都是按值传递的。

```
void Test(int [] aa)
void Test(int a)
```

1．按值传递数组

将数组作为值参数时，向方法中相应形参传递的是该数组变量的值（实际数组的地址），方法中可以改变实参数组元素的值，但不能改变实参数组变量（本身）的值。

例 6-11　按值传递数组。

本程序中，a 数组作为值参数，传递给方法 arrFun 中的形参 x 数组，就是将数组变量 a 中存放的引用（对应实际数组的地址）的副本传递给方法中的 x，因此形参 x 和实参 a 指向同一个数组。

```
using System;
class Program
{   //按值传递数组
    static void arrFun(int[] x)
    {   x[2]=x[2]*2+1; //数组元素 a[0]变值
        x=new int[]{2,4,6,8,10}; //a 数组变值
    }
    static void arrShow(int[] x)
    {   for (int i=0;i<x.Length;i++)
        Console.Write("{0,-5}",x[i]);
        Console.WriteLine();
    }
    static void Main(string[] args)
```

```
    {   int[] a=new int[]{1,3,5,7,9};
        Console.WriteLine("数组原值:");
        arrShow(a);
        arrFun(a); //方法调用（引用传递数组）
        Console.WriteLine("方法调用后数组的值:");
        arrShow(a);
    }
}
```

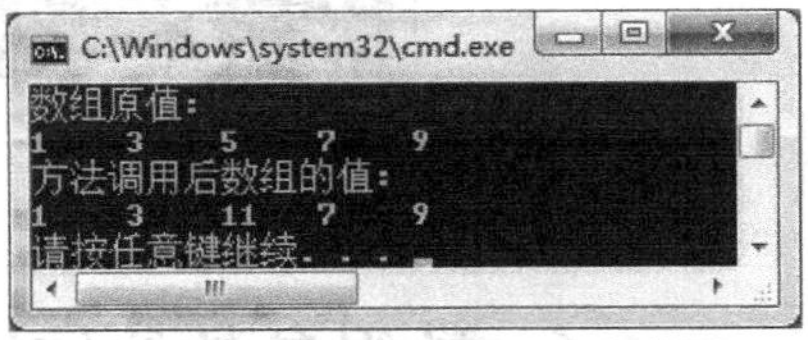

图 6-12　例 6-11 程序的运行结果

程序的运行结果如图 6-12 所示。

对本程序作如下说明。

（1）方法 arrFun 内部有两处修改形参：先修改数组元素 x[2]的值，再修改数组 x 的值。

（2）方法调用的结果是：对形参数组元素 x[2]的更改导致了实参数组元素 a[2]的相应更改，而对形参数组 x 本身的更改却并未影响相应的实参数组 a。

（3）究其原因：将 a 数组按值方式传递给 arrFun 方法，就是将数组变量 a 中存放的引用（实际数组的地址）的副本传递给方法中的形参 x，因此形参 x 和实参 a 的值相同，都指向同一个数组。在主方法中使用 a 访问数组，而在 arrFun 方法中用参数 x 访问数组。所以

- arrFun 方法中改变了数组元素 x[2]的值（x[2]=x[2]*2+1）之后，回到主方法中用 x 访问的数组值就改变了（主方法中输出 x[2]的值为 11）。
- 语句

```
x=new int[]{2,4,6,8,10};
```

执行后，x 已经指向了创建的新数组，而 a 指向的仍然是原来的数组，x 数组的值的变化对 a 数组的值没有影响。

2. 按引用传递数组

将数组作为引用参数时，传递的是数组变量的引用，不仅可以通过方法调用来改变实参数组元素的值，还可以通过形参数组的更改而改变实参数组变量的值。

例 6-12　按引用传递数组。

本程序中，a 数组作为引用参数（用 ref 修饰），传递给 arrFun 方法中的形参 x 数组，arrFun 方法中先更改了形参数组，随后又更改了其中的 a[0]元素。

```
using System;
class Program
{   //按引用传递数组
    static void arrFun(ref int[] x)
    {   x=new int[]{2,4,6,8,10}; //x 数组变值
        x[0]=x[0]*2+1; //数组元素 x[0]变值
    }
    static void arrShow(int[] x)
    {   for (int i=0;i<a.Length;i++)
        Console.Write("{0,-3}",x[i]);
        Console.WriteLine();
    }
    static void Main(string[] args)
    {   int[] a=new int[]{1,3,5,7,9};
        Console.WriteLine("数组原值: ");
        arrShow(a);
```

```
        arrFun(ref a); //方法调用(引用传递数组)
        Console.WriteLine("方法调用后数组的值：");
        arrShow(a);
    }
}
```

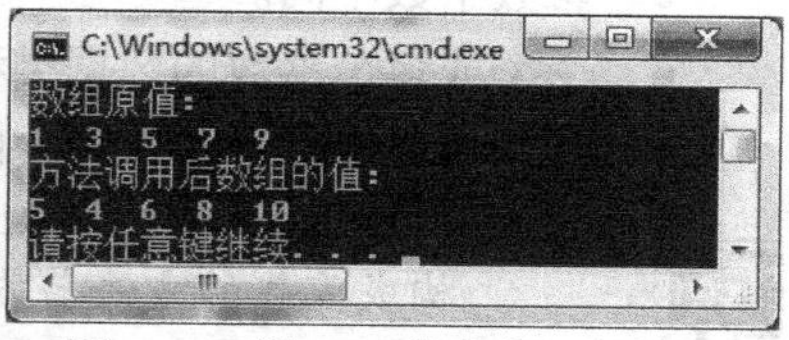

图 6-13 例 6-12 程序的运行结果

程序的运行结果如图 6-13 所示。

可以看到，方法中对形参数组元素 x 的更改通过实参数组 a 反映出来了，其后对形参数组元素 x[0]的更改也通过实参数组元素 a[0]反映出来了。

本程序中，主方法执行调用语句

```
arrFun(ref a);
```

时，向方法 arrFun 中按引用方式传递数组 a，即将数组变量 a 的引用（变量 a 的地址）传入方法中的形参 x。这样在 arrFun 方法中不仅通过改变 x[0]时也改变了 a[0]，还可通过改变 x 的值而改变 a 的值。也就是说，在方法中执行语句

```
x=new int[] {2, 4, 6, 8, 10};
```

后，形参 x 将指向新创建的一维数组而不再指向原来的数组，同时实参数组变量 a 的值也改变了，这时，a 也指向新创建的一维数组，即 a 与 x 始终指向同一个数组。从程序运行结果可以看出，方法 arrFun 调用结束后，实参数组 a 的值是 5、4、6、8、10，这正好是新创建数组 x 的值。原数组丢弃，由系统自动回收。

6.3 方法重载与递归调用

C#与 C++等面对对象程序设计语言一样，都允许在一个类中定义多个方法名相同、方法间参数个数或参数顺序有所不同的方法，称为重载方法。当一个重载方法被调用时，C#按照该方法的参数在几个不同的方法中作出选择，调用一个匹配的方法来执行。

C#也允许方法递归调用，即在一个方法中调用自身或者两个方法中互相调用对方，便于实现那些递归定义的算法，或者解决那些可以递归求解的问题。采用递归编写程序能使程序变得简洁和清晰。

6.3.1 方法重载

方法重载是在同一个类中以统一方式处理不同类型数据的手段。方法重载允许类中两个或两个以上功能不同的方法（包括隐藏继承而来的方法）取相同的名字，并在方法调用时由编译器根据调用形式选择一个合适的方法执行。

方法重载是面向对象程序设计技术对结构化程序设计技术的一个重要扩充，利用方法重载完成类似的任务可以使程序易于阅读和理解。

1. 方法重载的概念

构成重载的方法具有以下特点。

（1）在同一个类中。

（2）方法名相同。

（3）方法中的参数表不同，要求参数表至少满足下列条件中的一个条件。

- 参数个数不同。
- 一个或多个参数的数据类型不同。
- 其中两个或多个参数出现的先后顺序不同。

注意　构成重载的方法与方法的返回值类型无关。换句话说，只是返回值不同的两个或两个以上方法不构成重载。

例如，下面代码段中，

```
public void Show()
{    Console.WriteLine("无参数");
}
public void Show(int x)
{   Console.WriteLine("x={0}", x);
}
```

第 1 个 Show 方法无参数，第 2 个 Show 方法用了一个 int 类型的参数，这两个方法就构成了重载。下面代码段中定义的 Show 方法与上面的第 2 个 Show 方法比较：方法名和返回值都相同，只是返回值不同，因而不构成重载，也不能同时出现在一个类中。

```
public int Show(int x)
{   Console.WriteLine("x={0}", x );
    return number % 5;
}
```

2. 重载方法的调用

如果一个类中存在方法重载，C#会根据参数的引用类型来调用对象的方法，而不是根据实例类型来调用。

例 6-13　不同数据类型参数的方法重载。

本程序中有 3 个同名的函数。

- 第 1 个函数没有返回值，有一个 String 类型变量作为形参。
- 第 2 个函数也没有返回值，有一个 object 类的对象作为形参。
- 第 3 个函数的返回值为 String 型，有两个形参，一个是 object 类的对象，另一个是 String 类型的变量。

```
using System;
class Program
{   //方法重载（同名但参数类型或个数不同）
    static void Main(string[] args)
    {   String s = null;
        Show(s);
        String s1 = "abc";
        Show(s1);
        Object s2 = "5678";
        Show(s2);
        String s3=Show(s2,s1);
        Console.WriteLine("object+String:{0}",s3);
    }
    static void Show(string s)
    {   Console.WriteLine("String:{0}",s);
    }
```

```
    static void Show(Object objS)
    {  Console.WriteLine("Object:{0}",objS);
    }
    static String Show(Object objS, string s)
    {  return objS+s;
    }
}
```

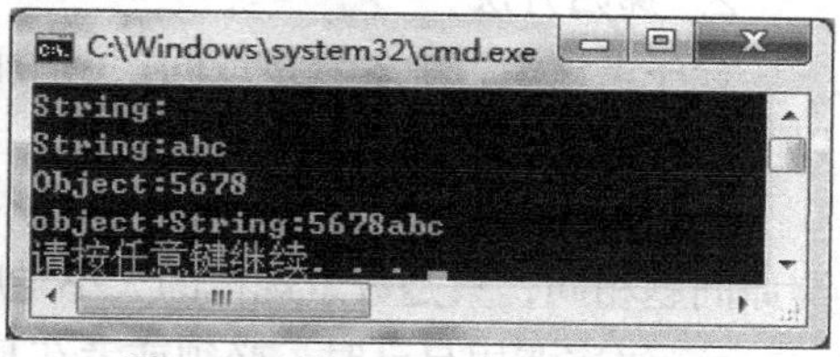

图 6-14　例 6-13 程序的运行结果

程序的运行结果如图 6-14 所示。

本程序中有 3 个 Show 方法，前两个都没有返回值，有一个参数但参数的数据类型不同，后一个有返回值且有两个参数。这 3 个方法因为同名但参数表不同而构成重载。

这 3 个 Show 方法中的参数比较特殊：因为 String 类继承自 Object 类，使得这几个 Show 方法的参数存在一种继承关系。

从程序的运行结果，可以看出以下两点。

（1）执行语句

```
String s = null;
Show(s);
```

后调用的是"static void Show(string s)"方法。可见 C#的方法调用是依据参数的数据类型来精确匹配的。虽然 String 类型继承自 Object 类型，使得"static void Show(Object o)"方法也满足条件，但 C#系统执行的是参数匹配最好（形参与实参的数据类型相同）的前一个方法。

（2）执行语句

```
Object s2 = "5678";
Show(s2);
```

后调用的是"static void Show(Object objS)"方法。可见 C#在处理方法重载时，是依据参数的"引用类型"而不是依据"实例类型"来选择相应方法的。尽管 s2 的值"5678"是 String 类型，但它的引用类型是 Object，所以调用的是形参为 Object 的第 2 个 Show 方法而不是形参为 string 的第 1 个 Show 方法。

6.3.2　方法的递归调用

如果一个方法中调用了自身，则称该方法为递归方法。

递归的本质是将较大的问题层层化解，变成较为简单、规模较小的类似问题，从而解决原来的问题。数学上常采用递归的方法来定义一些概念。而 C#的递归调用正好提供了与数学语言相一致的求解方法。C#语言允许函数直接调用或者间接调用（两函数互相调用）自身。编写递归函数时，只要知道递归定义的公式，再加上递归终止的条件，就可以编写相应的递归函数。

1．函数的递归定义与求解

数学上的某些函数可以递归定义如下。

设有一个未知函数 f，用其自身构成的已知函数 g 来定义

$$f(n)=\begin{cases} g(n,f(n-1)) & (n>0) \\ f(0)=a & (n=0) \end{cases}$$

则称函数 f 为递归函数。其中 $f(n)=g(n,f(n-1))$ 为递归的定义即递归关系的描述，$f(0)=a$ 称为递归边界即递归结束的条件。

递归求解 $f(n)$时，需要先求出 $f(n-1)$；为了求 $f(n-1)$，又要先求出 $f(n-2)$……为了求 $f(1)$，又要先求出 $f(0)$。由于 $f(0)$是已知的，可以从 $f(0)$推出 $f(1)$；再从 $f(1)$推出 $f(2)$……再从 $f(n-1)$推出 $f(n)$。

2. 递归方法

程序设计语言中，直接或间接调用自身的方法称为递归方法。这样的递归方法通常必须满足以下条件。

- 依据的是递归算法，也就是说，待解决的问题转化为子问题求解，而子问题的求解方法与原问题相同，只是数量规模的大小与原问题不同。
- 每次调用自己时，必须或者在某种意义上更接近于解。
- 必须有一个终止处理或计算的准则。

递归方法一般适合于求解以下问题：

（1）数据的定义形式是递归定义的。例如，裴波那契（Fibonacci）数列定义为

$$f(n)=\begin{cases} f(n-1)+f(n-2)) & (n>2) \\ 1 & (n=2) \\ 1 & (n=1) \end{cases}$$

这种问题非常适合于通过递归方法来求解。事实上，递归求解裴波那契数列早已成为程序设计的经典范例。

（2）问题的求解方法是按递归算法来实现的。例如，求解汉诺（Hanoi）塔问题就是把 n 个圆盘从一个桩搬移到另一个桩（有一个辅助桩），可以这样求解：

先把上面的 $n-1$ 个圆盘从源桩搬移到辅助桩；

再把底下的大盘搬移到目标桩；

最后把尚在辅助桩上的 $n-1$ 个圆盘搬移到目标桩。

事实上，汉诺塔的递归求解也是程序设计的经典范例。

（3）数据之间的结构关系是递归定义的。例如，将数据组织成树状结构时，树的遍历操作就适合于使用递归方法来求解。

例 6-14 递归计算 $n!$。

自然数 n 的阶乘可以递归定义为：

$$n=\begin{cases} 1 & n=0 \\ n(n-1)! & n>0 \end{cases}$$

按这个定义，可以编写出下面的函数。

```
public static long fact(long n)
{   if (n <= 1)
        return 1;
    else
        return n * fact(n - 1);
}
```

假定程序中要计算 4 的阶乘，用语句

```
cout<<factor(4)
```

调用 factor()函数计算 4 的阶乘，则其执行过程如下。

$5! \rightarrow 5\times \text{factor}(4)$

$\rightarrow 5\times 4\times \text{factor}(3)$

$\rightarrow 5\times 4\times 3\times \text{factor}(2)$

→ 5×4×3×2×factor(1)

→ 5×4×3×2×1×factor(0)

→ 5×4×3×2×1×1

→ 5×4×3×2×1

→ 5×4×3×2

→ 5×4×6

→ 5×24

→ 120

可将这个递归求解 $n!$ 的过程分为两个阶段。

- 第 1 阶段是“回推”，也就是“递”的过程：将 $n!$ 表示为（n–1)!，再将（n–1)! 表示为（n–2)! ……直到将 1! 表示为 0!。
- 这时，0! 是已知的，不必再向前推了。
- 第 2 阶段是递推，也就是“归”的过程：从 0! 推出 1!，从 1! 推出 2! ……一直推到 $n!$ 为止。

运行通过的源代码如下。

```
using System;
public class Factorial
{
   //自定义函数：/递归求解 n 的阶乘
   public static long fact(int n)  //求 n!的递归方法
   {   if (n <= 1)
           return 1;
       else
           return n * fact(n - 1);
   }
   //主函数：调用自定义函数求解 n 的阶乘
   public static void Main()
   {   Console.WriteLine("求 n 的阶乘 ( 0<=n<=12 ), n=?  ");
       int n=Convert.ToInt16(Console.ReadLine());
       for (n = 0; n <= 10; n++)
          Console.WriteLine("{0}!={1}", n, fact(n));
   }
}
```

程序运行结果如图 6-15 所示。

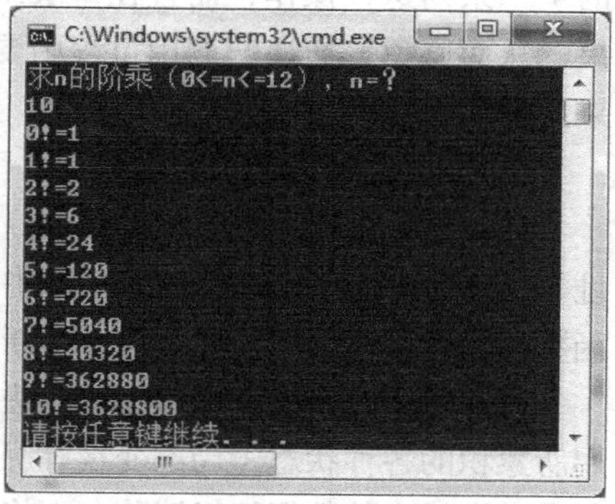

图 6-15 例 6-14 程序的运行结果

例 6-15 枚举 n 个布尔变量的组合。

两个布尔变量的组合有 4 种情况：true、true；true、false；false、true；false、false。当 n 的值增大以后，组合个数急剧扩张。如果 n 很大的话，不用递归很难解决这个问题。

运行通过的源代码如下。

```
using System;
class Program
{
  //自定义函数：枚举布尔变量的组合
  private static void BoolCompositions(string partialOutput, int counter)
  {   if (counter < 0)
          Console.WriteLine();
```

```
            else if (counter == 0)
                Console.WriteLine(partialOutput + "\b ");
            else
            {   BoolCompositions(partialOutput + "true,", counter - 1);
                BoolCompositions(partialOutput + "false,", counter - 1);
            }
        }
        private static void BooleanCompositions(int count)
        {   BoolCompositions("true,", count - 1);
            BoolCompositions("false,", count - 1);
        }
        static void Main(string[] args)
        {   int n;
            Console.Write("n 个布尔变量的组合: n=?  ");
            n = int.Parse(Console.ReadLine());
            BooleanCompositions(n);
        }
    }
```

程序的运行结果如图 6-16 所示。

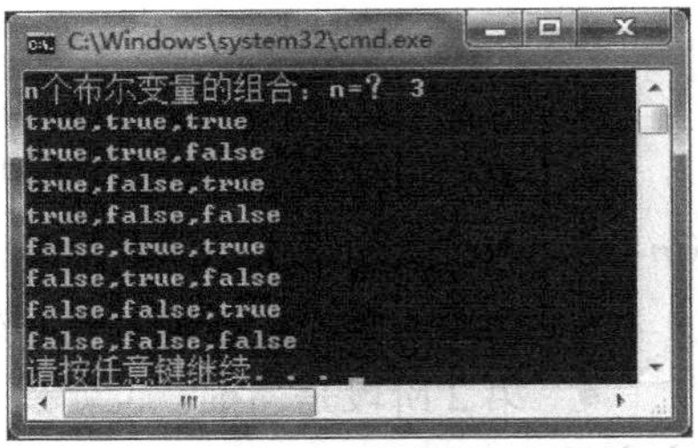

图 6-16　例 6-15 程序的运行结果

6.3.3　尾递归

如果一个递归方法中递归调用返回的结果总是被直接返回，则称为尾递归。也就是说，尾递归方法中的递归调用是整个方法体中最后执行的语句，而且它的返回值不是作为表达式的一部分出现的。尾递归是一种程序设计技巧，可用于改善方法递归调用的代码且便于编译器提高递归执行的效率。

1. 尾递归的概念

在计算机科学里的尾调用指的是函数里最后一个操作，即函数调用，也就是说，这个函数调用的返回值是直接由当前函数返回的。这时候，这个调用位置就是尾位置。如果一个函数在尾位置上调用自身（或者尾调用自身的另一个函数），则称这种情况为尾递归。可见，尾递归是递归的一种特殊形式，也是一种特殊的尾调用形式。

提示：形式上，只要最后一个 return 语句返回的是一个完整函数，它就是尾递归。

尾递归中，可以通过参数表达式的计算来完成普通递归调用过程中反复执行的（隐含执行的）一系列迭代操作，而且在每层调用执行时，参数表达式的计算都可以利用上一层的计算结果，从而避免普通递归调用过程中要将下层的结果再次返回给上层而由上层继续计算才得出结果的弊端。

2. 尾递归与堆栈

递归调用是通过堆栈来实现的，每调用一次方法，系统都将方法中当前的使用变量、返回地址等信息保存为一个栈帧压入到栈中，如果要处理的运算量很大或者数据很多，就可能导致很多函数调用或者很大的栈帧，这样不断地压栈将会占用大量的存储空间，甚至导致栈的溢出。

与普通递归相比，尾递归的方法递归调用是在方法的最后进行的，因而在此之前本次方法调用所累积的各种状态（局部变量等）对于递归调用结果已经没有意义了，完全可将本次方法调用保存在堆栈中的数据加以清除，而将空间让给这个最后的方法递归调用。这就避免了递归调用在堆栈上产生的堆积（累积的量会随着递归调用层次而急剧增大）。编译器可以利用这个特点来进行优化。当然，是否进行优化以及如何优化，不同的编译器甚至同一种编译器的不同版本都可能有所差别。

例 6-16　通过尾递归计算 *n*!。

例 6-14 编写的递归方法

```
public static long fact(int n)
{   if (n <= 1)
        return 1;
    else
        return n * fact(n - 1);
}
```

中，方法体的最后一个 return 语句返回表达式

```
n*fact(n-1)
```

这是一个乘法运算而不是方法调用，所以它不是尾递归。

把这个自定义方法改写成尾递归方法，并在主方法中添加方法调用代码，编写出以下程序。

```
using System;
public class tailFactorial
{
    //自定义函数：尾递归求解 n 的阶乘
    public static long tailFact(int n, int a)
    {   return(n == 0) ? a : tailFact(n - 1, a * n);
    }
    //主函数：调用自定义函数求解 n 的阶乘
    public static void Main()
    {   Console.Write("求 n 的阶乘（0<=n<=12），n=?  ");
        int n=Convert.ToInt16(Console.ReadLine());
        for (int i=0; i<=n; i++)
            Console.WriteLine("{0}!={1}", i, tailFact(i,1));
    }
}
```

程序的运行结果如图 6-17 所示。

图 6-17　例 6-16 程序的运行结果

程序中通过尾递归计算 6！的过程如下。

```
tailFact(5,6)
tailFact(4,30)
tailFact(3,120)
tailFact(2,360)
tailFact(1,720)
tailFact(0,720)
```

其中，第 1 个参数就是本层调用的 n 值，第 2 个参数是上层调用时两个参数的乘积。这就在计算参数时完成了“迭代”操作，计算结果参与下一次计算，从而减少重复计算。

6.4　程序解析

本章解析的 3 个程序分别用于：通过先通分再比较分子的办法确定两个分数的大小；通过递归实现的牛顿迭代法求一元三次方程的根，使用递归法求斐波那契数列的第 *n* 项以及该项与以前各项之和。

通过这几个程序的阅读和调试，读者可以较好地理解和掌握方法的定义、调用以及参数的传递方式、函数的嵌套调用和递归调用等重要的知识和技术。

程序 6-1 比较两个分数的大小

本程序的功能为：比较两个分数的大小。方法是：模拟人工方式，先对两个分数进行通分，然后比较其分子的大小。

提示：最简公分母即两分母的最小公倍数，等于两分母之积除以最大公约数。可用辗转相除法求最大公约数。

1. 算法

（1）输入分数 1 的分子和分母：*a*1、*a*2。
　　输入分数 2 的分子和分母：*b*1、*b*2。

（2）*a*←*a*2，*b*←*b*2。

（3）判（比较两个分母 *a*<*b*？）
　　是则互换其值（保证 *a* 是较大的分母）。

（4）余数 *d*←*a*/*b*。

（5）判（*d*≠0？）是则：
　　a←*b*，*b*←余数 *d*。
　　转到（4）。

（6）两个分母最小公倍数←*a*2***b*2/最大公约数 *b*。

（7）通分后分数 1 的分子：*m*=*a*1*最小公倍数。
　　通分后分数 2 的分子：*n*=*b*1*最小公倍数。

（8）比较 *m* 与 *n*。
　　若 *m*>*n*，则输出“分数 1>分数 2”。
　　若 *m*=*n*，则输出“分数 1=分数 2”。
　　若 *m*<*n*，则输出“分数 1<分数 2”。

（9）算法结束。

2. 用户界面设计

本程序采用图形用户界面，设计图 6-18 所示的用户界面。

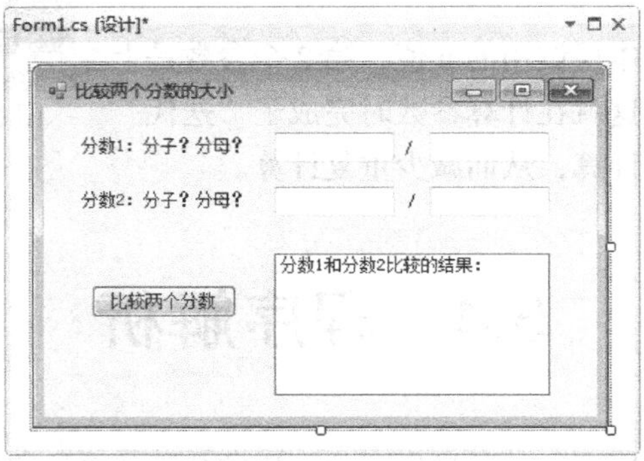

图 6-18 程序 6-1 的用户界面

窗体 Form1 上摆放以下控件。

（1）标签 label1、label2、label3、label4，其 Text 属性分别修改为：“分数 1：分子？分母？”“分数 2：分子？分母？”和“/”“/”。

（2）文本框 textBox1、textBox2、textBox3、textBox4。

（3）按钮 button1，其 Text 属性修改为：“比较两个分数”。

（4）列表框 listBox1，其 Items 属性中添加一行“分数 1 和分数 2 比较的结果:”。

3. 程序源代码

运行通过的源代码如下。

```
//程序 6-1_ 比较两个分数的大小
using System;
using System.Collections.Generic;
using System.ComponentModel;
using System.Data;
using System.Drawing;
using System.Linq;
using System.Text;
using System.Windows.Forms;
namespace 比较分数大小
{
   public partial class Form1 : Form
   {
      public Form1()
      {
         InitializeComponent();
      }
      //自定义方法：求公分母（两个分母的最小公倍数）
      static int denominator(int a, int b)
      {  int c,d;
         if(a<b) //确保 a>b
         {   c=a;
             a=b;
             b=c;
         }
         for(c=a*b;b!=0;) //辗转相除法求 a 和 b 的最大公约数
         {   d=b;
             b=a%b;
             a=d;
         }
         return (int)c/a; //返回最小公倍数
      }
      //事件处理方法：调用自定义方法，比较两个分数的大小
      private void button1_Click(object sender, EventArgs e)
      {  int a1, a2, b1, b2, m, n; //两个分数：a1/a2、b1/b2
         a1 = int.Parse(textBox1.Text);
         a2 = int.Parse(textBox2.Text);
         b1 = int.Parse(textBox3.Text);
         b2 = int.Parse(textBox4.Text);
         m = denominator(a2, b2) / a2 * a1; //调用自定义函数，求分数 1 通分后的分子
         n = denominator(a2, b2) / b2 * b1; //调用自定义函数，求分数 2 通分后的分子
         if (m > n) //比较分子大小并给出两个分数比较的结果
            listBox1.Items.Add("分数 1>分数 2");
```

```
            else if (m == n)
                listBox1.Items.Add("分数 1=分数 2");
            else
                listBox1.Items.Add("分数 1<分数 2");
        }
    }
}
```

4. 程序运行结果

本程序运行后显示的窗口以及 4 个分数两两比较后显示的结果如图 6-19 所示。

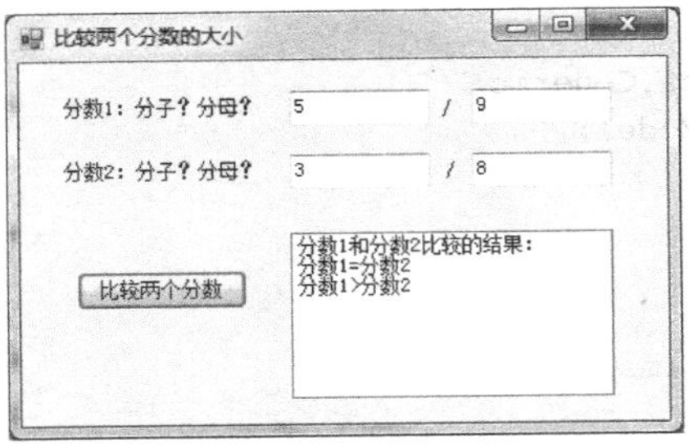

图 6-19　程序 6-1 的运行结果

本程序运行后显示的窗口以及 4 个分数两两比较后显示的结果如图 6-19 所示。

程序 6–2　几个数及数组排序

本程序利用函数重载机制，编写几个方法名相同但其中参数个数及数据类型有所区别的自定义方法，分别为两个数排序、3 个数排序 、4 个数排序、数组元素排序。并在主方法中通过几组各不相同的实参来多次调用自定义方法，分别为几组个数及数据类型各不相同的数据排序。

1. 算法与程序结构

本例中编写 4 个均命名为 sort、均无返回值、其参数表各不相同的方法，并在主方法中多次调用 sort 方法，几个 sort 方法之间也会互相调用。

（1）两个整型变量 *a*、*b* 排序的 sort 方法。

　　判（*a*>*b*？ ）是则交换，使得 *a* 为小数，*b* 为大数。

（2）3 个整型变量 *a*、*b*、*c* 排序的 sort 方法。

　　调用（1）sort，为 *a*、*b* 排序。

　　调用（1）sort，为 *a*、*c* 排序。

　　调用（1）sort，为 *b*、*c* 排序。

（3）4 个整型变量 *a*、*b*、*c*、*d* 排序的 sort 方法。

　　调用（2）sort，为 *a*、*b*、*c* 排序。

　　调用（1）sort，为 *a*、*d* 排序。

　　调用（2）sort，为 *b*、*c*、*d* 排序。

（4）整型数组 *a*[*n*]排序的 sort 方法（采用选择排序法）。

　　循环（*i* 从 0 到数组长度 *n*，每循环一次 *i*+1）

　　　　循环（*j* 从 *i*+1 到数组长度 *n*，每循环一次 *j*+1）

　　　　　　判（*a*[*i*]>*a*[*j*]？ ）是则

　　　　　　　　调用（1）sort，为 *a*[*i*]、*a*[*j*]排序

（5）主方法:

为4个整型变量 a、b、c、d 赋值；

为整型数组 $a[n]$ 赋值；

调用（1）sort，为 a、b 排序；

按从小到大的顺序输出 a、b；

调用（2）sort，为 a、b、c 排序；

按从小到大的顺序输出 a、b、c；

调用（3）sort，为 a、b、c、d 排序；

按从小到大的顺序输出 a、b、c、d；

调用（4）sort，为整型数组 $a[n]$ 排序；

按从小到大的顺序输出 $a[n]$ 中所有元素。

值得注意的是，每次调用sort方法时，C#系统都会依据实参个数、数据类型等在4个sort方法中选择合适的一个。

2. 程序源代码

按照给定的算法与程序结构，可编写如下程序。

```
using System;
class 排序
{   //主方法：多次调用 sort 方法排序
    static void Main(string[] args)
    {
        Random rad = new Random(); //实例化随机数发生器 rad;
        int a = rad.Next(1, 100);  //用 rad 生成大于等于 1，小于等于 100 的随机数;
        int b = rad.Next(1, 100);
        int c = rad.Next(1, 100);
        int d = rad.Next(1, 100);
        int[] aa={20,15,19,10,-5,-1,19,100,99,90,16,93};
        sort(ref a, ref b);
        Console.WriteLine("两个整数排序: {0,-5}{1,-5}", a, b);
        sort(ref a, ref b,ref c);
        Console.WriteLine("三个整数排序: {0,-5}{1,-5}{2,-5}", a, b, c);
        sort(ref a, ref b, ref c,ref d);
        Console.WriteLine("四个整数排序: {0,-5}{1,-5}{2,-5}{3,-5}", a, b,c,d);
        sort(ref aa);
        Console.WriteLine("数组元素排序: ");
        for (int i = 0; i < aa.Length;i++ )
            Console.Write("{0,-5}", aa[i]);
        Console.WriteLine();
    }
    //两个数排序的 sort 方法
    static void sort(ref int a,ref int b)
    {   if (a > b)
        {   int t = a; a = b; b = t;
        }
    }
    //三个数排序的 sort 方法
```

```
    static void sort(ref int a, ref int b, ref int c)
    {   sort(ref a, ref b);
        sort(ref a, ref c);
        sort(ref b, ref c);
    }
    //四个数排序的 sort 方法
    static void sort(ref int a, ref int b, ref int c,ref int d)
    {   sort(ref a, ref b,ref c);
        sort(ref a, ref d);
        sort(ref b, ref c,ref d);
    }
    //数组元素排序的 sort 方法
    static void sort(ref int[] arr)
    {   for (int i = 0; i < arr.Length; i++)
            for (int j = i; j < arr.Length; j++)
                if (arr[i] > arr[j])
                    sort(ref arr[i], ref arr[j]);
    }
}
```

3. 程序的运行结果

本程序运行后显示的窗口以及多次排序后显示的结果如图 6-20 所示。

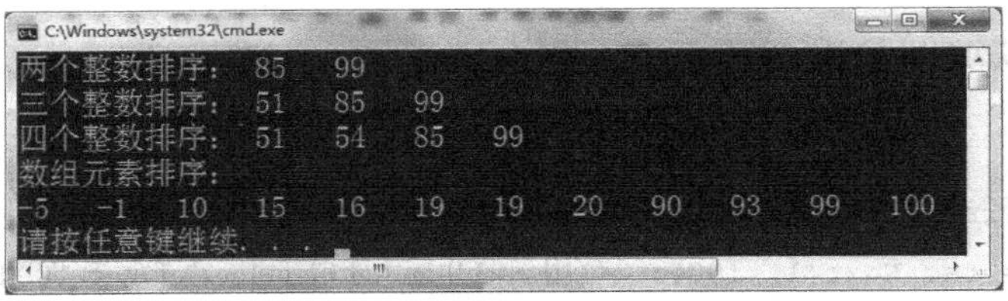

图 6-20　程序 6-2 的运行结果

程序 6–3　牛顿迭代法求方程的根

本程序的功能为：用牛顿迭代法求方程 $2x^3-4x^2+3x-6x=0$ 在 $x=1.5$ 附近的根。

要求：误差小于 10^{-5}。

牛顿迭代法又称为牛顿切线法。方法是：任意设定一个接近真实根的值 x_k 作为第一次近似根，由 x_k 求 $f(x_k)$。再过（x_k, $f(x_k)$）点作 $f(x)$的切线，交 x 轴于 x_{k+1}，它作为第二次近似根，再由 x_{k+1} 求 $f(x_{k+1})$。再过（x_{k+1},$f(x_{k+1})$）点作 $f(x)$的切线，交 x 轴于 x_{k+2}，再求 $f(x_{k+2})$……如此继续下去，直到足够接近真实根为止。由图 6-21 可知，

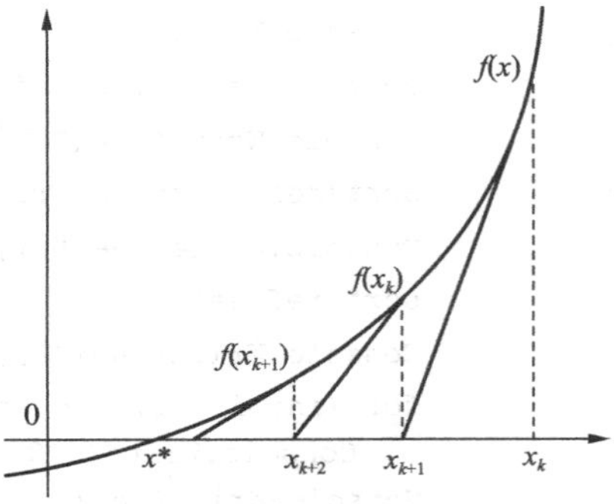

图 6-21　牛顿迭代法求方程的根

$$f'(x_k)=\frac{f(x_k)}{x_k-x_{k+1}}$$

故

$$x_{k+1}=x_k-\frac{f(x_k)}{f'(x_k)}$$

这就是牛顿迭代公式，利用它求方程的根。

1. 算法

(1)输入近似根初值 x_0 以及容许的两次求得的近似根之间的最大差 ε。

(2)$x_1=x_0$。

(3)计算下一个近似根:

$$x_0 = \frac{2x_1^3 - 4x_1^2 + 3x_1 - 6}{6x_1^2 - 8x_1 + 3}$$

(4)判($|x_0-x_1|\geqslant\varepsilon$?)

是则:$x_1=x_0$,转向(3)。

(5)输出近似根。

(6)算法结束。

本例中,将使用递归法编写程序。

- 第(3)步为自定义的牛顿迭代法求根函数的入口。
- 第(4)步(方法内含操作)中,将本次近似根作为新的 x_1,转向第(3)步,调用自身来继续求解。

2. 程序源代码

本程序中,先编写一个递归定义的牛顿迭代法求方程的根的方法,然后在主方法中调用它来求解方程 $2x^3-4x^2+3x-6x=0$ 在 $x=1.5$ 附近的根。

按照给定的算法,可编写如下程序。

```
//程序 6-3_ 牛顿迭代法求方程的根
using System;
class Program
{   //主方法:调用自定义方法求方程的根
    static void Main(string[] args)
    {
        Console.Write("初值 x0?  ");
        double x0=Convert.ToDouble(Console.ReadLine());
        Console.Write("两次近似根最大容许差 epsilon?  ");
        double epsilon = Convert.ToDouble(Console.ReadLine());
        //调用牛顿迭代法求根的函数
        iterative(x0,epsilon);
    }
    //自定义方法:牛顿迭代法求方程的根
    static void iterative(double x0,double epsilon)
    {   double x1=x0;
        //用近似根初值求出下一个近似根(递归出口)
        x0-=(2*x1*x1*x1-4*x1*x1+3*x1-6)/(6*x1*x1-8*x1+3);
        //调用自身(递归调用),两次近似根大于误差值时继续迭代
        if (Math.Abs(x0 - x1) > epsilon) //
            iterative(x0, epsilon);
        else
            Console.WriteLine("方程 2*x1*x1*x1-4*x1*x1+3*x1-6 的近似根: {0}",x0);
    }
}
```

3. 程序运行结果

本程序的一次运行结果如图 6-22 所示。

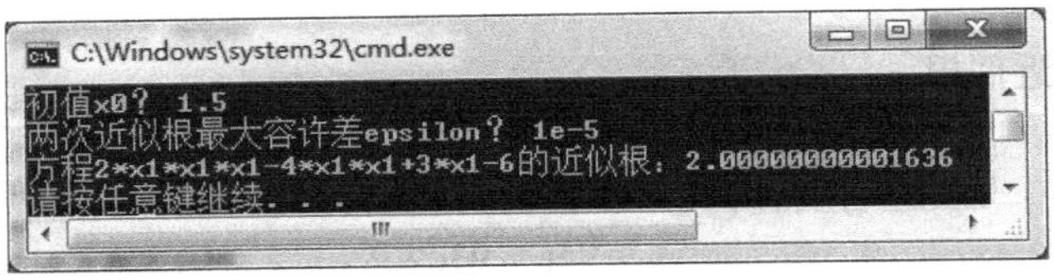

图 6-22 程序 6-3 的运行结果

4. 改进的程序源代码

上述程序的 iterative 方法中，直接使用了给定方程的右式及其导数

(2*x1*x1*x1–4*x1*x1+3*x1–6)/(6*x1*x1–8*x1+3)

求 x0 值，影响了程序的通用性。可将这个求值表达式写成另一个方法，然后在 iterative 方法中调用它来求 x0 值，从而提高程序的通用性。

按照这种思路，可将程序改写如下。

```
using System;
class Program
{   //主方法：调用自定义方法求方程的根
    static void Main(string[] args)
    {   Console.Write("初值 x0?  ");
        double x0=Convert.ToDouble(Console.ReadLine());
        Console.Write("两次近似根最大容许差 epsilon?  ");
        double epsilon = Convert.ToDouble(Console.ReadLine());
        //调用牛顿迭代法求根的方法
        iterative(x0,epsilon);
    }
    //自定义方法：求指定方程的 f(x)/f'(x)值
    static double equation(double x1)
    {   return (2 * x1 * x1 * x1 - 4 * x1 * x1 + 3 * x1 - 6) / (6 * x1 * x1 - 8 * x1
+ 3);
    }
    //自定义方法：牛顿迭代法求方程的根
    static void iterative(double x0,double epsilon)
    {   double x1=x0;
        //用近似根初值求出下一个近似根（递归出口）
        x0 -= equation(x1); //按指定的方程计算新的近似根
        //调用自身（递归调用），两次近似根大于误差值时继续迭代
        if (Math.Abs(x0 - x1) > epsilon) //
            iterative(x0, epsilon);
        else
            Console.WriteLine("方程的近似根：{0}",x0);
    }
}
```

5. 改进后程序的运行结果

改进后程序的一次运行结果如图 6-23 所示。

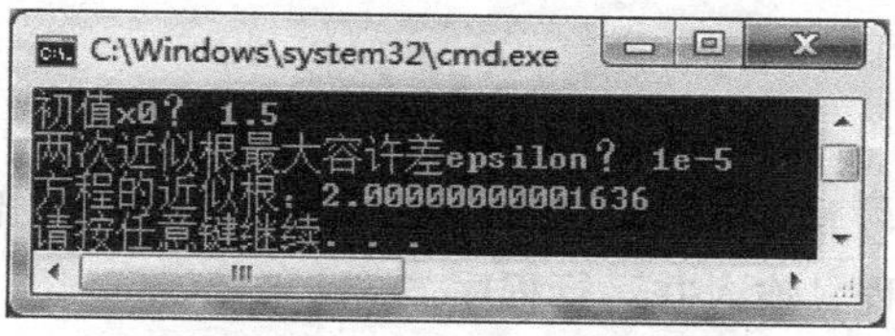

图 6-23 程序 6-3 的又一次运行结果

6.5 实验指导

本章安排两个实验。

第 1 个实验主要练习用户自定义方法的定义和调用的一般方式。

第 2 个实验主要练习通过方法重载以及递归调用机制来实现几种典型的算法。

通过本实验，读者可以较好地理解用户自定义方法的定义、调用以及参数传递的概念，掌握通过用户自定义方法来实现常用算法的一般技术，进一步认知 C#程序的常用结构以及程序设计的一般方式。

实验 6–1 方法的定义和调用

本实验中，需要编写 3 个程序：根据给定的数学表达式（分段函数）求函数值，求 3 个数中的最大数，根据秦九韶算法（迭代法）求解多项式的值。

1. 分段函数求值

【程序的功能】

分别按下式求当 x 等于 9.3、0 和−10.5 时的 y 值。

$$y=\begin{cases}2x+1 & (x\geqslant 0)\\ -\dfrac{1}{x} & (x<0)\end{cases}$$

【算法分析】

（1）输入自变量 x。

（2）判（$x\geqslant 0$?）

是则 $y=2x+1$；

否则 $y=-1/x$。

（3）输出函数值 y。

（4）输出“继续吗（y/n）?”。

（5）若输入为“y”,则转向（1）。

（6）算法结束。

【程序设计步骤】

（1）填充适当的代码，完成按下式给定的数学表达式求 y 值的方法的定义。

```
static double fun(____①____)
{  if(____②____ )
        ____③____;
```

```
    else
        ____④____;
}
```

（2）按照给定的算法编写 Main 方法，调用 Fum 方法求解并输出 y 值。

（3）创建一个控制台工程，输入并运行程序。

2. 求 3 个数中的最大数

【程序的功能】

编写一个方法并在主方法中调用它，分别求 3 组实数中的最大值：8.8、9、–3.3；–2.3、–10.1、5；–5.4、3、0。

【算法分析】

（1）输入 3 个数 a、b、c。

（2）设最大数为 max。

（3）判（a 是 3 个数中最大者?）

是则 $max=a$，转向（6）。

（4）判（b 是 3 个数中最大者?）

是则 $max=b$，转向（6）。

（5）$max=c$。

（6）输出 max。

（7）输出“继续吗（y/n）？”

（8）若输入为“y”，则转向（1）。

（9）算法结束。

【程序设计步骤】

（1）填充适当的代码，定义求 3 个数中最大值的方法的定义。

```
static double maxThree(double a, double b, double c)
{   if(a>b&&a>c) return ____①____;
    if____②____
    return ____③____;
}
```

（2）按照给定的算法编写 Main 方法，调用 maxThree 方法分别求解给定的 3 组数中的最大数。

（3）创建一个控制台工程，输入并运行程序。

3. 秦九韶算法求多项式的值

【程序的功能】

对任意给定的 x 值和 n 值，求下面多项式的值：

$$P(x)=1+3x+5x^2+7x^3+9x^4+\cdots+2_{n-1}\cdot x^{n-1}$$

思路（秦九韶算法）是：将多项式变为

$$P(x)=1+x(3+x(5+x(7+x(9+\ldots+x(a_{n-1}+x(a_n+x*0)))))$$

令 $y=0$；

- 计算最内层括号内一次多项式的值：$y=a_n+xy$；
- 计算第 2 层括号内一次多项式的值：$y=a_{n-1}+xy$；
- ……
- 计算次外层括号内一次多项式的值：$y=5+xy$；

- 计算最外层括号内一次多项式的值：$y=3+xy$；
- 计算最后一个一次多项式的值：$y=1+xy$。

【算法分析】

（1）输入项数 n；
　　输入自变量 x。

（2）定义累加和变量 y，初值 $y=0$。
　　定义循环变量 i，初值 $i=n-1$。

（3）输入当前项系数 a。

（4）$y=a+xy$。

（5）$i=i-1$。

（6）判（$i \geqslant 0$？）
　　是则转向（3）。

（7）输出 y。

（8）算法结束。

【程序设计步骤】

（1）编写名为 qinJS 的方法，其功能为：逐次将用户输入的各次项系数代入 $y=1+xy$，计算并返回 y 值。方法头语句为：

```
static double qinJS(int n, double x);
```

（2）编写主方法，求解多项式 $1+3x+5x^2+7x^3+9x^4+\cdots+2_{n-1}\cdot x^{n-1}$ 的值。主方法形式如下。

```
static void main()
{    输入自变量 x;
     输入项数 n;
     调用 qinJS 函数求 y 值;
     输出 y 值;
}
```

（3）创建一个控制台工程，输入并运行程序。

实验 6–2　方法重载与递归调用

本实验中，需要编写 3 个程序：不同数据类型的数据排序、球体表面积和体积，递归法求勒让德多项式的值，尾递归法求 Fibonacci 数列第 n 项及前 n 项之和。

1. 多个数及数组排序

【程序的功能】

利用函数重载机制，通过几个函数名相同但参数有所区别的用户自定义函数来为两个整型数组、double 型数组、字符串数据排序。

【算法及程序结构】

仿照程序 6-2，编写以下自定义方法及主方法。

（1）交换 int 型变量 a、b 的 swap 方法：a 与 b 互换其值。

（2）交换 double 型变量 x、y 的 swap 方法：x 与 y 互换其值。

（3）int 型数组 $a[n]$排序的 sort 方法（采用选择排序法）。

　　循环（i 从 0 到 $n-2$，每循环一次 $i+1$）
　　　　循环（j 从 $i+1$ 到 $n-1$，每循环一次 $j+1$）

判（$a[i]>a[j]$？）是则

调用（1）sort，为 $a[i]$、$a[j]$排序

（4）double 型数组 $x[n]$排序的 sort 方法（采用冒泡排序法）。

循环（i 从 0 到 $n-2$，每循环一次 i 加 1）

循环（j 从 0 到 $n-2-j$，每循环一次 j 加 1）

判（$a[i]>a[i+1]$？）是则

调用（2）swap，交换 $a[i]$与 $a[i+1]$

（5）string 型数组 $s[n]$排序的 sort 方法（采用插入排序法）。

循环（i 从 0 到 $n-2$，每循环一次 $i+1$）

{ $j \leftarrow i$

$temp \leftarrow s[i]$

循环（当 $j>0$ 且 $temp<s[j-1]$时进入循环体）

{ $s[j] \leftarrow s[j-1]$

j 减 1

}

$s[j] \leftarrow temp$

}

（6）主方法:

为 int 型数组 $a[n]$赋值;

为 double 型数组 $x[n]$赋值;

为 string 型数组 $s[n]$赋值;

调用（3）sort 方法为 int 型数组 $a[n]$排序;

按从小到大的顺序输出 $a[n]$中所有元素;

调用（4）sort 方法为 double 型数组 $x[n]$排序;

按从小到大的顺序输出 $x[n]$中所有元素;

调用（5）sort 方法为 string 型数组 $s[n]$排序;

按从小到大的顺序输出 $s[n]$中所有元素。

再次提醒注意，每次调用 swap 或 sort 方法时，C#系统都会依据实参个数、数据类型等在几个同名方法中选择合适的一个。

2. 递归法求勒让德多项式的值

【程序的功能】

求当 x=1.5 时第 4 阶 Legendre 多项式的值。Legendre（勒让德）多项式可表示为:

$$P_n=\begin{cases}1 & (n=0)\\ x & (n=1)\\ ((2n\text{-}1)\bullet P_{n-1}(x)\bullet x-(n-1)\bullet P_{n-1}(x))/n & (n>1)\end{cases}$$

【算法分析】

（1）输入阶数 n;

输入自变量 x。

（2）n 阶勒让德多项式的值表示为 $p(n,x)$。

（3）判（阶数 n？）。

n=0，则 $p(n,x)$返回值 1。

n=1，则 $p(n,x)$返回值 x。

n>1，则 $p(n,x)$返回值$((2n-1)\cdot p((n-1),x)\cdot x-(n-1)\cdot p((n-1),x)/n$。

（4）输出 $p(n,x)$的返回值。

（5）算法结束。

【程序设计步骤】

（1）依据给定算法，填充下面程序。

```
//实验 6-2-2_ 求 x=1.5 时第 4 阶 Legendre 多项式的值
#include <iostream>
using namespace std;
//主函数：顺序输出最大的三个数
double P(int n,double x)
{  if(n==0)
     ____①____;
   if(n==1)
        ____②____;
   return ____③____;
}
int main()
{   double x,y;
    int n;
    cin>>____④____;
    cout<<____⑤____endl;
   return 0;
}
```

（2）创建一个控制台工程，编写并运行程序。

3. 尾递归法求斐波那契数列第 *n* 项及前 *n* 项之和

【程序的功能】

通过尾递归法计算并输出斐波那契数列的第 n 项及前 n 项之和。

【程序设计步骤】

（1）创建一个 Windows 应用程序（图形用户界面）。窗体上放以下控件。

一个文本框，用于输入 n 值。

一个列表框，用于输入计算结果。

一个按钮，它的事件过程中包含方法输入、方法调用及输出的代码。

（2）编写尾递归形式求解斐波那契数列（参见 6.3.2 小节）第 n 项及前 n 项的自定义方法，放到当前类中（与自动生成的 Form1 类并列）。

（3）在主方法中调用改写过的自定义方法，计算并输出第 n 项及前 n 项之和。

第 7 章 类的继承性与多态性

面向对象程序设计过程中，通过类将数据以及操作数据的方法封装在一起，并通过类的继承性来解决已有类定义的再利用问题，通过对象的多态性来解决已有类的功能更新或者扩充问题，从而有效地解决传统程序设计方法所难以解决的代码重用和维护等多种问题。

利用类的继承性，可以在基类（已有类）的基础上定义派生类（新的类），派生类继承基类的全体成员（数据成员和成员方法），并按需求添加新的成员。这样，不仅提高了软件的重用性，而且使得程序具有较为直观的层次结构，从而易于扩充、维护和使用。

多态的目的是为了接口重用。也就是说，无论传递过来的是哪个类（基类或多个不同的派生类）的对象，方法都能够通过同一个接口而调用适应各自对象的实现方法（函数）。类的多态性可以分为两种：静态多态性和动态多态性。前者可以通过函数重载或者运算符重载来实现，而后者是通过重写虚函数来实现的。

7.1 面向对象程序的特点

面向对象程序设计方式可以较好地模拟现实世界中的客观事物。程序设计者的主要任务有两个方面：一是按应用需求将相关的数据和操作封装在一起，设计出各种类和对象；二是按统一规划充分调动各种对象来协同工作，完成规定的任务。C#语言以及它所依托的.NET 框架提供了这种功能或者机制。

面向对象程序设计利用类的继承性来模拟客观事物中的层次关系，同时也有效地解决了已有程序模块的利用问题；利用类的多态性来模拟既有共性又有差别的不同事物，同时也解决了已有程序模块的功能扩充问题。

7.1.1 类的三大特性

面向对象系统最突出的特点是封装性、继承性和多态性。程序设计语言只有具备这 3 种特性，才能较好地支持面向对象程序设计。学习面向对象程序设计方法也应先了解这 3 种基本特性。

1. 封装性

面向对象程序设计的主要目的是最大限度地获得代码的可重用性，而数据隐藏是实现代码重用的重要手段。封装是指将一组数据（描述客观事物的状态）以及与之相关的操作（描述客观事物的行为）组装成一个整体，形成能动的实体——对象。通常会限制从外部直接访问对象的数据成员，但对外部提供访问数据成员的统一接口。也就是说，在使用对象时，不必了解对象行为的实现细节，只需根据对象提供的外部接口来访问对象，获取必要的数据或者执行相关的操作。

事实上，数据隐藏是用户对封装性的认识，封装则为信息隐藏提供了支持。封装保证了模块（类）具有较好的独立性，对应用程序的修改局限于类的内部，因而可将因修改而带来的影响减到最低限度。

2. 继承性

继承是一个对象可以获得另一个对象的特性的机制。继承提供了一种明确表述共性的方法，允许在已有类的基础上快速建立新的类。新类继承已有类的数据成员和方法成员，并且可以修改或增加新的成员，使之适合实际需求。

例如，所有的 Windows 应用程序都有一个窗口，可先设计一个最简单的窗口类，只提供窗口对象的边框、标题、空白的客户区的定义，以及可以移动和缩放的特性等。然后在这个窗口的基础上派生出多种不同用途的窗口，如用于文字处理的窗口、用于绘图的窗口等。

类的继承性体现了实际事物中的一般与特殊的关系。其突出优点是解决了代码的可重用性问题。

3. 多态性

相同的方法调用为不同的对象所接受时，可能导致不同的行为，这种现象称为类的多态性。方法（函数）通常是静态的，即在编译和连接时已经确定了。但类存在一种多态性，即在运行时才确定调用哪个方法。方法的调用取决于对象的类型。

例如，同样是加法操作，把两个整数相加和把两个时间值相加的要求是不相同的。又如，在 Windows 环境下，当鼠标双击一个文件对象（实际上是程序向对象传送一个消息）时，如果它是一个可执行文件，就会启动执行；如果它是一个文本文件，就会启动默认的文本编辑器并在其中打开该文件。

可见，面向对象程序设计中的多态性是指：对于几个继承自同一个基类的不同类的对象来说，当它们接到同样的执行命令（接收到同样的消息）时，作出的响应可以有所不同。

多态性使得程序设计灵活、抽象，具有行为共享和代码共享的优势，解决了应用程序中的函数同名问题。

面向对象程序设计具有许多优点，如开发时间短、效率高、可靠性高、所开发的程序更强壮等。由于面向对象编程的编码可重用性，可以在应用程序中大量采用成熟的类库，从而缩短开发时间，而且使应用程序更易于维护、更新和升级。继承和封装使应用程序的修改带来的影响更加局部化。

7.1.2 C#及其他面向对象程序设计语言

面向对象程序设计语言提供特定的语法成份来保证和支持面向对象程序设计，并且提供继承性、多态性和动态链接机制，使类和类库成为可重用的程序模块。

1. 面向对象程序设计语言

面向对象程序设计语言经历了比较长的发展过程，20 世纪 60 年代出现的 Simula 语言已引入了几个面向对象程序设计语言中的重要概念和特性：数据抽象的概念、结构和继承性机制。

第一种真正的面向对象程序设计语言是 Smalltalk，它体现了纯正的面向对象程序设计思想。其中 Smalltalk-80 是最成功的一个版本，它在系统的设计中强调对象概念的统一，引入并完善了类、方法、实例等概念，应用了继承机制和动态链接，为其后有关“面向对象”技术的研究和发展奠定了基础。

另一种较好地体现了 OOP 思想的是 C++语言，C++在 C 语言的基础上扩充了类似于 Smalltalk 语言的对象机制。它将“类”看作是用户定义类型，使得扩充比较自然。由于 C++的出现，才使得面向对象技术受到重视，从而得到了广泛应用。

面向对象程序设计语言可以分为两大类：纯粹的面向对象程序设计语言和混合型语言。前者以 Smalltalk 为代表，在这种语言中，几乎所有的语言成分都是面向对象的，这种语言强调开发快速原型的能力。后者以 C++为代表，是在传统的过程化语言中加入面向对象的语言机制，这种语言强调的是运行效率。

2. C#语言

C#语言是从 C 语言和 C++语言衍生出来的面向对象程序设计语言。它继承了 C 和 C++的功能与特点，简化了 C++在类、命名空间、方法重载和异常处理等方面的操作，摒弃了 C++语言中的一些复杂机制（如不提供宏和模版、不允许多重继承等），使得惯用 C 或 C++的程序员很容易学习和使用。

C#语言是微软公司在 Java 语言流行之后推出的一种语言。看起来与 Java 有许多相似的地方，例如，类的单一继承机制、接口的定义和使用、大体相同的语法以及编译成中间代码再运行的过程（C#的 CLR 与 Java 的虚拟机很像）。

另外，C#研发团队的领导者安德斯·海尔斯伯格（Anders Hejlsberg）曾经是 Turbo Pascal 及其后续产品 Delphi 语言及其开发环境（Borland 公司产品）的主要作者，C#自然具备了 Delphi 的某些风格。例如，C#与 COM（组件对象模型）的直接集成，就是借鉴了 Delphi 而不同于 Java 的一个特点，这也使得传统上的 Delphi 程序员在学习和使用 C#时有一种轻车熟路的感觉。

3. C#语言与.NET 框架

C#程序是在.NET 框架上运行的。.NET 框架是 Windows 系统的组成部分，其中包括一个称为公共语言运行时 (CLR) 的虚拟执行系统和一组统一的类库。C#语言编写的源代码编译为中间语言 IL 代码。这种代码与资源（如位图、字符串等）一起作为一种称为程序集的可执行文件存储在磁盘上，其扩展名为.exe 或.dll。程序集中的清单提供有关程序集的类型、版本、区域性和安全需求等信息。

执行 C#程序时，程序集加载到 CLR 中，根据清单中的信息执行各种操作。在符合安全需求时，CLR 执行实时编译（JIT，just in time），将 IL 代码转换为本机机器指令。CLR 还提供与自动垃圾回收、异常处理和资源管理有关的其他服务。由 CLR 执行的代码有时称为“托管代码”，有别于编译为面向特定系统的本机机器语言的“非托管代码”。C#源代码文件、.NET 框架类库、程序集以及 CLR 的编译时与运行时的关系如图 7-1 所示。

由于 C#编译器生成的 IL 代码符合公共类型规范（CTS），故从 C#生成的 IL 代码可以与其他.NET 框架支持的语言（Visual Basic、Visual C++等）的.NET 版本生成的代码进行交互。一个程序集可能包含不同.NET 语言编写的多个模块，并且类型可以相互引用，就像同一种语言编写的一样。

除了 CLR 服务之外，.NET 框架还包含由 4000 多个类组成的丰富多彩的库，这些类以命名空间组织起来，提供了分别用于文件输入/输出、字符串操作、XML 分析以及 Windows 窗体控件等各方面的功能。典型 C#应用程序是使用.NET 框架类库来完成“日常”任务的。

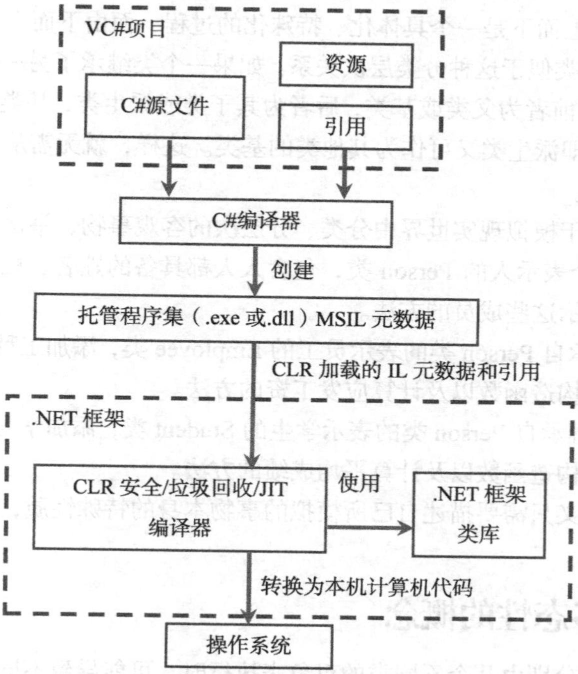

图 7-1　C#程序与.NET 框架的关系

7.1.3　类的继承性的概念

为了提高程序设计的效率，应该尽量利用已有的程序模块，并通过改编或者扩充来实现多种各有不同的功能。面向对象程序设计过程中，通过类的继承性来解决已有程序模块的重用问题，通过多态性来解决模块的扩充问题。

现实世界中的许多实体往往具有某些共同特征，也有细微的差别，可以使用层次结构来描述它们之间的相似点和不同点。例如，假定粗略地将人分成劳动者和学生两大类，则可用图 7-2 所示的分类树来表示这两类人。

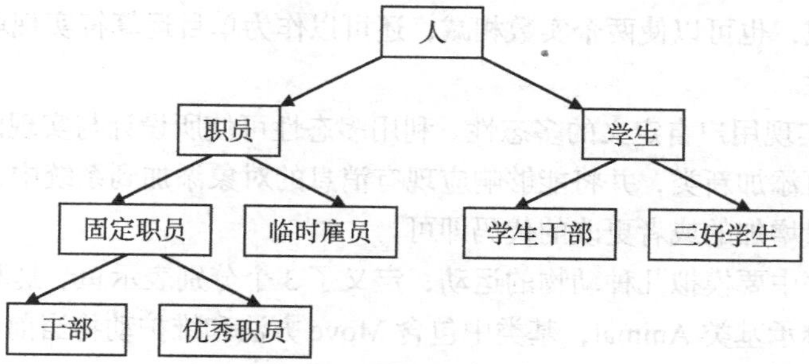

图 7-2　人的分类

在这个图中，最高层是最普遍最一般的概念，越往下反映的事物越具体，并且下层都包含上层的特征。一旦在某个分类中定义了一个特征，则由该分类细分而成的下层类目都自动包含这个特征。例如，一旦确定了某人是个“干部”，则可以确定它具有“固定职员”的所有特征，当然也具有“人”的所有特征。

在这个结构中，由上而下是一个具体化、特殊化的过程，而由下而上是一个抽象化的过程。在 C#中，类的继承关系类似于这种分类层次关系。如果一个类继承了另一个类的成员（包括数据成员和成员方法），则称前者为父类或基类，后者为其子类或派生类，基类从派生类派生，类的派生过程可以继续下去，即派生类又可作为其他类的基类。这样，就无需从头开始设计每个类，省去了许多重复性的工作。

类的继承机制可用于模拟现实世界中分类、分层次的客观事物，举例如下。

- 可以先定义一个表示人的 Person 类，包含人人都具备的姓名、性别、年龄等数据成员、属性、构造函数以及显示这些成员的方法。
- 然后再定义继承自 Person 类的表示员工的 Employee 类，添加工种、职务、工资和所属部门等数据成员、属性、构造函数以及计算应发工资的方法。
- 还可以再定义继承自 Person 类的表示学生的 Student 类，添加学号、班级、专业和已修学分等数据成员、属性、构造函数以及计算平均成绩的方法。

这样，每个类的定义只需要描述自已所模拟的事物本身的特殊性质，其他通用性质可以从上一层继承而来。

7.1.4 类的多态性的概念

当同一个方法调用分别由几个不同类的对象来执行时，可能导致不同的行为，这种现象称为类的多态性。

现实生活中，当同一个操作命令由不同的实体来完成时，实际执行的可能是不同的操作，这也是事物的多态性的体现。例如，不同种类电视机的内部结构可能有很大差别，但电视机遥控器面板上的按键却大致相同，至少每个遥控器面板上都必须有一些常用的按键（调节音量、换台等），而且使用方式基本相同。当用户按下增大音量的按钮时，不同种类的电视机都会按自身的方式来增大音量，其内部运转机制可能有很大差别，还可能有单声道、双声道或者四声道的不同。遥控器就可以看成是这些不同型号电视机的统一接口，用于控制分别由不同的器件和电路构成的不同种类或者型号的电视机。

传统的程序设计语言（如 C 语言）中也存在多态性机制，例如，同一个减法运算符“–”，既可以使两个整数相减，也可以使两个实数相减，还可以作为单目运算符实现取负操作，这是高级语言所固有的多态性。

C#语言可用于实现用户自定义的多态性。利用多态性可使所设计与实现的系统易于扩展，不必修改基本系统即可添加新类，并将能够响应现有消息的对象添加到系统中，添加新类及创建新对象时只需编写少量增加的或者更改的代码即可。

例如，某个程序中要模拟几种动物的运动，定义了 3 个分别表示鱼、蛙和鸟的 Fish、Frog 和 Bird 类，每个类都继承基类 Animal，基类中包含 Move 方法和维护动物当前位置的 x–y 坐标。每个类都实现方法 Move。

要模拟动物的运动，程序每秒钟向每个对象发送相同的消息 Move，但每种动物用不同的方式响应 Move 消息：Fish 类中的 Move 方法要模拟鱼游 0.9 米，Frog 类中的 Move 方法要模拟蛙跳 1.5 米，Bird 类中的 Move 方法要模拟鸟飞 3 米。多态的关键就是每个对象知道如何响应相同的方法调用，并做出适合该类型对象的操作，同样的消息发到不同类型的对象时可以得到不同的结果，这就是多态。

如果对基类 Animal 进行扩展，创建新的表示龟的 Tortoise 类，则响应的 Move 消息为爬行 2.54

厘米，只需要编写 Tortoise 类和实例化 Tortoise 对象的模拟部分的代码，而处理一般 Animal 的模拟部分不需要改变。

可见，类的多态性主要表现在方法调用时的“一种接口、多种方法”。多态性是面向对象程序设计的另一个重要特征。C#支持两种多态性：编译时多态性和运行时多态性。

编译时多态性指的是，属于某个类的不同对象或不同环境下的同一对象，调用了名称相同的成员方法，所完成的功能却不相同。这是一种静态多态性，因为编译器在对源程序进行编译时即可确定所要调用的是哪个方法，通过重载（包括方法重载和运算符重载）机制即可实现。

运行时多态性指的是，属于某个基类的不同派生类对象，在形式上调用的是继承自基类的同一成员方法，实际上调用的却是各自派生的同名成员方法。这是一种动态多态性，因为在方法名、方法参数和返回类型都相同的情况下，编译阶段不能确定要调用的是哪个方法，而只能在程序运行时确定。这种多态性通过虚方法以及重写虚方法来实现。

举例如下。

- 可以将 Person 类定义为一个抽象类，提供人人共有的数据成员、属性、构造函数以及显示这些数据成员的抽象方法（只有方法的声明而没有内容）Show()。
- 在派生类 Employee 中，提供职工特有的数据成员、属性、构造函数以及计算应发工资的方法，并具体实现基类 Person 中定义的显示数据成员的同名方法 Show()。
- 在派生类 Student 类中，提供学生特有的数据成员、属性以及计算平均成绩的方法，并再次具体实现基类 Person 中定义的显示数据成员的同名方法 Show()。

这样，定义了基类 Person 类的对象之后，既可以调用 Employeee 类的 Show()方法，显示作为一个职工的人的数据成员，也可以调用 Student 类的 Show()方法，显示作为一个学生的人的数据成员。

7.2　类的继承性

继承性是面向对象程序设计的一个重要特征。在 C#中，通过继承而产生的新类（派生类、子类）拥有它所继承的类（基类、父类）中除构造方法和析构方法之外的所有成员。C#只允许单继承而不支持多重继承，即所有派生类的基类只能有一个。

通常，派生类比它所继承的基类更具体，代表的是一组外延较小的对象，而基类则是它所派生出来的所有类的抽象。一般情况下，派生类中继承而来的数据成员、属性和成员方法可以直接使用。当然，派生类中也可按需要添加新成员，并对继承的方法进行修改或扩充，使之适应不同的应用需求。

7.2.1　派生类的定义和使用

在 C#中构建派生类时，需要使用冒号“:”，定义基类与派生类各自的特性，选择访问修饰符，确定对继承自基类的成员的处理方式。从一个基类派生出新类的一般格式为

```
类修饰符 class 派生类名:基类名
{
    新增派生类成员
}
```

其中，基类名必须是已有类的名称，默认的基类名为 object（System.Object），可以省略。派生类名是新创建的类类型的名字。

1. 派生类中如何访问基类的成员

基类的私有成员继承到派生类中，但派生类的方法与属性都不能直接访问。而保护成员（由 protected 关键字修饰的成员）一方面像私有成员一样不能被类外的对象访问，另一方面又能被派生类的方法与属性访问。因此，一旦类中声明了保护成员，就意味着该类可能要作为基类，派生类中要访问这些成员。

所有非私有基类成员在派生类中保持原访问修饰符（即基类的公有和保护成员在派生类内部仍然是公有的和保护的）。

派生类可直接使用成员名来访问从基类继承的公有成员和保护成员。但当派生类方法覆盖基类方法时，需要使用 "base.方法名（）" 的形式来访问基类的方法。

2. 派生类与基类的关系

派生类只能有一个直接基类，但继承是可以传递的。例如，假定类 C 派生自类 B，类 B 又派生自类 A，则类 C 自然会继承类 B 中的成员，同时也继承了类 A 中的成员。

从概念上来说，派生类是基类的特例。例如，如果定义了一个表示几何图形的 Shape 类，即可从该类派生出表示长方形的 Rectangle 类和表示三角形的 Triangle 类，派生类 Rectangle 和 Triangle 类都可以看作为表示某种几何图形的 Shape 类的特例。

3. 密封类及密封成员

C#中可以使用 sealed 关键字来禁止继承一个类，这样的类称为密封类。例如，下列代码段声明了密封类 D

```
public sealed class D
{
    //D类中的成员
}
```

密封类主要用于防止派生。由于密封类从不用作基类，所以一定的运行时优化可使得密封类成员的调用快一些。

也可以将需要重写基类虚成员的派生类上的类成员（方法、字段、属性或事件）定义为密封成员。在用于以后的派生类时，将会取消成员的虚效果。例如，下列程序段定义的继承了 C 类的 D 类中，重写的方法 doWork 就定义成了密封成员方法。

```
public class D : C
{
   public sealed override void doWork() { }
   …
}
```

例 7-1 派生类与基类的定义及应用。

本程序中，按顺序编写以下代码。

（1）定义表示员工的 employee 类，其中包括员工所共有的。

- 表示姓名、工作部门和工资的数据成员 name、depart 和 salary。
- 访问私有数据成员 salary 的属性 Salary。
- 为数据成员 name、depart 和 salary 赋值的 Register 方法。
- 显示数据成员 name、depart 和 salary 的 Show 方法。

（2）定义表示经理的 manager 类，其中包括经理特有的。

- 表示特殊津贴的数据成员 special。
- 访问私有数据成员 special 的属性 Special。
- 为继承来的数据成员 name、depart、salary 以及自有数据成员 special 赋值的 Register 方法。
- 显示数据成员 name、depart、salary 和 special 的 show 函数。

（3）在创建项目时自动产生的 Program 类的 Main 函数中做以下工作。

- 创建基类 employee 类的对象(表示一个员工)，调用 Register 方法为各属性赋值，调用 show 方法显示各属性的值，使用相关属性计算应发工资。
- 创建派生类 manager 类的对象（表示一个经理），调用 Register 方法为各属性赋值，调用 show 方法显示各属性的值，使用相关属性计算应发工资。

程序源代码如下。

```
//例 7-1_ 派生类和基类的定义及应用
using System;
namespace 员工与经理
{
    class Program
    {
        static void Main(string[] args)
        {   //定义基类对象、访问其方法
            employee yuan = new employee();
            yuan.Register("袁月红", "研发部", 8700);
            Console.Write("雇员——  ");
            yuan.Show();
            yuan.Salary += 300;
            Console.WriteLine("\n 应发（工资+300）：{0}", yuan.Salary);
            //定义派生类对象、访问其方法
            manager gong = new manager();
            gong.Register("龚林鹏", "研发部", 7900, 500);
            Console.Write("经理——  ");
            gong.Show();
            gong.Salary += 300;
            gong.Special += 100;
            Console.WriteLine("\n 应发(工资+300、津贴+100):{0}", gong.Salary + gong.Special);
        }
    }
    //表示员工的基类 employee：姓名、工资、部门；赋值、输出
    class employee
    {   //数据成员：表示姓名、工作部门、工资
        public string name;
        protected string depart;
        private double salary;
        //属性：访问私有数据成员（工资）
        public double Salary
        {   get{ return salary;}
            set{ salary = value;}
        }
        //成员方法：为三个数据成员赋值、输出数据成员
        public void Register(string name, string depart, double salary)
        {   this.name = name;
```

```
            this.depart = depart;
            this.salary = salary;
        }
        public void Show()
        {   Console.Write("姓名：{0,-5}部门：{1,-5}工资：{2,-6} ", name, depart, salary);
        }
    }
    //表示经理的派生类manager：津贴；赋值、输出
    class manager: employee //派生类- Manager
    {   //新增数据成员：津贴
        private double special;
        //新增属性：访问新增数据成员（津贴）
        public double Special
        {   get{ return special;}
            set{ special = value;}
        }
        //重载成员方法：为四个数据成员赋值、输出数据成员
        public void Register(string name, string depart, double salary, double special)
        {   base.Register(name, depart, salary); //访问基类的Register方法
            this.special = special;
        }
        public new void Show() //使用new关键字
        {   base.Show();//访问基类的Show方法
            Console.Write("津贴：{0}", special);
        }
    }
}
```

这个程序中有 3 点值得注意。

（1）派生类对基类成员的访问。派生类 Manager 中包含 4 个数据成员，除自定义的 special 外，其余 3 个 name、depart 和 salary 都来自基类 Employee。

- 基类中的 name 属性为公有成员，派生类以及类之外都可以直接访问。
- 基类中的 depart 为保护成员，派生类中可以直接访问，但类外不能访问。
- 基类中的 salary 为私有成员，派生类中以及类外都不能访问。但基类中提供了相应的公有属性，可用于访问该成员。

（2）base 关键字。在派生类中使用 base 关键字可以指代当前类的父类，但只限于在构造方法、实例方法和实例属性中使用，例如，本程序中基类的 Register 方法为非静态的实例方法，其中的语句

```
base.Register(name, depart, salary);
```

调用基类的 Register 方法来为继承自基类的 3 个属性赋值。

（3）new 关键字。为了能在派生类中以"覆盖方式"声明与基类中同名的方法（当然新方法可具有不同的处理功能），可用 new 关键字来修饰新方法。例如，本程序中派生类的 Show 方法就使用了 new 关键字来修饰。

这种采用"覆盖方式"的两个方法应该满足：方法名相同、方法中的参数个数相等且参数类型相同。这时，派生类中直接调用的方法是指派生类中定义的新方法，可以使用"base.方法名"来调用基类中的同名方法。

程序的运行结果如图 7-3 所示。

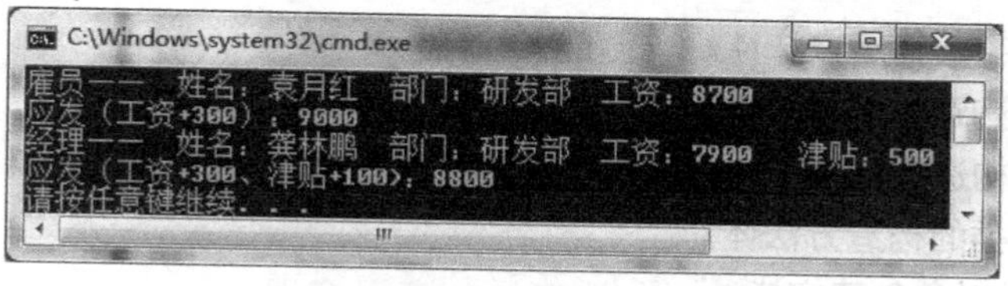

图 7-3　例 7-1 程序的运行结果

7.2.2　派生类的构造函数及虚拟方法

派生类对象的数据成员中，有些是继承自基类的，还有些是派生类中自定义的。但 C#中基类的构造函数和析构函数都不能为派生类所继承。因而在派生类构造函数中，往往需要调用基类的构造函数来为继承的数据成员赋值。

基类中的方法可以为派生类所继承，还可以定义成虚拟的，由派生类重写而更改或者扩充其功能。

1. 派生类构造函数的定义

派生类构造函数的定义格式为

```
public 派生类名（参数总表）:base（参数表）
{
    派生类中新增成员的初始化
}
```

其中：base（参数表）用于显式地访问基类中带有参数的构造函数，为派生类中继承自基类的那些数据成员赋值。

2. 派生类构造函数的调用

在实例化派生类对象时，C#按照对象所属类的层次结构从低到高逐层调用其直接基类的构造方法，即在执行本层派生类的构造函数体之前，先访问其直接基类的构造方法，再访问上一层的直接基类的构造方法……直至访问无直接基类的根类（Object 类），这时，最先执行 Object 类的构造函数体，再执行它的直接派生类的构造函数体……最后执行当前类的构造函数体。

> **注意**　Object 类是所有类的根，它有一个默认的构造函数。基类的构造函数总是为其派生类对象继承的基类实例变量初始化。使用 base 关键字调用基类的构造函数。

例如：假定一个派生类的层次结构如图 7-4 所示。

图 7-4　派生类 C 的继承关系

其中各个类的继承关系为：C 的直接基类是 B，B 的直接基类是 A，A 的直接基类是根类 Object。则当实例化一个 C 类对象时，构造方法的执行过程如下。

（1）访问 C 类的构造方法。

- 在执行 C 类构造方法体之前，先访问直接基类 B 的构造方法。
- 在执行 B 类构造方法体之前，先访问直接基类 A 的构造方法。
- 在执行 A 类构造方法体之前，先访问直接基类 Object 的构造方法。

（2）这时已到达最高层——根类。接下来，按次序进行。

- 执行 Object 类的构造方法体。
- 执行 A 类的构造方法体。
- 执行 B 类的构造方法体。
- 最后执行 C 类的构造方法体。

到此，一个 C 类对象创建完毕。

对于基类的默认构造函数或者不带参数的构造函数，系统在实例化时会自动访问(隐式访问)，在这种情况下，可以省略显式调用。

3. 基类中的虚方法

为方便起见，基类中往往会定义一些虚方法（以 virtual 关键字修饰），以便派生类中按实际需求重写（以 override 关键字修饰，方法名、返回类型和参数表不变）而更改或扩充其功能。如果派生类中重写了虚方法，原有的虚方法及重写的同名方法都可以使用。如果没有重写，虚方法可像一般方法一样使用。

对于非虚的方法，无论被其所在类的实例调用，还是被这个类的派生类的实例调用，方法的执行方式都不变。而对于虚方法，它的执行方式可以被派生类改变，这种改变是通过方法的重写来实现的。

例 7-2 派生类中的构造函数与方法重写。

本程序中，按顺序编写以下代码。

（1）定义表示人的 person 类，其中包括人所共有的。

- 表示姓名和年龄的数据成员 name、age。
- 为数据成员 name 和 age 赋值的构造函数。
- 显示 name 和 age 的 show 方法。

（2）定义表示学生的 student 类，其中包括学生特有的。

- 表示学号的数据成员 stuID。
- 为继承来的数据成员 name 和 age 以及自有数据成员 stuID 赋值的构造函数。
- 显示数据成员 name、age 和 stuID 的 show 方法。

（3）在创建项目时自动产生的 Program 类的 Main 函数中做以下工作。

- 创建基类 person 类的对象并调用 show 方法，显示对象中各数据成员的值。
- 创建派生类 student 类对象并调用 show 方法，显示对象中各数据成员的值。

程序源代码如下。

```
//例 7-2_ 派生类中的构造函数与方法重写
using System;
namespace 派生类和基类
{
    class Program
    {
        static void Main(string[] args)
        {   //定义基类对象并调用其方法
            person ma = new person("马宁丽",29);
            ma.show();
            Console.WriteLine();
            //定义派生类对象并调用其方法
            person zhang = new student("张和舜",19,"2015010510");
```

```
                zhang.show();
                Console.WriteLine();
                person wang = new student("王相怡",18,"2015010510");
                wang.show();
                Console.WriteLine();
            }
        }
        //基类 person：姓名、年龄、构造函数、虚方法 show
        public class person
        {   public string name;
            public uint age;
            public person(string name, uint age)
            {   this.name = name;
                this.age = age;
            }
            public virtual void show() //基类中定义虚方法
            {   Console.Write("姓名：{0,-3}、 ",name);
                Console.Write("年龄：{0,-2}；  ",age);
            }
        }
        //派生类 student：学号、构造函数、重写方法 show
        public class student: person
        {   public string stuID;
            public student(string name,uint age,string id)
                :base(name,age)
            {   this.stuID=id;
            }
            public override void show() //派生类重写基类的虚方法
            {   base.show();
                Console.Write("学号：{0,11}。",stuID);
            }
        }
    }
```

这个程序中有两点值得注意。

（1）在派生类的构造函数中，使用 base 关键字调用了基类的构造函数（不能继承而只能显式调用）来初始化继承自基类的两个数据成员 name 和 age。

（2）基类中定义了以 virtual 关键字标记的虚方法 show()，派生类中又重写了这个方法并以 override 关键字标记。重写的 show()方法的参数表和返回值都与虚拟的 show()方法相同。当以基类的对象调用该方法时，执行的是基类中定义的虚方法；当以派生类的对象调用该方法时，执行的是派生类中重写的同名方法。

程序的运行结果如图 7-5 所示。

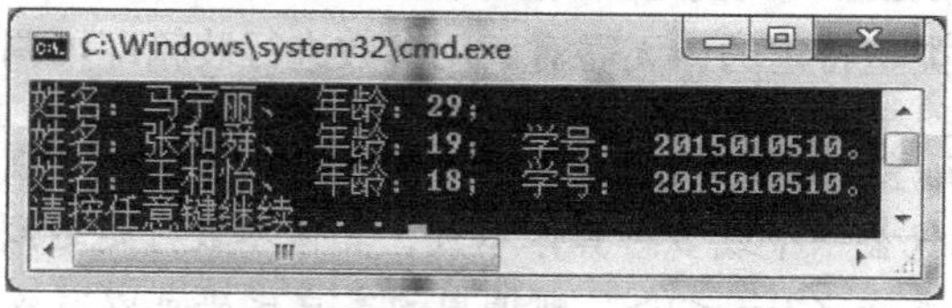

图 7-5　例 7-2 程序的运行结果

7.2.3 Object 类

Object 关键字是命名空间 System 中定义的类 System.Object 的别名，也可写作 Object。Object

类是.NET 框架中所有类的最终基类，即类的层次结构中的根类，支持.NET 框架类层次结构中的所有类，并为其派生类提供低级别服务。

C#中的所有类包括系统预定义类以及用户自定义的类，都直接或间接地以 Object 类为基类。任何一个类定义，如果不指定基类，默认以 Object 为基类。Object 类提供的公有成员有无参的构造函数以及表 7-1 所列的方法。

表 7-1 方法

名　称	说　明
Equals(Object)	比较指定对象是否等于当前对象
Equals(Object, Object)	比较两个对象是否相等。是上一个函数的重载函数。默认情况下，引用类型比较引用的地址，值类型比较值的二进制表示
Finalize	允许对象在“垃圾回收”机制回收之前释放资源并执行其他清理操作
GetHashCode	用作特定类型的默认哈希函数
GetType	获取当前实例的数据类型（实际的运行时类型）
MemberwiseClone	创建当前 Object 的浅表副本
ReferenceEquals	判定两个指定的对象实例是否为同一个实例（或者二者都为空引用）。当参数为值类型时就会装箱，比较的是装箱后的对象实例
ToString	返回表示当前对象的字符串，默认情况下返回的是该对象所属类型的全名

注意

浅表副本也称为影子拷贝，意为对象内值类型变量进行赋值拷贝，对象内引用类型变量进行句柄拷贝（副本与正本引用同一块内存）。相对而言，深拷贝对引用类型变量进行的是值拷贝而非句柄拷贝。

因为.NET 框架中所有类都从 Object 类派生，所以 Object 类中定义的每个方法都可用于系统中的所有对象。派生类可按需要重写其中的某些方法，例如，可以重写 Equals 方法支持当前对象间的比较，也可以重写 ToString 方法生成描述当前类的实例的可读字符串。

如果要设计的类（如集合）必须处理所有类型的对象，则可创建接受 Object 类的实例的类成员。但是，对类型进行装箱和取消装箱的过程会增加性能开销。如果知道新类将频繁处理某些值类型，则可根据下列两种策略来减少装箱开销。

- 创建一个方法以及一组特定类型的重载方法。一般方法处理 Object 类型数据，重载方法处理那些需要新类来处理的所有值类型。如果某种类型的方法可以接受调用参数类型，则调用该类型的方法时无需装箱。如果调用参数类型与方法参数都不匹配，则对该参数进行装箱并调用一般方法。
- 类型及其成员使用泛型。当创建类的实例并指定一个泛型类型参数时，CLR 创建一个封闭泛型类型。泛型方法是类型特定的，无需对调用参数进行装箱即可调用。

注意

泛型是 C#语言 2.0 和 CLR（通用语言运行时）的一个新特性。设计类和方法时，使用类型参数来代替一个或多个具体参数，具体参数可延迟到客户代码中定义。例如，如果定义了一个类 myClass <T>，则调用的客户代码可以写成：myClass <int>、myClass <string>或者 myClss <yaoClass>。这就避免了运行时类型转换或装箱操作的麻烦。

虽然有时必须开发可接受并返回 Object 类型的通用类，但也可提供特定类型的类来处理常用类型，从而提高性能。例如，通过提供设置和获取布尔值的类，可以减少对布尔值进行装箱和拆箱所需的开销。

例 7-3　Object 类的直接派生类及其方法重写。

本例按顺序编写以下代码。

（1）定义一个表示点的 Object 类的直接派生类 Point，其中包括以下内容。

① 两个数据成员 x 和 y。

② 为 x 和 y 赋值的构造函数。

③ 重写 Object 类的几个方法。

- 重写 Equals 方法：当前对象与参数对象类型不同时返回 false，数据成员 x 和 y 相等时返回 true。
- 重写 GetHashCode 方法：返回 x 和 y 的异或值。
- 重写 ToString 方法：以（x,y）形式返回 Point 对象的值。
- 重写 Copy 方法：调用基类 Object 的 MemberwiseClone 方法，返回 Point 对象的一个浅表副本（浅拷贝）。

（2）编写测试 Point 类的密封类 Test 中的 Main 方法。

① 创建 Point 类的对象 p1。

② 通过调用 Copy 方法（浅拷贝）由 p1 产生第 2 个对象 p2。

③ 通过赋值产生第 3 个对象 p3。

④ 调用 ReferenceEquals 方法判断 p1 和 p2 是否相等（比较引用）。

⑤ 调用 Equals 方法判断 p1 和 p2 是否相等（比较值）。

⑥ 调用 ReferenceEquals 方法判断 p1 和 p3 是否相等（比较引用）。

⑦ 调用 ToString 方法显示对象 p1 的值。

程序源代码如下。

```
//例 7-3_ Object 直接派生类及其中的方法重写
using System;
namespace 点类
{
    //表示点的 Point 类：继承自 System.Object
    class Point
    {   //数据成员 x 和 y、构造函数
        public int x, y;
        public Point(int x, int y)
        {   this.x = x; this.y = y;
        }
        //重写 Equals 方法
        public override bool Equals(object obj)
        {   //当前对象与参数对象不是同一类型时返回 false
            if(obj.GetType() != this.GetType()) return false;
            //数据成员 x 和 y 相等时返回 true
            Point other = (Point)obj;
            return (this.x == other.x) && (this.y == other.y);
        }
        //重写 GetHashCode 方法，返回 x 和 y 异或值
        public override int GetHashCode()
        { return x ^ y;
        }
```

```
        //重写 ToString 方法，返回由一对 x 和 y 值构成的 point 对象的值
        public override String ToString()
        {   return String.Format("({0}, {1})", x, y);
        }
        //Copy 方法：调用基类的 MemberwiseClone 方法，返回 point 对象的一个浅表副本
        public Point Copy()
        {   return (Point)this.MemberwiseClone();
        }
    }
    //测试 Point 类实例的密封类 test
    public sealed class test
    {
        static void Main()
        {   //创建 Point 对象 p1
            Point p1 = new Point(10, 15);
            //通过赋值再产生一个对象 p2
            Point p2 = p1.Copy();
            //再定义一个引用第一个 Point 对象的变量
            Point p3 = p1;
            //p1 和 p2 的引用被判定为不等：因为两者分别分别引用两个对象
            Console.WriteLine(Object.ReferenceEquals(p1, p2));
            //两个对象 p1 和 p2 的值被判定为相等
            Console.WriteLine(Object.Equals(p1, p2));
            //p1 和 p3 被判定为相等：因为两者引用同一个对象
            Console.WriteLine(Object.ReferenceEquals(p1, p3));
            //显示 p1 的值(10, 15)
            Console.WriteLine("p1 的值：{0}", p1.ToString());
        }
    }
}
```

程序的运行结果如图 7-6 所示。

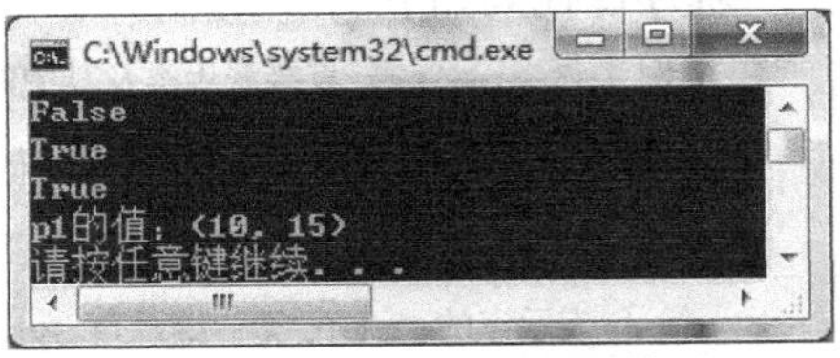

图 7-6　例 7-3 程序的运行结果

7.2.4　.NET 通用类型系统

.NET 框架中的数据类型都是由类来定义的，因此，Object 类也是.NET 框架中的通用数据类型层次结构中的根类。也就是说，定义为 Object 类的变量可以与其他任何数据类型的变量互相转换。

.NET 框架的类型系统有以下两个基本原则。

（1）一个类型可以从称为基类型的其他类型派生。

派生类型继承基类型的方法、属性和其他成员（有些限制）。而基类型又可以从其他类型派生。这时候，派生类型就继承了它上面两层基类型的成员。所有数据类型（包括 System.Int32 等内置类型）最终都是从根类 System.Object 派生得到的，这种统一类型层次结构称为 CTS（常规类型系统）。

（2）一个数据类型可以是值类型，也可以是引用类型。

CTS 中每个类型，包括.NET 框架类库中所有自定义类型以及用户自定义类型，都定义成值类型或者引用类型。使用 struct 关键字定义的类型是值类型，所有内置数值类型都是 struct。使用 class 关键字定义的类型是引用类型。引用类型和值类型有不同的编译时规则和不同的运行时

行为。

.NET 框架的 CTS 系统如图 7-7 所示。

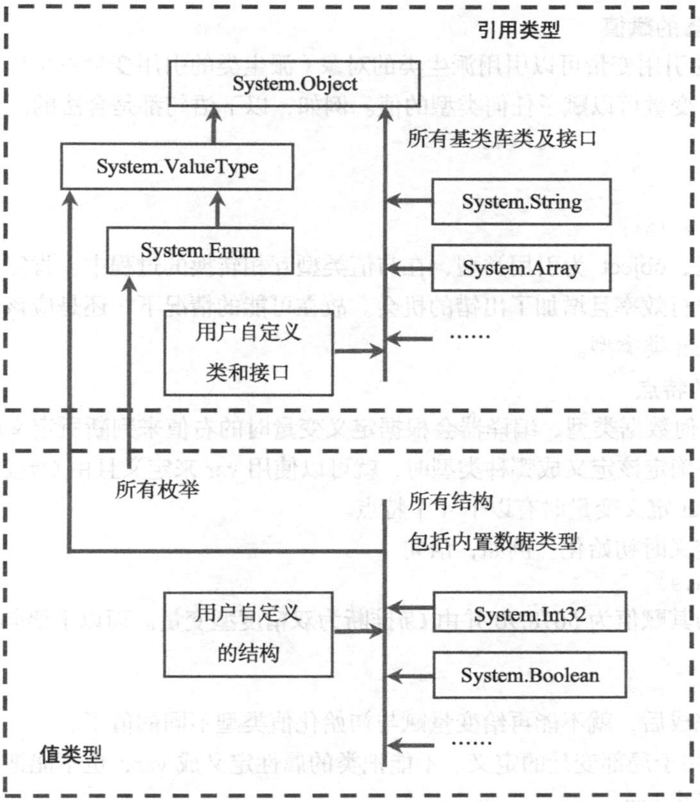

图 7-7　各数据类型之间的关系

可以看出如下信息。

- System.Object 类是所有数据类型层次结构的根。
- 引用类型直接派生自该类。字符串、数组、用户定义的类和接口以及所有基类库类和接口等，都是引用类型。
- 值类型派生自该类的派生类 System.ValueType。枚举、所有内置类型（int、double、decimal、char、bool 等）、结构或用户自定义的结构等，都派生自该类。

7.2.5　object 变量与 var 变量

object 和 var 都可用于定义变量且都可以赋给任何数据类型的值。例如，

```
object b = 10;
var a = 10;
```

都是正确的赋值语句，但这两个语句的依据却是完全不同的。

（1）object 是所有数据类型的最终基类，故可赋值为任意类型。

```
object a = 10;
a = "myString";
```

（2）var 是 C#中引入的一个语法符号而不是一种类型。使用 var 定义变量时需要赋值，C#按值的类型来“推断”所定义的变量类型。例如，执行下面的第 1 个语句时，根据值 10 已推断出 a

变量的值为整型，再执行第 2 个语句时，就会出现编译错误了。

```
var a = 10;
a = "myString";
```

1. object 变量的赋值

C#规定基类的引用变量可以引用派生类的对象（派生类的引用变量不可以引用基类的对象），因此，一个 object 变量可以赋予任何类型的值。例如，以下语句都是合法的。

```
int x = 100;
object yObj;
yObj = x;
object aObj = 'A';
```

值得注意的是，object 为引用类型，在与值类型互相转换的过程中，肯定会有装箱或拆箱操作，影响程序的执行效率且增加了出错的机会。故在可能的情况下，还是应该尽量定义变量为合适的类型而非 object 类类型。

2. var 变量的特点

var 可代替任何数据类型，编译器会根据定义变量时的右值来判断所定义的变量到底是哪种数据类型。当不好确定该定义成哪种类型时，就可以使用 var 来定义且由 C#按所赋的值来自动推断类型了。使用 var 定义变量时有以下 4 个特点。

（1）必须在定义时初始化。例如，语句

```
var x = 5678.90
```

定义了 x 变量，为其赋值为 5678.90 并由 C#推断为双精度型变量。而以下语句是错误的。

```
var x;
x = 5678.90;
```

（2）初始化完成后，就不能再给变量赋与初始化值类型不同的值了。

（3）var 只能用于局部变量的定义。不能把类的属性定义成 var，也不能把方法的返回值类型或者参数类型定义为 var。

（4）使用 var 定义变量的效率等同于使用强类型方式（如用 double 等）。也就是说，下面两个语句的效率相等。

```
var i=100;
int i=100;
```

可见，使用 var 定义变量比使用 object 类类型的效率高。

7.3 类的多态性

程序中实现类的多态性的基本模式实际上是定义多个方法名相同但内含代码不同的方法，当使用同样的方法名来调用方法时，因为调用了不同的方法而执行了不同的功能，看起来好像一个方法具有多种功能。类的多态性的依据是以下两条原则。

（1）里氏替换原则（Liskov Substitution Principle）。

使用基类指针或引用的函数不必了解派生类就能够使用派生类对象。

也就是说，当需要一个基类（超类）的对象时，可以给一个派生类的对象。反过来就不对了，即当需要一个派生类对象时，不能给一个基类对象。

（2）开放封闭原则（Open Closed Principle）。

软件实体（类、模块、函数等）应该对扩展开放而对修改封闭。

开放封闭原则主要体现在两个方面：一是对扩展开放，意味着有新的需求或变化时，可以对现有代码进行扩展，以适应新的情况；二是对修改封闭，意味着类一旦设计完成，就可以独立完成其工作，而不再对类进行任何修改。

7.3.1 虚方法实现类的多态性

在具有直接继承关系的两个类中，基类的对象引用基类中的方法和属性或者派生类的对象引用派生类的方法和属性都是很自然的。但在某些情况下，基类的对象也可以引用派生类的方法，这就实现了类的多态性。

在 C#中，派生类对象可以看作为基类对象，这就可以将基类当成派生类来处理，C#编译器允许将基类引用赋予派生类变量，方法是显式地将基类引用转换为派生类类型，这样，基类的对象就可以引用派生类的方法了。

例 7-4 鸟类及其派生类：啄木鸟类、鹰类和驼鸟类。

本例将定义鸟类作为基类，其中包含虚方法；再分别定义鸟类的派生类啄木鸟类、鹰类和驼鸟类，其中重写鸟类中的虚方法；然后在另一个类的 Main 方法中创建鸟类的对象并调用几个派生类中重写的同名方法，实现类的多态。

1. 定义基类，包含虚方法

啄木鸟（Woodpecker）、鹰（Eagle）和鸵鸟（Ostrich）都属于鸟类，可根据这三者的共有特性提取出鸟类（Bird）作为父类，啄木鸟喜欢吃虫子，鹰喜欢吃肉，鸵鸟喜欢吃草。

创建基类 Bird，其中定义一个虚方法 Eat。

```
//鸟类：将作为基类
public class Bird
{   //虚方法 Eat：吃
    public virtual void Eat()
    {   Console.WriteLine("一只鸟，喜欢吃虫子……");
    }
}
```

2. 定义派生类，重写基类中的虚方法

（1）创建派生类 Woodpecker，继承基类 Bird，其中重写父类 Bird 中的虚方法 Eat。

```
//啄木鸟类：鸟类的派生类
public class Woodpecker: Bird
{   //重写基类中的 Eat 方法
    public override void Eat()
    {   Console.WriteLine("一只勤快的啄木鸟，天天找虫子吃……");
    }
}
```

（2）创建派生类 Eagle，继承父类 Bird，重写父类 Bird 中的虚方法 Eat。

```
//鹰类：鸟类的派生类
public  class Eagle:Bird
{   //重写基类中的 Eat 方法
    public override void Eat()
    {   Console.WriteLine("一只凶猛的鹰，最喜欢吃猎物的肉……");
    }
}
```

（3）创建派生类 Ostrich，继承父类 Bird，重写父类 Bird 中的虚方法 Eat。

```
//驼鸟：鸟类的派生类
public  class Ostrich: Bird
{   //重写父类中的 Eat 方法
    public override void Eat()
    {   Console.WriteLine("一只硕大的驼鸟，最喜欢吃植物的茎、叶、种子……");
    }
}
```

3. 主函数中体现类的多态性

在创建控制台应用程序时自动生成的 Program 类的 Main 方法中实现以下两点。

（1）编写一个包含一组基类 Bird 变量的数组 birds，其中 4 个数组元素分别赋值给基类以及 3 个派生类的对象。

（2）逐个用对象数组 birds 中各元素调用同名的 Eat 方法。

```
class Program
{
    static void Main(string[] args)
    {   //创建基类 Bird 数组，添加自身及派生类对象
        Bird[] birds =
                {   new Bird(),
                    new Woodpecker(),
                    new Eagle(),
                    new Ostrich()
                };
        //遍历 birds 数组
        foreach (Bird bird in birds)
        {   bird.Eat();
        }
    }
}
```

4. 程序的运行结果

本例中程序的运行结果如图 7-8 所示。

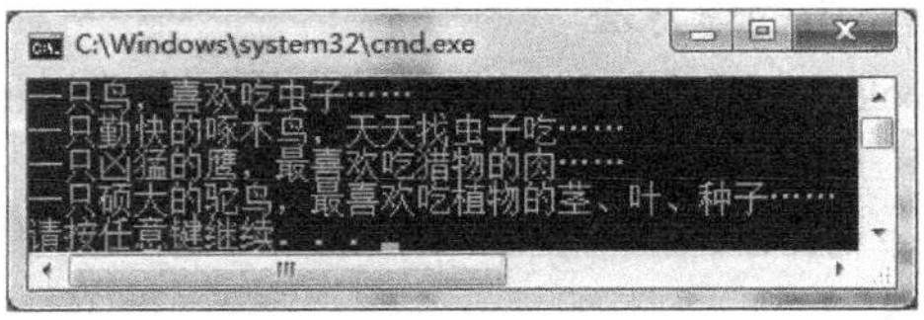

图 7-8　例 7-4 程序的运行结果

5. 运行结果分析

可以看出，派生类 Woodpecker、Eagle 和 Ostrich 对象可以赋值给基类对象，也就是说基类类型的指针可以指向派生类类型的对象，这体现了里氏替换原则。

基类对象调用自己的 Eat 方法，实际上显示的是基类类型指针指向的派生类类型对象重写基类 Eat 后的方法。这就是类的多态。

实现类的多态的意义是什么呢？

实际上，多态的作用就是把不同的派生类对象都当作基类来看，可以屏蔽不同派生类对象之间的差异，写出通用的代码，提高程序的通用性以适应实际需求的不断变化。

这个程序也体现了开放封闭原则。比方说，如果还想添加一个表示鱼鹰（Osprey）的类，只需要编写 Osprey 类的定义，继承 Bird，重写 Eat 方法，添加给父类对象就可以了。不必查看原有程序源代码即可添加新的功能是具备多态性的类才有的优点。

7.3.2 抽象类及抽象方法实现类的多态性

一般地，基类和派生类都可用于创建对象，因为基类也定义了自有的数据成员和成员方法。但在某些情况下，基类往往表示一些抽象的概念，其中的成员方法并无实际意义，这些方法即可定义为抽象方法，留待派生类来定义其具体实现。

包含了抽象方法（至少一个）的类称为抽象类。抽象类只能用作基类，故又称为抽象基类。抽象基类只提供一个框架，而很多具体的功能留给派生类去实现。在由抽象基类派生出来的类体系中，抽象基类为其中的所有派生类提供统一的接口，即可用相同的方法来操作这个体系中的任意一个实例（对象）。有些集成开发环境中的类库（如 Visual C++的 MFC 类库）就是用这种接口与实现分离的机制来设计的。

1. 定义抽象类

抽象类和抽象方法的声明都要使用关键字 abstract，声明抽象类的格式如下。

```
public abstract class 抽象类名
{
    定义类中各成员
}
```

例如，下面的代码定义了一个表示几何形状的抽象类，其中包含一个数据成员、一个构造函数和一个抽象方法。

```
public abstract class shape
{   protected double radius;
    public shape(double r) { radius=r; }
    public abstract double cubage();
}
```

一个类中包含抽象方法时，该类必须定义为抽象类，抽象类是不能实例化的，有了以上代码之后，如果程序中再出现以下语句：

```
shape s=new shape(9.5);
```

则当编译该程序时，会出现“无法创建抽象类 shape 的实例”的错误。

2. 定义抽象方法和抽象属性

抽象类中通常包含一个或几个抽象方法。

（1）抽象方法是指在基类的定义中，不包含任何实现代码，即不具有任何功能的方法，这种方法的功能将在派生类中实现，抽象方法在定义时以 abstract 关键字修饰，其格式如下。

```
[访问修饰符] abstract 返回值类型  方法名([参数表]);
```

例如，上面定义的 shape 类中将抽象方法 cubage 定义如下。

```
public abstract double cubage();
```

（2）抽象类中还可以包含抽象属性，定义时也使用 ***abstract*** 关键字修饰，抽象属性不提供属性访问器的实现，访问器的实现也由派生类完成。定义抽象属性的格式如下。

```
public abstract 返回值类型  属性名
{
   get;
   set;
}
```

（3）抽象类中也可以包含非抽象的成员。

3. 重写抽象方法

在抽象类中，由于抽象方法和抽象属性都没有提供具体的实现，故当定义抽象类的派生类时，派生类中必须重载基类的抽象方法和属性。如果派生类没有重载它们，则派生类也必须声明为抽象类。重载抽象方法的格式如下。

```
public override 方法名([参数表]) { }
```

例 7-5 改编例 7-4，用抽象类及抽象方法实现类的多态性。

分析例 7-4 的程序可以发现：Bird 这个基类根本不需要用于创建对象，它存在的意义就是提供一个可以继承的基类，故可用抽象类来优化它。

（1）把基类 Bird 改为抽象类，Eat()方法改成抽象方法。代码如下。

```
//鸟类：抽象基类
public abstract class Bird
{    //抽象方法 Eat：吃
     public abstract void Eat();
}
```

可以看到：抽象类 Bird 中添加了 Eat 抽象方法，没有方法体也不能实例化。

（2）几个派生类 Woodpeckey、Eagle 和 Ostrich 的代码不变，派生类中还是用 override 关键字来重写基类的 Eat 抽象方法。

（3）另一个类 Program 的 Main 方法中就不能创建 Bird 对象了，代码改写如下。

```
class Program
{
    static void Main(string[] args)
    {   //创建基类 Bird 数组，添加自身及派生类对象
        Bird[] birds =
                {   new Woodpecker(),
                    new Eagle(),
                    new Ostrich()
                };
    //遍历 birds 数组
    foreach (Bird bird in birds)
    {   bird.Eat();
    }
 }
```

（4）程序的执行结果如图 7-9 所示。

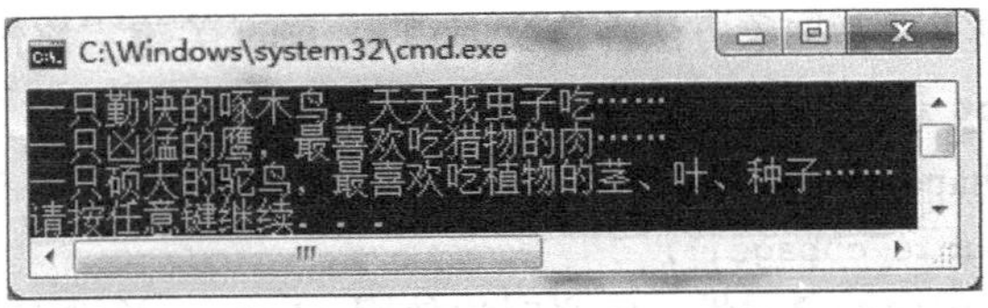

图 7-9 例 7-5 程序的运行结果

由此可见，选择使用虚方法实现多态还是抽象类及抽象方法实现多态，取决于是否需要使用基类实例化的对象。

7.3.3　接口的定义与继承

接口是包含一组可在类或结构中实现的相关功能的定义，可理解为约束继承自身的类或结构的一套约定。继承接口的类或结构必须实现接口中的方法。

类或结构可以按照类继承基类或结构的类似方式来继承接口。但有两点区别：第一，一个类或结构可以继承多个接口；第二，类或结构继承接口时，仅继承其方法名和签名，因为接口本身不包含实现。

1．接口的定义

接口的声明从 interface 开始，接口中的成员可以是方法、属性、事件、索引器以及这 4 种成员的任意组合，但不能是字段。接口中的成员都是公有的。

接口本身不提供它所定义的成员的具体实现，而只指定实现该接口的类或结构必须提供的成员。定义一个接口的格式为：

```
[接口修饰符] interface 接口名 [: 基类接口名]
{
    接口的成员;
}
```

- 接口的修饰符可以是 new、public、protected、internal 和 private，new 修饰符是嵌套接口中唯一允许存在的修饰符，表示用相同名称隐藏一个继承的成员，其他几个修饰符控制接口的访问能力。
- 接口名通常以字母“I”开始。
- 一个接口定义中可定义零个或多个成员，包括从基接口继承的成员以及接口本身定义的成员，所有接口成员均默认为 public，不能使用 abstract、public、protected、internal、private、virtual、override 或 static 来声明接口成员，接口成员之间不能重名。

例如，下面定义了一个名为 IyaoPort 的接口，包含 4 个成员。

```
public interface IyaoPort
{   void show(string s);                      //方法成员
    int count{get;}                           //属性成员
    event stringList Changed;                 //事件成员
    string this[int index] { get; set; }      //索引成员
}
```

2．接口的继承

接口也可以继承，一个接口可以继承 1 个或多个接口，被继承的接口称为继承它的接口的基接口。接口继承其基本接口中的所有成员。如果一个类或结构实现某个接口，则它还将隐式实现该接口的所有基接口。

接口继承使得每个接口可以扩展一个或多个其他接口，使得其他类可以实现更完美的接口，这很像类的继承性，但类的继承和接口的继承有以下差别。

- 类继承不仅定义继承，而且也实现继承；接口继承只是定义继承，即只继承基接口的成员方法定义，并没有继承父接口的实现。
- 在 C#中，类的继承只允许单继承。接口的继承允许多个继承，即一个子接口可以有多个基接口。

定义继承接口时，在接口名称后面用“:”加上被继承接口的名称，有多个被继承的接口时，接口名之间用“,”隔开。例如，下面定义的接口 ID 同时继承了接口 IA、IB 和 IC。

```
interface ID:IA,IB,IC
{ }
```

例 7-6 接口的定义、继承及其成员方法在继承类中的实现。

（1）定义接口 IPort_A，其中定义一个方法 showA（无实现部分的代码）。

（2）定义接口 IPort_B，继承接口 IPort_A 以及方法 showA，其中添加一个方法 showB（无实现代码）的定义。

（3）定义类 C，继承接口 IPort_B，并且实现从接口 IPortB 继承下来的两个方法 showA 和 showB。

（4）在另一个类的 Main 方法中，创建 C 类的对象并调用其中的方法。

程序源代码如下。

```
//例 7-6_ 接口的定义、继承及其成员方法的实现
using System;
namespace 接口的继承
{
   public interface Iport_A
   {   void showA();
   }
   public interface Iport_B:Iport_A
   {   void showB();
   }
   public class C: Iport_B
   {   //实现基接口的基接口 Iport_A
       public void showA()
       {   Console.WriteLine("{0} 实现了 Iport_A 接口",this.GetType());
       }
       //实现基接口 Iport_B
       public void showB()
       {   Console.WriteLine("{0} 实现 Iport_B 接口",this.GetType());
       }
   }
   class Program
   {
       static void Main()
       {   //创建对象并调用其方法
           C c = new C();
           c.showA();
           c.showB();
       }
   }
}
```

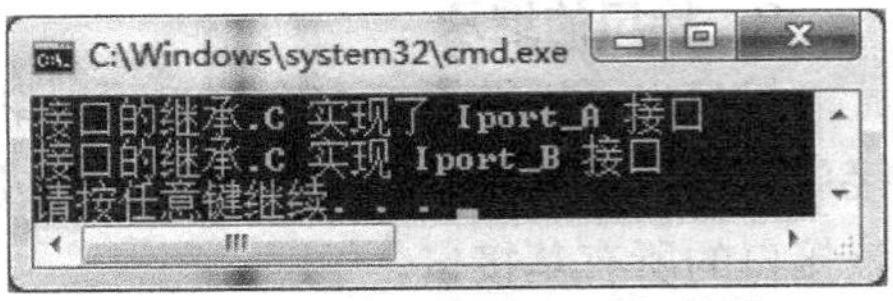

图 7-10 例 7-6 程序的运行结果

程序的运行结果如图 7-10 所示。

3. C#中抽象类和接口的区别

（1）接口抽象类有以下相似之处。

- 都不能实例化。
- 都包含尚未实现的方法定义：接口中的所有成员、抽象类中的抽象方法。
- 尚未实现的方法要在派生类中实现。

（2）抽象类具有以下特点。

- 不能实例化，除此以外，具有类的其他特性。
- 可以包括抽象方法，这是普通类所不能的。抽象方法只能定义于抽象类中，且不包含任何实现，派生类必须覆盖它们。
- 可以派生自一个抽象类，可以覆盖基类的抽象方法也可以不覆盖，如果不覆盖，则其派生类必须覆盖它们。

（3）接口具有以下特点。

- 可以包含方法、属性、索引器、事件 4 种成员，这些成员都被定义为公有的。
- 一个类可以直接继承多个接口，但只能直接继承一个类（包括抽象类）。
- 可将接口看成是仅有抽象成员且所有成员均未实现的抽象类。

具体使用时，抽象类用于部分实现一个类，再由用户按实际需求对其进行不同的扩展和完善；接口只是定义了一个行为的规范或约定。

抽象类主要用于关系密切的对象，而接口适合为不相关的类提供通用功能。

抽象类主要用于设计大的功能单元，而接口用于设计小而简练的功能块。

7.3.4　接口实现类的多态性

接口常用于不同的类共享共同方法，使不相关的对象可以多态处理，实现同一接口的类对象可以响应同一方法调用。

在 C#中，一个类中可以实现多个接口，例如下面类 C 的定义。

```
public interface IPortA
{
   void show();
}
public interface IPortB
{
   void show();
}
public class C: IPortB, IPortA
{ …
}
```

类 C 继承了接口 IPort A 和接口 IPort B，因此类 C 中要同时实现接口 A 和接口 B。这两个接口中定义了同名的方法 Show，类 C 中为了区分是从哪个接口继承来的，可以采用显式实现接口的方法，显示实现方法的格式为：

```
接口名称.成员名称
```

显式实现的成员不能带有任何修饰符，不能通过类的实例而必须通过所属的接口来调用，其格式为：

```
((接口名)类对象名).方法名
```

显式实现也可用于解决两个接口分别定义同名的不同成员，例如属性和方法，对于同名的属性成员，可采用下面的格式引用：

```
((接口名)类对象名).属性名
```

例 7–7　改编例 7-5，用接口实现类的多态性。

假定要在例 7-5 的程序中添加一个描述“飞”的 Fly 方法，会遇到以下问题。

（1）因为驼鸟不会飞，相应的派生类 Ostrich 也继承了 Bird 类，故在基类 Bird 中添加一个 Fly 方法不合适。

（2）如果仅在会飞的啄木鸟和鹰的派生类中添加 Fly 方法，则当此后需要扩展另一个会飞的鸟类（如鱼鹰）时，需要往前查看，找出实现 Fly 方法的源代码，然后才能在描述鱼鹰的 Osprey 类中编写 Fly 方法。这违背了开放封闭原则。

（3）如果还想扩展一个会飞但不是鸟的风筝类，使其继承描述鸟的 Bird 类是不合适的。

上述 3 个问题都可以通过接口来解决，只需要在例 7-5 的程序中添加一个包含 Fly 方法的接口，使得会飞的啄木鸟、鹰和风筝继承这个接口并实现其中的 Fly 方法就可以了。

1. 添加一个表示飞的接口 IFlyable

```
//原有抽象基类
public abstract class Bird
{    //抽象方法 Eat：吃
     public abstract void Eat();
}
//添加的接口：包含表示飞的 Fly 方法
public interface Iflyable
{    void Fly();
}
```

2. 派生类中实现 Iflyable 接口

（1）啄木鸟类实现 Iflyable 接口。

```
//派生类 Woodpecker：实现 Iflyable 接口 Fly 方法、Bird 基类 Eat 方法
public class Woodpecker : Bird, Iflyable
{    //重写基类 Bird 中的 Eat 方法（原有）
     public override void Eat()
     {    Console.WriteLine("一只勤快的啄木鸟，天天找虫子吃……");
     }
     //实现 Iflyable 接口的 Fly 方法（新添加）
     public void Fly()
     {    Console.WriteLine("一只灵巧的啄木鸟，张开翅膀就能飞！");
     }
}
```

（2）鹰类实现 Iflyable 接口。

```
public class Eagle : Bird, Iflyable
{    //重写基类 Bird 中的 Eat 方法（原有）
     public override void Eat()
     {    Console.WriteLine("一只凶猛的鹰，最喜欢吃猎物的肉……");
     }
     //实现 Iflyable 接口的 Fly 方法（新添加）
     public void Fly()
     {    Console.WriteLine("一只翱翔的鹰，飞得再高都能看见地上的猎物！");
     }
}
```

（3）驼鸟不会飞，只继承 Bird 基类。相应的派生类 Ostrich 定义不变。

```
//驼鸟：鸟类的派生类
public  class Ostrich: Bird
{   //重写父类中的 Eat 方法
    public override void Eat()
    {    Console.WriteLine("一只硕大的驼鸟，最喜欢吃植物的茎、叶、种子……");
    }
```

```
}
```

（4）风筝虽不是鸟，但却会飞，可添加相应的派生类，只让它继承 Iflyable 接口。

```
//新添加派生类 kite：只继承 Iflyable 接口
public class Kite: Iflyable
{   //实现 Iflyable 接口的 Fly 方法
    public void Fly()
    {   Console.WriteLine("一个风筝，在微风中自由自在地飞翔！");
    }
}
```

3. 在另一个类的 Main 主函数中，创建一个 Iflyable 接口数组

```
class Program
{
    static void Main(string[] args)
    {   //创建基类 Bird 数组，添加自身及其派生类对象
        Bird[] birds ={  new Woodpecker(),
                         new Eagle(),
                         new Ostrich()
                    };
        //遍历 birds 数组
        foreach (Bird bird in birds)
        {   bird.Eat();
        }
        //创建一个 Iflyable 接口数组，添加实现了接口的三个派生类对象
        Iflyable[] flys ={  new Woodpecker(),
                            new Eagle(),
                            new Kite()
                        };
        //遍历 flys 数组
        foreach (Iflyable fly in flys)
        {   fly.Fly();
        }
    }
}
```

4. 程序的运行结果

本例中程序的运行结果如图 7-11 所示。

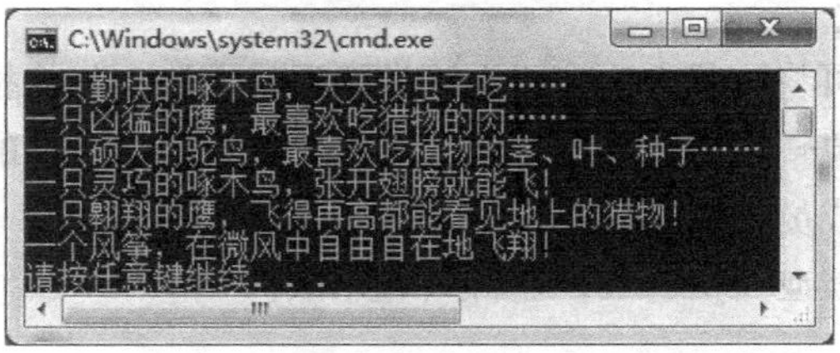

图 7-11　例 7-7 程序的运行结果

5. 运行结果分析

本例的程序中，基类、派生类和接口之间的关系如图 7-12 所示。

可以看出，使用接口实现多态大大提升了程序的扩展性。此后，无论再扩展一个蜜蜂还是一个神仙，只要创建一个新类，继承并实现这个接口，然后在主函数中添加相应对象就可以了。而且不需要查看源代码是如何实现的，这充分体现了开放封闭原则的科学性。

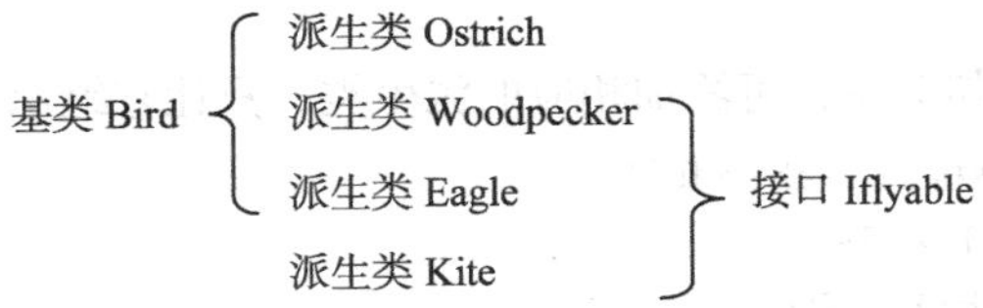

图 7-12　例 7-7 程序中类与接口的继承

7.3.5　运算符重载

重载是实现多态性的一种手段。它包含函数重载和运算符重载。函数重载是指同一个函数可用于操作不同类型的对象。运算符重载则是对某个已有的运算符赋予另一重含义，以便用于某种用户自定义类型（比如类）的运算。也就是说，通过函数重载，可以对一个函数名定义多个函数（函数的参数类型有所不同）；通过运算符重载，可以对一个运算符定义多种运算功能（参加运算的操作数类型有所不同）。

1. 运算符重载的概念

在 C#中，预定义运算符只能用于基本数据类型的运算，例如，加法运算符“+”可用于两个整型数相加，也可用于两个实型数相加，因为整型和实型都是基本类型。假定为了实现复数运算，首先定义了以下复数类。

```
class Complex
{   public double real;
    public double imag;
    public Complex(double r, double i)
    {   real = r;
        imaginary = i;
    }
}
```

然后定义了该类的两个对象 x 和 y。

```
Complex x = new Complex (3, 6);
Complex y = new Complex (2, 5);
```

现在要计算两个复数之和即求表达式 x+y 的值，使用加号“+”是无法实现的。

为了使加号“+”用于复数运算，可以重载这个运算符，即重新编写实现该运算符的方法，使之用于两个复数的加法运算。

2. 运算符重载的方式

实现运算符重载时，可将重载方法声明为该类的成员方法，先将指定运算表达式转化为对运算符方法的调用，运算对象转化为运算符方法的实参，然后根据实参的类型确定要调用的方法。将一个运算符重载为类的成员方法的格式为：

```
public static 返回值类型  operator 运算符（[形参表]）
{
    函数体
}
```

其中，返回值类型即重载的运算符方法的返回值类型，即运算结果的类型；operator 是定义运算符重载方法的关键字；运算符即待重载的运算符本身的符号（如“+”号）；形参表列为重载运算符所需要的参数及类型。

重载运算符时应注意以下问题。

（1）只能重载 C#中已有的运算符，不能通过重载定义新的运算符。可重载的运算符如下。

- 单目运算符：+、–、!、~、++、--。
- 双目运算符：+、–、*、/、%、&、|、^、<<、>>、==、!=、>、<、>=、<=。

（2）运算符的重载不会改变原运算符的优先级和结合性。

（3）运算符的重载不会改变使用运算符的语法规则和参数个数，即单目运算符只能重载为单目运算符，双目运算符只能重载为双目运算符。

（4）重载后的功能应该与原有的功能类似。

例 7-8　重载运算符"++"，使其用于复数的自加运算。

本程序将定义一个复数类，并通过运算符重载来实现复数的自加运算。运算规则是实部和虚部分别加 1。

本程序按顺序编写以下代码。

（1）定义描述复数的 Complex 类，其中包括以下几点。

- 公有字段 real 和 imag，分别表示复数的实部和虚部。
- 公有构造函数，创建并初始化 Complex 类对象（构造复数）。
- 按 a+bi 格式输出复数的 Show 方法。
- 重载自加运算符"++"，实现复数的自加（实部和虚部分别加 1）运算。

（2）在另一个类的 Main 方法中，按如下步骤进行。

- 分别输入一个复数的实部和虚部。
- 构造一个复数（创建并初始化一个 Complex 类对象）。
- 计算并输出一个复数自加的结果。

程序源代码如下。

```
//例 7-8_ 重载自加运算符，实现复数自加
using System;
namespace 复数自加运算
{
    class Complex
    {   //字段：复数实部、虚部
        public double real;
        public double imag;
        //构造函数：创建并初始化对象（构造复数）
        public Complex(double r, double i)
        {   real = r;
            imag = i;
        }
        //方法：以 a+bi 形式显示复数
        public string Show()
        {  return (real).ToString()+(imag<0?"-":"+")+(Math.Abs(imag)).ToString()+"i";
        }
        //重载自加运算符：实现复数的自加运算
        public static Complex operator++(Complex x)
        {   double r=x.real+1;
            double i=x.imag+1;
            return new Complex(r,i);
        }
    }
    class Program
```

```
    {
        static void Main(string[] args)
        {   //输入复数：实部、虚部
            Console.Write("复数：x实部=?  ");
            double r = double.Parse(Console.ReadLine());
            Console.Write("复数：x虚部=?  ");
            double i = double.Parse(Console.ReadLine());
            Complex x = new Complex(r, i);
            Console.WriteLine("复数：x = {0}", x.Show());
            Complex y=++x;
            Console.WriteLine("复数：y = ++x = {0}", y.Show());
            Complex z=y++;
            Console.WriteLine("复数：z = y++ = {0}", z.Show());
        }
    }
}
```

本程序中有以下两个值得注意的地方。

（1）重载自增运算符“++”的方法中，注意以下 3 点。

- 操作数由形参表中的参数 Complex 类变量 x 给出。
- 方法体中包含两个表达式，分别为实部加 1 和虚部加 1。
- 方法的返回值为自定义的 Complex 类的对象，即由分别加 1 后的实部值和虚部值构造的一个复数。

（2）执行语句

```
y = ++x;
```

时，进行了前置加 1 运算，变量 y 的值是 x 加 1 以后的值。执行语句

```
z = x++;
```

时，进行了后置加 1 运算，变量 z 的值是 x 加 1 以前的值。

程序的运行结果如图 7-13 所示。

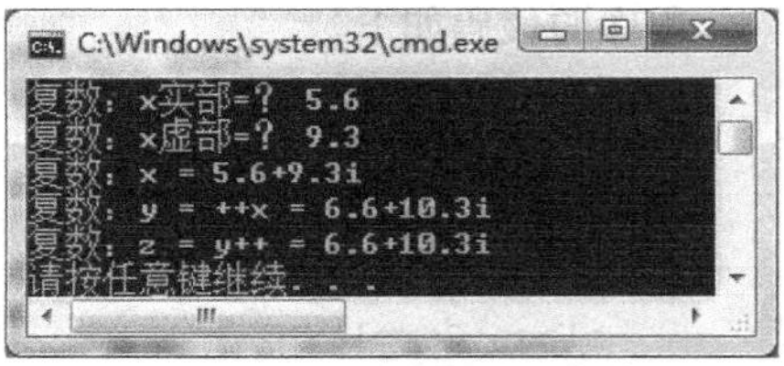

图 7-13　例 7-8 程序的运行结果

7.4　程序解析

本章解析 5 个程序。

第 1 个程序定义了网络账号类及其派生类邮箱类和 QQ 类，分别保存并输出用户保存的网络账号信息、Email 地址和 QQ 号。

第 2 个程序定义了圆类以及两个派生类：表示球体的派生类、表示圆柱体的派生类。圆类中包含虚方法，派生类中重写虚方法，从而实现基类调用派生类对象的“多态”性。

第 3 个程序定义了抽象几何体类以及 3 个派生类：表示球体的派生类、表示圆锥体的派生类和表示圆柱体的派生类。抽象类包含计算体积的抽象方法，派生类中各自实现基类的抽象方法，从而实现基类调用不同派生类方法的类的“多态”性。

第 4 个程序为 Windows 窗体应用程序，其中包括描述四则运算共性的抽象基类以及分别实现

加、减、乘、除运算的派生类，利用类的多态性，实现按用户选择的运算符来完成不同种类的计算的功能。

第 5 个程序定义了复数类，通过运算符重载实现复数的加、减、乘、除运算。

阅读和运行这 5 个程序，可以理解类的继承性、多态性以及运算符重载的概念，掌握通过类的继承来实现代码重用的方法，掌握通过方法（类的成员函数）的多态来扩充程序适应范围的方法，从而进一步体验 C#程序设计的一般方法。

程序 7-1　网络账号类

本程序中，先定义保存网络账号的类，再以此为基类派生出邮箱类（添加 Email 地址）和 QQ 类（添加 QQ 号），然后分别创建 3 个类的对象并显示对象。

1. 算法及程序结构

本程序中，按顺序完成以下操作。

（1）定义基类：保存网络账号的 Account 类，其中包括以下内容。

- 属性 Name、Sex、Area 和 Password：分别保存网名、性别、地区和口令。
- 无参构造函数：性别赋值为“男”，其他均为空字符串。
- 4 个参数的构造函数：为 4 个属性赋值。
- 重载根类 Object 类的 ToString 函数，返回值为包含各属性值的字符串。

（2）定义派生类：保存邮箱地址的 Email 类，其中包括以下内容。

- 新添加的 Address 属性：保存 Email 地址。
- 无参构造函数：调用基类构造函数初始化继承来的 Name、Sex、Area 和 Password 属性为默认值；函数体中初始化自有 Address 属性为空字符串。
- 含 5 个参数的构造函数：调用基类构造函数初始化继承来的 Name、Sex、Area 和 Password 属性为来自实参的值，函数体中初始化自有 Address 属性为来自实参的值。
- 重载根类 Object 类的 ToString 函数，返回值为包含各属性值的字符串。

（3）定义派生类：保存 QQ 号的 QQ 类，其中包括以下内容。

- 新添加的 QQ 属性：保存 QQ 号。
- 无参构造函数：调用基类构造函数初始化继承来的 Name、Sex、Area 和 Password 属性为默认值；函数体中初始化自有 QQ 属性为空字符串。
- 含 5 个参数的构造函数：调用基类构造函数初始化继承来的 Name、Sex、Area 和 Password 属性为来自实参的值，函数体中初始化自有 QQ 属性为来自实参的值。
- 重载根类 Object 类的 ToString 函数，返回值为包含各属性值的字符串。

（4）在另一个类的 Main 函数中创建以下对象。

- 创建基类 Account 的对象，显示该对象。
- 创建派生类 Email 的对象，显示该对象。
- 创建派生类 QQ 的对象，显示该对象。

2. 程序源代码

按以上操作编写的程序如下。

```
//程序 7-1_ 保存网络账号的类以及保存邮箱地址和 QQ 号的派生类
using System;
namespace 网络账号
```

```
{
    class Program
    {
        static void Main(string[] args)
        {   //创建基类、派生类对象并分别调用各自的方法
            Account zhang = new Account("刘大中","男","汉城区","zdzabc");
            Console.WriteLine("{0,-12} : {1}", zhang.GetType(), zhang);
            Email wang = new Email("李正邦","男","唐东区","wzbdef","wang101@163.com");
            Console.WriteLine("{0,-12} : {1}", wang.GetType(), wang);
            QQ ma = new QQ("朱瑞琴","女","明新区","mrqijk","8900900");
            Console.WriteLine("{0,-12} : {1}", ma.GetType(), ma);
        }
    }
    //基类：保存账号的 Account 类
    class Account
    {   //属性：账号、性别、联系方式、密码
        public string Name{ get; set; }
        public string Sex{ get; set; }
        public string Area{ get; set; }
        public string Password{ get; set; }
        //构造函数：初始化对象
        public Account()
        {   Name = "";
            Sex = "男";
            Area ="";
            Password = "";
        }
        //重载构造函数：初始化对象
        public Account(string name, string sex, string area, string password)
        {   Name = name;
            Sex = sex;
            Area = area;
            Password = password;
        }
        //重载根类 ToString 方法，返回含各属性值的字符串
        public override string ToString()
        {   return ( System.String.Format
                 ( "{0}、{1}、{2}、{3}", Name, Sex, Area, Password) );
        }
    }
    //派生类：保存邮箱地址的 Email 类
    class Email : Account
    {   //属性：email 地址
        public string Address{ get; set; }
        //构造函数
        public Email()
            : base() //调用基类构造函数初始化继承的字段，
        {   Address = ""; //函数体中初始化自有字段
        }
        //重载构造函数
```

```
        public Email(string name, string sex, string area, string password, string
address)
            : base(name, sex, area, password)
        {   Address = address;
        }
        //重载根类 ToString 方法，返回含各属性值的字符串
        public override string ToString()
        {   return ( System.String.Format
                  ( "{0}、{1}、{2}、{3}、{4}", Name, Sex, Area, Password, Address) );
        }
    }
    //派生类：保存 QQ 账号的 QQ 类
    class QQ : Account
    {   //属性：QQ 账号
        public string Qnum{ get; set; }
        //构造函数：调用基类构造函数初始化继承字段，函数体初始化自有字段
        public QQ(): base()
        {   Qnum = "";
        }
        //重载构造函数
        public QQ(string name,string sex,string area,string password,string qnum)
            : base(name, sex, area, password)
        {   Qnum = qnum;
        }
        //重载根类 ToString 方法，返回含各属性值的字符串
        public override string ToString()
        {   return ( System.String.Format
                  ( "{0}、{1}、{2}、{3}、{4}", Name, Sex, Area, Password, Qnum) );
        }
    }
}
```

3. 程序运行结果

本程序的运行结果如图 7-14 所示。

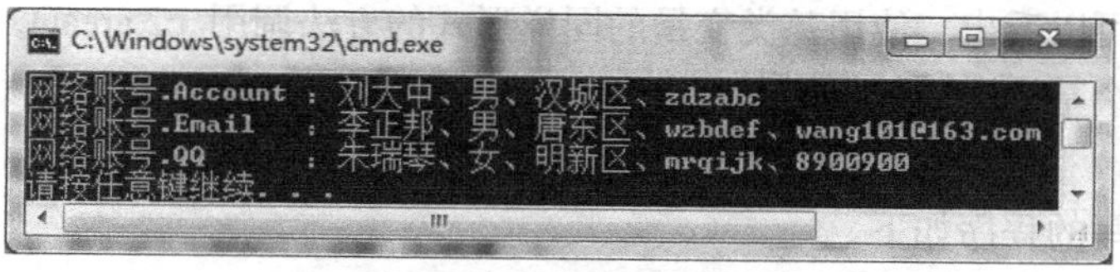

图 7-14　程序 7-1 的运行结果

程序 7–2　圆类及其派生类

本程序实现以下的功能。

（1）首先定义表示圆的基类，再定义以圆类为直接基类的两个派生类：表示球体的派生类、表示圆柱体的派生类。

（2）然后在另一个类的 Main 方法中分别创建基类及两个派生类的对象，分别以 3 种不同的方式引用类中的方法。

- 一是将基类引用赋予基类变量。

- 二是派生类引用赋予派生类变量。
- 三是将派生类引用赋予基类变量。

后一种方式体现了类的多态性。

1. 算法及程序结构

本程序按顺序执行以下操作。

（1）定义表示圆的基类 circle，其中有以下 3 个成员。

- 表示半径的变量 radius。
- 初始化对象的构造函数。
- 计算并显示圆面积的方法 area。

（2）定义表示球体的派生类 globe：继承 circle，其中有以下两个方法。

- 计算球体体积的方法 volume。
- 计算球体表面积的方法 area。

（3）定义表示圆柱体的派生类 cylinder：继承 circle，其中有以下 3 个成员。

- 表示圆柱体高度的变量 height。
- 计算圆柱体体积的方法 volume。
- 计算圆柱体表面积的方法 area。

（4）在 Program 类的 Main 方法中创建对象，调用各个自定义类中的方法。

以下几步都是正常调用，即基类对象调用基类方法，派生类对象调用派生类方法。

- 创建基类 circle 的对象，调用 circle 类的方法 area 计算圆的面积。
- 创建派生类 globe 类的对象，globe 类的两个方法 area 和 volume，计算球体的表面积和体积。
- 创建派生类 cylinder 的对象，调用 cylinder 类的两个方法 area 和 volume，计算球体的表面积和体积。

以下几步实现多态：基类对象调用派生类方法。

- 创建基类对象 c2，赋值为派生类 globe 的引用，调用派生类 globe 中的 area 方法。
- 基类对象 c2 赋值为派生类 cylinder 的引用，调用派生类 cylinder 中的 area 方法。

从运行结果中可以看出，使用基类变量的同样形式的方法调用 c2.area()，具体调用哪个类中的方法取决于为这个基类变量赋值的引用类型。

2. 程序

按以上操作编写的程序如下。

```
//程序 7-2_ 圆类及其球体和圆柱体派生类
using System;
namespace 虚方法实现多态
{
    //基类：表示圆的 circle 类
    public class circle
    {   public double radius;
        public circle(double r){  radius = r;}
        public virtual void area()
        {   Console.WriteLine("圆的面积 = {0}", Math.PI*radius*radius);}
    }
```

```
//派生类：表示球体的 globe 类
public class globe: circle
{   public globe(double r): base(r){ }
    public void volume()
    {   Console.WriteLine("球体积={0}", 4.0/3.0*Math.PI*Math.Pow(radius,3));}
    public override void area()
    {   Console.WriteLine("球体表面积={0}", 4 * Math.PI * radius * radius);}
}
//派生类：表示圆柱体的 cylinder 类
public class cylinder: circle
{   public double height;
    public cylinder(double r, double h): base(r){  height = h;}
    public void volume()
    {   Console.WriteLine("圆柱体体积={0}", Math.PI*radius*radius*height);}
    public override void area()
    {  Console.WriteLine("圆柱体表面积={0}", 2*Math.PI*radius*radius+2*Math.PI*height);}
}
class Program
{
    static void Main(string[] args)
    {   //创建基类 circle 的对象、调用方法求圆面积
        circle c1 = new circle(3.5);
        Console.WriteLine("基类 circle 的对象 c1 调用基类的 area 方法：");
        c1.area();
        //创建派生类 globe 的对象、调用方法求球体表面积和体积
        globe g1 = new globe(4.0);
        Console.WriteLine("\n 派生类 globe 和对象 g1 调用派生类的 area 和 volume 方法：");
        g1.area();
        g1.volume();
        //创建派生类 cylinder 的对象、调用方法求圆柱体表面积和体积
        cylinder cy1 = new cylinder(3.0, 4.0);
        Console.WriteLine("\n 派生类 cylinder 的对象 cy1 调用派生类的 area 和 volume 方法：");
        cy1.area();
        cy1.volume();
        //将派生类 globe 的对象 g1 赋给基类 circle 的变量 c2、调用派生类方法求面积
        circle c2 = g1;
        Console.WriteLine("\n 基类 circle 的对象 c2 调用派生类 globe 的方法 area：");
        c2.area();
        //另一个派生类 cylinder 的对象 cy1 赋给基类变量 c2
        c2 = cy1;
        Console.WriteLine("\n 基类 circle 的对象 c2 调用派生类 cylinder 的方法 area：");
        c2.area();
    }
  }
}
```

3. 程序运行结果

程序的运行结果如图 7-15 所示。

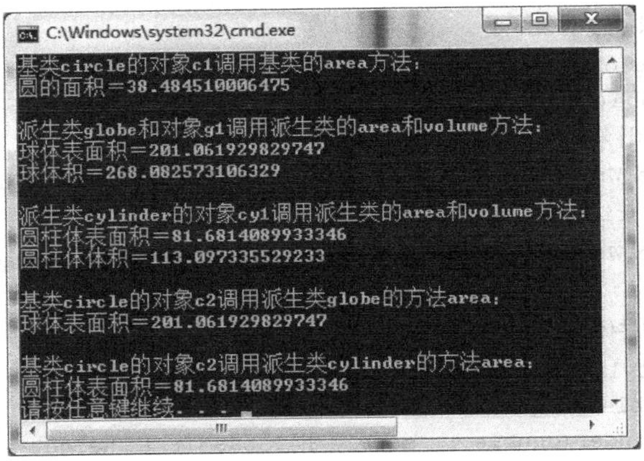

图 7-15　程序 7-2 的运行结果

4. 程序的修改

如果定义一个基类的数组，数组中的每个元素也可以赋予不同的引用类型，例如，在本题Main()的尾部添加以下语句。

```
circle[] c=new circle [3];
c[0] = c1;
c[1] = g1;
c[2] = cy1;
c[0].area();
c[1].area();
c[2].area();
```

5. 修改后程序的运行结果

这些语句的调用结果如图 7-16 所示。

同样的引用格式得到了不同的调用结果，这就是多态性的一种体现。

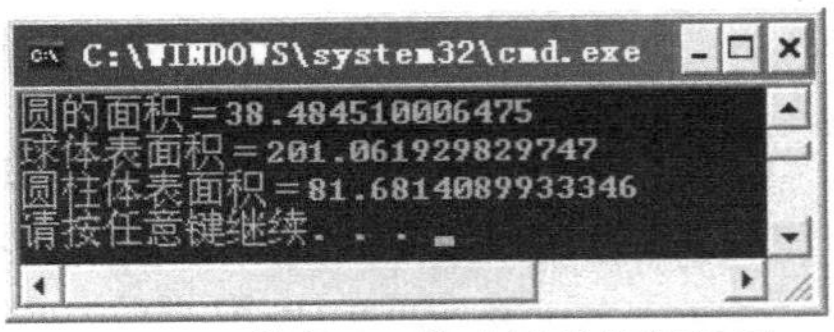

图 7-16　程序 7-2 修改后的运行结果

程序 7–3　抽象几何体类及其派生类

本程序中定义一个抽象类 shape，其中包含抽象方法，然后分别定义该类的 3 个派生类，在各个派生中分别实现抽象类中的抽象方法。

1. 算法及程序结构

本程序按顺序执行以下操作。

（1）定义表示图形的抽象基类 shape 类，其中有以下 3 个成员。

- 表示半径的字段 radius。
- 初始化基类对象的构造函数。
- 抽象方法 cubage()，计算体积（无实现）。

（2）定义表示球体的派生类 globe 类，继承抽象基类 shape，其中有以下 3 个成员。

- 初始化派生类 globe 对象的构造函数：调用基类构造函数 base()，向基类传递参数。
- 实现基类的抽象方法 cubage，计算并返回球体体积。
- 重载根类的 ToString 方法，返回一个包含 cubage()方法计算结果的输出字符串。

（3）定义表示圆锥体的派生类 cone 类，继承抽象基类 shape。其中有以下几个成员。

- 表示圆锥体高度的字段 height。

- 初始化派生类 cone 对象的构造函数：调用基类构造函数 base()向基类传递参数，同时在函数体中给字段 height 赋值。
- 实现基类的抽象方法 cubage，计算并返回圆锥体体积。
- 重载根类的 ToString 方法，返回一个包含 cubage 方法计算结果的输出字符串。

（4）定义表示圆柱体的派生类 cylinder 类，继承抽象基类 shape，其中有以下几个成员。

- 表示圆柱体高度的字段 height。
- 初始化派生类 cylinder 对象的构造函数：调用基类构造函数 base()向基类传递参数，同时在函数体中给字段 height 赋值。
- 实现基类的抽象方法 cubage，计算并返回圆柱体体积。
- 重载根类的 ToString 方法，返回一个包含 cubage 方法计算结果的输出字符串。

（5）在 Program 类的 Main 方法中创建几何体对象并计算体积。

- 创建派生类 globe 的对象，计算并输出球体体积。
- 创建派生类 cone 的对象，计算并输出圆锥体体积。
- 创建派生类 cylinder 的对象，计算并输出圆柱体体积。

2. 程序

按以上操作编写的程序如下。

```
//程序 7-3_ 抽象几何体类及其球体、圆锥体和圆柱体派生类
using System;
namespace 抽象基类实现多态
{
    //抽象基类：表示圆的 circle 类
    public abstract class shape
    {   protected double radius;                    //数据成员：半径
        public shape(double r){ radius=r;}          //构造函数
        public abstract double cubage();            //抽象方法
    }
    //派生类：表示球体的 globe 类
    public class globe: shape
    {   //构造函数：调用基类构造函数
        public globe(double r): base(r){}
        //实现（重写）基类的抽象方法
        public override double cubage()
        {   return Math.PI*radius*radius*radius*4.0/3;}
        //重写 Object 类（根类）的 ToString 方法
        public override string ToString()
        {   return string.Format("球体体积为：{0}",cubage());}
    }
    //派生类：表示圆锥体的 cone 类
    public class cone: shape
    {   //添加数据成员：表示圆锥体高度
        public double height;
        //构造函数：基类构造函数初始化继承数据，函数体初始化自有数据
        public cone(double r, double h): base(r){ height=h;}
        //实现（重写）基类的抽象方法
        public override double cubage()
```

```
        {  return Math.PI*radius*radius*height/3;}
        //重写 Object 类（根类）的 ToString 方法
        public override string ToString()
        {  return string.Format("圆锥体体积为: {0}",cubage());}
    }
    //派生类：表示圆柱体的 cylinder 类
    public class cylinder : shape
    {  //添加数据成员：表示圆柱体高度
        public double height;
        //构造函数：基类构造函数初始化继承的数据，函数体初始化自有数据
        public cylinder(double r, double h): base(r){ height=h;}
        //实现（重写）基类的抽象方法
        public override double cubage()
        {  return Math.PI * radius * radius * height;}
        //重写 Object 类（根类）的 ToString 方法
        public override string ToString()
        {  return string.Format("圆柱体体积为: {0}",cubage());}
    }
    class Program
    {
        static void Main(string[] args)
        {
            globe g = new globe(9.0);
            Console.WriteLine(g);
            cone c = new cone(9.0, 15.0);
            Console.WriteLine(c);
            cylinder cy = new cylinder(9.0, 15.0);
            Console.WriteLine(cy);
        }
    }
}
```

3. 程序运行结果

本程序的运行结果如图 7-17 所示。

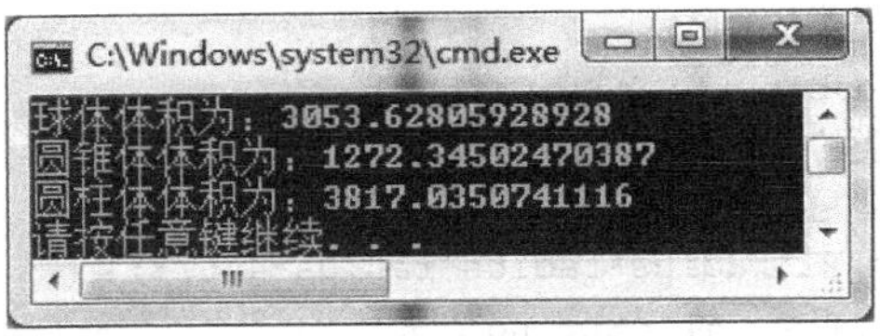

图 7-17　抽象类和抽象方法的使用

程序 7-4　加减乘除计算器

本程序是一个 Windows 窗体应用程序。其中利用类的继承性和多态性来实现一个简易的四则运算计算器。

1. 窗体设计

本程序设计的窗体如图 7-18 所示。

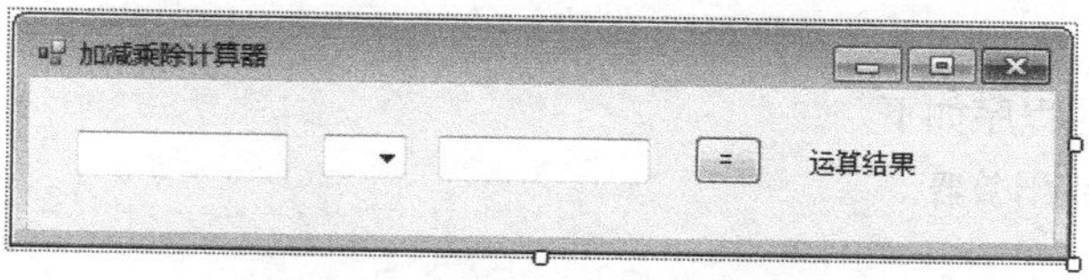

图 7-18　抽象类和抽象方法的使用

（1）窗体的 Text 属性改为“加减乘除计算器”。

（2）摆放两个 textBox 控件（文本框），用于输入两个操作数。

（3）摆放一个 comboBox 控件（下拉列表框），用于选择性输入运算符数。在这个控件的 Items 属性中，输入 4 个运算符（+、–、*和/各占一行）。

（4）摆放一个 Button 控件（按钮），其 Text 属性改为“=”。该按钮的单击事件方法中将要包含启动计算的主要代码。

（5）摆放一个 Lable 控件（标签），用于显示运算结果。其 Text 属性改为“运算结果”。

2. 算法及程序结构

本程序按顺序执行以下操作。

（1）定义描述计算的抽象基类 Calculate 类，其中包含以下 3 个成员。

- 表示两个操作数的属性 Number1 和 Number2。
- 表示计算的抽象方法 Compute。

（2）定义表示加法的派生类 Add 类，继承抽象基类 Calculate。其中包含实现抽象基类的抽象方法 Coumute，返回加法运算的结果。

（3）定义表示加法运算的派生类 Add 类，继承抽象基类 Calculate。其中包含实现抽象基类的抽象方法 Coumute，返回加法运算的结果。

（4）定义表示减法运算的派生类 Sub 类，继承抽象基类 Calculate。其中包含实现抽象基类的抽象方法 Coumute，返回减法运算的结果。

（5）定义表示乘法运算的派生类 Mul 类，继承抽象基类 Calculate。其中包含实现抽象基类的抽象方法 Coumute，返回乘法运算的结果。

（6）定义表示减法运算的派生类 Dev 类，继承抽象基类 Calculate。其中包含实现抽象基类的抽象方法 Coumute，返回除法运算的结果。

（7）在定义主窗体的 Form1 类中编写 getResult 方法，该方法以用户选择的运算符（加、减、乘或除）作为参数，返回值为赋值了某个派生类（Add、Sub、Mul 或 Dev）对象的基类类型。该方法中包含以下操作。

- 定义抽象基类的 Calculate 的变量 calculate。
- 按参数（用户选择的算符）的不同分别创建不同派生类对象，然后赋值给基类变量。
- 返回赋值了某个派生类对象的基类类型。

（8）在主窗体 Form1 类的 Button1 按钮的单击事件方法中，执行以下操作。

- number1 和 number2 ← 用户在两个文本框中输入的两个操作数。
- operat ← 用户在下拉列表框中选择性输入的运算符。
- 以 operat 为参数，调用 getResult 方法，返回值（赋值了运算符对应的派生类对象的基类对象）赋给基类变量 calcul。
- 调用 calcul 对象的 Computer 方法，执行用户指定的运算。
- 输出运算结果。

3. 程序

按以上操作编写的程序如下。

```
//程序 7-4_ 加减乘除计算器
using System;
using System.Collections.Generic;
using System.ComponentModel;
using System.Data;
using System.Drawing;
using System.Linq;
using System.Text;
using System.Windows.Forms;

namespace 计算器
{
    public partial class Form1 : Form
    {
        public Form1()
        {   InitializeComponent();
        }
        //button1 按钮的单击事件方法
        private void button1_Click(object sender, EventArgs e)
        {   //获取两个操作数
            double number1=double.Parse(this.textBox1.Text.Trim());
            double number2=double.Parse(this.textBox2.Text.Trim());
            //获取运算符
            string operat=comboBox1.Text.Trim();
            //通过运算符返回基类类型
            Calculate calcul = getResult(operat);
            calcul.Number1 = number1;
            calcul.Number2 = number2;
            //利用多态返回运算结果
            string result = calcul.Compute().ToString();
            this.label1.Text = result;
        }
        //方法：通过运算符返回基类类型
        private Calculate getResult(string operat)
        {   Calculate calculate = null;
            switch (operat)
            {   case "+": calculate = new Add(); break;
                case "-": calculate = new Sub(); break;
                case "*": calculate = new Mul(); break;
                case "/": calculate = new Dev(); break;
            }
            return calculate;
        }
    }
    //表示计算的抽象基类
    public abstract class Calculate
    {   //属性：两个操作数
        public double Number1{ get; set;}
        public double Number2{ get; set;}
        //抽象方法
```

```
        public abstract double Compute();
    }
    //表示加法的派生类
    public class Add: Calculate
    {   //实现抽象基类计算方法
        public override double Compute()
        {   return Number1 + Number2;
        }
    }
    public class Sub: Calculate
    {   //实现抽象基类计算方法
        public override double Compute()
        {   return Number1 - Number2; }
    }
    //表示乘法的派生类
    public class Mul: Calculate
    {   //实现抽象基类计算方法
        public override double Compute()
        {   return Number1 * Number2; }
    }
    //表示除法的派生类
    public class Dev: Calculate
    {   //实现抽象基类计算方法
        public override double Compute()
        {   return Number1 / Number2; }
    }
}
```

4. 程序运行结果

本程序的运行结果如图 7-19 所示。

(a)

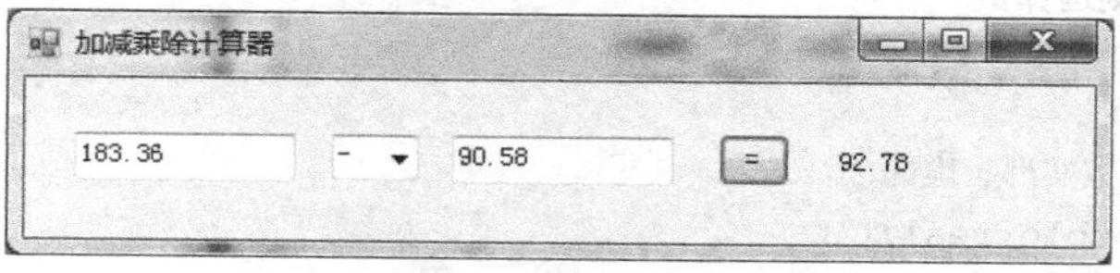

(b)

(c)

图 7-19 抽象类和抽象方法的使用

程序 7–5　复数的四则运算

本程序将定义一个复数类，并通过运算符重载来实现复数的四则运算。

设两个复数分别为 $x=a+bi$、$y=c+di$，则复数四则运算的规则如下。

- 加法法则：$(a+bi)+(c+di)=(a+c)+(b+d)i$。
- 减法法则：$(a+bi) - (c+di)=(a-c)+(b-d)i$。
- 乘法法则：$(a+bi)*(c+di)=(ac-bd)+(bc+ad)i$。
- 除法法则：$(a+bi)/(c+di)=(ac+bd)/(c\^2+d\^2) + (bc-ad)/(c\^2+d\^2)i$。

1. 算法及程序结构

（1）定义描述复数的 Complex 类，其中包括以下成员。

- 公有字段 real 和 imag，分别表示复数的实部和虚部。
- 公有构造函数，创建并初始化 Complex 类对象（构造复数）。
- 按 a+bi 格式输出复数的 Show 方法。
- 重载加法运算符“+”，按加法法则完成两个复数的加法运算。
- 重载减法运算符“–”，按减法法则完成两个复数的减法运算。
- 重载乘法运算符“*”，按乘法法则完成两个复数的乘法运算。
- 重载除法运算符“/”，按除法法则完成两个复数的除法运算。

（2）在另一个类的 Main 方法中作如下操作。

- 分别输入两个复数的实部和虚部。
- 构造两个复数（创建并初始化两个 Complex 类对象）。
- 计算并输出两个复数之和。
- 计算并输出两个复数之差。
- 计算并输出两个复数之积。
- 计算并输出两个复数之商。

2. 程序

程序源代码如下。

```
//程序 7-5_ 重载加、减、乘、除运算符，实现两个复数的加、减、乘、除运算
using System;
namespace 复数四则运算
{
    class Complex
    {   //字段：复数实部、虚部
        public double real;
        public double imag;
        //构造函数：为复数实部、虚部赋值
        public Complex(double r, double i)
        {   real = r;
            imag = i;
        }
        //Show 方法：输出 a+bi 形式的复数
        public string  Show()
        {  return  (real).ToString()+(imag<0?"-":"+")+(Math.Abs(imag)).ToString()+"i";
        }
        //重载四则运算符（+、-、*、/）为成员函数
```

```
        public static Complex operator +(Complex x, Complex y)
        {   return new Complex (x.real + y.real,x.imag + y.imag);
        }
        public static Complex operator -(Complex x, Complex y)
        {   return new Complex( x.real - y.real, x.imag - y.imag);
        }
        public static Complex operator *(Complex x, Complex y)
        {   double r,i;
            r = x.real*y.real - x.imag*y.imag;
            i = x.real*y.imag + y.real*x.imag;
            return new Complex (r,i);
        }
        public static Complex operator /(Complex x, Complex y)
        {   double r, i;
            r = (x.real*y.real + x.imag*y.imag)/(y.real*y.real + y.imag*y.imag );
            i = (x.imag*y.real - x.real*y.imag)/(y.real*y.real + y.imag*y.imag );
            return new Complex(r, i);
        }
        class Program
        {
            static void Main(string[] args)
            {   //输入：两个复数的实部、虚部
                Console.Write("复数：x 实部？ x 虚部？ y 实部？ y 虚部？ ");
                var str = Console.ReadLine().Split(' ');
                //创建两个 Complex 类对象：构造两个复数
                Complex x=new Complex(double.Parse(str[0]), double.Parse(str[1]));
                Complex y=new Complex(double.Parse(str[2]), double.Parse(str[3]));
                //计算并输出：两个复数的和、差、积、商
                Complex z = x + y;
                Console.WriteLine("和：({0})+({1})=({2})", x.Show(),y.Show(),z.Show());
                z = x - y;
                Console.WriteLine("差：({0})-({1})=({2})", x.Show(),y.Show(),z.Show());
                z = x * y;
                Console.WriteLine("积：({0})*({1})=({2})", x.Show(),y.Show(),z.Show());
                z = x / y;
                Console.WriteLine("商：({0})/({1})=({2})", x.Show(),y.Show(),z.Show());
            }
        }
    }
}
```

本程序中，需要重点关注重载运算符的意义和形式。

（1）如果不重载，则两个数字的四则运算符不能用于复数；重载后，扩展了这几个运算符的功能，为复数的四则运算带来了方便。

（2）下面以重载加号“+”为例，说明重载运算符的形式。

- 方法头部的关键字“operator+”指定了重载运算符的运算符是“+”。
- 重载的双目运算符要用到两个操作数，这就是形参表中的两个参数 Complex x 和 Complex y。
- 方法的结果返回的是两个复数之和，重载时，返回值往往要用“new”创建一个新的 Complex 对象。
- 该方法的修饰符有公用 public 和静态 static，这是重载运算符必需的。

3. 程序运行结果

本程序的运行结果如图 7-20 所示。

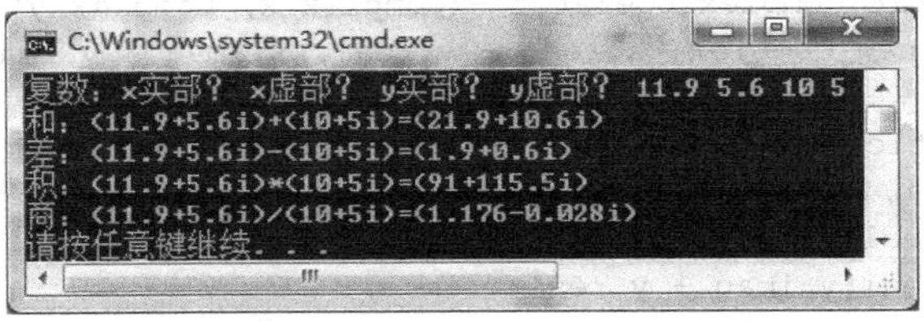

图 7-20 抽象类和抽象方法的使用

7.5 实验指导

本章安排 3 个实验，分别练习派生类的定义和使用方法、类的多态性的实现方法、接口和运算符重载的使用方法。

通过这些实验，可以更好地学习以下内容。

- 理解类与对象的特点和使用方法。
- 理解类的继承性的概念和重要意义，掌握通过类的继承性来模拟现实世界中的客观事物以及实现代码重用的一般方法。
- 理解类的多态性的概念和重要意义，掌握通过虚方法、抽象基类和抽象方法以及接口等各种手段来实现多态性的一般方法。

实验 7-1 类的继承性

本实验运行 3 个程序：第 1 个给出了包含错误的源代码，需要改正错误后才能运行；第 2 个给出了全部源代码，运行后回答相应的问题即可；第 3 个需要按照要求自行编写源代码，然后运行它。

1. 修改并运行程序

（1）阅读程序，指出其中 3 个加注释的地方，指出编译正确或者产生编译错误的原因。

提示：注意类成员与实例成员的区别。

```
class myMain: myClass
{
        static void Main(string[] args)
        {    myClass mytime = new myClass();
             mytime.set_time();
             Console.WriteLine(mytime.time[1]);  //编译错误
             mytime.show_time();  //编译错误,
             void show()
             {    myClass mytime = new myClass();
                  mytime.set_time();
                  show_time();  //编译正确
             }
        }
```

```
class myClass
{
        string[] time = new string[3];
        public void set_time()
        {   Console.WriteLine("当前时间（形如10:10:09）？ ");
            time = Console.ReadLine().Split(':');
        }
        protected void show_time()
        {   Console.WriteLine("现在时间：");
            string str="";
            foreach (string a in time)
            {   str+=a.ToString();
            }
            Console.WriteLine(str + ' ');
        }
}
```

（2）改正上述代码中的错误，使其能够运行。

（3）创建一个控制台应用程序，输入改正后的程序，然后运行程序。

2. 编写并运行程序

【程序的功能】

定义表示通用人员的 Person 类作为基类，派生出表示学生的 Student 类，分别创建基类和派生类对象，完成信息输出以及计算和输出平均成绩等任务。

【窗体设计】

先将窗体的 Text 属性改为“通用人员及学生信息”，然后在窗体上摆放以下控件。

（1）6 个文本框，分别用于输入姓名、年龄、性别、语文、数学、计算机成绩。

（2）两个按钮。在 Button1 按钮的单击事件方法中编写用于创建 Person 类对象及输出相关信息的代码；在 Button2 按钮的单击事件方法中编写用于创建 Student 类对象及处理和输出相关信息的代码。

（3）一个列表框，用于显示 Person 类对象和 Student 类对象的相关信息。

【程序设计步骤】

（1）定义人员类 Person，包括以下成员。

- 3 个公有字段 Name、Age、Sex：分别保存姓名、年龄、性别。
- 构造函数：为 3 个字段赋值。
- 重载根类的 Object 的 ToString 函数，返回 3 个字段的值。

（2）定义学生类 Student，包括以下成员。

- 3 个私有字段 Chinese、Math、Comput：分别保存语文、数学、计算机成绩。
- 3 个公有属性：分别访问 3 个私有字段。
- 构造函数：调用基类构造函数为继承的字段赋值，函数体为自有字段赋值。
- 公有方法 Avg：计算平均成绩。
- 重载根类 Object 的 ToString 函数，返回所有字段的值。

（3）在当前窗体的 Button1 按钮的单击事件方法中，编写执行以下操作的代码。

- 创建 Person 类对象（数据自拟）。
- 显示对象信息：姓名、年龄、性别。

（4）在当前窗体的 Button2 按钮的单击事件方法中，编写执行以下操作的代码。

- 创建 Student 对象。

- 显示对象信息：姓名、年龄、性别、语文、数学、计算机成绩。
- 计算并显示平均成绩。

（5）运行程序。

- 在相关文本框中输入姓名、年龄、性别，然后单击 Button1 按钮，观察列表框中显示的 Person 类对象的信息。
- 在相关文本框中输入姓名、年龄、性别以及 3 门课的成绩，然后单击 Button2 按钮，观察列表框中显示的 Student 类对象的信息。

3. 编写并运行程序

【程序的功能】

定义表示飞行器的基类 TairCraft 以及公有继承 TairCraft 类的派生类 Tairplane 和 Thelicopter，分别表示飞机和直升飞机。

【程序设计步骤】

（1）定义表示飞行器的基类 TairCraft，包括以下成员。

- 两个保护数据成员：
  表示型号的字符串变量 Model，表示乘客数的整型变量 Passengers。
- 构造函数：初始化对象，为两个数据成员赋初值。
- 表示性能的 4 个公有成员方法：Takeoff、Land、Climb、Descend，分别表示起飞、降落、爬升和下降，用于输出相关信息（“起飞时间”、“爬升高度” 等）。
- 访问数据成员的两个公有属性：getModel、getPassengers。
- 输出数据成员的公有成员方法：craftShow。

（2）定义表示飞机、继承 TairCraft 类的派生类 Tairplane。

- 添加两个数据成员：
  表示起飞地的字符串变量 Departure，表示目的地的字符串变量 Destination。
- 添加自身的公有构造函数：调用基类构造函数初始化继承自基类的数据成员，在函数体中初始化自有数据成员。
- 添加获取自身数据成员的属性：getDeparture、getDestination。
- 添加输出所有数据成员（继承的及自有的）的公有成员方法：planeShow。

（3）定义表示直升飞机、继承 TairCraft 类的派生类 Thelicopter。

- 重定义两个公有的成员方法：Takeoff、Land，分别用于输出相关信息（内容自拟）。

（4）在创建项目时自动生成的 Program 类的 Main 方法中，按以下形式编写代码。

```
static void Main(string[] args)
{    创建 Tairplane 类的对象 airplay（数据自拟）;
     调用 playShow 方法，输出 airplay 对象的数据成员;
     调用 Takeoff 方法和 Land 方法，输出 airplay 对象的相关信息;
     创建 Thelicopter 类的对象 helicopter（数据自拟）;
     调用 playShow 方法，输出 helicopter 对象的数据成员;
     调用 Takeoff 方法和 Land 方法，输出 helicopter 对象的相关信息;
}
```

（5）在 VC#控制台应用程序中输入并运行该程序。

实验 7-2　类的多态性

1. 运行并分析程序

（1）阅读以下程序段，指出类的继承性是如何体现的，类的多态性是如何体现的。

```
class Program
{
    static void Main(string[] args)
    {   A1 oA1 = new A1();
        Console.WriteLine(oA1.fun("派生类 A1"));
        A2 oA2 = new A2();
        Console.WriteLine(oA2.fun(2));
        A oA;
        oA=new A1();
        Console.WriteLine(oA.fun());
        oA = new A2();
        Console.WriteLine(oA.fun());
    }
}
public class A
{   protected int x;
    public virtual string fun()
    { return "基类 A 的 fun 方法"; }
}
public class A1: A
{   public int x1;
    public int calcul()
    { }
    public override string fun() //子类重写父类的方法
    {   return "派生类 A1 的 fun 方法"; }
}
public class A2: A
{   public override string fun(int n) //子类重写父类的方法
    {   return s+"的派生类 A"+n.ToString();
    }
}
```

（2）在 VC#控制台应用程序中输入并运行程序。

2. 输出字符拼成的矩形、三角形和菱形图案

【程序的功能】

通过类的多态性显示用字符“*”拼凑而成的矩形图案、三角形图案或菱形图案。

要求：基类使用派生类对象，调用其成员方法显示图案。

【程序设计步骤】

（1）定义表示图案的基类 jigsaw。基本形式如下。

```
class jigsaw{
公有成员：
    构造函数 jigsaw()
    显示字符图案的虚方法 void show()
};
```

（2）定义表示矩形图案的派生类 Rectangle。基本形式如下。

```
class Rectangle: jigsaw{
公有成员:
    构造函数 Rectangle()
    重写的显示矩形字符图案的虚方法 void show()
};
```

（3）定义表示三角形图案的派生类 Triangle。基本形式如下。

```
class Triangle: jigsaw{
公有成员:
    构造函数 Triangle()
    重写的显示三角形字符图案的虚函数 void show()
};
```

（4）定义表示菱形图案的派生类 Diamond。基本形式如下。

```
class Diamond: jigsaw{
公有成员:
    构造函数 Diamond()
    显示菱形字符图案的虚函数 void show()
};
```

（5）编写 Program 类的 Main 方法。基本形式如下。

```
static void Main(string[] args)
{   定义基类变量
    基类变量分别赋值为 4 个类的对象（可使用数组）
    逐个调用各派生类的成员方法 show()
}
```

（6）在 VC#控制台应用程序中编写并运行程序。

3. 几何体类

【程序的功能】

利用类的继承性和多态性，计算几何体体积，输出体积以及其他相关信息。

（1）定义抽象基类 Shape 类，其中包含以下成员。

- 抽象成员方法 Volume，用于计算物体的体积。
- 抽象成员方法 Area，用于计算物体的表面积。
- 抽象成员方法 Showme，用于显示物体的信息和体积。

（2）定义表示正方体的派生类 Cube 类，继承 Shape 类，其中包含以下成员。

- 私有字段 side：保存正方体的边长。
- 构造函数：初始化对象，为字段赋值。
- 公有属性 Side：访问 side 字段。
- 实现抽象基类 Shape 的抽象成员方法 Volume，计算正方体的体积。
- 实现抽象基类 Shape 的抽象成员方法 Area，计算正方体的表面积。
- 实现抽象基类 Shape 的抽象成员方法 Showme，显示正方体的边长、表面积和体积。

（3）定义表示长方体的派生类 Cube 类，继承 Shape 类，其中包含以下成员。

- 3 个私有字段 length、width、height：分别保存长方体的长、宽、高。
- 构造函数：初始化对象，为字段赋值。
- 公有属性 Length、Width、Height：分别访问 3 个字段。
- 实现抽象基类 Shape 的抽象成员方法 Volume，计算长方体的体积。

- 实现抽象基类 Shape 的抽象成员方法 Area，计算长方体的表面积。
- 实现抽象基类 Shape 的抽象成员方法 Showme，显示长方体的长、宽、高以及计算得到的表面积和体积。

（4）定义表示三棱柱的派生类 Trianglar 类，继承 Shape 类，其中包含以下成员。

- 3 个私有字段 height、sideHeight、side，分别保存三棱柱的高、底面三角形底边上的高、底面三角形底边长。
- 构造函数：初始化对象，为字段赋值。
- 公有属性 Length、Width、Height：分别访问 3 个字段。
- 实现抽象基类 Shape 的抽象成员方法 Volume，计算三棱柱的体积。
- 实现抽象基类 Shape 的抽象成员方法 Area，计算三棱柱的表面积。
- 实现抽象基类 Shape 的抽象成员方法 Showme，显示三棱柱的高、底面三角形底边上的高、底面三角形底边长以及计算得到的表面积和体积。

（5）编写 Program 类的 Main 方法。

- 分别定义 3 个派生类 Cube、Cuboid 和 Trianglar 的对象，并初始化对象。
  代码示例如下。

```
Cube cube1 = new Cubw(9.3);
Cuboid cuboid1 = new Cuboid(10.6, 7, 9.2);
Trianglar triablar1 = new Trianglar(9.5, 10, 15);
```

- 调用 Area 方法，计算正方体、长方体和三棱体的表面积和体积。
- 调用 Showme 方法，输出正方体、长方体和三棱体的数据成员以及表面积和体积。

（6）在 VC#控制台应用程序中编写并运行程序。

实验 7–3　接口和运算符重载

本实验编写并运行 3 个程序：第 1 个通过方法重载实现不同数据类型的两个变量的互换，第 2 个通过重载++运算符实现时间（分：秒）的加 1 秒，第 3 个通过重载==、>和<运算符实现字符串比较。

1. 通过函数重载交换两个数据

【程序的功能】

通过方法重载实现两个不同数据类型（整型、双精度型、字符串）的数据的互换。

【程序设计步骤】

（1）定义一个接口 Iinfo，其中包含以下成员。

- 3 个公有属性，分别读写一个人的编号、姓名、性别。
- 1 个 void Show( )成员方法（由派生类实现）。

（2）定义一个 Person 类，继承接口 Iinfo，其中包含以下成员。

- 3 个私有字段：分别保存一个人的编号、姓名、性别。
- 3 个公有属性：分别读写 3 个私有字段（编号、姓名、性别）。
- 构造函数：初始化对象，为 3 个私有字段赋值。
- 1 个 void Show( )成员方法（输出 3 个私有字段的值）。

（3）定义一个 Student 类，继承 Person 类，其中包含以下成员。

- 1 个私有字段：保存一个学生的学号。

- 1 个公有属性：读写学号字段。
- 构造函数：初始化对象，调用基类构造函数为继承的 3 个字段赋值，函数体中为自有字段赋值。
- 1 个 void Show( )成员方法：调用基类中同名方法输出继承来的 3 个字段的值，输出自有字段的值。

（4）编写 Program 类的 Main 方法，调试并调用派生类对象（数据自拟）及方法。

（5）在 VC#控制台应用程序中编辑并运行程序。

2. 模拟秒表

【程序的功能】

模拟秒表，每次走 1 秒，满 60 秒进 1 分钟，此时秒又从 0 开始算。

要求：输出分和秒的值。

【程序设计步骤】

（1）定义 Time 类，包含以下成员。

- 数据成员 minute（分）、second（秒）。
- 构造函数 Time，为 minute 和 second 赋初值。
- 重载++运算符，使其具有加 1 秒的功能。
  second 加 1 后，若满 60 则 minute 加 1，同时 second-60。
- 显示秒表（minute、second 的值）。

（2）编写 Program 类的 Main 方法。

填充适当的代码，补全以下 Main 方法的定义。

```
static void Main(string[] args)
{    Time t1(31,54);//35 分秒
     for(      ①      )
     {    ++t1;
          ______②______.display();
     }
}
```

（3）在 VC#控制台应用程序中编辑并运行程序。

第 8 章 Windows 应用程序

C#的 Windows 窗体应用程序与 Windows 操作系统一样，都是基于窗口的。一个程序可以包含多个窗口，一个窗口可以包含多页，一个程序的多个窗口还可以组成具有主、子关系的窗口。应用程序主窗口一般都通过主菜单、快捷菜单、工具栏以及命令按钮等多种控件来为用户提供操作命令。并通过文本框、列表框、图片框、单选钮、复选项以及消息框和标准对话框（如打开对话框、查找与替换对话框）等各种控件来接收用户输入的信息，给用户显示信息或者表达用户与程序的其他操作意图。窗口中往往还包含状态栏，用于显示程序运行时的各种信息。

Windows 窗体应用程序中代码块的执行是由运行时实际发生的各种事件（如控件的单击事件、聚焦事件等）来驱动的。相对于控制台应用程序来说，Windows 窗体应用程序的设计直观、便捷，可利用的设计方式及其工具（向导、模板等）丰富多彩，设计出来的程序功能更强而且可以完成许多控制台应用程序中难以完成的任务，如画图、制作动画、处理声音和视频信息等。

8.1 项目与解决方案

在 Visual Studio 开发环境中，一个程序称为一个项目。一个 C#的 Windows 窗体应用程序往往就是一个复杂的项目。它在逻辑上由多个窗体及其配套的引用、资源等多种成分构成，物理上由多个相关的文件构成，这些文件分门别类地存储在一个具有多层结构的文件夹中。同时，一个项目又是一个解决方案的组成部分。

Windows 窗体应用程序与用户交互的界面是窗口。窗口上摆放的各种控件就是程序与用户交互的工具。控件的创建、单击、激活、禁用、释放等都会引发相应的事件并启动执行与之绑定的事件处理方法。因而，程序中的代码一般都会分门别类地放在一个个事件处理方法中，发生一个事件（如按钮单击事件）便会触发一个相关的事件处理方法，执行其中的代码。因此，这种类型的程序设计的重要任务是：使用一些合适的控件来设计窗体，编写必要的事件处理代码。

8.1.1 创建 Windows 应用程序项目

项目是创建一个应用程序时必须具备的所有工具的逻辑容器。创建新项目的最简方式是启动预定义的项目模板。项目模板中包含一组基本的预生成代码文件、配置文件、可用资源和设置，可在开始创建某种编程语言的特定类型应用程序（或网站）时使用。

创建应用程序时，选择主菜单上的“文件”→“新建”→“项目”，打开“新建项目对话框”，在其中选择一个项目类型（如“Windows 窗体应用程序”），然后填写项目名、解决方案名并单击“确定”按钮之后，Visual Studio 便会创建一个新的项目，同时创建一个解决方案来包容它。此后，如有必要，则可继续向解决方案添加更多新项目或现有项目。可从现有代码文件创建项目，也可创建会在使用完毕后删除的临时项目。

例 8-1 使用图片框显示图像，且当单击图片时可在 3 幅图像之间切换。

PictureBox 控件充当一个图像容器，可用于显示位图、图标、图元以及来自 JPEG 或 GIF 文件的图片。PictureBox 控件常用的属性如下所示。

（1）Image 属性：用于装入要显示的图片。该属性可在“属性”窗口中设置，也可编写代码为其赋值为一幅图片。

（2）ImageLocation 属性：赋值为需要显示的图片的路径或 URL。

（3）SizeMode：用于在控件中伸展、居中对齐或者缩放图像。这是一个枚举值，可取值为以下几种。

- Normal（默认值）：图像放在图片框左上角。如果图像比图片框大，则只显示一部分。
- CenterImage：图像放在中间。如果图像比图片框大，则只显示一部分。
- StretchImage：将图像调整为适合图片框的大小。
- AutoSize：将图片框大小调整为刚好容纳图像。
- Zoom：将图像大小调整为适合图片框，但保持长宽比不变。

图片框的默认事件是 Click 事件。双击 PictureBox 控件，会产生该事件的空白处理方法。

1. 创建一个“Windows 窗体应用程序”项目

（1）创建名为 yaoForm 的项目。

（2）将 3 个图像文件 Rome.jpg、Paris.jpg 和 Singapore.jpg 放入保存当前项目的文件夹中，路径是：yaoForm\yaoForm\bin\debug。

> **注意** 该路径依次为“解决方案文件夹名”“当前项目文件夹名”“保存可执行文件的文件夹名”和“调试文件夹名”。

也可按以下步骤将图像文件作为资源添加到工程中去。

- 在解决方案资源管理器中，右键单击当前项目下的 Properties 节点，选择“打开”菜单项，打开该工程的属性页。
- 选择左侧栏中的“资源”标签。
- 用资源页顶部“添加资源”按钮旁边的下拉箭头打开一个列表，选择“添加已有文件”列表项，找到 3 个图片文件，依次添加进来，如图 8-1 所示。

图 8-1 加入了当前项目的图像文件

- 添加后的资源有一个名字，可以用这个名字引用它。
- 保存项目。

添加进来的资源本身就是一个 Bitmap 类型的对象，通过 Properties 名字空间中的 Resourse 对象可以直接赋值给 PictureBox 的 Image 属性。例如，语句

```
pictureBox1.Image = Properties.Resources.Paris;
```

就把第 1 个图像装入 pictureBox1 图片框了。

2. 设计窗体

在自动生成的 Form1 窗体上放一个图片框，作如下设置。

（1）SizeMode 属性为 Zoom 值，使得装入图片框的图像按图片框的大小来调整图片大小，但图像的长宽比不变。

（2）Dock 属性为 Fill，使得图片框占满窗体（标题栏以下部分）。

实际上，窗体以及窗体上的控件也都是由类来定义的，只不过这些都是可以看得见的“可视化类”。Form1 窗体类的定义放在两个文件 Form1.cs 和 Form1.Designer.cs 中。前一个主要提供给添加代码（自定义类、事件处理方法等）；后一个是由 C#自动产生的，描述窗体以及窗体上控件的设置信息等。

3. 编写代码

双击图片框，产生一个空的事件处理方法，并在其中编写代码。核心代码是：为图片框的 ImageLocation 属性赋值为一个存储图像文件的路径（string 型）。

（1）需要手动添加的程序源代码都在 Form1.cs 文件中，该文件的内容如下。

```
//例 8-1_ 图片框显示图像，单击则切换另一幅
using System;
using System.Collections.Generic;
using System.ComponentModel;
using System.Data;
using System.Drawing;
using System.Linq;
using System.Text;
using System.Windows.Forms;
namespace yaoForm
{
    public partial class Form1 : Form
    {
        public Form1()
        {   InitializeComponent();
        }
        private int nImage = -1;
        private void picSwitch_Click(object sender, EventArgs e)
        {   //单击图片框则切换另一幅图像
            nImage = (nImage + 1) % 3;
            switch (nImage)
            {   case 0:
                    picSwitch.Image = Image.FromFile("Rome.jpg");
                    break;
                case 1:
                    picSwitch.Image = Image.FromFile("Paris.jpg");
                    break;
```

```
                case 2:
                    picSwitch.Image = Image.FromFile("Singapore.jpg");
                    break;
            }
        }
    }
}
```

这个文件有两个值得注意的地方。

第一，定义窗体 Form1 类的头语句为

```
public partial class Form1 : Form
```

表示 Form1 类是 Form 类的派生类。关键字 Partial 表示这是个“部分类”，也就是说，这里只是该类定义的一部分。

第二，该类的构造函数定义为：

```
public Form1()
{   InitializeComponent();
}
```

其中调用了 InitializeComponent 方法，初始化 Form1 窗体（对象），这个方法是在类定义的另一部分（Form1.Designer.cs）中定义的。

（2）Form1 窗体的另一部分代码是完全由窗体设计器自动产生的，保存在 Form1.Designer.cs 文件中，该文件的内容如下。

```
namespace yaoForm
{
    partial class Form1
    {
        /// <summary>
        /// 必需的设计器变量
        /// </summary>
        private System.ComponentModel.IContainer components = null;

        /// <summary>
        /// 清理所有正在使用的资源
        /// </summary>
        /// <param name="disposing">如果应释放托管资源，为 true；否则为 false。</param>
        protected override void Dispose(bool disposing)
        {
            if (disposing && (components != null))
            {   components.Dispose();
            }
            base.Dispose(disposing);
        }
        #region Windows 窗体设计器生成的代码
        /// <summary>
        /// 设计器支持所需的方法 - 不要
        /// 使用代码编辑器修改此方法的内容。
        /// </summary>
        private void InitializeComponent()
        {
            this.picSwitch = new System.Windows.Forms.PictureBox();
```

```
            ((System.ComponentModel.ISupportInitialize)(this.picSwitch)).BeginInit();
            this.SuspendLayout();
            // picSwitch
            this.picSwitch.Dock = System.Windows.Forms.DockStyle.Fill;
            this.picSwitch.Image = global::yaoForm.Properties.Resources.Paris;
            this.picSwitch.Location = new System.Drawing.Point(0, 0);
            this.picSwitch.Name = "picSwitch";
            this.picSwitch.Size = new System.Drawing.Size(403, 261);
            this.picSwitch.SizeMode = System.Windows.Forms.PictureBoxSizeMode.Zoom;
            this.picSwitch.TabIndex = 0;
            this.picSwitch.TabStop = false;
            this.picSwitch.Click += new System.EventHandler(this.picSwitch_Click);
            // Form1
            this.AutoScaleDimensions = new System.Drawing.SizeF(6F, 12F);
            this.AutoScaleMode = System.Windows.Forms.AutoScaleMode.Font;
            this.ClientSize = new System.Drawing.Size(403, 261);
            this.Controls.Add(this.picSwitch);
            this.Name = "Form1";
            this.Text = "Form1";
            ((System.ComponentModel.ISupportInitialize)(this.picSwitch)).EndInit();
            this.ResumeLayout(false);
        }
        #endregion
        private System.Windows.Forms.PictureBox picSwitch;
    }
}
```

这个文件有 3 个值得注意的地方。

第一，定义窗体 Form1 类的头语句为

```
partial class Form1
```

与 Form1.cs 中的头语句

```
public partial class Form1 : Form
```

互为补充，表示这是 Form1 类定义的另一部分。

第二，保护成员方法 Dispose 的定义中，调用了上几层基类的 Dispose 方法，按不同的情况来释放对象。

第三，定义了在 Form1.cs 中调用的 InitializeComponent 方法。从中可以看出窗体以及窗体上摆放的 PictureBox 控件的属性设置等信息。

4. 运行程序

程序运行后，先显示图 8-2 左边的窗口（最先装入的）。单击图片框就会切换到另一幅图片（3 幅图片轮流切换）。

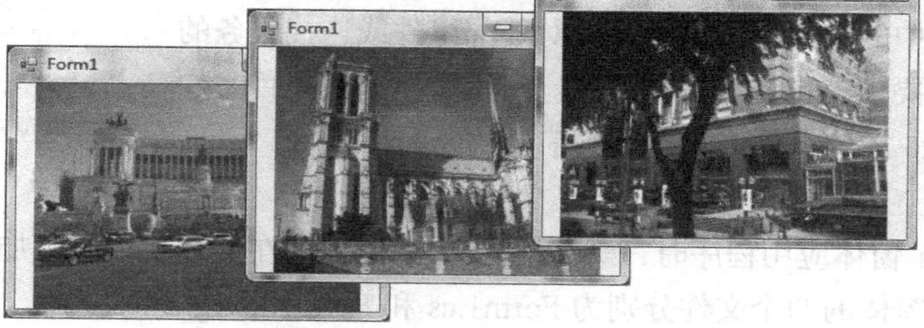

图 8-2　例 8-1 程序的运行结果

程序的运行是由 Program.cs 文件控制的。本例中该文件的内容如下。

```
using System;
using System.Collections.Generic;
using System.Linq;
using System.Windows.Forms;

namespace yaoForm
{
    static class Program
    {
        /// <summary>
        /// 应用程序的主入口点。
        /// </summary>
        [STAThread]
        static void Main()
        {   Application.EnableVisualStyles();
            Application.SetCompatibleTextRenderingDefault(false);
            Application.Run(new Form1());
        }
    }
}
```

其中的语句

```
Application.Run(new Form1());
```

调用 Application 类的 Run 方法来运行 Form1 窗体，Form1 窗体就是这个项目中的主窗体。如果一个项目中有多个窗体而且需要其他窗体作为主窗体，可修改这里的窗体名。

8.1.2 使用解决方案资源管理器

创建一个新项目之后，就可以使用图 8-3 所示的“解决方案资源管理器”来查看和管理项目、解决方案以及其他关联项了。在图 8-3 所示的解决方案资源管理器中，可以看到一个名为“计算器”的项目的内容。

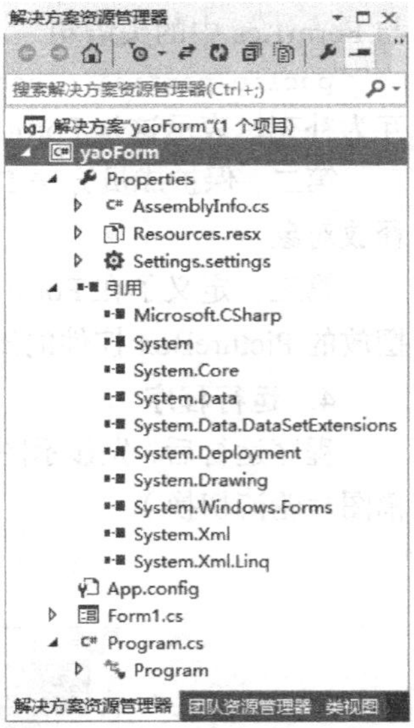

图 8-3　解决方案资源管理器

1. 属性

属性（Properties）节点表示应用于整个项目的设置，包括控制编译、调试、测试和部署等多方面属性。有些属性是所有项目类型通用的，还有些仅用于特定语言或平台，可使用“项目设计器”来修改属性。

2. 引用

引用（References）节点标识本项目引用的 dll 文件、.NET 程序集以及其他程序集中的文件等。在编写针对外部组件或连接服务的代码之前，项目需要预先包含相关的引用。引用实质上是项目文件中包含 Visual Studio 定位组件或服务所需信息的条目。

3. 窗体

创建 Windows 窗体应用程序时，默认情况下，VC# 会在当前项目中添加一个窗体，并命名为 Form1。描述该窗体的两个文件分别为 Form1.cs 和 Form1.designer.cs。

- 用户可在 Form1.cs 中写入代码，如类的定义、事件处理方法等。
- Form1.designer.cs 文件是 Windows 窗体设计器写入代码的文件。窗体设计器将用户设计窗体时的可视化操作，如在窗体上摆放控件、设置控件属性等，转换成 C#源代码并写入该文件中。

可在当前项目中添加新的窗体。方法是：选择"项目"菜单的"添加 Windows 窗体"菜单项；或者右键单击当前项目节点，选择"添加"子菜单的"Windows 窗体"菜单项。

添加一个新窗体后，又会产生两个与之关联的文件。

4. Program 类的代码文件

Program.cs 是存储 Program 类定义源代码的文件，其中包括本应用程序的执行起点。

Windows 窗体应用程序与控制台应用程序的级别相同，都是可执行文件，可在一个解决方案里面与多种 Windows 应用以及类库等共存。不同的是：作为程序执行起点的 Main 方法的位置有别。

- 控制台应用程序中的 Main 方法在一个类里面，默认情况下，创建应用程序时自动生成的 Program 方法中有一个空的 Main 方法。用户可以在其他类中自编一个 Main 方法来替换它，作为程序执行的起点。
- Windows 窗体应用程序的 Main 方法在默认的 Program 类（Program.cs 文件）中，可以删除这个类，把 Main 方法放到窗体中去。项目会自动搜索这个启动方法，只要一个可编译成 exe 文件的项目中只有一个 Main 方法就可以了。

> **注意**
>
> 一个项目里只能有一个 Main 方法，即只能有一个程序入口。

5. 其他源代码文件

一个项目中可以包含多个.cs 文件，某些文件还可能不与特定的 Windows 窗体相关联。这些文件也会在"解决方案资源管理器"中显示出来。

8.1.3　项目与解决方案

一个应用（Application）可能包括一个或多个可执行程序，所有这些可执行程序的集合称为一个应用解决方案（Solution）。为了生成一个可执行程序，可能需要有一个或多个文件，所有这些文件的集合称为一个项目（Project）。因此，项目是创建一个可执行程序必须具备的所有文件的集合。而一个解决方案中可以包含一个或多个项目。

1. 项目的概念

在 Visual Studio 中创建应用程序时，都是从创建项目开始的。

（1）在逻辑意义上，一个项目中包含以下内容。

- 所有源代码文件、图标、图像、数据文件。
- 将会编译进入可执行程序（或网站）或者执行编译时所需要的其他东西。
- 所有编译器设置以及程序将与之通信的各种服务或组件所需要的其他配置文件。

（应用程序、网站、Web 应用、脚本、插件等）。

（2）Visual Studio 中可以创建多种不同种类的项目，包括 Windows 应用程序、控制台应用程序、类库、网站、Web 应用程序、脚本、插件等。其中 Windows 应用程序就是可执行程序。创建一个 Windows 应用程序之后，就会编译并生成可执行的 exe 文件。

（3）在字面意义上，一个项目就是一个 XML 文件（*.vbproj、*.csproj、*.vcxproj），它定义

了虚拟文件夹结构及其用于所“包含”的所有项与所有建构设置的路径。Visual Studio 中的解决方案资源管理器用于显示项目内容和设置。在编译项目时，MSBuild 引擎使用项目文件创建可执行文件。用户可以定制项目以生成其他类型的输出。

2. 项目、解决方案及其文件夹

在逻辑意义的文件系统中，项目包含在解决方案里，一个解决方案可以包含一个或多个项目、相关的建构信息、Visual Studio 窗口设置以及不与项目关联的杂项文件。在字面意义上，解决方案是有特定格式的文本文件，通常不应手动编辑。

一个解决方案对应一个*.suo（解决方案用户选项）文件，用于保存用户界面的自定义配置，包括布局、断点和项目最后编译且未关掉的文件等，以便下一次打开 Visual Studio 时恢复这些设置。

每个能够生成 exe 文件的项目在解决方案文件夹下面都有一个相应的文件夹。一个保存名为 yaoForm 的解决方案的文件夹如图 8-4（a）所示。

这个文件夹的内容如图 8-4（b）所示。其中包括解决方案文件 yaoForm.sln、用户配置文件 yaoForm.suo 和保存名为 yaoForm 的项目的文件夹。

yaoForm 项目文件夹的内容如图 8-4（c）所示。其中包括以下内容。

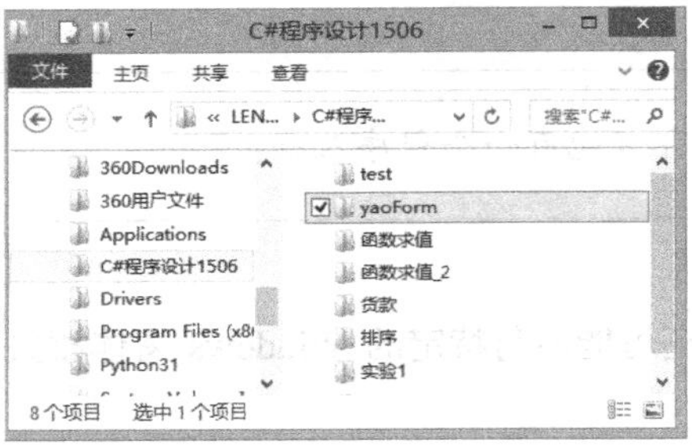

（a）

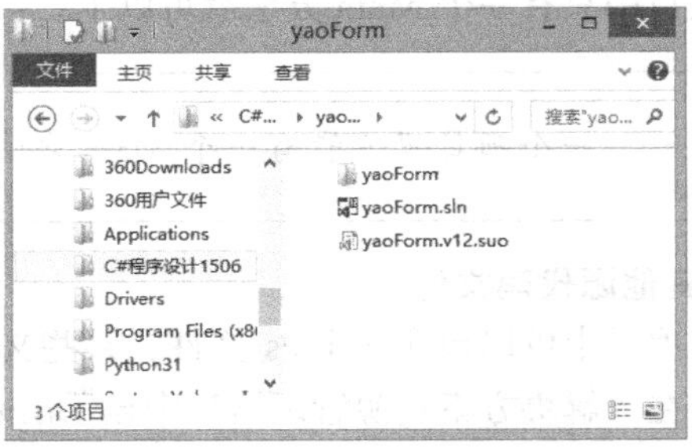

（b）

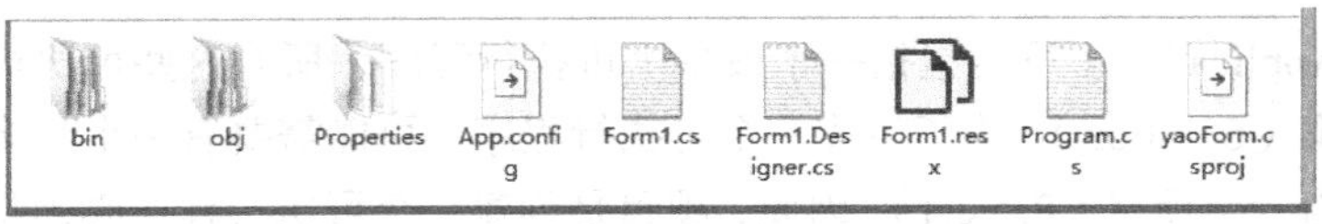

（c）

图 8-4　一个 Windows 应用程序的文件夹

- 项目文件（最右端）“yaoForm.csproj”。
- Program 类的源代码文件“Program.cs”。
- Form1 窗体相关的 3 个文件“Form1.cs”“Form1.Designer.cs”和“Form1.resx”。
- 配置文件 App.config。
- 保存属性的 Properties 文件夹。
- 两个下一层的文件夹“bin\debug”和“obj\debug”。第 1 次调试项目时，这两个文件夹下会同时生成 exe 文件，最终执行的是 bin\debug 下的 exe 文件，如果添加配置文件（如 ini、config 等）时需要考虑相对路径，则可考虑放入 bin\debug 文件夹，因为运行的是这个文件夹下的 exe 文件。此后再次调试项目时，如果项目发生了变更，则会随之更新 bin\debug 和 obj\debug 里面的文件。

3. 解决方案名、项目名和类名

（1）解决方案是用于管理项目的。一个解决方案中可包含一个或者多个不同类型的项目。解决方案名就是.sln 文件的名字。一个解决方案有一个相应的文件夹，默认情况下解决方案名字与解决方案的文件夹名字相同。

> 注意
>
> 如果修改了解决方案的名字，则会导致.sln 文件名随之修改。但解决方案文件夹的名字可以任意修改，两者相互独立。

（2）项目位于解决方案的下一级，项目以命名空间为单位。默认情况下，项目名、命名空间名、项目文件夹名、程序集名都是相同的。

- 项目名就是.csproj 文件名，可以修改。如果是类库项目，则当其他项目需要引用时，可在命令“项目”→“项目名称”中使用这个项目名。
- 命名空间的名称在类文件中可以任意修改。如果是类库的命名空间，则当其他项目需要引用时，可在 using 语句中使用这个类文件的命名空间的名字。
- 项目属性中有一个“默认命名空间”，如果作了设置，则当该项目中新增类文件时，类文件的命名空间就是这个“默认命名空间”。也可以在类文件中修改命名空间名。因此，一个项目的各个类文件的命名空间可以不同，以类文件中的而不是默认的命名空间为准。
- 程序集的名称就是项目最终编译输出的 exe 或者 dll 文件名，可任意修改。如果是 dll 项目，则当其他项目需要引用时，单击“浏览”按钮即可用此名来添加 dll 文件。
- 项目文件夹的名称不能修改，一旦修改，解决方案就无法访问该项目了。

> 注意
>
> 以上名称都相互独立而无关联，但最好不修改名字，默认所有的都相同。

（3）类名。

类位于项目的下一级，资源管理器里面的类名是.cs 文件名，可任意修改。程序里面的类名才是真正的类名，是程序中定义对象时所使用的名字。

> 注意
>
> 对于 dll（动态链接库）项目也是如此，只不过最后生成的是 dll 文件。

8.2 事件及事件处理方法

在 Windows 窗体应用程序中，程序的控制流程不再像控制台应用程序那样预先安排，而是由程序运行过程中外界所发生的各种事件以及程序中事件处理的顺序来控制的。每一种事件的实际发生可以是随机的、不确定的，并且往往没有预定的次序。这就给用户合理地安排程序中的控制流程提供了极大的方便。

C#中的事件处理过程实际上是特定的委托的定义、实例化和使用的过程。委托是一种以特定参数表及返回类型来表示方法引用的类型。一个委托的实例可以关联一个或多个具有合适签名（Signature，理解为形式或者“原型”）及返回值的方法，并用来调用（或激活）方法。C#中的事件实际上是一种具有特殊签名的委托，用户可以使用 C#中以这种形式预定义的事件，也可按这种形式来自定义事件并使用它。

8.2.1 Windows 应用程序的事件驱动机制

对于需要与用户交互的应用程序来说，事件驱动的程序设计模式有着传统程序设计模式无法替代的优点：这是一种面向用户的程序设计模式，设计者在考虑程序的功能之外，可以更多地考虑各种可能的用户输入（消息），向用户传递信息的更好方式，并有针对性地设计相应的处理程序。

1. C#中的消息驱动机制

Windows 操作系统中应用程序的执行是通过消息驱动的。消息是整个应用程序的工作引擎。消息就是通知和命令。所有的外部事件，如键盘输入、鼠标移动、单击或双击等都由 Windows 系统转换成相应的消息，发送到应用程序的消息队列。每个应用程序都有一段相应的程序代码来检索、分发这些消息到对应的窗体，然后由窗体的处理函数来处理。

> **注意**　在.NET 框架类库中的 System.Windows.Forms 命名空间中，采用面对对象的方式重新定义了消息（Message）。新的消息结构的公共部分属性基本与早期的一样，不过它是面对对象的。

在 C#中，使用以下几个类及方法处理消息。

- System.Windows.Forms.Application 类具有用于启动和停止应用程序和线程以及处理 Windows 消息的方法。
- 调用 Run 以启动当前线程上的应用程序消息循环，并可以选择使其窗体可见。
- 调用 Exit 或 ExitThread 来停止消息循环。
- 用 Application 类来处理消息的接收和发送。消息的循环是该类负责的。

2. 事件与消息

C#对消息重新进行了面对对象的封装，将消息封装成了事件。一个事件就是一个信号，它告知应用程序发生了需要处理的情况。例如，用户单击窗体上的某个控件时，窗体引发一个 Click 事件并调用一个处理该事件的方法。事件还允许在不同任务之间进行通信。比方说，应用程序脱离了主程序而执行一个排序任务，如果用户取消了这个排序任务，则应用程序可以发送一个取消事件让排序过程停止。

事件驱动程序设计是一种“被动”式的程序设计模式。程序开始运行时处于等待消息状态，然后取得消息并对其作出相应响应，处理完毕后又返回到等待消息的状态。使用事件驱动原理的程序的工作流程如图 8-5 所示。

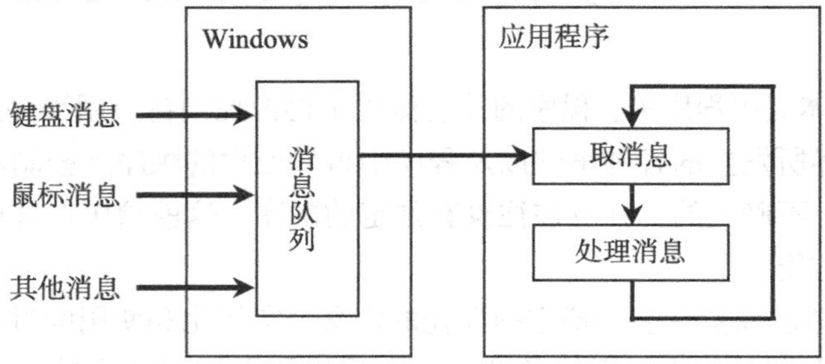

图 8-5　Windows 窗体应用程序的事件驱动机制

事件驱动围绕着消息的产生与处理展开，事件驱动是靠消息循环机制来实现的。消息是一种报告有关事件发生的通知。Windows 应用程序的消息来源有以下 4 种。

（1）输入消息：包括键盘和鼠标的输入。这一类消息首先放在系统消息队列中，然后由 Windows 将它们送入应用程序消息队列，由应用程序来处理消息。

（2）控制消息：用于 Windows 的控制对象，如列表框、按钮、检查框等进行双向通信。当用户在列表框中更改当前选择或者改变了检查框的状态时发出此类消息。这类消息一般不经过应用程序消息队列，而是直接发送到控制对象上。

（3）系统消息：对程序化的事件或系统时钟中断作出响应。一些系统消息，如 DDE（动态数据交换）消息，需要通过 Windows 的系统消息队列送入应用程序的消息队列。还有些消息，如创建窗口消息，不通过系统消息队列而直接送入应用程序的消息队列。

（4）用户消息：这是程序员自己定义并在应用程序中主动发出的，一般由应用程序的某一部分内部处理。

3. 事件处理程序

在较为完善的开发环境（如 Visual Basic）推出之前，用户在编程序时必须处理 Windows 发送给应用程序的消息。VB 和今天的.NET 将这些传送来的消息封装在事件中。如果需要响应某个消息，只需处理相应的事件就可以了。

事件处理程序（如按钮的单击事件方法）是代码中的过程（封装的一段代码），用于确定事件（如单击按钮事件）发生时需要执行的操作。

事件处理程序是绑定到事件的方法，每当引发该事件时，就会执行收到相应消息的事件处理程序。每个事件处理程序都提供两个参数。例如，按钮单击事件的处理程序为：

```
private void button1_Click(object sender, EventArgs e)
{   … …  }
```

其中第一个参数 sender 提供对引发事件的对象的引用。第二个参数 e 传递特定于待处理事件的对象。通过引用对象的属性（有时引用其方法）可获取一些信息，如鼠标事件中鼠标的位置或者拖放事件中传输的数据。

8.2.2 委托的概念及应用

委托（delegate）是 C#中的一种类型，实际上是一个能够赋予某个方法的引用的类。与其他类不同的是，delegate 类能够拥有一个签名，并且它“只能具有与自身签名相匹配的方法的引用”。换句话说，委托是一个类，它定义了方法的类型，使得一个方法可以当作另一个方法的参数来进行传递。这种将方法动态地赋给参数的做法可以避免在程序中大量使用分支语句，同时使得程序具有更好的可扩展性。

1. 委托的优点

委托赋予了 C#操作函数的灵活性，使得用户可以使用委托操作函数就像操作变量一样方便。当程序必须通过调用一个方法来执行某个操作，但编译时却无法确定到底是什么方法时，就可以使用委托。委托允许在程序运行时指定所调用的具体方法。比较而言，委托所实现的功能与 C 或 C++中的函数指针十分相似，都允许用户将一个类的方法传递给另一个类的对象，以便得到这个方法的对象能够调用它。但与函数指针相比，delegate 具有指针不具备的优点。

（1）函数指针只能指向静态函数，而 delegate 既可引用静态方法又可引用非静态成员方法，且当引用非静态成员方法时，delegate 不但保存了对其入口的引用，而且保存了调用此方法的类实例的引用。

（2）与函数指针相比，delegate 是面向对象、类型安全、可靠的受控对象。也就是说，CLR（公共语言运行时）能够保证 delegate 指向一个有效的方法而不会指向无效或者越界地址。

2. 实现委托

通过以下步骤即可实现一个 delegate。

（1）定义委托：委托定义原型为

```
delegate <函数返回类型> <委托名> (<方法参数>)
```

例如，代码

```
public delegate void checkDlg(int number);
```

定义了委托 checkDelegate，它可注册返回值为 void 类型且有一个 int 型参数的方法。

定义委托相当于定义一个新类，故可在定义类的任何地方定义委托，可在一个类的内部或者所有类的外部定义，还可在命名空间中将委托定义为顶层对象。

（2）委托的实例化：委托实例化的原型为

```
<委托类型> <实例名>=new <委托类型>(<注册方法>)
```

例如，代码

```
checkDlg checkObj=new checkDlg(checkMod);
```

创建委托 checkDlg 的实例 checkObj 并为该实例注册 checkMod 方法。也可直接用相匹配的方法来实例化委托（.NET 2.0 以上）。

```
<委托类型> <实例名>=<注册方法>
```

例如，代码

```
checkDlg checkObj=CheckMod;
```

以方法 CheckMod 实例化 checkDelegate 委托为 checkObj。

（3）通过委托实例来调用方法：委托 checkDlg 实例化 checkObj 且注册了 CheckMod 方法之后，执行 checkObj 就等同于执行 CheckMod。

这里的方法 CheckMod 相当于放在了变量当中，可以传递给其他的 checkDlg 实例，而且可以作为方法参数传递到其他方法之内，也可以作为方法的返回类型。

（4）匿名函数初始化委托：上面为了初始化委托而专门定义方法的做法有些麻烦。实际上，赋值给委托的方法一般都是通过委托实例来调用的，很少直接调用方法本身。可定义匿名函数来初始化委托（.NET 2.0 以上）。匿名函数初始化委托的原型为

```
<委托类型> <实例名>=new <委托类型>(delegate(<函数参数>){函数体});
<委托类型> <实例名>=delegate(<函数参数>){函数体};
```

（5）委托的多播（多路广播）性：当上面实例化委托时，是将一个匹配的方法注册到委托。一个实例化委托可以注册多个方法。如果注册了多个方法，则当执行委托时，自动按照注册的先后顺序来执行每个注册方法。

例 8-2 使用委托调用方法。

本例先定义一个委托类型，然后创建委托类型的实例，为其绑定（注册）方法，最后使用委托实例来调用所绑定的方法。

```
//例 8-2_ 委托的定义、实例化及方法调用
using System;
namespace 委托
{
```

```
//第 1 步：定义委托类型
public delegate double mulDelegate(int a, int b);
class Program
{
    static void Main(string[] args)
    {   //第 2 步：委托实例化（创建委托对象并绑定方法）
        mulDelegate delObj = new mulDelegate(Mul);
        //输入被乘数、乘数
        Console.Write("被乘数=?  ");
        int a = Int32.Parse(Console.ReadLine());
        Console.Write("乘数=?  ");
        int b = Int32.Parse(Console.ReadLine());
        //第 3 步：使用委托实例（调用所绑定的方法）
        double res = delObj(a, b);
        Console.WriteLine("{0} * {1} = {2}",a,b,res);
    }
    static double Mul(int val1, int val2)
    {   return val1 * val2;
    }
  }
}
```

程序的运行结果如图 8-6 所示。

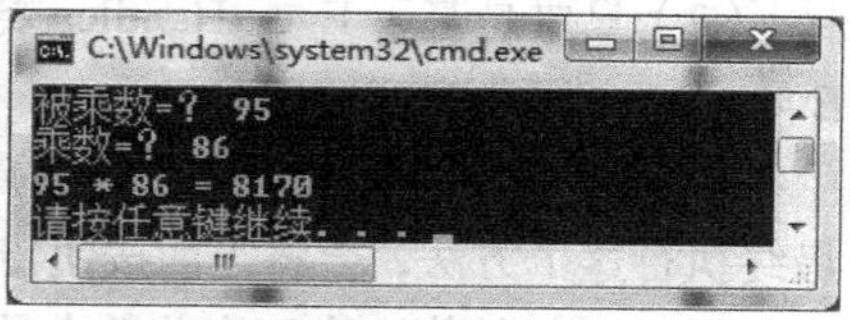

图 8-6　例 8-2 程序的运行结果

8.2.3　事件的定义及工作方式

事件种类繁多，有鼠标事件 MouserMove、MouserDown，键盘事件 KeyUp、KeyDown、KeyPress 以及控件的单击事件等。事件的发生与处理一般涉及两个角色。

事件发行者（Publisher）：也称为发送者（Sender），其实就是个对象。对象自行维护自身状态的信息，如果发现有所变动，便会触发一个事件并通知所有事件订阅者。

事件订阅者（Subscriber）：也称为接收者（Receiver），即对某事件感兴趣的对象。可注册感兴趣的事件，在事件发行者触发一个事件后，自动执行这段代码。

当用户单击一个 Windows 应用程序的按钮时，Windows 操作系统就会捕获到这个动作，并按动作的性质发送一个与之对应的预定义的消息给 Windows 应用程序中的该按钮，Windows 应用程序的按钮消息处理程序就会处理接收到的消息，根据收到的消息触发相应事件，事件被按钮触发后，通知所有该事件订阅者接收这个事件，从而执行相应的方法。

1. 事件与委托

C#中的事件处理实际上是一种具有特殊签名的委托（Delegate），例如，Windows 应用程序中最常见的按钮单击事件是这样委托的：

```
this.button1.Click += new System.EventHandler(this.button1_Click);
```

下面作如下解释。

（1）EventHandler 是.NET 框架中预定义的一个最常用的委托。.NET 框架中控件的很多事件都基于该委托，它位于 System 命名空间：

```
Public delegate void EventHandler(object sender, EventArgs e);
```

这个委托定义中有两个参数：sender 代表事件发送者，e 是事件参数类。

（2）以 this.buttion1_click 方法名来实例化这个委托。这里的 buttion1_click 就是事件所指向的方法名。按照约定，事件处理程序应遵循“object_event”的命名形式。其中 object 是引发事件的对象，event 是被引发的事件。

可以用委托的特点去比对事件的定义和使用方式。例如，以匿名方式实例化委托时，仅当有委托使用时才定义方法。在为事件定义委托时，这有助于降低代码的复杂性，尤其是定义了好几个事件时，代码会显得比较简单。当然，在使用匿名方法时，代码的执行可能会慢一些。另外，编译器在执行这种委托时，实际上还是定义了一个方法，该方法只有一个自动指定的名称，用户不必了解这个名称。

2. 委托 EventHandler 的返回值和参数

事件最终会指向一个或者多个方法，方法要与事件所基于的委托匹配。

（1）事件处理方法总是返回 void，也就是说，事件处理方法不能有返回值。

因为事件处理方法注册到 EventHandler 委托实例时使用的是多播委托（一个委托注册多个方法）。而多播委托的各个方法签名最好是返回 void。否则，就只能得到委托最后调用的一个方法的结果，而且最后调用哪个方法是不确定的。

（2）只要是基于 EventHandler 委托的事件，与之关联的事件处理方法的参数就应是 object 和 EventArgs 类型。

- 第一个参数接收引发事件的对象。例如，当单击某个按钮时，该按钮将触发单击事件并最终执行这个方法，会将当前按钮传递给 sender 参数。如果有多个按钮的单击事件都指向这个方法，则 sender 的值取决于当前单击的那个按钮。所以，可以为几个按钮定义一个按钮单击处理程序，然后按 sender 参数来确定单击了哪个按钮。

```
if(((Button)sender).Name =="buttonOne")
```

- 第二个参数 e 是事件参数类 System.EventArgs 类的对象，是包含事件相关的其他有用信息（如同时按下了 Ctrl 键、Shift 键等）的对象。所有事件参数类都必须派生自 System.EventArgs 类。当然，如果事件处理方法中不含参数，则可直接用 System.EventArgs 类作为参数。

8.2.4 鼠标事件处理

程序运行时，有多种产生事件的主体，其中程序的输入大多来自于键盘或者鼠标。当用户通过鼠标和控件交互时，就会产生鼠标事件。

1. 鼠标事件的种类

按一般的操作习惯，用户操作鼠标时会按顺序触发以下鼠标事件。

（1）MouseEnter 事件：当鼠标指针进入控件时触发。

（2）MouseMove 事件：当鼠标指针在控件上移动时触发。

（3）MouseHover、MouseDown 和 MouseWheel 事件：鼠标指针悬停在控件上时触发 MouseHover 事件，按下鼠标键时触发 MouseDown 事件，拨动鼠标滚轮且控件有焦点时触发 MouseWheel 事件。

（4）MouseUp 事件：当用户在控件上按下的鼠标键释放时触发。

（5）MouseLeave 事件：当鼠标指针离开控件时触发。

2. 鼠标事件的参数

从 Control 类派生出来的控件都可以处理鼠标事件。事件处理方法有两个参数。

（1）参数 1 为 object 对象，指出事件产生的主体。

（2）参数 2 有两种情况：6 个鼠标事件中 3 个（MouseEnter、MouseHover、MouseLeave）的参数 2 为 EventArgs 类型，另 3 个（MouseDown、MouseUp、MouseMove）为 MouseEventArgs 类型，这种类型的主要成员如下。

- Button：按下的是哪个鼠标按钮。
- Clicks：按下并释放鼠标按钮的次数。
- Delta：鼠标轮已转动的制动器数（鼠标轮的齿轮）的有符号计数。当旋转鼠标轮时，每碰到一个齿就会发送一个鼠标轮消息。Windows 常数 WHEEL_DELTA 定义了一个鼠标轮总齿数，标准值为 120。正值指示鼠标轮向前（远离用户的方向）转动，负值指示鼠标轮向后（朝着用户的方向）转动。
- Location：鼠标在产生鼠标事件时的位置，形如（X=86, Y=95）。
- X：鼠标在产生鼠标事件时的 x 坐标。
- Y：鼠标在产生鼠标事件时的 y 坐标。

3. MouseDown、MouseUp 和 MouseMove 事件

将鼠标指针移到某个控件上并按下鼠标键时，将发生 MouseDown 事件；当指针保持在控件上并释放鼠标键时，将发生 MouseUp 事件；当用户移动鼠标指针到控件上时，将发生 MouseMove 事件。例如，下列语句判断用户是否右键双击了窗体，是则退出程序。

```
private void Form1_MouseDown(object sender,  MouseEventArgs e)
{    if (e.Button == MouseButtons.Right && e.Clicks == 2)
       this.Close();
}
```

例 8-3　鼠标事件的使用。

本例创建按钮的 MouseDown 事件，设置其他控件的事件共享该方法，并在方法中按照 sender 参数和 e 参数的值来编写执行各种操作的代码。

本例按以下步骤设计程序。

（1）在 yaoForm 项目中添加一个窗体。

- 单击 yaoForm 项目节点，选择“添加”→“Windows 窗体”菜单项，在该项目中添加一个名为 mouseEvent 的窗体（更改窗体的 name 属性为 mouseEvent）。
- 在 Program.cs 文件中更改包含 Run 方法的语句为：

```
Application.Run(new mouseEvent());
```

将 mouseEvent 窗体变为主窗体。

（2）设计 mouseEvent 窗体：窗体上摆放两排控件。

- 上排：一个按钮 button1，两个文本框 textBox1、textBox2。
- 下排：一个列表框 listBox1。

（3）创建 button1 的 MouseDown 事件。

- 单击 mouseEvent 窗体上的 button1 控件，使得属性窗口切换为 button1 的属性。
- 在属性窗口中，单击按钮组中的闪电状按钮，切换到事件页。
- 找到 MouseDown 事件行，双击其右格，则 mouseEvent 窗体对应的 mouseEvent.cs 文件中就会产生一个空的事件处理方法：

```
private void button1_MouseDown(object sender, MouseEventArgs e)
{  }
```

（4）设置其他控件的事件共享。

- 单击 mouseEvent 窗体上的 textBox1 控件，使得属性窗口切换为 textBox1 的属性。
- 找到 MouseDown 事件行，在其右格的下拉列表中选择 button1_MouseDown 项，使 textBox1 的 MouseDown 属性共享 button1 的 MouseDown 事件处理方法。

- 同样设置 textBox2 的 MouseDown 事件共享 button1 的 MouseDown 事件处理方法。
- 同样设置 ListBox1 的 MouseDown 事件共享 button1 的 MouseDown 事件处理方法。

（5）在 button1 的 MouseDown 事件处理方法中编写代码。

（6）创建 mouseEvent 窗体的 Load 事件处理方法，并在其中编写初始化代码（设置几个控件的值）。

程序源代码如下。

```
//例 8-3_ 鼠标的 MouseDown 事件
using System;
using System.Windows.Forms;
namespace yaoForm
{
    public partial class mouseEvent: Form
    {
        public mouseEvent()
        {   InitializeComponent();
        }
        //鼠标按键事件
        private void button1_MouseDown(object sender, MouseEventArgs e)
        {   //判断：单击/右击？
            if (e.Button == MouseButtons.Right)
                //右击则标题栏上显示控件种类与坐标点
                this.Text=string.Format("右击了{0}的{1}点",sender.GetType(),e.Location);
            else if (sender.GetType().ToString() == "System.Windows.Forms.ListBox")
                //单击 listBox1 则清空
                listBox1.Items.Clear();
            else if (sender.GetType().ToString() == "System.Windows.Forms.TextBox")
            {   textBox1.Text=(int.Parse(textBox1.Text) + 2).ToString();
                textBox2.Text=(int.Parse(textBox2.Text) + 3).ToString();
            }else
            {   //单击 button1 则计算并输出结果
                int a=int.Parse(textBox1.Text);
                int b=int.Parse(textBox2.Text);
                listBox1.Items.Add(string.Format("{0}+{1}={2}", a, b, a + b));
            }
        }
        //窗体装载事件：//初始化控件
        private void mouseEvent_Load(object sender, EventArgs e)
        {   this.Text = "测试鼠标事件";
            button1.Text = "计算";
            textBox1.Text = "9";
            textBox2.Text = "10";
            listBox1.Items.Clear();
        }
    }
}
```

本程序中有两点值得注意。

一是事件共享的方法以及共享的事件中如何判断事件的主体。本例中的几个控件共享了同一个 MouseDown 事件，并在事件处理方法中通过 Sender 参数来确定操作的对象。

二是窗体的 Load 事件的使用，该事件是在窗体装载时发生的，本例将一些需要预先执行初始化操作（设置某些控件的属性）的代码放入其事件处理方法中，窗体一显示出来就已经是一个等待主要操作的状态了。

本程序的运行结果如图 8-7 所示。

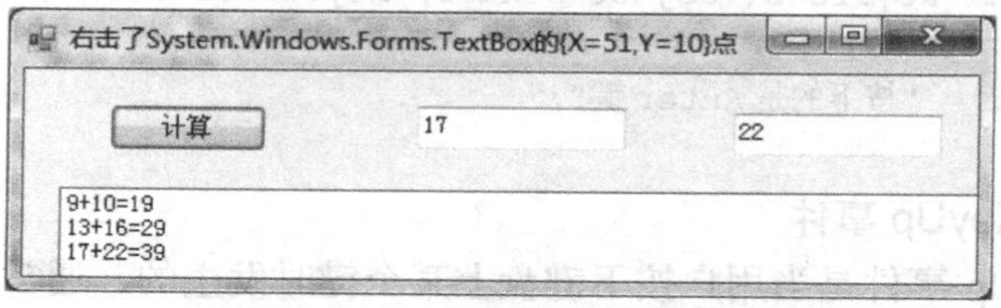

图 8-7　例 8-3 程序的运行结果

8.2.5　键盘事件处理

键盘事件在按下和释放键盘上的键时发生。类似于鼠标事件，凡是从 Control 类派生的控件都可以处理键盘事件。C#主要为用户提供了 3 种键盘事件。

（1）按下键盘上任意键时发生 KeyDown 事件。

（2）释放（松开）键盘上任意键时发生 KeyUp 事件。

（3）按下键盘上某个 ASCII 字符键时发生 KeyPress 事件。该事件在 KeyDown 事件之后和 KeyUp 事件之前出现。

1. 键盘事件的参数

（1）KeyPress 的事件处理方法在传递事件参数时使用 KeyPressEventArgs 类。这个类中只有两个属性。

- Handle：用于指示该事件是否被处理过，如果是未处理事件，则会将它发送到操作系统进行默认处理。将 Handled 设置为 true，则可以取消 KeyPress 事件。
- KeyChar：返回按下键的 ASCII 字符。

（2）KeyDown 和 KeyUp 消息使用类 KeyEventArgs 传递消息参数，该类主要属性如下。

- Alt：其值指示是否按下 Alt 键。
- Control：其值指示是否按下 Ctrl 键。
- Handled：其值指示是否处理过此事件。
- KeyCode：获取 KeyDown 或 KeyUp 事件的键盘代码。
- KeyData：获取 KeyDown 或 KeyUp 事件的键数据。
- KeyValue：获取 KeyDown 或 KeyUp 事件的键盘值。
- Modifiers：获取 KeyDown 或 KeyUp 事件的修饰符标志。这些标志指示按下的 Ctrl、Shift 和 Alt 键的组合。
- Shift：其值指示是否按下 Shift 键。

2. KeyPress 事件

当用户按下又放开某个 ASCII 字符键时，会引发当前拥有焦点的对象的 KeyPress 事件。KeyPress 主要用来接收字母、数字等字符。

- KeyPress 只能捕获单个字符。
- KeyPress 不显示键盘的物理状态（Shift 键），而只传递一个字符。
- KeyPress 区分字母的大小写，即将每个字符的大小写形式作为不同的键代码解释。

- KeyPress 不区分小键盘和主键盘的数字字符。

通过 KeyEventArgs 类的返回参数可以判断用户按下的是哪个键。例如，在窗体、文本框等控件的 KeyPress 事件过程中书写以下代码，可以实现用户按键的判断。

```
private void Form1_KeyPress( object sender, KeyPressEventArgs e )
{   if (e.KeyChar == Keys.Enter)
       label1.Text = "按下的是 Enter 键";
}
```

3. KeyDown 和 KeyUp 事件

KeyDown 和 KeyUp 事件是当用户按下键盘上某个键时发生的，通常可编写其事件代码以判断用户按键的情况。KeyDown 和 KeyUP 事件过程通常可以捕获键盘上除 PrtScn（键盘右上角）之外的所有按键。

- KeyDown 和 KeyUp 可以捕获组合键。
- KeyDown 和 KeyUp 不能判断键值字母的大小，返回的总是大写字母。
- KeyDown 和 KeyUp 区分小键盘和主键盘的数字字符。

在 KeyDown 事件中，参数 KeyEventArgs 有 3 个主要的属性传递键值。

- KeyCode 最为常用，记录了键盘上按了哪个键。例如，当使用组合键 Ctrl+A 时，其值是“A”。
- KeyData 可记录组合键。例如，当使用组合键 Ctrl+A 时，其值为“A,ctrl”。
- KeyValue 是 KeyCode 的数字值。例如，当使用组合键 Ctrl+A 时，其值为 65（A）（注意不是 97（a））。

（1）判断、处理用户按键：当按下键盘上任意一键时，引发当前拥有焦点的对象的 KeyDown 事件；放开键盘上任意一键时，引发 KeyUp 事件。KeyDown 和 KeyUp 事件通过 e.KeyCode 或 e.KeyValue 返回用户按键对应的 ASCII 码。

（2）判断、处理组合键：在 KeyDown 和 KeyUp 事件中，如果希望判断用户曾经使用了 Ctrl、Shift 和 Alt 的什么组合，可以通过对象 e 的 Control、Shift 和 Alt 属性判断。例如，下列代码使用户在 TextBox1 中按下 Ctrl + Shift + Alt + End 键时结束运行。

```
if (e.Alt && e.Control && e.Shift && e.KeyValue == 35)  //End 键的 KeyValue 值为 35
   this.Close();
```

例 8-4 用不同按键组合几个键盘事件。

本例分别在 KeyPress、KeyDown 和 KeyUp 的事件处理方法中编写代码，显示（用消息框 MessageBox）事件捕捉的信息：按下了哪些键以及各事件发生的先后顺序等，并分别使用多种按键组合来测试。

程序源代码如下。

```
//例 8-4_ 测试键盘事件 KeyPress、KeyDown 和 KeyUp
using System;
using System.Windows.Forms;
namespace yaoForm
{
   public partial class keyEvent : Form
   {
      public keyEvent()
      {   InitializeComponent();
      }
      private string eventMsg;
      //KeyDown 事件：可测有无 Shift、Alt、Ctrl
```

```
    private void keyEvent_KeyDown(object sender, KeyEventArgs e)
    {
        eventMsg += "KeyDown 事件: \n" +
        "Alt: " + (e.Alt ? "有" : "无") + "、" +
        "Shift: " + (e.Shift ? "有" : "无") + "、" +
        "Ctrl: " + (e.Control ? "有" : "无") + "、" +
        "KeyCode: " + e.KeyCode + "、" +
        "Keydata: " + e.KeyData + "、" +
        "KeyValue: " + e.KeyValue + '\n';
    }
    //KeyPress 事件: 字符键触发, 判 ASCII 值, 不判
    private void keyEvent_KeyPress(object sender, KeyPressEventArgs e)
    {   eventMsg += "KeyPerss 事件: " + e.KeyChar + '\n';
    }
    //KeyDown 事件
    private void keyEvent_KeyUp(object sender, KeyEventArgs e)
    {   eventMsg += "KeyUp 事件: ";
        MessageBox.Show(eventMsg);
        eventMsg = "";
    }
  }
}
```

程序运行后，分别按下 X 键、F9 键、Shift+M 键和小键盘的数字 9 键，显示的结果如图 8-8 所示。

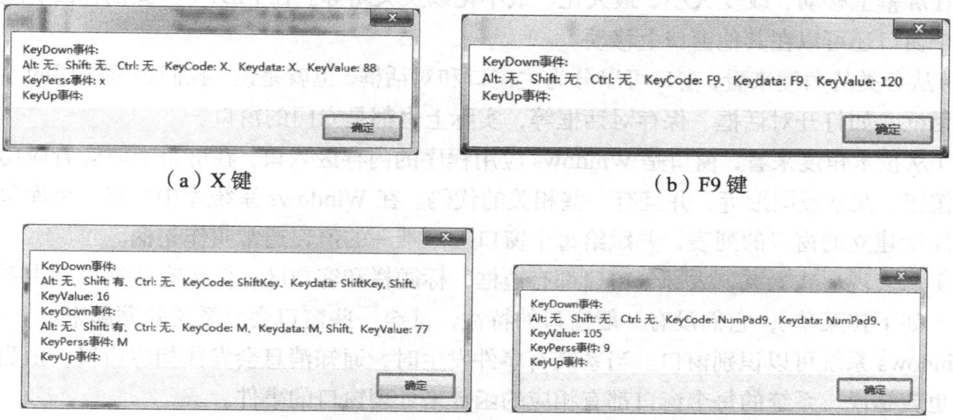

（a）X 键　（b）F9 键　（c）Shift+M 组合键　（d）数字键盘上的 9

图 8-8　例 8-4 程序的运行结果

程序的运行结果分析如下。

（1）按 X 键并松开时，依次激发 KeyDown、KeyPress 和 KeyUp 事件。在 KeyDown 事件中，参数传递的是键 X，不区分大小写；而在 KeyPress 中传递的是小写的 h。

（2）按 F9 键时，因为没有对应字符，故不产生 KeyPress 事件。

（3）按 Shift+M 组合键时，KeyDown 事件发送两次，Shift 键按下和 M 键按下。KeyPress 事件得到了大写的 M。

（4）按下数字键盘 9 键时，KeyPerss 发生，但不区分是数字键盘的 9 还是键盘上的 9，而

KeyDown 事件是区分的，传递的是 NumPad9。

8.3 窗体设计

Windows 窗体应用程序与用户交互的界面是窗口。窗口上摆放的各种控件用于接收用户输入的信息，给用户显示信息或者表达用户与程序的其他操作意图。

C#提供了大量构造窗口的组件，除按钮和文本框这样的单个控件之外，还有菜单、工具栏、状态栏以及日历、浏览器等许多组合性的控件。利用这些控件可以设计出实用美观且功能很强的用户界面。

8.3.1 窗体与控件

窗体是一个窗口对话框，是存放各种控件（标签、文本框、按钮、菜单栏、工具栏、状态栏等）的容器，可用于向用户显示信息或者为程序收集用户的信息。实际上，窗体本身也是一种控件，具有比绝大多数控件更系统、更全面的可以利用的属性、事件和方法。因而窗体是一种功能很强的控件，几乎可以响应和处理所有的外界事件和内部事件。

1. 窗体与窗口

窗体不完全等同于窗口，它们有以下几点区别

（1）从用户的角度来看，窗口是屏幕上有边框的一幅画面，它有标题且常有一个系统菜单，窗口可在屏幕上移动、改变大小、最大化、最小化以及关闭等。在 MDI（多文档界面）应用程序中，一个窗口还可以在其他窗口上移动。

（2）从分类的角度来看，窗口可以分为主窗口和对话框。也就是说，我们经常使用的 Windows 标准对话框，如打开对话框、保存对话框等，实际上也都是专门的窗口。

（3）从技术角度来看，窗口是 Windows 应用程序的内存区入口，在屏幕上对应着应用程序的菜单、按钮、文本或图形等，并且有一些相关的代码。在 Windows 系统库中，有一个库包含每个应用程序所建立的窗口的列表，并赋给每个窗口一个唯一的值，通常叫作句柄。

（4）从表现形式上看，大部分窗口都有边框、标题栏和客户区，但也有些窗口是由系统临时建立的（如下拉菜单），它们没有一般窗口的特性，甚至一些窗口会由系统隐藏起来。

Windows 系统可以识别窗口。当系统有事件发生时，通知消息会发往相应窗口，由窗口作出响应。也就是说，系统的每个窗口都有相应的函数来处理窗口的事件。

在 C#中，通过窗体来创建主窗口、MDI 窗口和对话框，它们的行为依赖于专门编写的代码，同时也依赖于窗体的属性。也就是说，窗体是窗口的前身，运行后才成为窗口。

窗体是容器组件，可包容其他组件，协同完成应用程序的整体功能。窗体和其他组件一样由属性、方法和事件组成。窗体的属性、事件和方法具有代表性，由此可进一步理解其他组件相应的属性、事件和方法。

2. 窗体的类型

C#中的窗体大体上可以分为以下两种类型。

（1）普通窗体：也称为 SDI（Single Document Interface，单文档界面）窗体。以前创建的都是普通窗体。这种窗体又分为以下两种。

模式窗体：这种窗体显示后用户必须响应，只有在它关闭后才能进行下一步操作。

无模式窗体：这种窗体显示后用户可以不响应而随意进行其他操作。一般来说，创建的新窗体都默认为无模式窗体。

（2）MDI（Multiple Document Interface，多文档界面）是一种能同时处理多重文档的应用程序的用户界面和窗口结构。一个 MDI 窗口由多个不同的窗口组成，其中必有一个父窗口，它像一个容器包容着几个子窗口。父窗口和子窗口之间是一种隶属关系，子窗口之间是一种平等关系。

3. 控件的状态

控件是对数据和方法的封装。控件一般都有自己的属性和方法。属性是控件数据的简单访问者。方法则是控件的一些简单而可见的功能。

使用现成的控件来开发应用程序时，控件工作在两种模式下：设计状态和运行状态。

设计状态下，控件摆放在开发环境中的一个窗体上。控件的方法不能被调用，控件不能与最终用户直接进行交互操作，也不需要实现控件的全部功能。

运行状态下，控件工作于正在运行的应用程序中，必须正确地将自身表示出来，也需要对方法的调用进行处理并实现与其他控件之间的协同工作。

4. 控件的属性设置

控件的属性控制着对象的外观和行为。通过对同样的控件设置不同的属性，可以使它们表现出不同的外观和行为。许多属性是每个控件都有的，还有一些是大部分控件都有的。这些属性对每一个控件来讲用法是相同的。

（1）Name 属性的值是引用控件的名字。一个窗体上的每个控件都必须有唯一的名字。VC# 为窗体上放置的每个控件都分配一个默认名字，如 TextBox1、TextBox2 等。更改默认控件的名字以便见名知意，是良好的编程习惯。

（2）控件的属性种类繁多，分属于不同的数据类型，设置其值的方式也不尽相同。例如，假定窗体上有一个文本框 TextBox1，那么，它的各个属性的特征如下。

- Text 属性表示它所显示的文本，属于字符串型。在属性窗口中找到该属性后直接输入其值，或者在代码中用简单的赋值语句即可设置。
- Multiline 属性可把它设置成多行文本框，在属性窗口中找到该属性后选择列表中的 True 或者 False 值，或者在代码中用简单的赋值语句即可设置。
- Size 属性表示它的尺寸，是由高度和宽度构造而成的结构。在属性窗口中找到该属性后直接输入两个数，或者在代码中用简单的赋值语句直接为它的高度和宽度赋值即可设置。
- 设置为多行文本框后，就可以在属性窗口中通过一个简单的对话框来编辑多行文本，赋给它的 Lines 属性。

5. 控件的布局

控件在窗体上应当排列整齐。移动控件时，只需选中该控件并用鼠标拖放到合适的位置即可。如果想更改控件的尺寸，先要选中它（单击一个控件即可选中），令其可缩放的控制点显示出来。然后用鼠标拖动控制点来更改控件的尺寸。控件顶部和底部边缘的控制点用于更改控件的高度，左边和右边的控制点用于更改控件的宽度，四角的控制点同时更改其高度和宽度。

默认状态下，有的控件（如文本框）只有两个控制点是可用的（共有 8 个），其余呈灰色不可用。这是因为文本框控件的 AutoSize 属性在默认状态下设置为 True。AutoSize 属性会根据控件即将显示的文本字体大小自动调整文本框高度。因此，调整高度大小的控制点不可用。如果需要控制文本框控件的高度，可将 AutoSize 属性设置为 False，此时 8 个控制点就全部可用了。

另外，还可以在属性窗口中分别修改 Size 和 Location 属性，从而修改控件的大小和位置。Location 的两个值分别表示控件相对于容器的 x，y 坐标。

如果控件不是对得很齐，还可以这样做：将要对齐的控件选中（可先选中一个，再按住 Ctrl 键单击而选中其他），然后选择“格式”菜单的“对齐”子菜单中的命令。

8.3.2 多窗体应用程序

一个 Windows 应用程序中往往有多个窗口，窗口与窗口之间可以形成多种关系，互相调用或者以其他方式协同工作。举例如下。

（1）一个窗体可以派生自另一个窗体，则后一个窗体继承前一个的所有内容（控件、方法等），并可添加自有的控件、事件处理方法等。

（2）两个互相独立的窗体可以互相调用其中的控件、方法等。

（3）多个窗体可以构成 MDI 窗体。程序运行后成为 MDI 窗口。例如，微软的 Excel 软件中的用户界面就是一种 MDI 窗口，Excel 软件运行后显示的主窗口就是一个 MDI 主窗口，上面有菜单、工具栏、状态栏等；主窗口中可以容纳多个子窗口（工作簿），所有子窗口共享主窗口的菜单、工具栏、状态栏等控件。

例 8-5 通过委托来实现两个窗体上方法的互相调用。

本例中，在 yaoForm 项目内创建两个窗体：aForm 和 bForm。程序运行后自动运行 aForm。单击 aForm 窗口上的按钮可打开 bForm 窗口。但主调窗口 aForm 需要将自有的 aMethod 方法传递给被调窗口 bForm 使用，应该如何传递这个方法呢？

本例采用委托来实现方法的传递。

（1）在需要使用 aMethod 方法的被调窗体 bForm 中定义委托 textDlg 并实例化为 setMethod。

（2）在持有 aMethod 方法的主调窗体 aForm 中为委托 setMethod 注册该方法。

（3）被调窗体 bForm 通过委托 setMethod 使用它所绑定的 aMethod 方法。

注意 为了使程序运行后将 aForm 作为该程序的主窗体，应修改当前项目的 Program.cs 文件中的语句：

```
static void Main()
{   ……
    Application.Run(new aFprm());
}
```

本例中作为主调窗体的 aForm 的代码如下。

```
//程序 8-5_ 通过委托将一个窗体的方法传递给另一个窗体
//发送出方法的窗体
using System;
using System.Windows.Forms;
namespace yaoForm
{
    public partial class aForm : Form
    {
        public aForm()
        {   InitializeComponent();
        }
```

```
        //按钮单击事件：通过委托将自有方法传递给另一个窗体
        private void aBtn_Click(object sender, EventArgs e)
        {   //创建 bForm 窗体类对象 frm
            bForm frm = new bForm();
            //为 bForm 窗体内定义的委托 textDlg 注册方法 aMethod
            frm.setMethod += new bForm.textDlg(aMethod);
            //将 bForm 窗体显示为模式对话框，并将当前活动窗口 aForm 设为其所有者
            frm.ShowDialog();
        }
        //要传递给另一个窗体的方法
        private void aMethod()
        {   MessageBox.Show("执行了 aForm 窗体定义的私有方法 aMethod() ! ");
        }
    }
}
```

本例中作为被调窗体的 bForm 的代码如下。

```
//接受方法的窗体
using System;
using System.Windows.Forms;
namespace yaoForm
{
    public partial class bForm : Form
    {
        public bForm()
        {   InitializeComponent();
        }
        //定义委托 textDlg()
        public delegate void textDlg();
        //创建委托 textDlg 的实例 setMethod
        public textDlg setMethod;
        //调用委托所注册的来自其他窗体的方法
        private void button1_Click(object sender, EventArgs e)
        {   setMethod();
        }
    }
}
```

本程序的运行结果如图 8-9 所示。

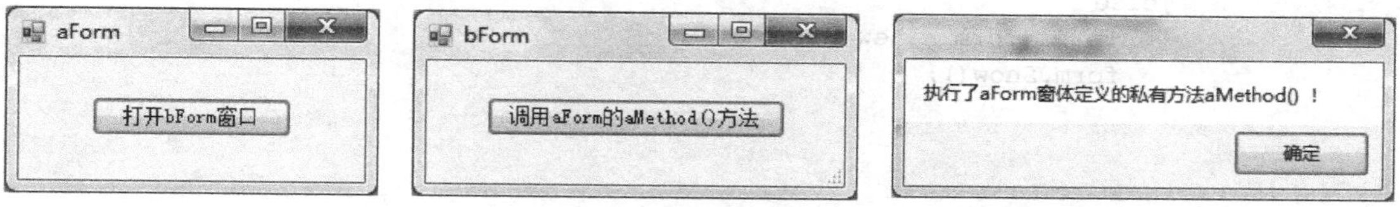

(a)　　(b)　　(c)

图 8-9　例 8-5 程序的运行结果

例 8-6　设计登录窗口。

假定例 8-1 程序中设计的 Form1 窗体只允许通过了用户名和密码查验的用户观看。那么，需要设计一个登录窗口，提供给用户输入自己的用户名和密码。本例按以下步骤设计登录窗口，并

使得输入了正确的用户名和密码的用户能够看到 Form1 窗体。

（1）在 yaoForm 项目中创建窗体。窗体改名为 frmLogin。窗体的 Text 属性设为“输入用户名和密码后登录”。

（2）frmLogin 窗体上摆放以下控件。

- TextBox1 改名为 txtName。
- TextBox2 改名为 txtPassword，且 PasswordChar 属性设为“*”。
- Button1 改名为 btnLogin。
- Button2 改名为 btnReset。

本例中，登录窗口的源代码如下。

```
//例 8-6_ 登录窗口，输入正确的用户名和密码后打开另一个窗口
using System;
using System.Windows.Forms;
namespace yaoForm
{
   public partial class frmLogin: Form
   {
      public frmLogin()
      {
         InitializeComponent();
      }
      //重置：清空用户名框和密码框
      private void btnReset_Click(object sender, EventArgs e)
      {  txtName.Clear();
         txtPassword.Clear();
      }
      //登录：用户名和密码正确时转到显示图片的窗口
      private void btnLogin_Click(object sender, EventArgs e)
      {  //判断用户名和密码是否正确
         if(String.IsNullOrEmpty(txtName.Text) ||
            String.IsNullOrEmpty(txtPassword.Text))
            MessageBox.Show("用户名和密码都不能为空！");
         else if(txtName.Text!="姬上河")
         {  MessageBox.Show("用户名无效！请重新输入……");
            txstName.Clear();
         }else if (txtPassword.Text != "ABC5678")
         {  MessageBox.Show("密码无效！请重新输入……");
            txtPassword.Clear();
         }else
         {  Form1 form = new Form1();
            form.Show();
         }
      }
   }
}
```

本程序运行后，显示设计好的窗口。如果用户输入的用户名或者密码有误，则当单击图 8-10（a）所示的 frmLogin 窗口上的“登录”按钮时，弹出图 8-10（b）所示的消息框，提示用户重新输入。如果输入了图 8-10（c）所示的正确的用户名和密码，则当单击“登录”按钮时，打开图 8-10（d）所示的窗体。单击窗体上的图片还可切换到另外两幅图片（参见例 8-1）。

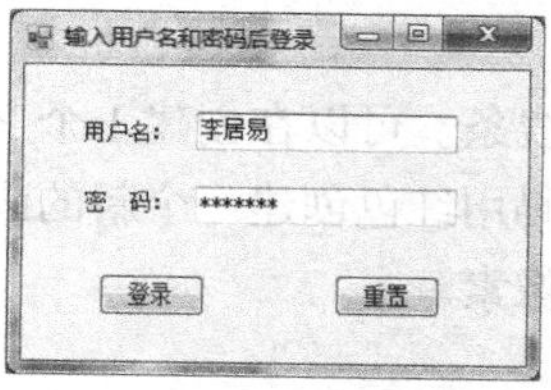

(a)

(b)

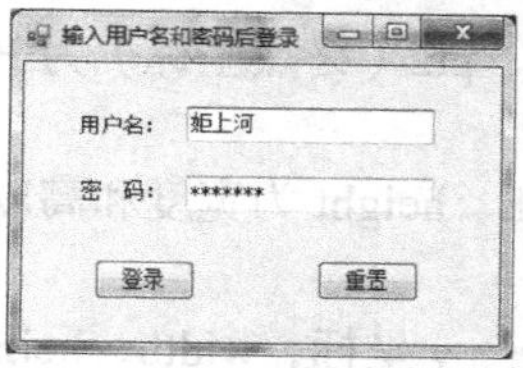

(c)

(d)

图 8-10 例 8-6 程序的运行结果

8.3.3 使用画笔和画刷绘图

在窗体上，可以使用 C#提供的画笔（Pen 对象）画线并使用画刷填充颜色。绘图时，需要设置对象的绘图属性以确定所绘制图形的特征，例如所画线的颜色、宽度、图形的填充样式以及文字的字体等。

1. GDI 绘图

VC#的 GDI+（Graphics Device Interface，图形设备接口）是应用程序编程接口，可理解为与特定设备交互的一些类，主要分布在 System.Drawing、System.Imaging 和 System.Drawing2D 命名空间中。GDI+是目前 Windows 窗体应用程序中以编程方式呈现图形的唯一方法。

GDI+可创建图形、绘制文本或将图形图像作为对象操作。GDI+中最主要的对象是 Graphics。它属于 GDI+中最核心的类，表示 GDI+绘图表面，是用于创建图形图像的对象。创建 Graphics 对象有多种方法，最简单的是为窗体的 Paint 事件编写代码。Paint 事件在绘制窗体时发生，可通过接收 PaintEventArgs 参数的 Graphics 对象来获得 Graphics 对象。

```
private void Form1_Paint(object sender, PaintEventArgs e)
{
    Graphics g = e.Graphics;
}
```

不仅是窗体，凡是有 Paint 事件的控件（如 ListBox 控件）都可在其 Paint 事件中取得该控件的 Graphics 对象。

创建了 Graphics 对象之后，就可用于绘制线条、几何图形、显示文本、显示或操作图像。与 Graphics 对象一起使用的用户对象如下。

- Pen 对象：用于画线、多边形、矩形、弧等外围的轮廓部分。
- Brush 对象：用于指定颜色、样式、纹理等来填充封闭的图形。
- Font 对象：用于描述字体的样式。
- Color 对象：用于描述颜色，在 GDI+中，颜色可以是透明或半透明的。

2. 画笔和颜色

使用 Pen 对象可以画出不同颜色、样式和宽度的线条。可以在创建 1 个 Pen 对象时，通过构造函数设定画线的宽度和颜色，例如，下面第 1 行代码用红色创建一个新的画笔对象。第 2 行代码在创建一个蓝色画笔的同时指定画笔的宽度是 5 个像素。

```
Pen redPen=new Pen(Color.Red);
Pen bluePen=new Pen(Color.Blue,5);
```

设置好画笔之后，就可以使用 Graphics 中的方法 DrawLine 画直线了。

（1）画直线：参数有 pen（定义好的画笔），x1、y1（起点坐标），x2、y2（终点坐标）。

```
DrawLine(pen,x1,y1,x2,y2);
```

（2）画直线：参数有 pen（画笔），pt1（起点坐标）、pt2（终点坐标）为 Point 结构类型。

```
DrawLine(pen, pt1, pt2);
```

（3）画矩形：参数有 pen，左上角 x、y 坐标，width、height 为宽度和高度。

```
DrawRectangle(pen,x,y,width,height)
```

（4）画圆或椭圆：参数有 pen，外接矩形的左上角 x、y 坐标，width、height 为外接矩形的宽度和高度。

```
DrawEllipse(pen,x,y,width,height);
```

3. 画刷

封闭图形都包括轮廓线和内部区域。Pen 对象定义轮廓线的属性，而内部区域的属性就由 Brush 对象来定义了。GDI+提供了几个画刷类来填充内部区域，包括 SolidBrush 类、TextureBrush 类和 RectangleGradientBrush 类等。这些类都派生自 Brush 类。

单色刷对应着 SolidBrush 类，用一种颜色填充图形。SolidBrush 类只有一个属性，即 Color 属性。下面的代码声明了一个红色的 SolidBrush 对象。

```
SolidBrush redBrush = new SolidBrush(Color.Red);
```

也可以使用一个图片来填充图形，需要用一个 Bitmap 对象作为构造函数的参数。

```
TextureBrush bitBrush = new TextureBrush(new Bitmap("c:\\yPhoto.jpg"));
```

其中，yPhoto.jpg 是存放在 C 盘的一个标准的 jpg 文件。

4. 文字属性

Graphics 类的 DrawString 方法可用于图形中引入文字。Font 类定义了文字的格式（字体、大小、样式等）。Font 类构造函数有 3 个参数：字体名、字体大小和字体样式（FontStyle）。例如，语句

```
Font fontMyWord = new Font("Times New Roman", 26, FontStyle.Italic)
```

定义字体对象“Times New Roman”，大小为 26pt(Point，磅)，字体样式为斜体。

例 8-7 画直线、矩形和椭圆。

本例先在 yaoForm 项目中创建名为 Drawing 的窗体，然后在该窗体的 Paint 事件中编写代码，画出直线段、点划线段、带箭头的直线段、用实心画刷填充的矩形和上下较长的椭圆。

程序源代码如下。

```
using System;
using System.Drawing;
using System.Windows.Forms;
using System.Drawing.Drawing2D;
namespace yaoForm
{
   public partial class drawingFrm : Form
```

```
    {
        public drawingFrm()
        {   InitializeComponent();
        }
        private void drawingFrm_Paint(object sender, PaintEventArgs e)
        {   //创建画笔对象：颜色 CadetBlue、宽度 2
            Pen yPen = new Pen(Color.CadetBlue, 2);
            //创建 Graphics 类对象 g
            Graphics g = e.Graphics;
            //默认宽度、颜色、线型，画线
            g.DrawLine(yPen, 20, 20, 190, 20);
            //默认宽度、颜色、线型，设实心画刷，画矩形并填充
            SolidBrush yBrush = new SolidBrush(Color.Green);
            g.DrawRectangle(yPen, 220, 22, 80, 100);
            g.FillRectangle(yBrush, 220, 22, 80, 100  );
            //先设红色、笔宽 5、点划线，再画线
            yPen.Color = Color.Red;
            yPen.Width =5;
            yPen.DashStyle = DashStyle.DashDot;
            g.DrawLine(yPen, 20, 70, 190, 70);
            //先设实线、线尾有箭头，再画线
            yPen.DashStyle = DashStyle.Solid;
            yPen.EndCap = LineCap.ArrowAnchor;
            g.DrawLine(yPen,20, 120, 190, 120);
            //画圆
            g.DrawEllipse(yPen, 330, 22, 80, 100);
        }
    }
}
```

程序的运行结果如图 8-11 所示。

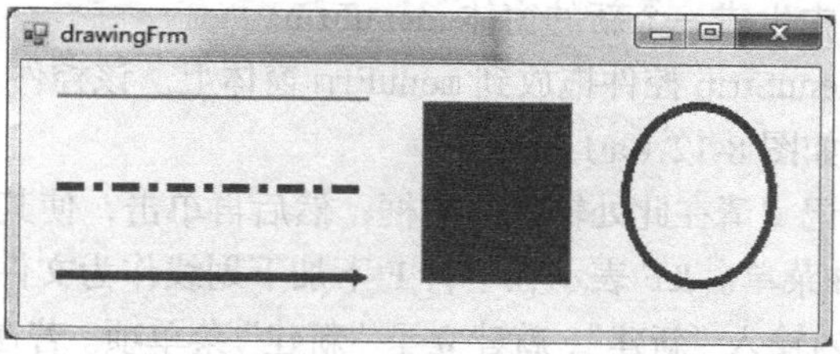

图 8-11　例 8-7 程序的运行结果

8.3.4　窗体上的菜单

如果应用程序实现的功能较多，就需要设计菜单将各种功能有机地组织在一起，以方便用户使用。菜单是绝大多数 Windows 应用程序的重要组成部分。在 C#中，可通过 MenuStrip 控件来创建主菜单，也可通过 Context Menu 控件来创建快捷（上下文）菜单。

1. 菜单项的形式

主菜单通常位于窗体顶部，其中包括“文件”“编辑”“视图”“窗口”“帮助”等多个菜单，用横向显示的相应标题来标识。单击某个标题便会下拉出该菜单的菜单项列表。每个菜单项（包括标题）后面都有一个热键的提示：一个带下划线的字符。按下 Alt 键不放并键入带下划线的字

符也可拉出该菜单项的列表。例如，按 Alt+F 和单击“文件”菜单标题的效果是一样的，都可以打开“文件”菜单。

注意　形如 Ctrl+A 的组合键称为快捷键，直接使用便相当于选择了对应的菜单项；形如 Alt+A 的组合键称为热键，看见对应的菜单项后才能用之代替菜单项。

（1）在打开的下拉菜单中，若选择的是一个带有省略号“…”的命令，则将打开一个对话框，在对话框中选择所需要的信息后单击“确定”按钮，即可执行该菜单命令。

（2）菜单项中的分隔线用于将菜单项分组，使作用相近的菜单项成为一组。例如，在“编辑”菜单中，常将“剪切”“复制”和“粘贴”命令分为一组。

（3）某些菜单项的右边有一个向右的小箭头，这是带有子菜单项的标志。选取这样的菜单项时，将打开下一级子菜单，可从子菜单中选择要执行的命令。

（4）还有一些菜单项并不执行命令，而是代表一种状态，例如，早期的 Word 软件中有“显示段落标记”菜单项，前面带有“√”标志，表示将文档的段落标记显示出来。

程序运行时，菜单有隐藏、无效和正常 3 种状态，其中隐藏菜单是在窗口运行时不出现在菜单栏上的菜单，无效菜单是指下拉菜单中以灰色显示的菜单项，它表示该菜单项在当前状态下不能执行。

2. 菜单设计

设计菜单与设计窗体按钮的过程相似，首先在窗体上放好菜单控件，然后设置菜单的属性，最后根据需要编写菜单命令所触发的事件的响应代码。

例 8-8　设计简单的文本编辑器。

本例设计的窗体上包括菜单栏和一个充满菜单栏之下窗体的多行文本框。其中菜单栏包含 3 个菜单：文件菜单、编辑菜单和视图菜单，视图菜单中只有一个菜单项，用于打开一个子菜单。

本例按以下步骤完成窗体及窗体上的菜单设计。

（1）在 yaoForm 项目中生成一个新的窗体 menuFrm。

（2）从工具箱上将 MenuStrip 控件拖放到 menuFrm 窗体上。该控件自动安置到窗体顶端,同时在窗体底部显示控件名，如图 8-12（a）所示。

（3）选中窗体顶端标记“请在此处输入”的框，然后再单击，使其处于编辑状态。输入“文件（&F)”，就创建了文件菜单。&F 表示在字符 F 下加下划线作为文件菜单的热键。刚才输入的菜单下方有一个框，在框内输入“新建”，就建立了“新建”菜单项。若在输入框中输入减号（–），可以产生一个菜单项分隔符。设计好的文件菜单 8-12（b）所示。

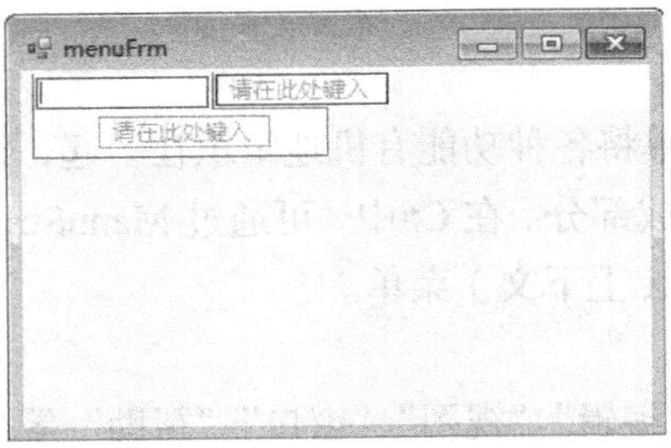

（a）

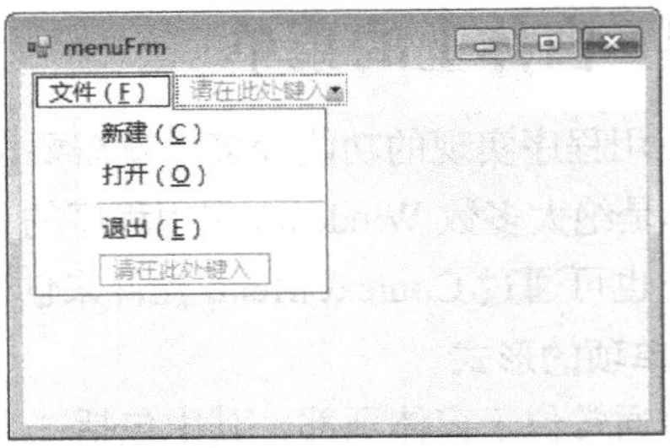

（b）

图 8-12　例 8-8 中菜单设计的画面

（4）随后分别选择菜单的各项，在属性窗口中将它们的 Name 属性分别设置为 fileMenu、fileNewMenu、fileOpenMenu 和 fileExitMenu。

（5）以同样方式设计编辑菜单，编辑菜单中共有 5 项：撤销、全选、复制、剪切、粘贴。编辑菜单的 Name 属性为 editMenu，5 个菜单项的 Name 属性分别为 editUndoMenu、editSelectAllMenu、editCopyMenu、editCutMenu、editPasteMenu。为了给这 5 个菜单项建立快捷键，分别将它们的 Shortcut 属性设定为 Ctrl+Z、Ctrl+A、Ctrl+C、Ctrl+X、Ctrl+V。

（6）创建最后一个视图菜单，其中只有一个菜单项“工具栏”。视图菜单的 Name 属性为 viewMenu。工具栏菜单项的 Name 属性为 viewToolMenu。工具栏菜单项下添加 3 个子菜单项：格式、地址、链接。其 Name 属性分别为 viewToolFormatMenu、viewToolAddressMenu 和 viewToolLinkMenu。这 3 项是让用户选择是否显示这些工具栏，故将其 Checked 属性设为 True，即给菜单项加复选标记，表明该菜单项启动时是有效的。

（7）在菜单下放置一个 TextBox 控件，设置其 Name 属性的值为 txtEdit，Anchor 属性的值为 Top、Bottom、Left、Right，Multiline 属性的值为 True，Scrollbar 属性的值为 Both。

将 TextBox 的大小调整为充满这个窗体。一个新的属性是 Anchor（锚定），几乎所有的控件都有这个属性。它的作用是在程序运行时，保证 Anchor 所指定的边和窗体的相对位置不变。由于指定了所有 4 条边，这样在程序运行时用户改变窗口的大小时 TextBox 控件也会随之改变（也可使用 Dock 属性设置为 Fill）。

本例在为各菜单项添加了相应的事件处理代码之后，窗体文件 menuFrm.cs 的内容如下。

```
//例 8-8_ 窗体及主菜单设计
using System;
using System.Collections.Generic;
using System.ComponentModel;
using System.Data;
using System.Drawing;
using System.Linq;
using System.Text;
using System.Windows.Forms;
namespace yaoForm
{
   public partial class menuFrm : Form
   {
      public menuFrm()
      {  InitializeComponent();
      }
      //文件菜单：新建、打开、退出
      private void fileNewMenu_Click(object sender, EventArgs e)
      {  txtEdit.Text = ""; txtEdit.Focus(); }
      private void 打开OToolStripMenuItem_Click(object sender, EventArgs e)
      {  //使用标准对话框,见 8.3.6 节
      }
      private void fileExitMenu_Click(object sender, EventArgs e)
      {  Application.Exit(); }
      //编辑菜单：撤销、全选、复制、剪切、粘贴
      private void editUndoMenu_Click(object sender, EventArgs e)
      {  txtEdit.Undo(); }
      private void editSelectAllMenu_Click(object sender, EventArgs e)
      {  txtEdit.SelectAll(); }
```

```
        private void editCopyMenu_Click(object sender, EventArgs e)
        {   txtEdit.Copy(); }
        private void editCutMenu_Click(object sender, EventArgs e)
        { txtEdit.Cut(); }
        private void editPasteMenu_Click(object sender, EventArgs e)
        {   txtEdit.Paste(); }
        //视图菜单|工具栏子菜单：格式、地址、链接
        private void viewToolBarFormatMenu_Click(object sender, EventArgs e)
        {   viewToolBarFormatMenu.Checked = !viewToolBarFormatMenu.Checked; }
        private void viewToolBarAddressMenu_Click(object sender, EventArgs e)
        {   viewToolBarAddressMenu.Checked = !viewToolBarAddressMenu.Checked; }
        private void ViewToolBarLinkMenu_Click(object sender, EventArgs e)
        {   viewToolBarLinkMenu.Checked = !viewToolBarLinkMenu.Checked; }
    }
}
```

本程序运行后，显示如图 8-13 所示的窗口。

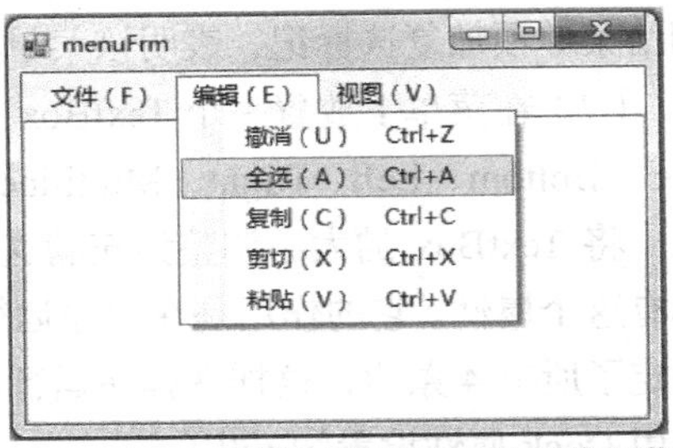

图 8-13　例 8-8 程序运行后显示的窗体及菜单

3. 设计上下文菜单

控件 ContextMenuStrip 用于设计上下文菜单，即单击鼠标右键时弹出的菜单，其设计方式与主菜单相同。ContextMenu 控件可与窗体上的其他控件关联，也可以与窗体本身关联，以便在该控件或者窗体上右键单击时显示所关联的上下文菜单。

将上下文菜单与窗体或者某个控件相关联的方法是：在窗体或控件的属性窗口中找到 ContextMenuStrip 属性，然后在该行右单元格的下拉列表中选择一个 ContextMenuStrip 菜单控件名即可。

例如，可按以下步骤为例 8-8 添加一个上下文菜单，当右键单击文本框 txtEdit 时弹出。

（1）从工具箱上将 ContextMenuStrip 控件拖放到 menuFrm 窗体上。与 MenuStrip 控件一样，它将会被添加到开发环境的底部，将其命名为 editContextMenu。

（2）选中 ContextMenuStrip 控件，会在窗体顶部出现上下文菜单的编辑器，和编辑 MenuStrip 一样，在上下文菜单中输入 5 项，分别为撤销、全选、复制、剪切和粘贴。这 5 项的 Name 属性分别为 undoCMenu、copyCMenu、cutCMenu、pasteCMenu 和 selectAllCMenu。同时将它们的 Shortcut 属性分别设定为 Ctrl+Z、Ctrl+A、Ctrl+C、Ctrl+X 和 Ctrl+V。选中 txtEdit 控件，将它的 ContextMenuStrip 属性设置为 editContextMenu。这样 txtEdit 控件就和刚才的菜单关联起来，在该控件上单击右键便会弹出这个上下文菜单。

（3）要使弹出菜单真正有用，还需要为每一个菜单项的 Click 事件编写代码。编写代码的方法和 MainMenu 是一样的。

在某些情况下，应使相应的菜单有效或无效，如在未选定任何文本的情况下，剪切和复制菜单项是无效（灰色）的。可为菜单的 DropDownOpening 事件编写程序，该事件在菜单弹出前发生。在这个事件代码中，检查 txtEdit 的属性 SelectionLength。若为 0，表示当前无选定的文本，故将复制和剪切的 Enabled 属性设为 false，使它们弹出时是灰色的。代码为：

```
private void viewMenu_DropDownOpening(object sender, EventArgs e)
{
    if (txtEdit.SelectionLength == 0)
    {   editCopyMenu.Enabled = false;
        editCutMenu.Enabled = false;
```

```
        } else
        {   editCopyMenu.Enabled = true;
            editCopyMenu.Enabled = true;
        }
    }
```

8.3.5 消息对话框的使用

消息对话框（MessageBox，以下简称消息框）用于当程序运行时显示提示、警告及错误等信息，并等待用户响应。例如，如果用户修改了数据后未保存就想关闭程序，系统就会显示带有信息、警告图标和按钮的消息框，提示将丢失未保存的数据。用户可单击某个按钮（如 OK 或 Cancel）来继续或取消这步操作。

C#的 MessageBox 消息框位于 System.Windows.Forms 命名空间中，一般情况下，一个消息框中包含消息框的标题文字、信息提示文字内容、信息图标、用户响应的按钮等内容。C#允许按实际需要定制相应内容，创建特定的消息框。

表 8-1 列出了一些可以在消息框中显示的信息图标。

表 8-1　　消息框中的图标

图　标	常　数	图　标	常　数
	IconAsterisk		IconExclamation
	IconInformation		IconWarning
	IconHand		IconQuestion
	IconStop		

表 8-2 列出了一些可以在消息框中显示的按钮。

表 8-2　　消息框中的按钮

常　数	说　明
AbortRetryIgnore	显示“终止”“重试”和“忽略”按钮的消息框
OK	显示“确定”按钮的消息框
OKCancel	显示“确定”和“取消”两个按钮
RetryCancel	显示“重试”和“取消”按钮的消息框
YesNo	显示“是”和“否”按钮的消息框
YesNoCancel	显示“是”“否”和“取消”按钮的消息框

可通过调用 Show 方法显示消息框。该方法的原型为：

```
DialogResult Show ( string text, string caption,
                    MessageBoxButtons buttons, MessageBoxIcon icon)
```

其中，text 表示所要显示的信息，该参数是必需的。caption 表示显示在消息框标题栏的字符串，该参数是可选的。buttons 参数指定显示在消息框中的可用按钮。icon 参数指定显示在消息框中的可用图标。

例 8-9　测试消息对话框。

本例在一个 Windows 应用程序的窗体上添加一个按钮，命名为 btnMessage，并在其单击事件处理方法中添加以下代码。

```
private void button1_Click(object sender, EventArgs e)
{   DialogResult dr;
    dr=MessageBox.Show("C#中的结构是引用类型吗？", "请选择答案",
                         MessageBoxButtons.YesNoCancel,
    MessageBoxIcon.Question, MessageBoxDefaultButton.Button1);
    if (dr == DialogResult.Yes)
        MessageBox.Show("您的答案是"正确"！", "答案 1");
    else if (dr == DialogResult.No)
        MessageBox.Show("您的答案是"错误"！", "答案 2");
    else if (dr == DialogResult.Cancel)
        MessageBox.Show("你的答案是"不确定"！", "答案 3");
}
```

程序运行后，单击 btnMessage 按钮，会弹出图 8-14（a）所示的对话框。

此后，单击消息框的 3 个按钮中的某一个，分别弹出图 8-14（b）、8-14（c）或 8-14（d）的消息框。

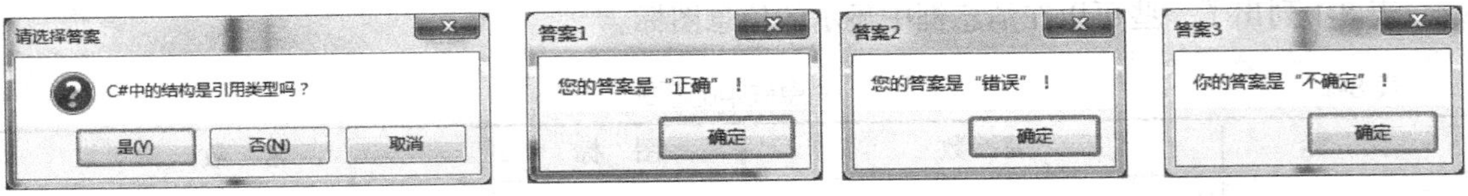

（a）　（b）　（c）　（d）

图 8-14　例 8-9 程序的运行结果

8.3.6　标准对话框的使用

对话框是用户和程序之间进行信息交互的重要手段。例如，在打开文件、保存文件、查找或替换字符串时，都要求用户提供必要的信息（文件名、文件存储位置、要查找的字符串等），这些都可以通过对话框来实现。.NET 内置了 Windows 应用程序中常见的几种标准对话框，如打开对话框、保存对话框、字体对话框、颜色对话框、查找和替换对话框等，可以直接在程序中使用。这些标准对话框自动生成一些常用的设置项，而且能够按照常用的方式响应用户的操作。

1. 打开文件对话框和保存文件对话框

OpenFiledialog 控件用于打开文件。可以设置 OpenFileDialog 控件的属性来决定对话框的标题、默认路径和文件类型等内容。

使用 OpenFileDialog 的 ShowDialog 方法可使一个“打开文件对话框”显示出来。此后，用户便可以在该对话框的“文件名”文本框中输入要打开的文件名，在“文件类型”下拉列表框中选择要打开的文件类型……。这些动作就是给以下几个属性赋值。

（1）Filter 属性：保存对话框中选择的所有文件的文件名（含路径）。该属性是一个文件筛选器，根据它的设置可以决定在对话框的“文件类型”下拉列表框中提示哪些类型的文件，在选择文件列表框中显示哪些类型的文件。例如，假定有一个打开文件对话框对象 Dlg 仅允许打开 jpg、bmp、gif 文档，则设置 Filter 属性值的代码为：

```
Dlg.Filter="图像文件|*.jpg;*.bmp;*.gif";   //对话框中可选的文件类型
```

其中，“|”号前字符串即为文件类型下拉列表框的标题，“|”号后字符串即为下拉出来的文件列表中的所有文件类型。如果限定的类型在两种以上，各个类型还应以成对的方式建立。例如，如果想限定可打开的文件类型为*.TXT、*.EXE 和*.SYS，则应在 Filter 属性栏输入：

```
Text(*.Text)|*.TXT | EXE(*.EXE) | *.EXE | SYS(*.SYS) | *.SYS
```

（2）FileNames 属性：保存对话框中选择的所有文件的文件名（含路径）。该属性是一个字符串型数组，为只读属性。

（3）MultiSelect 属性：决定是否能对文件进行多选。这是一个逻辑类型的属性，True 表示可在对话框中一次选择多个文件，False 表示一次只允许选择一个文件。

当用户选择了某个文件并按下确定按钮后，对话框会关闭，所选择的文件名（带有完整的路径）将保存在 OpenFileDialog 对象的 FileName 属性中，文件并不真正打开。

2. 保存文件对话框

SaveFileDialog 控件用于保存文件，其使用和设置方式与 OpenFileDialog 控件基本相同，只是多了一些在保存文件时的属性。SaveFileDialog 控件不同于 OpenFileDialog 控件的属性主要有两个。

（1）CreatePrompt 用于处理不存在的新文件，如果该属性的值为 True，则在用户指定的文件不存在时询问用户是否建立新文件，默认该值为 False，即不询问用户。

（2）OverwritePrompt 用于处理已经存在的文件，如果该属性的值为 True，则在用户指定的文件已经存在时询问用户是否覆盖文件，如果该值为 False，则不询问用户。

SaveFileDialog 控件的方法与 OpenFileDialog 控件完全相同，可按照处理 OpenFileDialog 控件的方法来处理 SaveFileDialog 控件，例如，需要显示一个“保存文件对话框”时，可使用 SaveFileDialog 控件的 ShowDialog 方法。

3. 字体对话框

FontDialog 控件用于选择字体，字体设置是大部分应用程序，特别是具有文本编辑能力的应用程序的必备功能。在应用程序中，字体设置是通过 FontDialog 控件调用一个名称为字体的对话框来实现的。利用这个对话框可以完成所有关于字体的设置。

例 8-10 打开文件对话框的使用。

本例在例 8-8 的程序中添加一个菜单项：“文件”→“选择”，即在文件菜单中添加菜单项“选择（&s）”，用于弹出一个打开文件对话框，当用户选定了几个文件并单击“打开”按钮之后，窗体上的文本框中显示所有文件的路径名。

（1）在 yaoForm 项目中，打开“menuFrm.cs[设计]*”窗体设计器，并在 Program.cs 文件中修改代码，使得 menuFrm 窗体成为主窗体。

```
Application.Run(new menuFrm());
```

（2）在“文件”菜单中添加图 8-15(a)所示的菜单项“选择（&s）”，并将其 Name 属性改为 fileSelectMenu。

（3）在该菜单项的单击事件处理方法中添加以下代码。

```
private void fileSelectMenu_Click(object sender, EventArgs e)
{   //显示用户在打开文件对话框中选择的所有文件的路径名
    OpenFileDialog openDlg = new OpenFileDialog();
    openDlg.Title = "打开文件: *.txt|*.cs|*.*";  //窗口标题，默认为“打开”
    openDlg.Filter = "文本文件|*.*|C#文件|*.cs|所有文件|*.*";  //可打开的文件种类
    openDlg.FilterIndex = 1;  //当前选定的过滤器索引
    openDlg.InitialDirectory = Application.ExecutablePath;  //初始目录
    openDlg.Multiselect = true;  //是否多选
    if (openDlg.ShowDialog() == DialogResult.OK)  //是否选择了文件
        for (int i = 0; i < openDlg.FileNames.Length; i++)
```

```
            txtEdit.Text += openDlg.FileNames[i] + "\r\n";
    }
```

程序运行后，如果选择了菜单项“文件”→“选择”，则会弹出图 8-15（b）所示的打开文件对话框。当用户在其中选择了一些文件，并单击“打开”按钮之后，所选择的这些文件的文件路径名就会显示在窗体菜单栏下方的文本框中，如图 8-15（c）所示。

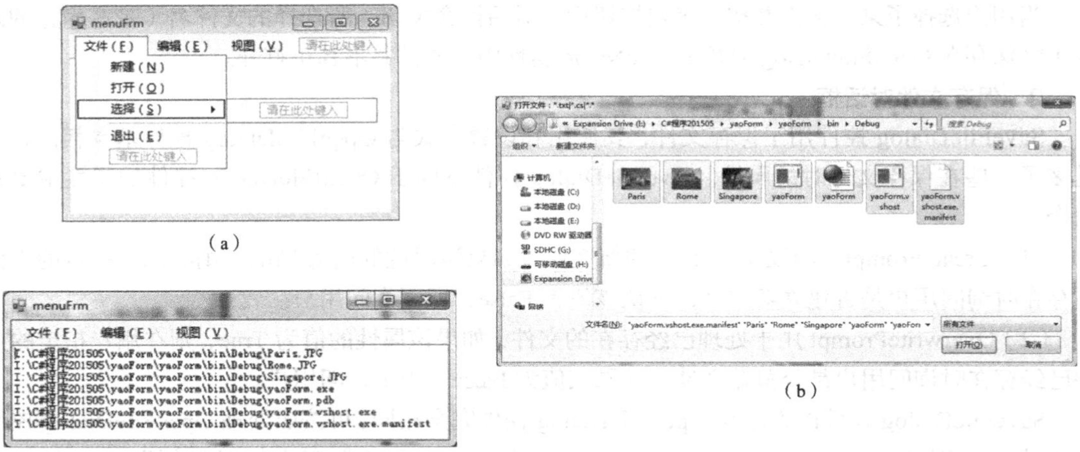

（a）（b）（c）

图 8-15　例 8-10 程序运行时弹出的对话框及运行结果

8.4　程序解析

本章解析 5 个程序。

第 1 个，通过委托来调用多个方法，实现两个整数的加法、减法和求较大值运算。

第 2 个，使用定时器组件控制时间，每秒钟计数一次，计满规定时间后计数器清零，重新开始下一轮计数。

第 3 个，利用键盘的按键事件和抬起事件实现密码（数字字符串）的掩码方式（用指定字符掩盖实际数字）输入。

第 4 个，可以在窗体上移动鼠标画出任意线段的程序。

第 5 个，画出带有坐标轴及简单刻度的 Sinx 曲线图像的程序。

阅读和运行这 5 个程序，读者可以理解事件和委托的概念以及它们之间的联系，掌握委托的使用方式、常用鼠标事件和键盘事件的使用方式、菜单栏的一般设计方式、消息框以及几种标准对话框的使用方式，从而进一步体验 C#的 Windows 窗体应用程序的设计方式。

程序 8-1　委托的定义和使用

本程序将定义包含两个整型参数，返回值为字符型的委托，使用 3 个方法（求两数中较大数、加法、减法）以不同的方式来实例化委托，并使用委托调用 3 个方法来实现两个整数的加法、减法和求较大值运算。

1. **窗体设计**

本程序按以下步骤设计窗体。

（1）在 yaoForm 项目中添加一个窗体。

单击 yaoForm 项目节点，选择“添加”→“Windows 窗体”菜单项，在该项目中添加一个名为 dlgForm 的窗体（更改窗体的 Name 属性和 Text 属性为 dlgForm）。

（2）窗体上摆放以下控件。

- 第 1 个文本框 TextBox 控件：将其 Name 属性改为 btnMax，Text 属性改为“较大数”，用于启动运行求两数中较大数的方法。
- 第 2 个文本框 TextBox 控件：将 Name 属性改为 btnCalcu，Text 属性改为“加减法”，用于启动运行求两数之和与两数之积的方法。
- 列表框控件 ListBox，用于显示两个事件处理方法的执行结果。

（3）在 Program.cs 文件中更改包含 Run 方法的语句为：

```
Application.Run(new dlgForm());
```

将 dlgForm 窗体变为主窗体。

2. **算法与程序结构**

本程序的代码中包括以下内容。

（1）定义 intClass 类，其中包括将会注册到委托的方法。

- 求两个整数中最大数的 abMax 方法：参数为两个整型变量，返回值为字符串型。
- 求两个整数之后的 abAdd 方法：参数为两个整型变量，返回值为字符串型。
- 求两个整数之差的 abSub 方法：参数为两个整型变量，返回值为字符串型。

（2）定义参数表为两个整型变量的委托类型 intDlg。

（3）创建含待注册方法的 intClass 类的实例 intObj。

（4）编写按钮 btnMax 的单击事件方法。

- 创建委托 intDlg 的实例 maxObj，并绑定（注册）intObj 对象的 abMax 方法。
- 通过委托 intObj 调用所绑定的 abMax 方法，求解并输出两个整数中的较大数。

（5）编写按钮 btnCalcu 的单击事件方法。

- 创建委托 intDlg 的实例 add_sub，并绑定（注册）intObj 对象的 abAdd 方法。
- 再为委托实例 add_sub 绑定（注册）intObj 对象的另一个方法 abSub。
- 通过委托 add_sub 调用所绑定的 abSub 方法，求解并输出两个整数之差。
- 从委托实例 add_sub 中删除一个方法（实际删除的是后绑定的 abSub 方法）。
- 通过委托 add_sub 调用所绑定的 abAdd 方法，求解并输出两个整数之和。

3. **程序**

程序源代码如下。

```
//程序 8-1_ 委托的定义和使用
using System;
using System.Windows.Forms;
namespace yaoForm
{
    //第 1 步：定义委托类型
    delegate string intDlg(int a,int b);
    public partial class dlgForm : Form
    {
```

```
        public dlgForm()
        {   InitializeComponent();
        }
        //创建含待注册方法的类的实例
        intClass intObj = new intClass();
        //btnMax 的单击事件：求二数中较大数
        private void btnMax_Click(object sender, EventArgs e)
        {   //第 2 步：委托实例化（要引用的方法名作为参数）
            intDlg maxObj;  //定义一个委托变量
            maxObj = new intDlg(intObj.abMax);  //方法注册到委托
            //第 3 步：调用委托（相当于调用注册的方法）
            listBox1.Items.Add(maxObj(9,10));
        }
        //btnCalcu 的单击事件：二数相加、相减
        private void btnCalcu_Click(object sender, EventArgs e)
        {   //委托实例化：一个委托实例注册多个方法
            intDlg add_sub=new intDlg(intObj.abAdd); //创建一个委托实例并注册方法
            add_sub+=new intDlg(intObj.abSub);  //向委托实例添加一个方法
            //调用委托：按方法注册顺序执行
            listBox1.Items.Add(add_sub(100,90));
            add_sub-=new intDlg(intObj.abSub);  //从委托实例删除一个方法
            listBox1.Items.Add(add_sub(100,90));
        }
        //含待注册方法的类
        class intClass
        {   //待注册到委托的方法：最大值、加法、减法
            public string abMax(int a, int b)
            {   return string.Format("{0}和{1}中较大数 = {2}",a,b,(a > b) ? a : b);
            }
            public string abAdd(int a, int b)
            {   return string.Format("{0} + {1} = {2}",a,b,a+b);
            }
            public string abSub(int a, int b)
            {   return string.Format("{0} - {1} = {2}",a,b,a-b);
            }
        }
    }
}
```

4. 程序运行结果

本程序的运行结果如图 8-16 所示。

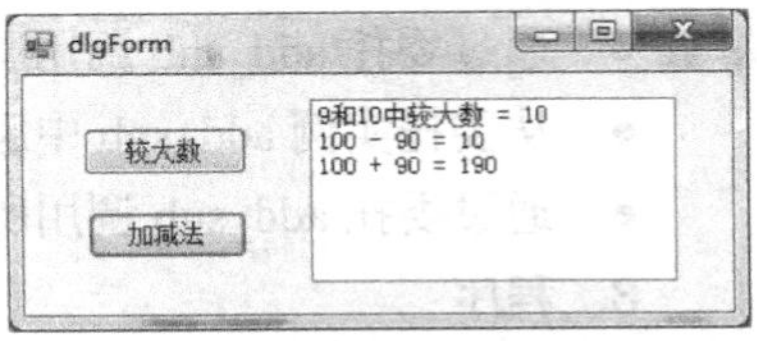

图 8-16　程序 8-1 的运行结果

程序 8-2　计数器程序

本程序使用定时器组件控制时间，每秒钟计数一次（计数器变量加 1），计满规定时间后计数器清零，重新开始下一轮计数。

本程序中需要使用定时器组件 Timer。Timer 组件封装在命名空间 System.Windows.Forms 中，其主要作用是每隔一个固定时间段触发一次事件（Tick 事件）。Timer 组件在程序运行后是看不见的，故最好称为组件（Component）而非控件（Control）。

注意

C#里的定时器类有 3 个，分别定义在 3 个类中：System.Windows.Forms、System.Threading.Timer 和 System.Timers.Timer。其中第一个用于 Windows 窗体应用程序，是通过 Windows 消息机制实现的。后两个比较相似，对应用程序、消息没有特别要求。最后一个也可应用于 Windows 窗体应用程序，取代第一个（工具箱上的 Timer 控件）。但后两个不支持直接拖放，需要手工编码。

1. 窗体设计

本程序按以下步骤设计窗体。

（1）在 yaoForm 项目中添加一个窗体。

单击 yaoForm 项目节点，选择“添加”→“Windows 窗体”菜单项，在该项目中添加一个名为 timerFrm 的窗体（更改窗体的 Name 属性和 Text 属性为 timerFrm）。

（2）在窗体上半部摆放一组控件。

- 分组控件 GroupBox，将其 Text 属性改为“设置开始到结束的时间间隔”，用于将下面几个控件放置其中，使其成为一组。
- 用于输入时间间隔秒数的文本框 TextBox 控件，将其 Name 属性改为 txtNSecond。
- 分别用于启动计时器和停止计时器的两个按钮 Button 控件，将 Name 属性分别改为 txtStart 和 txtEnd，Text 属性分别改为“开始”和“停止”。
- 两个分别显示“间隔”和“秒”字的 Label 控件。

（3）在窗体下半部摆放另一组控件。

- 分组控件 GroupBox，将其 Text 属性改为“日志信息”；Dock 属性改为 bottom（占满窗体下半部），用于将下面的控件放置其中，使其成为一组。
- 显示操作流程的列表框 ListBox 控件，将其 Name 属性改为 lstShow，Dock 属性改为 Fill（占满所属容器 GroupBox）。

（4）在窗体上摆放一个 Timer 组件，因为该组件不会直观地显示出来，故自动放在靠近窗体设计器下边缘的阴影栏中。在属性对话框中设置其 Interval 属性的值为 1000。

（5）在 Program.cs 文件中更改包含 Run 方法的语句为：

```
Application.Run(new timerFrm());
```

使 timerFrm 窗体变为主窗体。

设计好的窗体如图 8-17（a）所示。

2. 算法及程序结构

（1）初始化操作。

① 允许计数标志 pos←初值-1。

② 计数器 i←初值 0。

③ 每轮时长（时间间隔）秒数 nInterval←初值 0。

④ 总用时秒数 nSecond←初值 0。

（2）编写按钮 btnStart 的 Click 事件代码（准备计数）。

① 获取每轮时长 nInterval←文本框 txtNSecond 上输入的数字。

② 计数器清零 i←0。

③ 允许计数标志 pos←1。

④ 列表框 lstShow 中显示“计数开始：”

（3）编写按钮 Timer 的 Tick 事件代码（计数）。

① 总用时秒数+1。

② 判（允许计数标志 pos=1？），是则计数器+1。

③ 判（本轮时间已到？），是则计数器清 i←0，显示“计数器归零”；否则计数器累加。

（4）编写按钮 btnEnd 的 Click 事件代码（结束计数）。

① 允许计数标志 pos←0。

② 显示“计数结束!”。

③ 显示总用时秒数 nSecond。

3. 程序

程序源代码（timerFrm.cs）如下。

```
//程序 8-2_ 计数器程序
using System;
using System.Windows.Forms;
namespace yaoForm
{
    public partial class timerFrm : Form
    {
        public timerFrm()
        {   InitializeComponent();
        }
        //初始化：标志、计数器变量、时间间隔、总用时
        int pos = -1;               //标志：1 开始计时，0 停止
        int i = 0;                  //计时变量
        int nInterval = 0;          //时间间隔秒数
        int nSecond = 0;            //总用时秒数
        //定时器 timer 组件的 Tick 事件：计数
        private void timer1_Tick(object sender, EventArgs e)
        {   //计满 nInterval 秒时计数器归零，重新计数
            nSecond++;
            if (pos == 1)
            {   //标志为 1 时计数
                i++;
                if (i == nInterval)
                {   //计满 nInterval 秒时计数器归零
                    i = 0;
                    lstShow.Items.Add("-------计数器归零-------");
                    lstShow.Items.Add("");
                }else //计数器累加
                    lstShow.Items.Add(DateTime.Now.ToString()+" 计数器累加: "+i.ToString());
            }
        }
        //按钮 btnStart 的 Click 事件：获取时间间隔、置计数标志
        private void btnStart_Click(object sender, EventArgs e)
        {   nInterval = int.Parse(txtNSecond.Text);
            i = 0;
            pos = 1;
            lstShow.Items.Add(DateTime.Now.ToString()+" 计数开始: ");
            lstShow.Items.Add("");
```

```
            }
            //按钮 btnEnd 的 Click 事件：清计数标志、输出总用时
            private void btnEnd_Click(object sender, EventArgs e)
            {   pos = 0;
                lstShow.Items.Add("");
                lstShow.Items.Add(DateTime.Now.ToString() + " 计数结束! ");
                this.Text = string.Format("总用时{0}秒! ", nSecond);
            }
        }
    }
```

4. 程序运行结果

本程序的一次运行结果如图 8-17（b）所示。

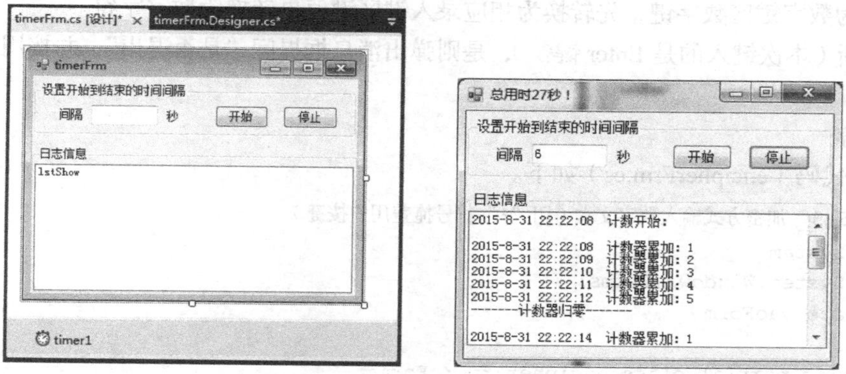

（a）　　　　　　　　（b）

图 8-17　程序 8-2 的窗体设计及运行结果

程序 8–3　密码输入程序

本程序是一个以掩码方式输入数字的程序。

- 当用户在专用于输入密码的文本框中输入一个数字字符时，程序中自动指定一个其他字符代替它并显示到文本框中，同时在标签控件中显示原始字符。
- 按退格（BackSpace）键可删除光标前一个字符，同时使得标签中内容随之变化。
- 按回车（Enter）键时显示消息框，单击其“确定”按钮可结束程序的运行。
- 按下 Ctrl + Shift + End 组合键时，直接结束程序运行。

1. 窗体设计

本程序按以下步骤设计窗体。

（1）在 yaoForm 项目中添加一个名为 encipherFrm 的窗体，并修改 Program.cs 文件中包含 Run 方法的语句，使其成为主窗体。

（2）在窗体上半部摆放以下控件。

- 用于输入数字型字符的文本框 TextBox 控件。
- 用于显示实际输入的数字型字符串的 Label 控件。

2. 算法与程序结构

本程序按顺序完成以下操作。

（1）设置字符串变量 x。

（2）文本框 KeyDown 事件处理方法如下。

① 串变量 x←文本框中内容。

② 判断（本次键入的是数字字符？），是则，

- Label1 ←若为录入键区数字键，直接追加。
- Label1←若为数字键区数字键，转换为相应录入键区键值再追加。

否则，判断（本次键入的是删除键？），是则删除 Label1 上的最后一个字符。

（3）文本框 KeyUp 事件处理方法如下。

① 判断（本次键入的是 Ctrl + Shift + End 组合键？），是则结束程序的运行。

② 判断（本次键入的是数字键？），是则，

- 若为录入键区数字键则转换为相应数字字符。
- 若为数字键区数字键，先转换为相应录入键区键值再转换为数字字符。

③ 判断（本次键入的是 Enter 键？），是则弹出消息框提问“是否退出”，并按用户回答退出或继续。

3. 程序

程序源代码（encipherFrm.cs）如下。

```
//程序 8-3_ 加密方式输入数字文本（用“*”符号掩盖用户按键）
using System;
using System.Windows.Forms;
namespace yaoForm
{
   public partial class encipherFrm : Form
   {
      public encipherFrm()
      {  InitializeComponent();
      }
      string x;
      //文本框 KeyDown 事件：键入数字字符时追加到标签；退格键时删标签上尾字符
      private void textBox1_KeyDown(object sender, KeyEventArgs e)
      {  //串变量 x <- 文本框中内容
         if (textBox1.Text=="") x="";
         else x=textBox1.Text;
         //本键为数字字符时，续入 Label1，是 BackSpace 则删 Label1 尾字符
         if ((int)e.KeyCode != (int)Keys.Back &&
            (e.KeyValue>=48 && e.KeyValue<=57 || e.KeyValue>=96 && e.KeyValue<=105))
         {  //Label1 的 Text 属性 <- 本次输入的数字字符
            if (e.KeyValue<96) //录入键区的数字键直接追加到 label1
               label1.Text += (char)e.KeyValue;
            else //数字键区的数字键转换为相应录入键区数字键的键值，再追加到 label1
               label1.Text += (char)(e.KeyValue-48);
         }else if((int)e.KeyCode == (int)Keys.Back)
         {  //本键为 BackSpace 时，删除 label1 上最后一个字符
            if (label1.Text[label1.Text.Length - 1] == ': ')
               return; //label1 上已无可删数字字符时，跳出本方法
            label1.Text = label1.Text.Remove(label1.Text.Length - 1);
         }
```

```
        }
        //文本框 KeyUp 事件：当键入的是数字字符时，textBox1 上追加一个“*”字符
        private void textBox1_KeyUp(object sender, KeyEventArgs e)
        {   //本键为 Ctrl + Shift + End 组合键时，结束程序的运行
            if (e.Control && e.Shift && e.KeyValue == 35)
                this.Close();
            //本键为非 BackSpace 或 Enter 的字符时，textBox1 上追加一个“*”字符
            if ((int)e.KeyCode!=(char)Keys.Back && (int)e.KeyCode!=(char)Keys.Enter)
            {   //录入键区的数字与数字键区相同数字共享同一操作
                switch ((int)e.KeyCode)
                {   //录入键区的 0（D0）与数字键区的 0（NumPad0）共享同一操作
                    case (char)Keys.D0:
                    case (char)Keys.NumPad0: textBox1.Text=x+"*"; break;
                    //录入键区的 1（D1）与数字键区的 1（NumPad1）共享同一操作
                    case (char)Keys.D1:
                    case (char)Keys.NumPad1: textBox1.Text=x+"*"; break;
                    case (char)Keys.D2:
                    case (char)Keys.NumPad2: textBox1.Text=x+"*"; break;
                    case (char)Keys.D3:
                    case (char)Keys.NumPad3: textBox1.Text=x+"*"; break;
                    case (char)Keys.D4:
                    case (char)Keys.NumPad4: textBox1.Text=x+"*"; break;
                    case (char)Keys.D5:
                    case (char)Keys.NumPad5: textBox1.Text=x+"*"; break;
                    case (char)Keys.D6:
                    case (char)Keys.NumPad6: textBox1.Text=x+"*"; break;
                    case (char)Keys.D7:
                    case (char)Keys.NumPad7: textBox1.Text=x+"*"; break;
                    case (char)Keys.D8:
                    case (char)Keys.NumPad8: textBox1.Text=x+"*"; break;
                    case (char)Keys.D9:
                    case (char)Keys.NumPad9: textBox1.Text=x+"*"; break;
                }
                //将文本框中的光标移到末尾
                textBox1.SelectionStart=textBox1.TextLength;
            }
            //本键为 Enter 键时，弹出消息框提问“是否退出”并按用户回答退出或继续
            if((int)e.KeyCode==(int)Keys.Enter)
            {   //如果用户单击了【确定】按钮则结束程序运行
                if(MessageBox.Show("您确实要退出程序吗？","确认退出",
                          MessageBoxButtons.OKCancel,
                          MessageBoxIcon.Information)== DialogResult.OK)
                    this.Close();
            }
        }
    }
}
```

4. 程序运行结果

本程序的一次运行结果如图 8-18 所示。

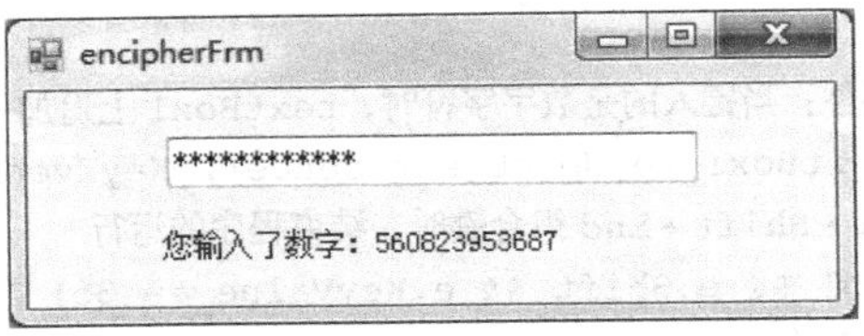

图 8-18　程序 8-3 的运行结果

程序 8-4　简单画图程序

本程序的用户界面是具有简单画图功能的窗口：当鼠标进入某种颜色的方块（Panel 控件）后，绘图的画笔就将保持该颜色，直到新的颜色替换（鼠标进入另一个方块）。此后，当在窗口下半部按下并移动鼠标时，便会从按下处开始画线，一直画到鼠标抬起为止。如果单击右上的方块，所画的图形便会消失。

1. 窗体设计

本程序按以下步骤设计窗体。

（1）在 yaoForm 项目中添加一个窗体。

单击 yaoForm 项目节点，选择“添加”→“Windows 窗体”菜单项，在该项目中添加一个名为 drawForm 的窗体（更改窗体的 Name 属性和 Text 属性为 drewForm）。

（2）窗体上摆放以下控件。

- 分组框 groupBox1 控件：将其 Text 属性改为“调色板”，BackColor 属性改为 AppWorkSpace，用于摆放绘图时所有的几个控件。
- 分组框右侧放 3 个面板 Panel 控件：将 Name 属性分别改为 panelRed、panelGreen 和 panelBlue，BackColor 属性分别改为 Red、Green 和 Blue。
- 分组框右侧放 1 个面板 Panel 控件：将 Name 属性改为 panelColor，BackColor 属性改为 Control。
- 分组框中部放两个文本框 TextBox 控件：将 Name 属性分别改为 txtX 和 txtY。

（3）在 Program.cs 文件中更改包含 Run 方法的语句为：

```
Application.Run(new drawForm());
```

将 drawForm 窗体变为主窗体。

设计好的窗体如图 8-19 所示。

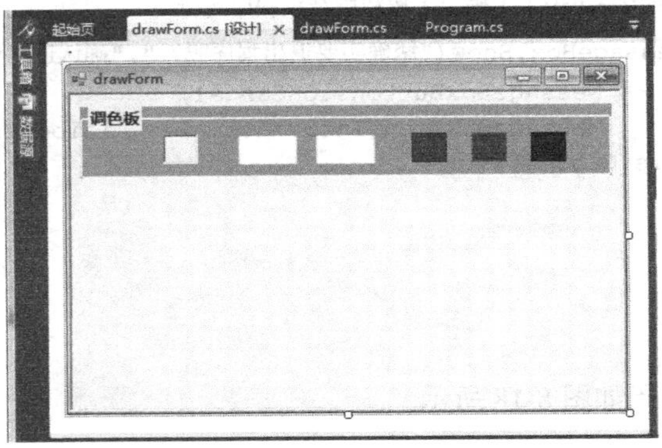

图 8-19　程序 8-4 设计的窗体

2. **算法与程序结构**

本程序按顺序执行以下操作。

(1)初始化：设置以下变量。

- Color 型的 selectColor，表示当前选择的颜色。
- Point 型的 old，表示鼠标上次按下时按下处的坐标。
- Bool 型的 capture，标记是否绘图（鼠标键是否按下），其初值为 false。

(2)在当前窗体（drawForm）的构造函数中设置画笔的初始颜色和窗体背景色一致（selectColor 取值为当前窗体的背景色）。

(3)鼠标进入 3 个颜色面板的事件（MouseEnter）处理代码：将左侧面板（panelColor）背景色设置成与鼠标进入的面板（panelRed、panelGreen 或 panelBlue）背景色一致，同时将该颜色保存在变量 selectColor 中。

(4)鼠标悬停在左侧面板的事件（MouseHover）处理代码：清除窗体上的绘图。

(5)变量 capture 判断是否绘图：在左键按下事件（MouseDown）处理代码中，将 capture 设置为 ture，并记录按下的位置；在左键释放事件（MouseUp）处理代码中，将 capture 设置为 false。

(6)在鼠标移动的事件处理代码中创建一个绘图对象，用直线连接鼠标移动的每一个点，描绘出鼠标移动的轨迹，同时将鼠标的位置（*x* 坐标、*y* 坐标）写入文本框。

3. **程序**

程序源代码（drawForm.cs）如下。

```
//程序 8-4_ 画图程序
using System;
using System.Drawing;
using System.Windows.Forms;
namespace yaoForm
{
    public partial class drawForm : Form
    {   //初始化
        private Color selectColor;          //当前选择的颜色
        private Point old;                  //鼠标上次按下处坐标
        private bool capture = false;       //鼠标键是否按下
        public drawForm()
        { InitializeComponent();
          selectColor = this.BackColor;//初始颜色和窗体背景色一致
        }
        //panelColor 面板变成鼠标所在面板的颜色（红、绿、蓝之一）
        private void panelRed_MouseEnter(object sender, EventArgs e)
        {   selectColor = Color.Red;
            panelColor.BackColor = selectColor;
        }
        private void panelGreen_MouseEnter(object sender, EventArgs e)
        {   selectColor = Color.Green;
            panelColor.BackColor = selectColor;
        }
        private void panelBlue_MouseEnter(object sender, EventArgs e)
        {   selectColor = Color.Blue;
            panelColor.BackColor = selectColor;
        }
```

```
        //设置调色面板的颜色
        private void panelColor_MouseHover(object sender, EventArgs e)
        {   selectColor = this.BackColor;
            panelColor.BackColor = selectColor;
            using (Graphics g = CreateGraphics())
            {   g.Clear(selectColor);
            }
        }
        //鼠标画线：按下时开始、移动时画、抬起时停止
        private void drawForm_MouseDown(object sender, MouseEventArgs e)
        {   if (e.Button == MouseButtons.Left)
            {   capture = true;
                old = e.Location;
            }
        }
        private void drawForm_MouseUp(object sender, MouseEventArgs e)
        {   if (e.Button == MouseButtons.Left)
                capture = false;
        }
        private void drawForm_MouseMove(object sender, MouseEventArgs e)
        {   if (capture)
                using (Graphics g = CreateGraphics())
                {   Pen pen = new Pen(selectColor);
                    g.DrawLine(pen, old, e.Location);
                    old = e.Location;
                }
            txtX.Text = e.Location.X.ToString();
            txtY.Text = e.Location.Y.ToString();
        }
    }
}
```

注意 using 语句使得用完 Graphic 对象后自动调用 Dispose 方法。

4. 程序运行结果

程序运行后，鼠标单击右侧某种颜色的方块，使得左侧的方块变为相同的颜色，然后用这种颜色在窗口上按下并移动鼠标画线，一直画到鼠标抬起时，便会形成一条标记鼠标移动轨迹的折线，再按下并移动然后抬起，又会画出另一条折线，如图 8-20 所示。

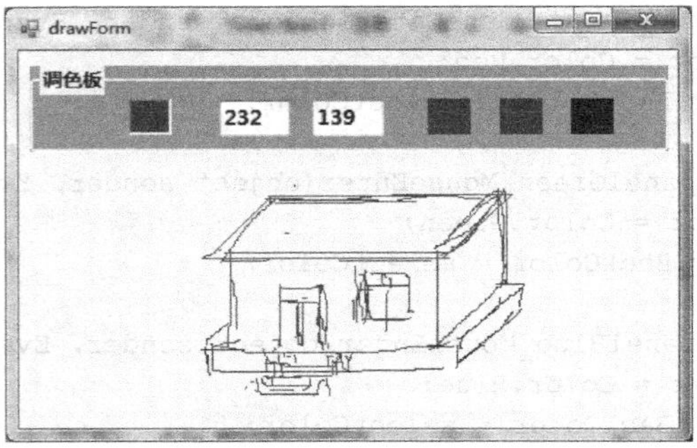

图 8-20　程序 8-4 的运行结果

鼠标移动时所经过的坐标点会逐个显示在两个文本框中。如果单击左侧方块，窗体上画出的线立即消失。

程序 8–5 画函数图像程序

本程序在图片框（PictureBox 控件）上画出函数 $y = \sin(x)$从-3π 到 3π 之间的图像（曲线）以及相应的坐标轴。

1. 窗体设计

本程序按以下步骤设计窗体。

（1）在 yaoForm 项目中添加一个窗体。

单击 yaoForm 项目节点，选择"添加"→"Windows 窗体"菜单项，在该项目中添加一个名为 curveFrm 的窗体（更改窗体的 Name 属性和 Text 属性为 curveFrm）。

（2）窗体上摆放一个图片框 PictureBox1 控件：将其 Name 属性改为 picCanvas，Dock 属性改为 fill，用作为画函数曲线及坐标轴的"画布"。

（3）在 Program.cs 文件中更改包含 Run 方法的语句为：

```
Application.Run(new curveFrm());
```

将 curveFrm 窗体变为主窗体。

2. 算法及程序结构

对于函数 $y=f(x)$，在自变量值域内均匀选取自变量 x 的值，计算得到相应的 y 值，就得到了坐标(x, y)；然后在平面上把这些坐标点用直线连接起来，就成为函数的近似图像。x 值选取越密，就越接近本来的函数曲线。

本程序中编写的代码都放在图片框 picCanvas 的 Paint 事件处理方法中。

（1）初始化。

① 设置放大倍数 unit，表示 x 轴及 y 轴上两个刻度之间的间隔。

② 设置点距 step：表示函数曲线上两点之间的 x 坐标间隔。

③ 计算 x 轴在图片框上的位置 xAxis：位于图片框高度一半处。

④ 计算 y 轴在图片框上的位置 yAxis：位于图片框宽度一半处。

⑤ 构造坐标原点：p（xAxisy,yAxis）。

（2）画 x 轴、y 轴以及上面的刻度。

① 画 x 轴：（0,高/2）点→（宽,高/2）点的直线。

② 画 y 轴：（宽/2，0）点→（宽/2，高）点的直线。

③ 画 x 轴上刻度：从（$-9\times$放大倍数）到（$9\times$放大倍数），每隔一个放大倍数的距离画一条短线（标记 x 轴上一个单位）。

④ 画 y 轴上刻度：从（$-2\times$放大倍数）到（$2\times$放大倍数），每隔一个放大倍数的距离画一条短线（标记 y 轴上一个单位）。

（3）画 sin(x)曲线。

① 循环变量 d=-3π。

② 构造本次画线的起点：p1（p.X+d*unit,p.Y−six(d)*unit）。

③ 构造本次画线的终点：p2（p.X+(d+step)*unit,p.Y−six(d+step)*unit）。

④ 画线：从 p1 到 p2 的直线。

⑤ d 加 1。

⑥ 判断（$d \leqslant 3\pi$？），是则转到②。

注意 对于高维函数，如三维函数 $z=f(x,y)$，其中 x，y 都是自变量，应该用网格来选取自变量的值。网格越密就越接近本来的函数曲面。

3. 程序

程序源代码（curveFrm.cs 文件的内容）如下。

```
//程序 8-5_ 画 sinx 曲线
using System;
using System.Drawing;
using System.Windows.Forms;
namespace yaoForm
{
    public partial class curveFrm : Form
    {
        public curveFrm()
        {
            InitializeComponent();
        }
        private void picCanvas_Paint(object sender, PaintEventArgs e)
        {   //初始化：刻度间距、点距、x 轴位置、y 轴位置、坐标原点
            int unit = 40;//放大倍数（刻度之间的间隔）
            float step = 0.01F; //步长(两点之间的距离)，值越小越精确
            int xAxis = this.picCanvas.Height/2;
            int yAxis = this.picCanvas.Width/2;
            PointF p = new PointF(yAxis, xAxis);
            //画 x 轴和 y 轴
            e.Graphics.DrawLine(Pens.Black, 0, xAxis, yAxis*2, xAxis);
            e.Graphics.DrawLine(Pens.Black, yAxis, 0, yAxis, xAxis*2);
            //画 x 轴和 y 轴上的刻度
            for (int i=-9; i<=9; i++)
                e.Graphics.DrawLine(Pens.Black, yAxis+i*unit, xAxis, yAxis+i*unit, xAxis- 5);
            for (int i=-2; i<=2; i++)
                e.Graphics.DrawLine(Pens.Black, yAxis, xAxis+i*unit, yAxis+5, xAxis+i*unit);
            //画 sinx 曲线
            for (float d=-(float)(3*Math.PI); d<=(float)(3*Math.PI); d+=step)
            {   //构造本次画线的起点和终点、从起点画到终点
                float x1 = p.X + d * unit;
                float x2 = p.X + (d + step) * unit;
                float y1 = p.Y - (float)(unit * Math.Sin(d));
                float y2 = p.Y - (float)(unit * Math.Sin(d + step));
                PointF p1 = new PointF(x1, y1);
                PointF p2 = new PointF(x2, y2);
                e.Graphics.DrawLine(Pens.Black, p1, p2);
            }
        }
    }
}
```

4. 程序运行结果

程序运行后，显示图 8-21 所示的窗口。

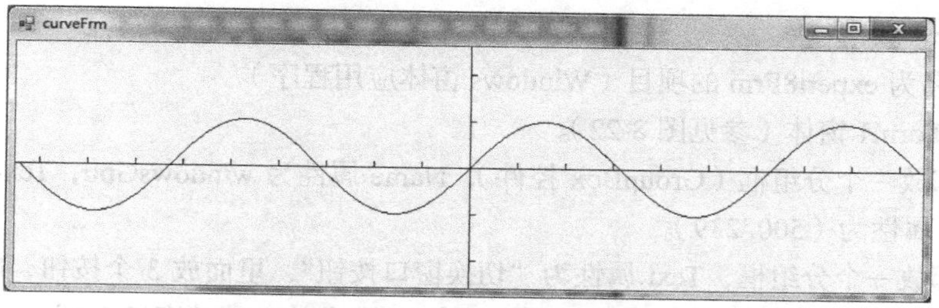

图 8-21　程序 8-5 的运行结果

8.5　实验指导

本章安排 4 个实验，分别编写具有以下功能的程序：使用了多个窗体（含继承自主窗体的窗体）的程序，在两个列表框中互相移动列表项的程序，四则运算计算器程序，移动鼠标画图的程序。

通过这些实验，读者可以理解以下内容。

- 进一步理解窗体和控件的工作方式，掌握使用一些常用控件来设计窗体的一般方法。
- 理解事件触发及响应的工作机理，掌握通过常用鼠标事件和键盘事件编写 Windows 窗体应用程序的一般方法。
- 理解图形类以及画笔和画刷的概念，掌握绘图程序设计的一般方法。
- 理解菜单栏、消息框和标准对话框的工作方式，掌握使用菜单栏、消息框和几种常用的标准对话框来设计 C#的 Windows 窗体应用程序的一般方法。

实验 8-1　多窗体调用

【程序的功能】

程序运行后，显示图 8-22 所示的主窗口（窗口 1）。

主窗口上划分为 3 个区：窗口显示区、切换窗口按钮区和日志信息区。单击“窗口 2”或“窗口 3”按钮时，可在窗口显示区中显示窗口 2 或窗口 3；单击“窗口 1-1”按钮时，可显示继承自主窗口的窗口 1-1（默认显示位置）。

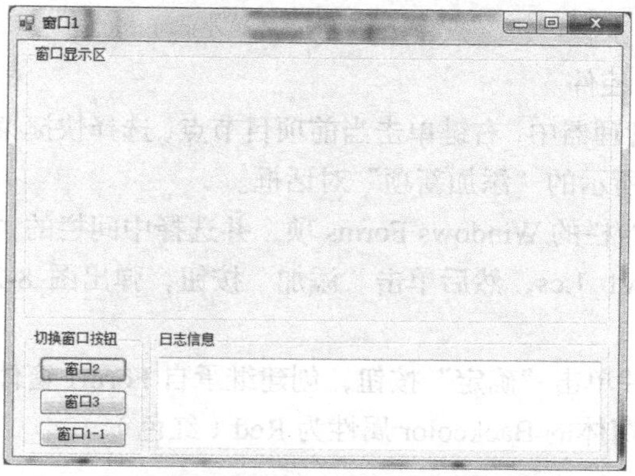

图 8-22　实验 8-1 程序运行后显示的主窗口

【程序设计步骤】

（1）新建名为 experi8Frm 的项目（Windows 窗体应用程序）。

（2）设计 Form1 窗体（参见图 8-22）。

- 上半部放一个分组框（GroupBox 控件），Name 属性为 windowsGpb，Text 属性为“窗口显示区”，Size 属性为（500, 239）。
- 左下部放一个分组框，Text 属性为“切换窗口按钮”，里面放 3 个按钮，Name 属性分别为 w2Btn、w3Btn 和 w11Btn，Text 属性分别为“窗口 2”“窗口 3”“窗口 1-1”。
- 右下部放一个分组框，Text 属性为“日志信息”，里面放一个文本框，Name 属性为 showTxt，Multiline 属性为 True（多行文本框）。

（3）创建 Window2 控件。

- 在解决方案资源管理器中，右键单击当前项目节点，选择快捷菜单项“添加”→“用户控件”，弹出图 8-23 所示的“添加新项”对话框。

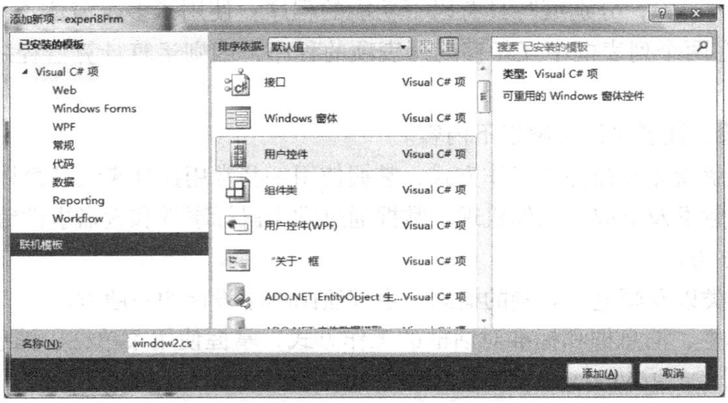

图 8-23　创建用户控件时弹出的对话框

- 在“名称”文本框中输入 windows2.cs，然后单击“添加”按钮，创建该控件。
- 切换到 Windows2 控件设计器，设置 Size 属性为（500, 239），即与主窗口上的“窗口显示区”同样大小；设置 Backcolor 属性为 Green（绿色）。
- 在 Windows2 控件上放一个 Label，Text 属性为“窗口 2”。

（4）创建 Window3 控件。

采用与第（3）步相同的方式创建该控件，Backcolor 属性设置为 Blue（蓝色），其上 Label 控件的 Text 属性为“窗口 3”。

（5）创建 Window1_1 控件。

- 在解决方案资源管理器中，右键单击当前项目节点，选择快捷菜单项“添加”→“Windows 窗体”，弹出图 8-24（a）所示的“添加新项”对话框。
- 选择左侧 Visual C#栏的 Windows Forms 项，并选择中间栏的“继承的窗体”项，在“名称”文本框中输入 window1_1.cs，然后单击“添加”按钮，弹出图 8-24（b）所示的“继承选择器”对话框。
- 单击 Form1 行，并单击“确定”按钮，创建继承自 Form1 窗体的 Window1_1 窗体。
- 设置 Window1_1 窗体的 Backcolor 属性为 Red（红色）。

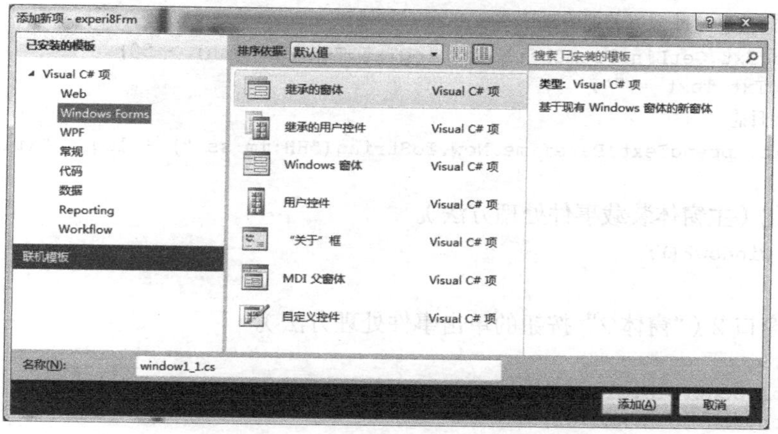

（a）

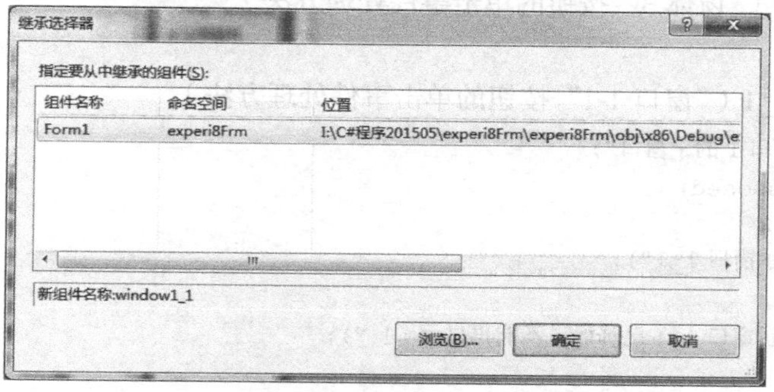

（b）

图 8-24　创建继承窗体时弹出的对话框

（6）编写“窗体 2”按钮的单击事件处理方法。

- 显示窗体 2（Window2 控件）。
- 在文本框中显示相应信息。

（7）编写“窗体 3”按钮的单击事件处理方法。

- 显示窗体 3（Window3 控件）。
- 在文本框中显示相应信息。

（8）编写“窗体 1-1”按钮的单击事件处理方法。

- 显示窗体 1-1。
- 在文本框中显示相应信息。

（9）运行程序。

【算法及程序结构】

在主窗口代码（Form1.cs）中，添加以下代码。

（1）定义 3 个窗口变量。

```
public window2 w2;
public window3 w3;
public window1_1 w11;
```

（2）定义显示日志信息的 output 方法。

```
public void output(string log)
```

```
{   //当日志信息超过100行时自动清空
    if (logTxt.GetLineFromCharIndex(logTxt.Text.Length) > 50)
        logTxt.Text = "";
     //添加日志
     logTxt.AppendText(DateTime.Now.ToString("HH:mm:ss ") + log + "\r\n");
}
```

（3）初始化（主窗体装载事件处理方法）。

```
w2 = new window2();
……
```

（4）显示窗口 2（“窗体 2”按钮的单击事件处理方法）。

```
w2.Show();
windowsGpb.Controls.Clear();
windowsGpb.Controls.Add(w2);
output("显示窗口 2");
```

（5）显示窗口 3（“窗体 3”按钮的单击事件处理方法）。

```
……
```

（6）显示窗口 1_1（“窗口 1-1”按钮的单击事件处理方法）。

```
w11.Text = "窗口1的子窗口";
if (!w11.IsDisposed)
{   w11.Show();
    output("显示窗口 1_1");
}else
    output("显示窗口 1_1 已释放，不能再显示了！");
}
```

实验 8-2　移动两个列表中的项

【程序的功能】

列表框（ListBox 控件）用于显示选项列表，用户可在列表中进行选择（选择列表中一项或多项）、添加（列表中追加一项）、插入（列表中插入一行）等各种操作。本程序通过列表框的常用属性和方法，在多个字符行中执行读取、添加和删除操作。

程序运行后，显示图 8-25 所示的用户界面（主窗口），可在其中执行以下几种操作。

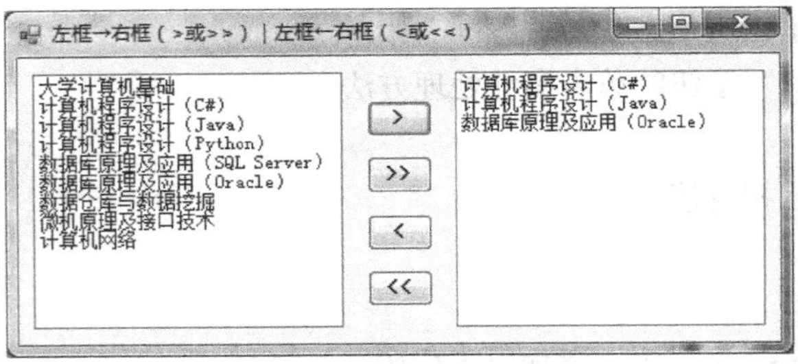

图 8-25　实验 8-2 程序的主窗口

（1）在左侧列表框中选择一项，然后单击>按钮，将该项移入右侧列表框。

（2）单击>>按钮，将左侧列表框中所有项移入右侧列表框。

（3）在右侧列表框中选择一项，然后单击<按钮，将该项移入左侧列表框。

（4）单击<<按钮，将右侧列表框中所有项移入左侧列表框。

【预备知识 1：列表框的常用属性】

设置或调用列表框中的列表项时，经常使用以下属性。

（1）SelectionMode 属性：允许用户选择列表中多个项，有 4 个可选的值。

- One，一次只能选择一项。如果再选择第 2 项，则自动取消前一项选定。
- None，不允许选择列表框中任何一项。
- MultiSimple，单击或按空格键则选择或撤销选择列表中某项。
- MultiExtended，将选定内容从前一选定项扩展到当前项。操作方式是：按下 Shift 键的同时单击当前项，或者按下 Shift 键的同时使用某个箭头键（上下左右 4 个箭头键都可以）。如果按下 Ctrl 键时单击某项，则将选择某项或者撤销其选定。

（2）获取或设置当前选定项的几个属性。

- SelectedIndex 属性：获取或设置当前选定项的索引（从零开始）。例如，当用户选定了列表中的第 5 项时，列表框的 SelectedIndex 属性的值成为 3。该属性只能在程序中设置或引用。
- SelectedIndices 属性：获取一个集合，包含所有当前选定项的索引（从零开始）。
- SelectedItem 属性：返回选定项的实际内容。
- SelectedItems 属性：返回多重选择时所有选定项的集合。
- Text 属性：被选中的列表项的内容，类似于 SelectedItem，只能在程序中设置或引用。

（3）Sorted 属性：决定列表项在程序运行期间是否按字母顺序排列显示。其值为 True 时列表项按字母顺序排列显示，为 False 时列表项按加入的先后顺序排列显示。该属性只能在设计状态时设置。

【预备知识 2：列表项的添加和删除】

列表框的 Item 属性是一个集合对象，可通过多个方法来操作这个属性。

（1）用 Add 方法在列表框中追加一项。

```
ListBoxName.Item.Add("新表项");
```

（2）用 Insert 方法将某一项插入到指定位置（插入“新表项”成为第 n 行）。

```
ListBoxName.Item.Insert(n, "新表项");
```

（3）用 Remove 方法删除一项（删除与指定值相同的第 1 项）。

```
ListBoxName.Item.Remove("要删除的项");
```

例如，下面两个语句都可以删除用户选定的列表项。

```
listbox1.Items.Remove(listbox1.SelectedItem);
listBox1.Items.RemoveAt(listBox1.Items.IndexOf(listBox1.SelectedItem));
```

（4）用 RemoveAt 方法删除一项（删除指定索引值的那一项）。

```
ListBoxName.Item.RemoveAt(n);
```

（5）用 Clear 方法一次将所有项全部删除。

```
ListBoxName.Item.Clear();
```

【算法及程序结构】

（1）自定义方法 Enbutton()。

- 当左列表框为空时禁用左移按钮[>]和[>>]（按钮名.Enabled=False）。
- 当左列表框为空时使左移按钮[>]和[>>]可用（按钮名.Enabled=True）。
- 当右列表框为空时禁用[<]和[<<]按钮。
- 当右列表框为空时使[<]和[<<]按钮可用。

（2）初始化。

① 在左列表框中添加几门课程的名称（参见图 8-25）。

```
leftLst.Items.Add("大学计算机基础");
leftLst.Items.Add("计算机程序设计（C#）");
……
```

② 调用自定义方法 Enbutton()。

（3）右移按钮[>]的单击事件处理方法。

① 将左列表框中选中的一项移入右列表框：

判断（左列表框名.SelectedIndex>=0？），是则

  右列表框名.Items.Add(左列表框名.SelectedItem);

  左列表框名.Items.RemoveAt (左列表框名.SelectedIndex);

② 调用自定义方法 Enbutton()。

（4）全部右移按钮[>>]的单击事件处理方法。

① 将左列表框中所有项移入右列表框：

```
foreach(objext item in 左列表框名.Items)
  右列表框名.Items.Add(item);
```

② 左列表框清空。

③ 调用自定义方法 Enbutton()。

（5）左移按钮[<]的单击事件处理方法。

① 将右列表框中选中的一项移入左列表框。

② 调用自定义方法 Enbutton()。

（6）全部左移按钮[<<]的单击事件处理方法。

① 将右列表框中所有项移入左列表框。

② 右列表框清空。

③ 调用自定义方法 Enbutton()。

【程序设计步骤】

（1）在当前应用程序（项目）中添加一个 Windows 窗体。

（2）设计窗体（参见图 8-25）。

① 将当前窗体的 Name 属性改为 listFrm。

② 窗体上摆放以下控件。

- 两个列表框，其 Name 属性分别为 leftLst 和 rightLst；清空其中列表项（在属性窗口中设置 Items 属性的值为空）；设置 SelectMode 属性为 One（默认值）。
- 4 个按钮（Button 控件）：其 Text 属性分别为“<”“<<”“>”和“>>”。

（3）编写自定义方法 Enbutton()。

（4）编写右移按钮[>]的单击事件处理方法。

（5）编写全部右移按钮[>>]的单击事件处理方法。

（6）编写左移按钮[<]的单击事件处理方法。

（7）编写全部左移按钮[<<]的单击事件处理方法。

（8）修改 Program.cs 文件中代码，将 listFrm 窗体变为主窗体：

```
Application.Run(new listFrm());
```

（9）运行程序。

实验 8–3 计算器程序

【程序的功能】

程序运行后，窗口上有多个按钮：10 个数字（0～9）按钮、四则运算符（+、–、*、/）按钮以及等号（=）与小数点（.）按钮。可按以下步骤执行一次运算。

- 单击相应的数字键（可输入一个小数点）而输入一个数字。
- 单击某个运算符。
- 单击相应的数字键（可输入一个小数点）而输入另一个数字。
- 单击等号，完成本次计算并显示计算结果。

【算法及程序结构】

（1）初始化：清空文本框、标签。

（2）数字键及小数点键（Button）的单击事件处理方法中的代码如下。

```
btn=(Button)sender;
textBox1.Text=textBox1.Text+btn.Text;
```

（3）运算符键（按钮）的单击事件处理方法中的代码如下。

```
btn=(Button)sender;
if(btn.Name!="button12" )
{   x=Convert.ToDouble(textBox1.Text);
    textBox1.Text="";
    s=btn.Text=x.ToString();
    lable11.Text=x.toString();
}else
{   if(label1.Text=="")
        MessageBox.Show("只输入了一个操作数，不能按等号！")
else
    y=Convert.ToDouble(textBox1.Text);
    swith(s)
    {   case "button13":
            textBox1.Text=(x+y).ToString();
            break;
        … …
        case "button16":
            if(y==0)
                MessageBox.Show("除数不能为零！");
            else
                textBox1.Text=(x/y).ToString();
            break;
        }
        label1.Text=textBox1.Text;
    }
}
```

【程序设计步骤】

（1）在当前应用程序（项目）中添加一个 Windows 窗体。

（2）设计图 8-26 所示的窗体。

① 将当前窗体的 Name 属性改为 calcuFrm。

② 窗体上摆放以下控件。

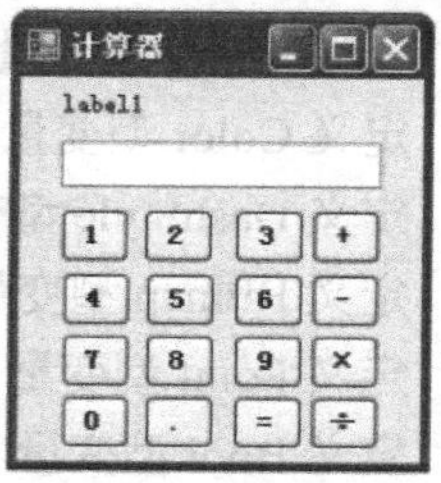

图 8-26 计算器程序的窗体

- 10个用作数字键的按钮（Button），其 Text 属性分别为数字 1、2、…、0。
- 4个用作运算符的按钮，其 Text 属性分别为四则运算符+、–、*、/。
- 两个用作小数点.和等号=的按钮。
- 一个文本框（TextBox），用于显示操作数和运算结果。
- 一个标签（Label），用于显示运算结果。

（3）在窗体装载事件方法中添加初始化代码：清空文本框、标签。

（4）在10个数字及小数点按钮共享的单击事件方法中添加代码：当前键入的数字或小数点追加到文本框。

（5）在四则运算符共享的单击事件方法中添加以下运算代码：

判断（按下的不是等号键吗？），是则

操作数 *x*←文本框上数字；

文本框清空；

标签←操作数 *x*。

否则

操作数 *y*←文本框上数字；

执行当前键指定的操作：文本框←$x+y \mid x-y \mid x*y \mid x/y$；

标签←文本框上数字。

（6）在 Program.cs 文件中更改包含 Run 方法的语句为：

```
Application.Run(new calcuFrm());
```

将 calcuFrm 窗体变为主窗体。

（7）运行程序。

运行后，通过数字键及小数点键输入两个数字，通过运算符键指定操作种类，再单击等号键（=）在文本框及标签上输出运算结果。

实验 8–4　绘图程序

【程序的功能】

程序运行后，主窗口上显示一个白色的绘图区域和一个主菜单。主菜单包含 3 个顶层菜单：文件、颜色和线形。文件菜单中共有 3 项：新建、保存和退出。

用户可移动鼠标在其中画出任意长度的线段，并可使用主菜单中的“保存”菜单项，将画出来的图像保存为一个*.jpg 格式的文件，还可使用颜色、线型（虚线/实线）菜单项来进行相应的选择。

【算法及程序结构】

（1）初始化。

定义 String 型变量 saveFileName，表示文件名。

定义 Color 型变量 color，表示默认颜色（黑色）。

定义 DashStyle 型变量 dashStyle，表示默认线型（实线）。

定义 Bitmap 型变量 bitmap，表示打开的位图（无值则为 NULL）。

定义 Point 型变量 prePoint 和 nextPoint，分别表示鼠标移动的前一个点和下一个点。

定义 Bool 型变量 mouseCapture 并赋 False 值，表示鼠标捕获标记。

（2）新建对话框（NewFile 窗体）的代码。

① 定义表示宽度和高度的属性：ImageWidth 和 ImageHeight。

② 确定按钮（Name 属性为 OKBtn）的单击事件处理方法：

```
ImageWidth、ImageHeight ←两个文本框上数字。
```

（3）菜单项 fileNewMenu（新建文件）的单击事件处理方法：弹出新建对话框（需要创建的另一个窗口），让用户输入高度和宽度。

```
NewFile newFileDialog = new NewFile();
if(newFileDialog.ShowDialog()==DialogResult.OK)
{  bitmap = new Bitmap(newFileDialog.ImageWidth,
       newFileDialog.ImageHeight);
   Graphics g = Graphics.FromImage(bitmap);
   //设置底色为白色
   Brush whiteBrush = new SolidBrush(Color.White);
   g.FillRectangle(whiteBrush, 0, 0, newFileDialog.ImageWidth,
      newFileDialog.ImageHeight);
   Invalidate();
}
```

（4）菜单项 fileSaveMenu（保存文件）的单击事件处理方法。

- 另存为对话框的 Filter 属性为 "jpg(*.jpg)|*.jpg"。
- 弹出另存为对话框（标准对话框），让用户输入文件名，选择保存位置并保存文件。
- saveFileName←另存为对话框的 FileName 属性值。
- 当前窗口的图像保存为*.jpg 文件：bitmap.Save(saveFileName);。

（5）主窗体（drewingFrm）的 Paint 事件处理方法如下。

```
if(bitmap!=null)
    e.Graphics.DrawImage(bitmap, 0, 0);
```

（6）菜单项 fileExitMenu（退出）的单击事件处理方法如下。

```
Application.Exit();
```

（7）菜单项 colorSelectedMenu（颜色选择）的单击事件处理方法如下。

```
弹出颜色对话框并使得 color←colorDialog.Color。
```

（8）菜单项 lineSolidMenu（实线选择）的单击事件处理方法如下。

```
lineSolidMenu.Checked = true;
dashStyle = DashStyle.Solid;
lineDashMenu.Checked = false;
```

（9）菜单项 lineDashMenu（虚线选择）的单击事件处理方法。

（10）鼠标事件 MouseDown 的单击事件处理方法。

判断（左键在图像范围内按下？），是则

```
mouseCapture = true;
prePoint = new Point(e.X, e.Y);
```

（11）鼠标事件 MouseMove 的单击事件处理方法。

```
if (mouseCapture)
{  if (e.X < bitmap.Width && e.Y < bitmap.Height)
   {  Graphics g = Graphics.FromImage(bitmap);
      nextPoint = new Point(e.X, e.Y);
      Pen pen = new Pen(color, 1);
      pen.DashStyle = dashStyle;
      g.DrawLine(pen, prePoint, nextPoint);
      Invalidate();
   }
```

```
        prePoint = nextPoint;
    }
```

（12）鼠标事件 MouseUp 的单击事件处理方法：

```
mouseCapture← false。
```

【程序设计步骤】

（1）在当前应用程序（项目）中添加一个 Windows 窗体，将当前窗体的 Name 属性改为 drawingFrm。

（2）设计窗体上的主菜单（MenuStrip 控件），共有 3 个顶层菜单：文件、颜色和线型。

① 文件菜单中共有 3 项。

- “新建”菜单项（Name 为 fileNewMenu），清除当前图像，新建一个指定宽度和高度的图像，背景色为白色。
- “保存”菜单项（Name 为 fileSaveMenu），将目前窗体中图像保存为*.JPG 文件。
- “退出”菜单项（Name 为 fileExitMenu），退出程序。

② 颜色菜单中只有 1 项：选择颜色（Name 为 colorSelectedMenu）。

③ 线型菜单下有 2 项互斥的选择，选择虚线或者实线。

（3）创建新建对话框（一个窗体）。

① 在当前应用程序（项目）中添加一个 Windows 窗体，将当前窗体的 Name 属性改为 NewFile。

② 摆放图 8-27 所示的控件。

- 两个文本框的 Name 属性分别为 widthTextBox 和 heightTextBox。
- 两个按钮的 Name 属性分别为 cancelButton 和 OKButton，DialogResult 属性分别为 Cancel 和 OK。当该窗体使用 ShowDialog 方法显示时，按下不同的按钮将会返回不同的值。

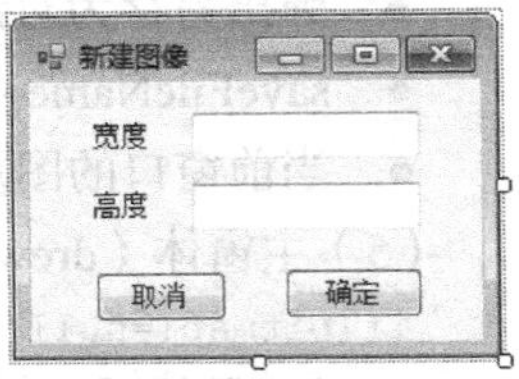

图 8-27　新建对话框

注意：在 NewFile 窗体中设置两个 public 属性，当按下“确定”按钮后，文本框输入的值存入其中。外部无法直接访问该窗体上的两个文本框。

（4）编写初始化代码。

（5）编写各菜单项的单击事件处理代码：实现文件新建、保存、选颜色、线型等功能。

（6）编写鼠标事件 MouseDown、MouseMove 和 MouseUp 的事件处理方法：将用户徒手画出的图像赋值给位图（Bitmap 对象）。

（7）编写主窗体（drewingFrm）的 Paint 事件处理方法：将 bitmap 对象（用户画出的图）显示在主窗口上。

（8）修改 Program.cs 文件中的代码，将 drawingFrm 窗体变为主窗体：

```
Application.Run(new drewingFrm());。
```

（9）运行程序。

第 9 章 流与文件

在应用程序中，为了存储和处理成批的用户或系统数据，往往需要将数据以文件的形式存放在外存储器（磁盘、U 盘等）上，并按实际需求执行必要的读出或者写入操作。C#中的文件操作主要包括两个方面：一是对文件本身进行操作，二是对文件内容进行操作。

一般来说，数据文件可按其存储格式分为两种：字符文件和二进制文件。字符文件中存放的是字符的 ASCII 码（或汉字机内码等），其中内容输出后可以阅读。二进制文件的内容则为数据的内部表示，是从内存中直接复制过来的。例如，字符文件中存放的整数 867 被拆成 3 个数字字符'8''6'和'7'，依次占用 3 个字节，而在二进制文件中，867 被转换为等值二进制数，占用按整型数分配的两个或 4 个字节。

在 C#应用程序中，使用.NET 框架提供的一系列文件相关类以及可用于所有 I/O 操作的“流”类来读取文件中的数据或者向文件中写入数据。其中 StreamReader 和 StreamWriter 等类可用于以“流”的方式来读写文件，File 类和 FileInfo 类用于文件的创建、打开、复制、移动和删除等各种操作，Directory 类和 DirectoryInfo 类用于外存及目录操作。

9.1 流类与文件类

在 C#中，将数据从一个对象到另一个对象的传送抽象为“流”且提供一组流类，用于建立数据的产生者和使用者之间的关联，并负责在两者之间进行数据传送。

文件流是以外存储器（可以双向传送）上的文件为输入输出对象的数据流。输出文件流是从内存流向外存文件的数据，输入文件流是从外存文件流向内存的数据。每个文件流都有一个内存缓冲区与之对应。

9.1.1 流及流类

C#中的 I/O 操作主要包括两个方面：一是控制台（键盘、显示器）上的输入/输出操作，二是外存储器上文件的读取/存储操作。

C#的输入输出是对流的操作，即将数据流向流对象或从流对象流出数据。C#用 I/O 流类来管理数据流操作。所有流式输入输出操作，包括文件的读写操作，都是借助于流对象来实现的。

1．文件的概念

文件是长期保存的数据的有序集合，一般存放在磁盘、U 盘或光盘等外存储器上，是计算机中存储或者读取数据的基本对象，可以按名字调用。通常情况下，文件按照树状目录组织起来，每个文件都具有文件名、所在路径、创建时间和访问权限等多种属性。将外存上的文件内容载入内存称为读文件，反之，将数据保存到外存上称为写文件。

2. 流的概念

流是一个动态的概念，是指数据从出发地“流”到目的地。一个流就是一个字节序列，用于从后备存储器读出字节或者向其中写入字节。也就是说，一个流总是与某种设备（键盘、显示器、磁盘等）相关联的。流的最重要的特点是：对它的操作是按照其中字节的先后顺序来进行的。事实上，流有多种具体的形式。例如，一个文件和操作它的程序之间的字节序列是文件流，一批网络通信中传递的数据是网络流。一个分布在内存中的字节序列是内存流。

流也是进行数据读取或者写入操作的基本对象。流提供了连续的字节流存储空间。虽然数据的实际存储位置可能不连续，甚至可能分布在多个外存上，但操作流时看到的是封装以后的数据结构，是连续的字节流抽象结构，就像一个文件可以分布在多个磁盘上一样。

流还具有方向性，与输入设备（或文件）相关联的是输入流，与输出设备（或文件）相关联的是输出流。与磁盘（文件）这样可以双向传送的设备相关联的是输入输出流。例如，从键盘输入到内存的是输入流，从内存到打印机的是输出流。在读写文本文件时，相应的输入流就是把文件中的文本传递到文本编辑器的流，实现这个流的类是 StreamReader。输出流就是把文本编辑器中的文本传递到文本文件的流。

3. C#中的流类

文件与流的 I/O 输出意为朝向或者来自于存储介质的数据传输。C#中定义了一系列用于数据流 I/O 操作的类，其中主要类的层次结构如图 9-1 所示。

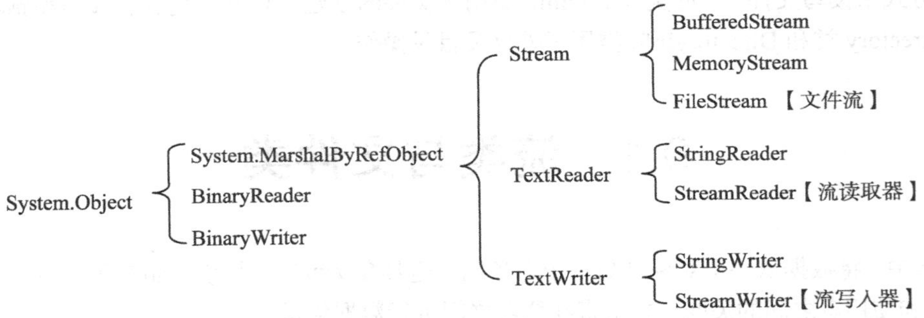

图 9-1　C#中流相关类的层次结构

（1）Stream 类、TextReader 类和 TextWriter 类都是抽象类。

（2）计算机中大多数设备都是基于字节来进行 I/O 操作的，C#中 I/O 操作的最小单位也是字节。因而 C#提供了字节数据流。这种流由 Stream 类及其派生类对象来定义，由 StreamReader 对象或 StreamWriter 对象来读取或者写入。

（3）与计算机不同，人最熟悉的是使用字符进行数据传输。因而 C#中还提供了字符数据流。这种流由 TextReader 类、TextWriter 类以及它们的派生类来定义和操作。

（4）C#中还提供了与二进制数据相关的 BinaryReader 类和 BinaryWriter 类（System.Object 类的派生类），用于直接读写二进制数据。

（5）Stream 类、TextReader 类、TextWriter 类、BinaryReader 类和 BinaryWriter 类都继承了

IDisposable 接口，故使用后必须关闭流。

9.1.2 System.IO 命名空间中的类

在 System.IO 命名空间中定义了一系列关于文件与数据流的类，可用于按同步/异步方式来读/写数据流和文件，进行文件的压缩/解压缩，或者通过管道与串行端口启用通信。使用这些类时，需要使用语句

```
using System.IO
```

来引用这个命名空间。

注意 控制台 I/O 操作也是通过流对象来进行的，但用于控制台 I/O 的 Console 类是在 System 命名空间中定义的，故不必为控制台 I/O 指定 System.IO 命名空间。

1. System.IO 命名空间中的流类和文件类

System.IO 命名空间中的数据流与文件相关类主要包括以下几点。

- 字节流相关类：Stream、BufferedStream、MemoryStream、UnmanagedMemoryStream、FileStream。
- 字符 I/O 流相关类：TextReader、TextWriter、StreamReader、StreamWriter、StringReader、StringWriter。
- 二进制 I/O 流相关类：BinaryReader 和 BinaryWriter。
- 文件系统操作相关类：File、Path、Directory、FileSystemInfo、FileInfo、DirectoryInfo、DriveInfo。
- I/O 枚举：FileAccess、FileAttributes、FilenameOptions、FileShare。
- FileMode、SearchOption、SeekOrigin、DirveType。
- I/O 异常类：IOException、FileLoadException、DriveNotFoundException、FileNotFoundException、DirectoryNotFoundException、PathTooLongException、EndOfStreamException。

2. 基本的文件 I/O

Stream 类是流的抽象基类，定义流的基本操作（支持同步和异步操作）。所有表示流的类都继承自该类。Stream 类及其派生类提供数据源和存储库的一般视图，使得用户不必了解操作系统和后备设备的细节便可使用它。

流的基本操作有 3 种。

- 从流中读取：即从流到数据结构（如字节数组）的数据传输。
- 向流中写入：即从数据结构到流的数据传输。
- 在流中查找：即对流中当前位置进行查询和修改。

根据基础数据源或储存库，某些流可能不完全支持这几种功能。例如，NetworkStreams 不支持查找。Stream 的 CanRead、CanWrite 和 CanSeek 属性及其派生类决定不同的流所支持的操作。

3. 从 System.Object 派生的 I/O 类

（1）BinaryReader 类和 BinaryWriter 类：用于从 Streams 对象中读取或向 Streams 对象中写入编码的字符串和基元数据类型。

（2）File 类：提供创建、打开、复制、删除和移动文件的静态方法并协助创建 FileStream 对象。FileInfo 类（派生自 FileSystemInfo 类）提供实例方法。

（3）Directory 类：提供通过目录和子目录来创建、移动和枚举的静态方法。DirectoryInfo 类（派生自 FileSystemInfo 类）提供实例方法。

（4）Path 类提供以跨平台方式处理目录字符串的方法和属性。

File 类、Path 类和 Directory 类都是密封类。也就是说，可以创建这些类的实例但不能定义它们的派生类。

4. System.IO.FileSystemInfo 类及其派生类

（1）FileSystemInfo 类：是 FileInfo 类和 DirectoryInfo 类的抽象基类。

（2）FileInfo 类：提供用于创建、打开、复制、删除和移动文件的实例方法并协助创建 FileStream 对象。File 类提供静态方法。

（3）DirectoryInfo 类：提供通过目录及子目录来创建、移动和枚举的实例方法。Directory 类提供静态方法。

FileInfo 类与 DirectoryInfo 类都是密封类，可创建其实例但不能派生其他类。

5. 从 System.IO.Stream 派生的类

（1）FileStream 类：主要用于从外存上文件读取或者向外存上文件写入信息。默认情况下，该类以同步方式打开文件，当然，它也支持异步操作。

（2）MemoryStream 类：主要用于操作内存中的数据。它是一个非缓冲的流，无后备存储器，用作临时缓冲区，可在内存中直接访问该类的封装数据。例如，在网络中传输数据时，可以用流的形式，即收到流数据时定义 MemoryStream 类来存储并处理数据。

（3）NetworkStream 类：是专用于处理服务器与客户端通信的流，在网络编程中经常使用，主要用于处理从 Socket、TcpClient 和 TcpListener 这些类中得到的流。该类虽然派生自 Stream 类，但并未在 System.IO 命名空间中定义，而是在 System.Net.Sockets 中定义的。

（4）CryptoStream 类：将数据流链接到加密转换。虽然该类派生自 Stream 类，但它却是在 System.Security.Cryptography 命名空间而非 System.IO 命名空间中定义的。

（5）BufferedStream 类：是向另一个 Stream（如 NetworkStream）流添加缓冲的 Stream 流。BufferedStream 对象可围绕某些类型的流构成，从而提高读写性能。

注意　缓冲区是内存中的字节块，用于缓存数据，减少对操作系统的调用次数。FileStream 内部已有缓冲，MemoryStream 不需要缓冲。

---

6. System.IO.TextReader 类及其派生类

（1）TextReader 类：是 StreamReader 类和 StringReader 类的抽象基类。抽象 Stream 类的实现用于字节输入和输出，而 TextReader 的实现用于 Unicode 字符输出。

（2）StreamReader 类：通过 Encoding 方法来进行字符和字节的转换，从 Streams 流中读取字符。

（3）StringReader 类：从 Strings 字符串中读取字符。StringReader 类允许使用相同的 API 来处理 Strings 字符串，因此输出可以是 String 字符串或以任何编码表示的 Stream 流。

7. System.IO.TextWriter 类及其派生类

（1）TextWriter 类：是 StreamWriter 类和 StringWriter 类的抽象基类。其用于实现 Unicode 字符输出。

（2）StreamWriter 类：通过使用 Encoding 将字符转换为字节，向 Streams 流写入字符。 该类的实例可向 Strings 字符串写入字符，此时允许使用相同的 API 来处理 Strings 字符串，因而输出可以是 String 字符串或以任何编码表示的 Stream 流。

8. 枚举数

（1）FileAccess、FileMode 和 FileShare 枚举数：定义用于某些 FileStream 类和 IsolatedStorage FileStream 类的构造函数以及某些 File.Open 类的重载方法的常数。这些常数影响创建、打开和共享基础文件的方式。

（2）SeekOrigin 枚举数：定义用于指定随机访问文件入口点的常数。这些常数和字节偏移量一起使用。

9.1.3　流类的方法和属性

C#中的核心数据流类是 System.IO.Stream。Stream 类是所有数据流类的基类。它是一个不能实例化的抽象类。如果用 MemoryStream 初始化流，则流的后备存储是内存，其容量随数据的增加而动态地增加；如果用 FileStream 初始化流，则流的后备存储是文件，对流的操作视同对文件的操作。

1. Stream 类的方法和属性

Stream 类的常用方法如表 9-1 所列，常用属性如表 9-2 所列。

表 9-1　Stream 类的常用方法

方　法	说　明
void Close()	关闭数据流
void Flush()	向物理设备写入数据流中的内容
int ReadByte()	返回输入数据流的下一个可用字节的整数表示，到达文件末尾时返回−1
int Read(byte[] buffer,int offset,int count)	试着读取 count 个字节，并从 buffer[offset]开始将数据写入 buffer 数组，返回成功读取的字节数
long Seek(long offset,SeekOrigin origin)	在数据流中设定当前位置为 origin+offset 处，返回新地址
void WriteByte(byte value)	将单个字节输入数据流中
int Read(byte[] buffer,int offset,int count)	将数组 buffer 中从 buffer[offset]开始的 count 个字节写入输出流，返回写入的字节数

表 9-2　Stream 类的常用属性

属　性	说　明
bool CanRead	如果数据流可读，属性为真
bool CanWrite	如果数据流可写，属性为真
bool CanSeek	如果数据流支持位置请求，属性为真
bool Position	该属性提供数据流的当前位置
bool Length	该属性提供数据流的长度
bool CanTimeout	如果数据流支持超时操作，属性为真
int ReadTimeout	该属性指定读操作的超时时间
int WriteTimeout	该属性指定写操作的超时时间

从 Stream 类派生出一些具体的字节数据流类（都定义在 System.IO 命名空间中），有

BufferedStream 类、FileStream 类、MemoryStream 类和 UnmanagedMemoryStream 类。

注意 .NET 框架封装了一系列底层的方法，有些是直接访问 Windows API 的。例如，创建一个文件时，实际上调用的是 System.IO 命名空间中 File 类的 Create 方法，Create 方法再依次向下，先调用底层的函数，再调用 Windows API 创建文件的相关方法，从而产生一个新文件。

例 9-1 创建一个内存流，并将它作为参数传入缓冲流。

本程序按顺序执行以下操作。

（1）创建一个 MemoryStream 类对象（内存流）。

（2）创建一个 BufferedStream 类对象（缓冲流）。

（3）向缓冲流写入几个字节。

（4）将缓冲流的几个字节复制到 byte 型数组。

（5）输出 byte 型数组。

程序源代码（program.cs 文件）如下。

```
//例 9-1_ 读写内存流
using System;
using System.IO;
namespace Block
{
    class dataBlock
    {
        static void Main(string[] args)
        {   //创建内存流 msString，后备存储为内存
            MemoryStream msString = new MemoryStream();
            //给内存流 msString 的读写操作添加缓冲流 bsString
            BufferedStream bsString = new BufferedStream(msString);
            //将一个字节写入缓冲流 bsString 的当前位置
            bsString.WriteByte((byte)123);
            //将缓冲流 bsString 的当前位置设置为流的开始
            bsString.Position = 0;
            //定义 byte 型数组 byteArr，并将几个字节从当前缓冲流复制到数组
            byte[] byteArr = { 55,66,77,88,99,100 };
            bsString.Read(byteArr, 0, 5);
            //输出 byteArr 数组
            for (int i = 0; i < 6; i++)
            {   Console.WriteLine("写入标准输出流的第{0}个值是{1}", i+1, byteArr[i]);
            }
            Console.WriteLine("ReadByte()的返回值是{0}", bsString.ReadByte());
        }
    }
}
```

可以这样来理解本程序的功能：

将内存流看作内存中一批数据。缓冲流看作为内存流设置的临时仓库。语句

```
bsString.WriteByte((byte)123);
```

将一个字节（byte 型数 123）存放在这个缓冲流（当前位置）。语句

```
bsString.Position = 0;
```

将缓冲流当前位置设定为流的起始处。语句

```
bsString.Read(byteArr, 0, 2);
```

将缓冲流中的两个字节填充到字节数组中。本来这个语句是要给数组的前两个元素重新赋值的，但缓冲流中只有一个字节（数 123），故只替换了首元素（positon 0），而首元素之后的其他数组元素仍为原值。语句

```
Console.WriteLine("ReadByte()的返回值是{0}", bsString.ReadByte());
```

执行时，缓冲流中已经没有字节了，故返回–1 值。

程序运行结果如图 9-2 所示。

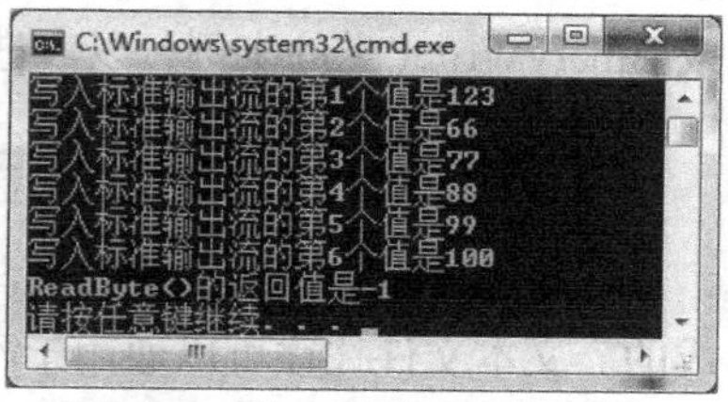

图 9-2　例 9-1 程序的运行结果

2. TextReader 类的方法

创建字符数据流时，需要将字节数据流（Stream 类及其派生类的对象）封装在字符数据流中（TextReader 或 TextWriter 类及其派生类的对象）。字符数据流层次结构的最顶层是抽象类 TextReader 和 TextWriter，所有的派生类都必须实现这两个抽象类所定义的方法。TextReader 类定义的输入方法如表 9-3 所示。

表 9-3　TextReader 类的输入方法

方　法	说　明
int Peek()	从输入数据流中获取下一个字符，但是不移除该字符，如果没有可用字符，则返回–1
int Read()	返回输入数据流中的下一个可用字符的整数形式，当到达数据流末端时返回–1
int Read(char[] buffer,int index,int count)	尝试读取 count 个字符，并从 buffer[index]开始将数据写入 buffer 数组，返回成功读取的字符个数
int ReadBlock(char[] buffer,int index,int count)	尝试读取 count 个字符，并从 buffer[index]开始将数据写入 buffer 数组，返回成功读取的字符个数
string ReadLine()	读取下一行文本并将其作为字符串返回，如果试图在文本末尾进行读取，就返回 null
string ReadToEnd()	读取数据流中从当前位置到结尾的所有字符，并将其作为字符串返回

3. TextWrite 类的方法

TextWriter 类定义了各种版本的 Write 函数和 WriteLine 函数。除了这些函数，TextWriter 类还定义了 Close()和 Flush()函数。其中，Flush()函数用于将输出缓冲区中的数据写入物理介质中，而 Close()函数用于关闭写入程序并释放资源。

TextReader 和 TextWriter 类作为抽象类，由一些基于字符的数据流类来实现。这些数据流包括 StreamReader、StreamWriter、StringReader 和 StringWriter。

9.2　文件读写及其他操作

一般来说，数据文件可按其存储格式分为两种：字符文件和二进制文件。字符文件中存放的

是字符的 ASCII 码（或汉字机内码等），其中内容输出后可以阅读。二进制文件的内容则为数据的内部表示，是从内存中直接复制过来的。例如，字符文件中存放的整数 867 被拆成 3 个数字字符'8''6'和'7'，依次占用 3 个字节，而在二进制文件中，867 被转换为等值二进制数，占用按整型数分配的两个或 4 个字节。

在 C#中可以使用 Stream 类及其派生类实例，以字节方式来读写文件；可以使用 TextReader 或 TextWriter 类实例，将字节流封装为字符流，以字符方式来读写文件；还可以使用 BinaryReader 或 BinaryWriter 类的实例，以二进制方式来读写文件。

9.2.1 读写文本文件

文本文件是完全由字符以及与字符显示格式相关的控制符（空格符、回车符、换行符等）构成的。文本文件往往可以通用于不同的操作系统或者不同的应用软件之间，只要这些系统或软件遵循相同的字符代码标准即可。文本文件常用 txt 作为其扩展名，bat、htm 等也是文本文件的扩展名。

用于文本文件读写的主要有两种对象，即 StreamWriter 对象和 StreamReader 对象。

1. StreamWriter 对象

可通过 StreamWriter 对象将数据写入文本文件。在使用 new 语句来创建一个 StreamWriter 对象时，可分别采取几种不同的格式（对应于几个不同的构造函数）。

例如，语句

```
StreamWriter swFile = new StreamWriter("E:\\yFile.txt");
```

创建一个 StreamWriter 类的名为 swFile 的对象，将 E 盘根目录下名为 yFile.txt 的文件赋值给它，并打开该文件，准备向其中写入数据。这时，StreamWrite 类的构造函数接收待写入文件的路径作为唯一参数（String 类型的）。如果所指定的 yFile.txt 文件不存在，则会自动创建一个新文件。

又如，语句

```
StreamWriter swFile = new StreamWriter("E:\\yFile.txt",True);
```

也创建 StreamWriter 类对象 swFile，将它与 E 盘根目录下的 yFile.txt 文件联系起来，并打开该文件，准备写入数据。但这个语句中多了一个 Boolean 型变量作为第 2 个参数。如果文件存在且该参数为 True，则新写入的数据追加到文件尾部；否则新数据自动覆盖旧数据。如果文件不存在则创建新文件。

操作 StreamWriter 对象时，主要使用以下方法。

- Write 方法：向文件（流）中写入一个字符串。
- WriteLine 方法：向文件（流）中写入一行（1 个字符串+1 个换行符）。
- Close 方法：释放 StreamWriter 对象并关闭所打开的文件（流）。

2. StreamReader 对象

使用 StreamReader 对象读取标准文本文件的各行信息。创建一个 StreamReader 对象时可指定一个带有路径的文件名，一旦对象创建成功，便可从该文本文件中读取字符了。

操作 StreamReader 对象时，主要使用以下方法。

- Read 方法：从文件（流）中读入下一个字符。
- ReadLine 方法：从文件（流）中读入下一行字符。
- Close 方法：关闭所打开的文件（流）。
- ReadToEnd 方法：从文件（流）的当前位置读到文件（流）的末尾。

● Peek 方法：返回文件（流）中的下一个字符，但并不读入该字符。

例 9-2 使用写入文件流创建一个文本文件，向其中写入几行字符，然后使用读出文件流，读出并输出刚才创建的文本文件中的内容。

程序源代码（program.cs 文件）如下。

```
//例 9-2_ 文件的创建及读/写
using System;
using System.IO;
namespace Block
{
  class dataBlock
  {
    static void Main(string[] args)
    {   //创建写入文件流 swFile，创建待写入文件
      StreamWriter swFile = new StreamWriter(@"E:\temp\address.txt");
      //向文件（写入文件流）中写入几行字符
      swFile.WriteLine("用户名：shangheJi2015");
      swFile.WriteLine("MAC 地址：1c:af:f7:89:80:86");
      swFile.WriteLine("IP 地址：202.117.50.100");
      swFile.WriteLine();
      //关闭文件（写入文件流）
      swFile.Close( );
      //创建读出文件流 srFile，打开待读取的文件
      StreamReader srFile = new StreamReader(@"E:\temp\address.txt");
      //逐行读出并输出文件（读出文件流）中的内容
      while (srFile.Peek() > -1)
        Console.WriteLine(srFile.ReadLine());
      //关闭文件（读出文件流）
      srFile.Close();
    }
  }
}
```

程序运行结果如图 9-3 所示。

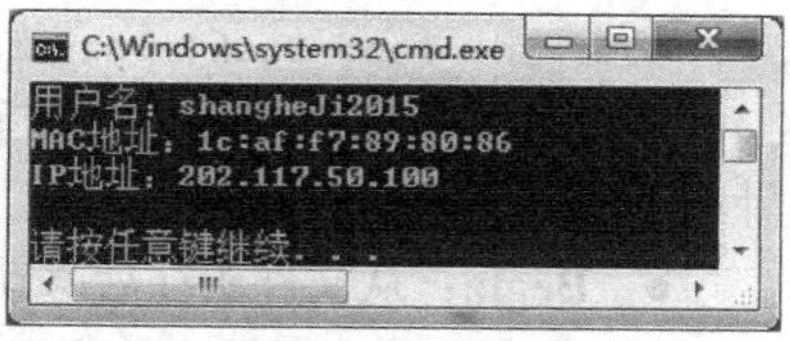

图 9-3 例 9-2 程序的运行结果

9.2.2 使用 FileStream 对象读写文件

可以使用 FileStream 对象打开（或创建）文件，然后使用 FileStream 中的 Read 方法和 Write 方法对文件进行读写操作。

1. 使用 FileStream 对象打开文件

FileStream 类的构造函数的常用形式为：

```
public FileStream(String path, FileMode mode, FileAccess access)
```

其中 3 个参数的意义如下。

● path：指定要打开或创建的文件的路径及文件名。

● mode：指定文件打开模式，可以是 Create（创建）、Open（打开）等。

● access：指定文件访问的目的（操作性质），可以是 Read（读）、Write（写）或 ReadWrite（读/写）。

例如：语句

```
FileStream fsRW = new FileStream ("E:\\yFile.txt", FileMode.Open, FileAccess.Read);
```

表示打开 E 盘根目录中的 MyFile.txt 文件，读出其中的内容。

2. 使用 Read 或 Write 方法读写文件

可以使用 FileStream 中的 Read 方法和 Write 方法来写入或者读出文件。这两个方法的调用模式相似，其中 Read 方法的定义为：

```
override int Read(unsigned char[] array, int offset, int count);
```

Read 方法和 Write 方法有 3 个相同的参数。

- array Byte 型数组：存放将要写入文件流的数据(Write 中)，或从文件流中读出的数据(Read 中)。
- offset：待写入 (从数组向文件) 或将要读出 (从文件到数组) 的数据在数组中的位置 （偏移量)。
- count：写入或读出的最大字节数。

Write 方法是 void 型的，没有返回值；而 Read 方法有一个返回值，表示读入缓冲区中的总字节数。如果当前字节数少于所请求的字节数，则可能是总字节数少于所请求的字节数；如果已到达流的末尾，则字节数为零。

3. 使用 ReadByte 或 WriteByte 方法读写一个字节

还可以使用 FileStream 中的 ReadByte 方法或 WriteByte 方法，一次从文件流中读出一个字节或者向其中写入一个字节。这两种方法的定义为：

```
override void WriteByte(Byte value);
override int ReadByte();
```

ReadByte 方法将读入的一个字节转换为整数返回。

4. 使用 Seek 方法在文件中定位

可以调用 FileStream 中的 Seek 方法改变文件的当前位置 (想象成移动指向待操作位置的指针)。该方法的定义为：

```
override long Seek(long offset , SeekOrigin origin );
```

其中第 1 个参数 offset 用于指定相对于 origin 的移动偏移量；第 2 个参数 origin 用于指定指针移动的方向，有三种选择。

- Begin：从文件头往后移动指针。
- Current：从指针当前位置往后移动指针。
- End：从文件尾往前移动指针。

例如，语句

```
fsRW.Seek(20, Seekorigin.Begin)
```

将设定当前位置为从文件头开始的第 20 个字节处。

5. 使用 Close 方法关闭文件流

Close 方法用于关闭当前文件流并释放与之相关联的所有系统资源。

例 9-3 使用文件流 (FileStream 类的实例) 向文件中写入一行字符，然后读出该文件的内容。

程序源代码 (program.cs 文件) 如下。

```
//例 9-3_ 使用文件流 ( FileStream 对象 ) 读写文件
using System;
using System.IO;
namespace Block
{
    class dataBlock
```

```
    {
        static void Main(string[] args)
        {   //创建字节数组
            string engStr = "1234567890abcdefgABCDEFG 大小多少上下来去";
            byte[] byteWrite = System.Text.Encoding.UTF8.GetBytes(engStr);
            //使用文件流写入文件，打开方式为重建（FileMode.Create）
            using(FileStream fsWrite = new FileStream(@"E:\temp\fsFile.txt", FileMode.Create))
                fsWrite.Write(byteWrite, 0, byteWrite.Length);
            //使用文件流读出文件内容
            using (FileStream fsRead = new FileStream(@"E:\temp\fsFile.txt", FileMode.Open))
            {   int fsLen = (int)fsRead.Length;
                byte[] byteRead = new byte[fsLen];
                int r = fsRead.Read(byteRead, 0, byteRead.Length);
                string myStr = System.Text.Encoding.UTF8.GetString(byteRead);
                Console.WriteLine(myStr);
            }
        }
    }
}
```

程序的运行结果如图 9-4 所示。

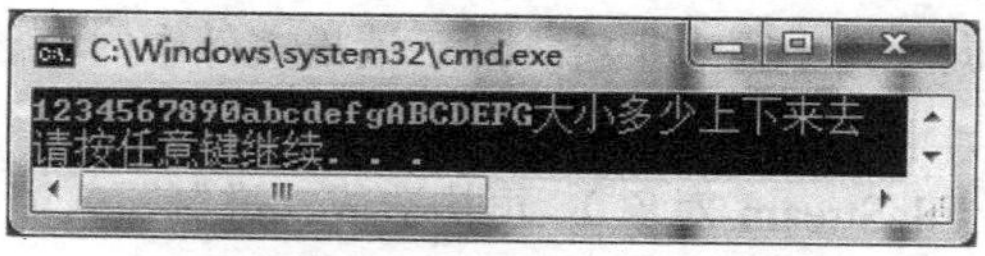

图 9-4　例 9-3 程序的运行结果

9.2.3　读写二进制文件

二进制文件不同于文本文件，这种文件一般依赖于某种特定的软件，有各不相同的内部格式。扩展名为.COM 及.EXE 的程序文件、存放图像数据的.BMP 文件以及存放声音数据的.WAV 文件等，都是二进制文件。

FileStream 对象只提供字节方式的写入或读出。在构造了 FileStream 对象之后，可将该对象进一步构造为 BinaryWriter 或 BinaryReader 对象，以获取更高级的功能。换句话说，需要从一个已有的流来构造 BinaryWriter 对象或 BinaryReader 对象。

例如，在使用语句

```
FileStream fsRW = new FileStream("E:\yFile.bin", FileMode.Open, FileAccess.Read);
```

创建了 FileStream 类对象 fsRW 之后，可以再使用

```
BinaryWriter bwFile = new(fsRW);
```

语句将 fsRW 构造为 BinaryWriter 类对象 bwFile（写入二进制流）。

1. BinaryWriter 的 Write 方法

BinaryWriter 类提供了多个重载的 Write（写入）方法，如下所述。

- void Write(Boolean)：将 1 字节 Boolean 值写入当前流。
- void Write(Byte)：将一个无符号字节写入当前流。
- void Write(Char())：将字符数组写入当前流。
- void Write(Decimal)：将一个十进制数值写入当前流。

- void Write(Double)：将 8 字节浮点值写入当前流。
- void Write(Short)：将 2 字节有符号整数写入当前流。
- void Write(Integer)：将 4 字节有符号整数写入当前流。
- void Write(Long)：将 8 字节有符号整数写入当前流。

2. BinaryReader 的读出方法

BinaryReader 类有多种读出方法，包括以下几点。

- ReadBoolean：从当前流中读取 Boolean。
- ReadByte：从当前流中读取下一个字节。
- ReadBytes：从当前流中将 count 个字节读入字节数组。
- ReadChar：从当前流中读取下一个字符。
- ReadDecimal：从当前流中读取十进制数值。
- ReadDouble：从当前流中读取 8 字节浮点值。
- ReadSingle：从当前流中读取 4 字节浮点值。
- ReadString：从当前流中读取一个字符串（有长度前缀），一次 7 位地编码为整数。

需要注意的是，这些方法从当前流读出数据或向其中写入数据后，都会按照读出或写入数据所占的字节数来修改流的当前位置。

例 9-4 以二进制方式向文件中写入字符，然后读出文件中内容。

本程序执行以下操作。

（1）创建写入文件流（FileStream 对象），再构造成二进制写入流（BinaryWrite 对象），通过它向文件中写入一行字符。

（2）创建读出文件流（FileStream 对象），再构造成二进制写入流（BinaryWrite 对象），通过它从文件中读出字符并显示出来。

程序源代码（program.cs 文件）如下。

```
//例 9-4_ 以二进制方式读写文件
using System;
using System.IO;
using System.Text;
namespace binfile.data
{
    class Program
    {
        static void Main(string[] args)
        {   //创建文件流 fsWrite，再构造为二进制写入对象
            FileStream fsWrite=new FileStream( @"E:\temp\天气.bin",
                                   FileMode.Create,FileAccess.Write);
            BinaryWriter bw;
            //以二进制方式向文件中写入字符
            try
            {   bw = new BinaryWriter(fsWrite);
                Console.Write("天气？ ");
                bw.Write("天气：" + Console.ReadLine());
                fsWrite.Close();
                bw.Close();
            }catch (Exception e)
            {   Console.WriteLine("异常：" + e.Message);
            }
```

```
            ///创建文件流 fsRead，再构造为二进制读出对象
            FileStream fsRead=new FileStream(@"E:\temp\天气.bin",FileMode.OpenOrCreate);
            BinaryReader br;
            //以二进制方式从文件中读出字符
            try
            {   br = new BinaryReader(fsRead,Encoding.UTF8);
                while (br.PeekChar() != -1)
                {   string str = br.ReadString();
                    Console.WriteLine(str);
                }
                fsRead.Close();
                br.Close();
            }catch (Exception e)
            {   Console.WriteLine("异常：" + e.Message);
            }
        }
    }
}
```

程序的运行结果如图 9-5 所示。

图 9-5　例 9-4 程序的运行结果

9.2.4　对象序列化

将数据写入磁盘文件时会失去某些信息。例如，因为磁盘中只有数据而没有相应的数据类型信息，故当读出“3”时，无法判断这个值原来是 int 型、char 型还是 string 型。如果写入或者读出时都能够操作整个对象，则可解决这个问题。

C#提供了解决这个问题的机制，称为对象序列化。序列化对象表示为字节序列，包括对象数据和关于对象类型及对象中所存放数据类型的信息。序列化对象写入文件之后，可以从文件读取并去序列化，即用对象类型及对象中所存放数据类型的信息在内存中重建对象。

序列化就是将对象转换为容易传输的格式的过程，一般情况下转换为流文件，放入内存或 IO 文件中。例如，可以序列化一个对象，然后使用 HTTP 通过 Internet 在客户端和服务器之间传输该对象，也可与其他应用程序共享使用。反之，反序列化就是根据流来重新构造对象。

BinaryFormatter 类（命名空间 SystemRuntime.Serialization.FormattersBinary）可读出或写入流中的整个对象。BinaryFormatter 类的 Serialize 方法将对象表示为写入文件，Deserialize 方法读取这个表示并重建对象。这两个方法在序列化或去序列化遇到错误时都抛出 SerializationException 异常。这两个方法都要求用 Stream 对象作为参数，使 BinaryFormatter 能够访问正确的流。

例 9-5　对象序列化的例子。

本例按以下步骤实现对象序列化。

（1）将可序列化的类用特征类“[Serializable]”来标记，当然，不想序列类的成员可以用“[NonSerialized]”特征类来标记。类里面的所有成员变量都能被序列化。

（2）实例化命名空间 System.Runtime.Serialization.Formatters.Binary 中的 BinaryFormatter 对象，借助其 Serialize 方法来实现序列化，或者用 Deserialize 方法来实现反序列化。

程序源代码（program.cs 文件）如下。

```
//例 9-5_ 对象序列化
using System;
using System.IO;
using System.Runtime.Serialization;
using System.Runtime.Serialization.Formatters.Binary;
namespace Block
{
    //使用 Serializable 属性标记需要序列化的类
    [Serializable]
    public class seriClass
    {   public int n1 = 0;
        public int n2 = 0;
        public String str = null;
        static void Main(string[] args)
        {   //将标记过的类的一个实例序列化为一个文件
            seriClass seriObj = new seriClass();
            seriObj.n1 = 10;
            seriObj.n2 = 20;
            seriObj.str = "seriClass 对象的字符串型字段";
            IFormatter seriFormat = new BinaryFormatter();
            Stream seriStream = new FileStream( @"E:\temp\seriTxt.txt",
                        FileMode.Create, FileAccess.Write, FileShare.None );
            seriFormat.Serialize(seriStream, seriObj);
            // ...... (写入文件的代码)
            seriStream.Close();
            //该实例的反序列化
            IFormatter formatter = new BinaryFormatter();
            Stream stream = new FileStream(@"E:\temp\seriTxt.txt",
                        FileMode.Open, FileAccess.Read, FileShare.Read );
            seriClass obj = (seriClass)formatter.Deserialize(stream);
            // ...... (其他处理文件中数据的代码)
            stream.Close();
        }
    }
}
```

需要注意的是，Serializable 属性是无法继承的。如果从 seriClass 派生出一个新的类，则该类也必须使用该属性进行标记，否则将无法序列化。

9.2.5 文件目录操作

.NET 提供了一系列用于操作外存上的文件或文件目录的方法，可以进行创建文件夹、删除文件夹、移动、复制和删除文件等各种操作。这些方法有些是属于静态类的，无需生成类的实例便可使用。

Directory 类提供了操作文件目录的大部分方法，该类中的方法都是静态的，无需生成实例便可使用。以下是一些常用的方法。

- CreateDirectory(string Path)方法：按照 Path 所指定的路径创建一个新的目录。如果指定路径格式有误或者不存在等，则会引发异常。

- Delete(string Path，bool recursive)方法：删除 Path 指定的目录。如果 recursive 为 False，则仅当目录为空时删除该目录。若为 True，则删除目录下所有子目录和文件。
- Exists(string Path)方法：测试 Path 指定的目录是否存在。若存在，则返回 True，反之返回 False。
- GetDirectories(string Path)方法：得到 Path 指定的目录中包含的所有子目录，结果以字符串数组的形式返回，数组中每一项对应一个子目录。
- GetFiles(string Path)方法：与 GetDirectories 方法类似，返回目录中的所有文件名。
- Move(string sourceDirName, string destDirName)方法：将一个目录中的内容移动到一个新的位置。sourceDirName 指定待移动目录，destDirName 指定移动到何处。
- GetLogicalDrives()方法：返回计算机中所有逻辑驱动器名称。

例 9-6　读出指定磁盘上的文件目录：文件夹名以及当前文件夹中的文件名。

本程序的窗体上摆放以下 3 个控件。

- 上部有一个下拉列表框（Combox 控件），其 DropDownStyle 属性设置为 DropDownList，由一个标签（Label 控件）标记为“选择驱动器”，用于选择性地输入驱动器名。
- 左下部有一个列表框（ListBox 控件），由一个标签标记为“目录”，用于显示所选择的驱动器中的所有文件夹。
- 右下部有一个列表框，由一个标签标记为“文件”，用于显示所选择文件夹中的所有文件名。

本程序在运行后，可以执行以下任务。

（1）用户在“选择驱动器”下拉列表框中选择一个驱动器，就会在“目录”列表框中列出该驱动器中所有文件夹；并在“文件”列表框中列出该驱动器根目录下所有文件名。

（2）用户双击“目录”列表框中的某个文件夹名，就会在“目录”列表框中列出该文件夹下的所有文件夹，并在“文件”列表框中列出该文件夹下的所有文件名。

程序源代码（Program.cs）如下。

```
//例 9-6_ 显示文件目录（当前文件夹中的文件夹名列表及文件列表）
using System;
using System.Windows.Forms;
using System.IO;
namespace fileFrm
{
    public partial class dirFrm : Form
    {
        public dirFrm()
        {   InitializeComponent();
        }
        private string[] directory; //待显示的文件夹
        //窗体装载事件：下拉列表框中装入驱动器列表
        private void dirFrm_Load(object sender, EventArgs e)
        {  foreach(var logicDriver in Directory.GetLogicalDrives())
               driverCbo.Items.Add(logicDriver);
        }
        //下拉列表框索引项改变事件：下拉列表框中装入驱动器列表
        private void driverCbo_SelectedIndexChanged(object sender, EventArgs e)
```

```
        {   //得到某个驱动器下的所有文件夹
            directory = Directory.GetDirectories(driverCbo.Text);
            dirLst.Items.Clear();
            //显示文件夹名（去掉文件夹名中的路径）
            foreach (var dir in directory)
                dirLst.Items.Add(Path.GetFileNameWithoutExtension(dir));
            fileLst.Items.Clear();
            //显示文件名（去掉路径）
            foreach (var file in Directory.GetFiles(driverCbo.Text))
                fileLst.Items.Add(Path.GetFileName(file));
        }
        //目录列表项双击事件：显示指定文件夹中文件夹及文件名列表
        private void dirLst_DoubleClick(object sender, EventArgs e)
        {   //目录列表为空时返回
            if (directory.GetUpperBound(0) == -1)
                return;
            //得到双击文件夹中包含的文件夹
            var currentDirectory = directory[dirLst.SelectedIndex];
            directory = Directory.GetDirectories(currentDirectory);
            dirLst.Items.Clear();
            //显示文件夹名（去掉文件夹名中的路径）
            foreach (var dir in directory)
                dirLst.Items.Add(Path.GetFileNameWithoutExtension(dir));
            fileLst.Items.Clear();
            //显示文件名（去掉路径）
            foreach (var file in Directory.GetFiles(currentDirectory))
                fileLst.Items.Add(Path.GetFileName(file));
        }
    }
}
```

程序运行结果如图 9-6 所示。

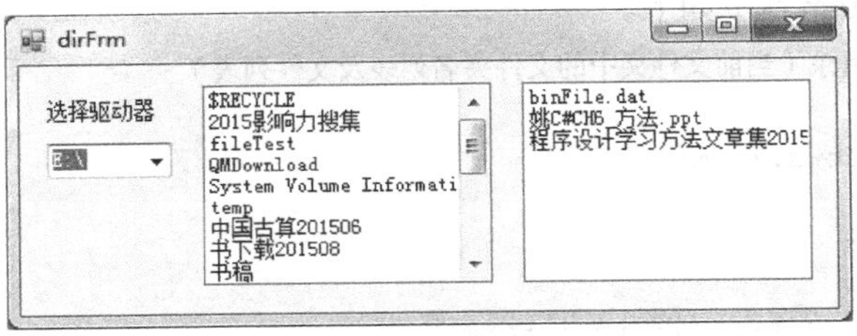

图 9-6　例 9-6 程序的运行界面

9.2.6　文件拷贝、移动和删除等操作

静态的 File 类提供了文件操作的方法，可以方便地创建、删除、移动或复制文件。下面是一些常用的方法。

- Copy(string sourceFileName, string destFileName)方法：将 sourceFileName 文件复制为 destFileName 文件。其中，第 1 个参数指定待复制文件的文件名及其路径。第 2 个参数指定副本的文件名或路径名，但 destFileName 不能是一个目录或者一个已经存在的文件。
- Delete(string path)方法：删除一个文件。其中 path 参数指定该文件名及其路径。

- Exists(string path) As Boolean 测试 path 指定的文件是否存在，是则返回 True，否则返回 False。
- Move(string sourceFileName, string destFileNam)方法：将文件从位置 sourceFileName 处移动到新位置 destFileName 处。
- GetCreationTime(string path As String)方法：返回由 path 所指定的文件的创建日期和时间。

类似的有：GetLastAccessTime 方法返回上次访问指定文件的日期和时间，GetLastWriteTime 方法返回上次写入指定文件或目录的日期和时间。

这些方法都是静态的。如果需要对 Path 路径做一些处理，则可使用 Path 类的方法，常用的方法如下。

- ChangeExtension：更改路径字符串的扩展名。
- Combine(String[])：将字符串数组组合成一个路径。
- GetDirectoryName：返回指定路径字符串的目录信息。
- GetExtension：返回指定路径字符串的扩展名。
- GetFileName：返回指定路径字符串的文件名和扩展名。
- GetFileNameWithoutExtension：返回无扩展名的指定路径字符串的文件名。
- GetFullPath：返回指定路径字符串的绝对路径。
- GetTempFileName：创建磁盘上唯一命名的零字节的临时文件，并返回该文件的完整路径。
- GetTempPath：返回当前用户的临时文件夹的路径。

例 9-7　修改一批文件的文件名。

本程序将按照用户输入的文件名（可使用通配符*或?）及所选择的文件路径显示相应的文件名列表，并将所有文件名中某个字符串替换为另一个字符串。

本程序设计图 9-7 所示的窗体，其中摆放以下控件。

- 4 个文本框（TextBox），其 Name 属性分别为 fliterTxt、dirTxt、sourceTxt 和 destTxt，分别由一个标签标记为“文件：类型”“路径”“替换：文本”和“为”。
- 1 个列表框（ListBox 控件）。
- 两个按钮（Button），其 Name 属性分别为 getBtn 和 replaceBtn，其 Text 属性分别为“打开”和“改名”。

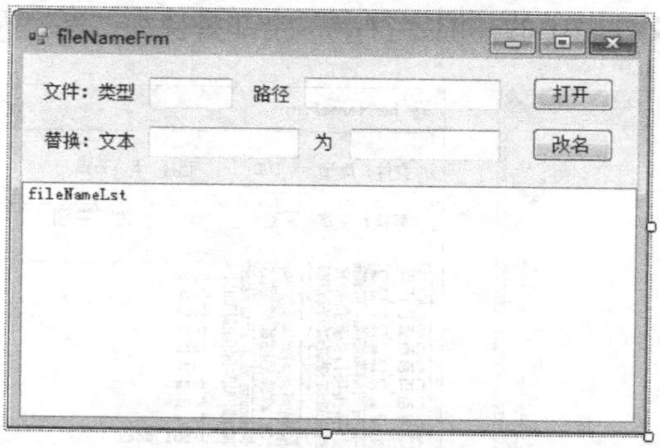

图 9-7　例 9-7 程序所设计的窗体

程序源代码（Program.cs）如下。

```
//例 9-7_ 批量修改文件名
using System;
```

```
using System.Windows.Forms;
using System.IO;
namespace fileFrm
{
    public partial class fileNameFrm : Form
    {
        public fileNameFrm()
        {   InitializeComponent();
        }
        string[] fileNames;
        private void getBtn_Click(object sender, EventArgs e)
        {   //选择文件类型、显示当前文件目录（下属文件夹及文件名列表）
            FolderBrowserDialog fbd = new FolderBrowserDialog();
            if (fbd.ShowDialog() == DialogResult.OK)
                dirTxt.Text = fbd.SelectedPath;
            fileNames = Directory.GetFiles(fbd.SelectedPath, fliterTxt.Text);
            foreach (var fileName in fileNames)
                fileNameLst.Items.Add(Path.GetFileName(fileName));
        }
        private void replaceBtn_Click(object sender, EventArgs e)
        {   //所有匹配文件名中指定字符串替换为另一字符串
            fileNameLst.Items.Clear();
            foreach (var fileName in fileNames)
                try
                {   var newFileName = fileName.Replace(sourceTxt.Text,destTxt.Text);
                    File.Copy(fileName, newFileName);
                    File.Delete(fileName);
                    fileNameLst.Items.Add(Path.GetFileName(newFileName));
                }catch{ }
        }
    }
}
```

程序运行后，用户按以下步骤执行文件名修改操作。

（1）在“类型”文本框中输入文件名（如*.DOC）并单击“打开”按钮，弹出“浏览文件夹”对话框。

（2）在对话框中选择一个文件夹（如 E 盘上的“书稿”文件夹）并单击“确定”按钮，则“路径”文本框中显示所选文件夹的路径，列表框显示该文件夹中所有匹配的文件。

（3）在“文本”文本框中输入想要替换的旧字符串，“为”文本框中输入新字符串，然后单击“改名”按钮，则所有文件名中的“旧字符串”全部替换为“新字符串”，如图 9-8 所示。

（a）　　　　　　　　（b）

图 9-8　例 9-7 程序运行时的对话框及运行结果

9.3　程序解析

本章解析 3 个程序。

第 1 个程序通过写文本流向文件（文件流）中写入数据，通过读文本流和读二进制流从文件流读出数据，并通过文件信息对象读出文件的相关信息。

第 2 个程序通过写文本流和读文本流来读写文本文件。

第 3 个程序通过向文件流写入的写二进制流将职工数据写入二进制文件，并通过从文件流读出的读二进制流从二进制文件中读出数据并显示出来。

通过这 3 个程序的阅读和调试，读者可以较好地理解 I/O 流的概念以及 C#中的流类和文件类的作用。掌握通过流对象和文件对象来读出或写入数据文件的一般方式。

程序 9–1　读写文件及文件属性

本程序中，先通过写文本流向文件（文件流对象）中写入字符，再分别通过读文本流和读二进制流从文件中读出数据并显示出来，最后通过文件信息对象获取并输出文件名、路径、大小和创建时间。

1．算法及程序结构

本程序按顺序执行以下操作。

（1）生成文件流（FileStream 类实例），以读写方式打开外存上的指定文件。

（2）创建写文本流（StreamWriter 类实例）。

（3）向写文本流（缓冲区）写入数据。

（4）清理当前缓冲区，并使缓冲数据写入文件。

（5）创建读文本流（StreamReader 类实例）。

（6）以文本方式从文件流中逐行读出并显示数据。

（7）创建读二进制流（BinaryReader 类实例）。

（8）以二进制方式从文件流中逐个字节读出数据。

（9）逐个关闭所打开的流及文件。

（10）创建文件信息对象（FileInfo 类实例）。

（11）通过文件信息对象获取并输出文件名、路径、大小和创建时间。

2．程序

程序源代码（Program.cs）如下。

```
//程序 9-1_ 文件的创建及读/写
using System;
using System.IO;
namespace Block
{
    class dataBlock
    {
        static void Main(string[] args)
        {   //创建文件流，后备存储为外存（文件）
```

```
            FileStream FS = new FileStream( @"E:\temp\student.txt",
                                        FileMode.Create, FileAccess.ReadWrite);
            //创建写数据流，并写入数据
            StreamWriter SW = new StreamWriter(FS);
            SW.WriteLine("学号：201501021010");
            SW.WriteLine("姓名：张长虹");
            SW.WriteLine("班级：计算机学院物联网51班");
            SW.WriteLine("手机：013002910196");
            SW.WriteLine("邮箱：shangHeJi@mail.xjtu.edu.cn");
            //清理当前缓冲区，所有缓冲数据写入文件
            SW.Flush();
            //创建读字节数据流，并以文本方式从文件流中读出数据
            StreamReader SR = new StreamReader(FS);
            SR.BaseStream.Seek(0, SeekOrigin.Begin);
            Console.WriteLine("***********文本方式读文件***********");
            string s;
            //逐行读出字节并输出
            while ((s = SR.ReadLine()) != null)
                Console.WriteLine(s);
            Console.WriteLine();
            //创建读二进制流，并以二进制方式从文件流中读出数据
            BinaryReader BR = new BinaryReader(FS);
            BR.BaseStream.Seek(0, SeekOrigin.Begin);
            Console.WriteLine("**********二进制方式读文件**********");
            Byte h;
            //逐个读出文件中所有字节
            while (BR.PeekChar() > -1)
            {   h = BR.ReadByte();
                if (h != 13 && h != 10)
                {   Console.WriteLine("{0}", h.ToString());
                    Console.Write(".");
                }else
                    Console.WriteLine();
                Console.WriteLine("\n");
                //逐个关闭所打开的流及文件
                SW.Close();
                BR.Close();
                SR.Close();
                FS.Close();
                //读取并输出文件属性
                Console.WriteLine("************读取文件属性************");
                FileInfo fimyfile = new FileInfo(@"E:\temp\student.txt");
                Console.WriteLine("文件名:{0}", fimyfile.Name);
                Console.WriteLine("文件名（含路径）:{0}", fimyfile.FullName);
                Console.WriteLine("文件大小:{0}", fimyfile.Length);
                Console.WriteLine("文件创建时间:{0}", fimyfile.CreationTime);
            }
        }
    }
}
```

3. 程序运行结果

本程序的运行结果如图 9-9 所示。

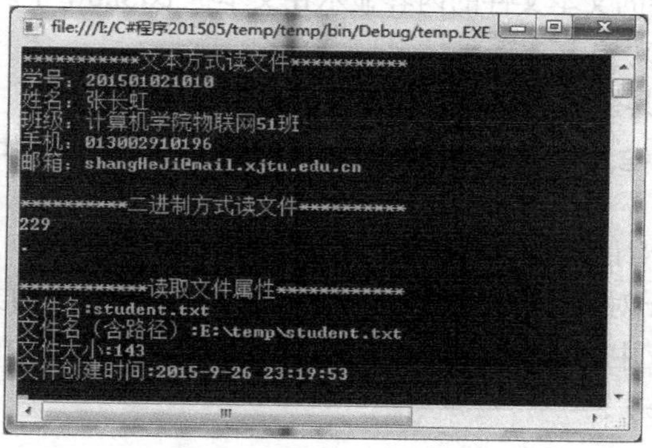

图 9-9　程序 9-1 的运行结果

程序 9–2　读写文本文件

本程序用于读写文本文件，可将窗口上文本框中的内容写入用户选择的文本文件，或者读出用户选择的文本文件内容并显示在文本框中。

1. 窗体设计

本程序按以下步骤设计窗体。

（1）在 fileFrm 项目中添加一个窗体。

单击 fileFrm 项目节点，选择"添加"→"Windows 窗体"菜单项，在该项目中添加一个名为 StreamFrm 的窗体（更改窗体的 Name 属性和 Text 属性为 StreamFrm）。

（2）在窗体上摆放两个控件。

① 文本框控件：将 Dock 属性改为 fill（占满窗体），Multiline 属性改为 True（成为多行文本框）。

② 工具栏 ToolStrip 控件：在 ToolStrip 控件上，单击空白处并在自动显示的下拉列表框中选择"Button"项，添加 3 个工具按钮（toolStripButton）。

- 第 1 个的 Name 属性改为 clearBtn，用于执行清空文本框的代码。
- 第 2 个的 Name 属性改为 readBtn，用于执行读取文件内容的代码。
- 第 3 个的 Name 属性改为 writeBtn，用于执行保存文件内容的代码。

（3）在 Program.cs 文件中更改包含 Run 方法的语句为：

```
Application.Run(new fileFrm());
```

将 fileFrm 窗体变为主窗体。

设计好的窗体如图 9-10 所示。

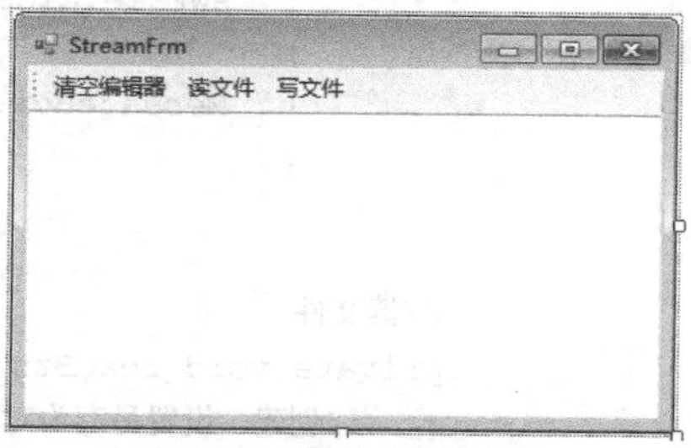

图 9-10　程序 9-2 的窗体

2. 算法及程序结构

（1）清空文本框（工具按钮 clearBtn 的事件处理方法）。

调用文本框控件 clear 方法。

（2）读文件内容（工具按钮 readBtn 的事件处理方法）。

- 创建 OpenFileDialog 类对象 openFileDlg，设置 Filter 属性为"txt(*.txt)|*.txt"（只打开文本文件）。

- 弹出 openFileDlg 对话框。
- 创建 StreamReader 对象 srFile，赋值为用户在对话框中选择的文本文件，同时打开该文件。
- 将 srFile 对象连接的文本文件的内容显示在文本框 txtShow 中。
- 关闭文件（srFile 对象）。

（3）写文件内容（工具按钮 writeBtn 的事件处理方法）。

- 创建 SaveFileDialog 类对象 saveFileDlg，设置 Filter 属性为"txt(*.txt)|*.txt"（只保存文本文件）。
- 弹出 saveFileDlg 对话框。
- 创建 StreamWriter 对象 swFile，赋值为用户在对话框中选择的文本文件。
- 将文本框 txtShow 中的内容写入 swFile 对象连接的文本文件中。
- 关闭文件（swFile）。

3. 程序源代码

```
//程序 9-2_ 使用 StreamWriter 对象打开和保存文件
using System;
using System.Windows.Forms;
using System.IO;
namespace fileFrm
{
    public partial class Form1 : Form
    {
        public Form1()
        {   InitializeComponent();
        }
        //写文件
        private void writeBtn_Click(object sender, EventArgs e)
        {   //创建、设置另存为对话框
            SaveFileDialog saveFileDlg = new SaveFileDialog();
            saveFileDlg.Filter = "txt(*.txt)|*.txt";
            //弹出另存为对话框并保存文件
            if(saveFileDlg.ShowDialog()==DialogResult.OK)
            {   //使用另存为对话框
                try
                {   //创建 StreamWriter 对象（对话框中指定文件名）
                    StreamWriter swFile = new StreamWriter(saveFileDlg.FileName);
                    //将 txtShow 中内容写入文件并关闭文件
                    swFile.Write(txtShow.Text);
                    swFile.Close();
                }catch
                {   MessageBox.Show("写错误！");
                }
            }
        }
        //读文件
        private void readBtn_Click(object sender, EventArgs e)
        {   //创建、设置另存为对话框
            OpenFileDialog openFileDlg = new OpenFileDialog();
            openFileDlg.Filter = "txt(*.txt)|*.txt";
            //弹出打开对话框并打开文件
```

```
            if(openFileDlg.ShowDialog()==DialogResult.OK)
            {   //使用打开对话框
                try
                {   //创建 StreamReader 对象（对话框中指定文件名）
                    StreamReader srFile = new StreamReader(openFileDlg.FileName);
                    //清除 txtShow、显示对话框中选择的文本内容并关闭文件
                    txtShow.Clear();
                    txtShow.Text = srFile.ReadToEnd();
                    srFile.Close();
                }catch
                {   MessageBox.Show("读错误! ");
                }
            }
        }
        //清除文本框内容
        private void clearBtn_Click_1(object sender, EventArgs e)
        {   txtShow.Clear();
        }
    }
}
```

4. 程序运行结果

本程序运行后，在文本框中输入一些文字，如图 9-11 所示。此后，可按以下方式执行 3 种操作。

（1）保存文本文件。

单击“写文件”按扭，弹出图 9-12 所示的另存为对话框，在其中输入文件名，选择保存位置，然后单击“保存”按钮，即可将文本框中内容存储到相应的文件中。

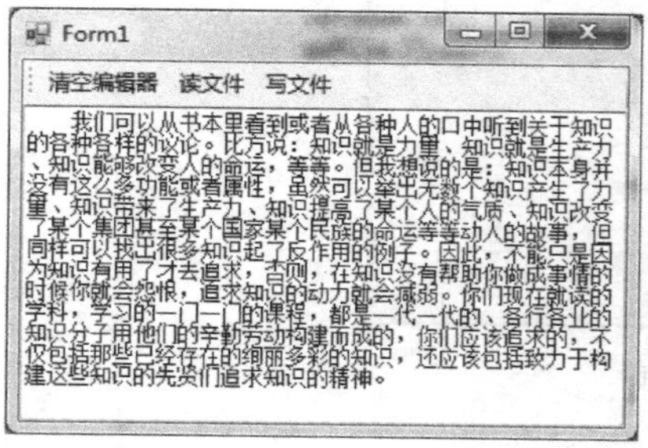

图 9-11　程序 9-2 的运行结果

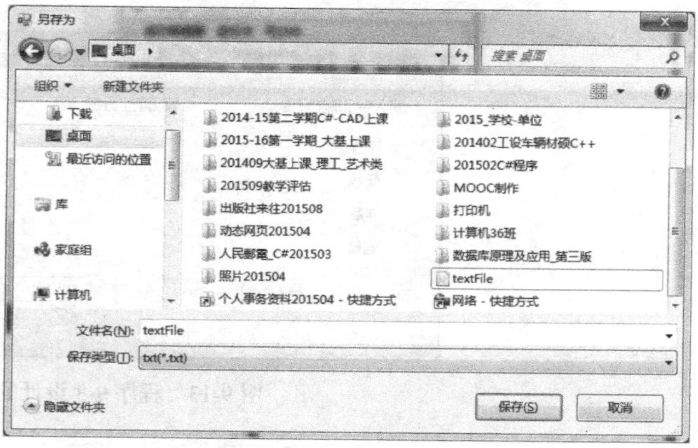

图 9-12　程序 9-2 弹出的对话框

（2）读取文本文件。

单击“读文件”按扭，弹出打开对话框，在其中选择文件，然后单击“打开”按钮，即可将所选择的文本文件的内容显示在文本框中。

（3）清空文本框。

单击“清空编辑器”按扭，即可将文本框中的内容全部清除。

程序 9-3　二进制方式读写职工信息文件

本程序可将用户在相应文本框中输入的职工的编号、姓名、年龄和底薪（基本工资）组成记录并写入二进制文件，还可读出二进制文件的内容，显示在用于输出的文本框中。

1．窗体设计

本程序按以下步骤设计窗体。

（1）在 fileFrm 项目中添加一个窗体。

单击 fileFrm 项目节点，选择“添加”→“Windows 窗体”菜单项，在该项目中添加一个名为 employeeFrm 的窗体（更改窗体的 Name 属性和 Text 属性为 employeeFrm）。

（2）在窗体上摆放以下按件。

- 第 1 个分组框（GroupBox 控件）：将 Text 属性改为“写入一个职工数据”，并在其中添加以下控件。
- 第 1 个文本框（TextBox 控件），其 Name 属性改为 txtID；左边放一个标签（Lable 控件），其 Text 属性改为“编号”。
- 第 2 个文本框，Name 属性改为 txtName；左边放一个标签，Text 属性改为“姓名”。
- 第 3 个文本框，Name 属性改为 txtAge；左边放一个标签，Text 属性改为“年龄”。
- 第 4 个文本框，Name 属性改为 txtPay；左边放一个标签，Text 属性改为“底薪”。
- 两个按钮（Button 控件），其 Text 属性为“写入”和“读取”。

（3）在 Program.cs 文件中更改包含 Run 方法的语句为：

```
Application.Run(new employeeFrm ());
```

将 employeeFrm 窗体变为主窗体。

设计好的窗体如图 9-13 所示。

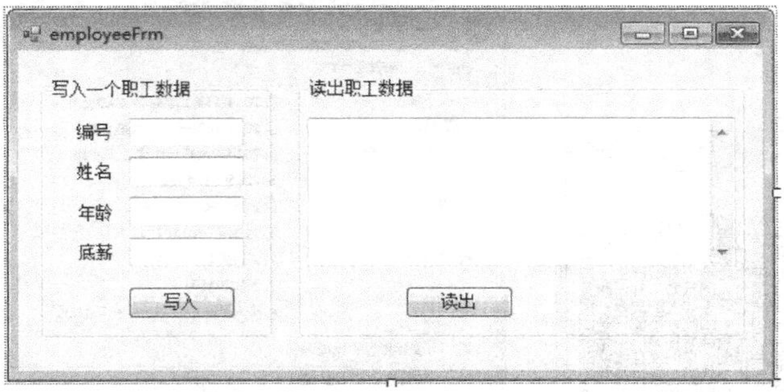

图 9-13　程序 9-3 设计的窗口

2．算法及程序结构

（1）输入一个职工的数据并以二进制方式写入文件（“写入”按钮事件处理方法）。

- 输入一个职工的工号、姓名、年龄和基本工资（底薪）。
- 创建文件流（FileStream 类实例），以追加方式打开文件。
- 创建向文件流写入的写二进制流（BinaryWriter 类实例）。
- 通过写二进制流将一个职工的数据写入文件流。
- 关闭写二进制流。

（2）以二进制方式读出文件内容（“读出”按钮事件处理方法）。

- 创建文件流（FileStream 类实例），以读出方式打开文件。
- 创建从文件流读出的读二进制流（BinaryReader 类实例）。
- 通过读二进制流读出文件中内容并显示出来。
- 关闭读二进制流。

3. 程序源代码

```
//程序 9-3_ 写入职工数据->二进制文件 | 读出二进制文件
using System;
using System.Windows.Forms;
using System.IO;
namespace fileFrm
{
   public partial class employeeFrm : Form
   {
      public employeeFrm()
      {  InitializeComponent();
      }
      //输入一个职工的数据并写入二进制文件
      private void writebtn_Click(object sender, EventArgs e)
      {  //输入工号
         char[] workID = new char[6];
         var strTemp = txtID.Text.Trim();
         if (strTemp.Length < 6)
         {  MessageBox.Show("序号应为 6 位（截去超长部分）！请重新输入");
            return;
         }else
            strTemp.CopyTo(0, workID, 0, 6);
         //输入工号
         char[] name = new char[4];
         strTemp = txtName.Text.Trim();
         if (strTemp.Length == 0)
         {  MessageBox.Show("请输入姓名！");
            return;
         }else
         {  if (strTemp.Length <= 4)
               strTemp.CopyTo(0, name, 0, strTemp.Length);
            else
               strTemp.CopyTo(0, name, 0, 4);
         }
         //输入年龄
         if (txtAge.Text.Trim().Length == 0 || txtPay.Text.Trim().Length == 0)
         {  MessageBox.Show("请输入年龄或底薪！");
            return;
         }
         int age = Convert.ToInt32(txtAge.Text);
         float salary = Convert.ToSingle(txtPay.Text);
         //将一个职工的工号、姓名、年龄和底薪写入文件中
         FileStream fsSalary = new FileStream( ".\\Salary.bin",
                                   FileMode.Append, FileAccess.Write);
         BinaryWriter bwSalary = new BinaryWriter(fsSalary);
```

```
            //写入数据
            bwSalary.Write(workID);
            bwSalary.Write(name);
            bwSalary.Write(age);
            bwSalary.Write(salary);
            //关闭文件
            bwSalary.Close();
        }
        //读出并显示二进制文件的内容
        private void readbtn_Click(object sender, EventArgs e)
        {   //清空文本框
            txtShow.Clear();
            //创建文件对象并打开文件
            FileStream fsSalary;
            try
            {   fsSalary = new FileStream(".\\salary.bin",FileMode.Open, FileAccess.Read);
            }catch (FileNotFoundException e1)
            {   MessageBox.Show(e1.ToString());
                return;
            }
            //读出文件内容并显示在文本框中
            BinaryReader brSalary = new BinaryReader(fsSalary);
            char[] workID = new char[6];
            char[] name = new char[4];
            int age;
            float salary;
            while (brSalary.PeekChar() > -1)
            {   //读出当前记录
                workID = brSalary.ReadChars(6);
                name = brSalary.ReadChars(4);
                age = brSalary.ReadInt32();
                salary = brSalary.ReadSingle();
                //在文本框中显示当前记录
                txtShow.Text += "工号: ";
                for (int i = 0; i < 6; i++)
                    txtShow.Text += workID[i];
                    txtShow.Text += "\t" + "姓名: ";
                for (int i = 0; i < 4; i++)
                    txtShow.Text += name[i];
                    txtShow.Text += "\t" + "年龄: " + age.ToString();
                    txtShow.Text += "\t" + "底薪: " + salary.ToString();
                    txtShow.Text += "\r\n";
            }
            brSalary.Close();
        }
    }
}
```

4. 程序运行结果

该程序一次运行结果如图 9-14 所示。

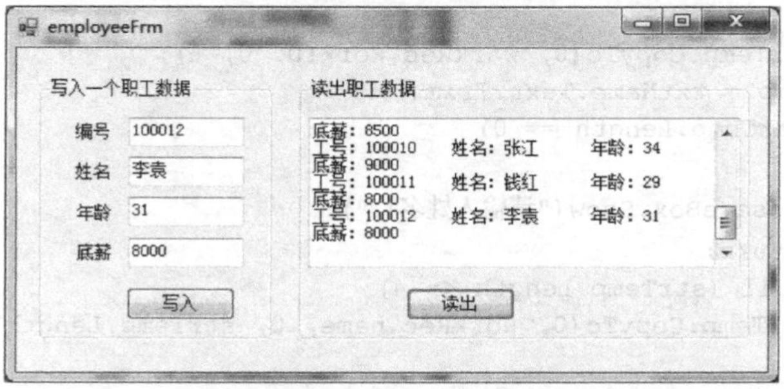

图 9-14 程序 9-3 的运行结果

5. 用序列化方法重编程序

本程序按以下步骤进行序列化重编。

（1）为了使用 BinaryFormatter 类，引入相应的命名空间

```
System.Runtime.Serialization.Formatters.Binary
```

（2）将要存储的数据封装在一个类中，并声明该对象是可序列化的，即标记为：

```
[Serializable]
```

（3）重编后的程序只在文件中写入一个对象的数值，也只读出了 1 个对象的数值，原因是如果存储多个对象的话，需要自己计算文件中对象的个数，FileStream 类不太好判断是否达到了流的末尾。

重编后的程序源代码如下。

```
//程序 9-3_ 序列化方法重编
using System;
using System.Windows.Forms;
using System.IO;
using System.Runtime.Serialization.Formatters.Binary;
namespace fileFrm
{
    public partial class employeeFrm : Form
    {
        [Serializable]
        public class WorkRecord
        {
            public char[] workID = new char[6];
            public char[] name = new char[4];
            public int age;
            public float salary;
        }
        public employeeFrm()
        {  InitializeComponent();
        }
        //输入一个职工的数据并写入二进制文件
        private void writebtn_Click(object sender, EventArgs e)
        {  //使用对象来存储每一条的记录
            WorkRecord workRec = new WorkRecord();
            var strTemp = txtID.Text.Trim();
            if (strTemp.Length < 6)
            {
                MessageBox.Show("序号应为 6 位（截去超长部分）！请重新输入");
                return;
```

```
        }else
            strTemp.CopyTo(0, workRec.workID, 0, 6);
        strTemp = txtName.Text.Trim();
        if (strTemp.Length == 0)
        {
            MessageBox.Show("请输入姓名！");
            return;
        }else if (strTemp.Length <= 4)
            strTemp.CopyTo(0, workRec.name, 0, strTemp.Length);
        else
            strTemp.CopyTo(0, workRec.name, 0, 4);
        if (txtAge.Text.Trim().Length == 0 || txtPay.Text.Trim().Length == 0)
        {   MessageBox.Show("请输入年龄或工资！");
            return;
        }
        workRec.age = Convert.ToInt32(txtAge.Text);
        workRec.salary = Convert.ToSingle(txtPay.Text);
        //写入文件中
        FileStream fsSalary = new FileStream(".\\Salary.ser",FileMode.Append, FileAccess.Write);
        //序列化
        BinaryFormatter binFomatter = new BinaryFormatter();
        binFomatter.Serialize(fsSalary, workRec);
        //关闭文件
        fsSalary.Close();
    }
    //读出并显示二进制文件的内容
    private void readbtn_Click(object sender, EventArgs e)
    {   txtShow.Clear();
        FileStream fsSalary;
        try
        {   fsSalary = new FileStream(".\\salary.ser",
            FileMode.Open, FileAccess.Read);
        }catch (FileNotFoundException e1)
        {   MessageBox.Show(e1.ToString());
            return;
        }
        //读文件并去序列化
        BinaryFormatter readFomatter = new BinaryFormatter();
        int count = 0;
        WorkRecord workRec=(WorkRecord)readFomatter.Deserialize(fsSalary);
        txtShow.Text += "工号：";
        for (int i = 0; i < 6; i++)
            txtShow.Text += workRec.workID[i];
        txtShow.Text += "\r\n" + "姓名：";
        for (int i = 0; i < 4; i++)
            txtShow.Text += workRec.name[i];
        txtShow.Text += "\t" + "年龄：" + workRec.age.ToString();
        txtShow.Text += "\t" + "工资：" + workRec.salary.ToString();
        txtShow.Text += "\r\n";
        count++;
        fsSalary.Close();
    }
  }
}
```

6. 重编后程序的运行结果

该程序一次运行结果如图 9-15 所示。

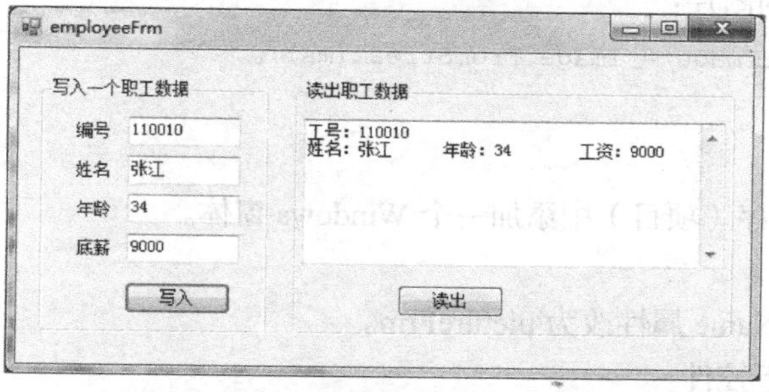

图 9-15　重编的程序 9-3 的运行结果

9.4　实验指导

本章安排 3 个实验，第 1 个实验通过内存流来读取一个图片，并将其显示在图片框中；第 2 个实验通过文件流将多行文本框中的内容保存到一个文本文件中；第 3 个实验以二进制方式将几个文本框中的内容写入文件，然后读出并显示文件的内容。

通过这 3 个实验，读者可进一步理解流、数据文件的概念以及 C#的 I/O 流类和文件类的功能，掌握通过流对象和文件对象来读写数据文件的基本方法。

实验 9–1　通过内存流读取图片

【程序的功能】

程序运行后，窗口上有一个图片框和一个显示“图片未选择”字符串的标签。

如果单击图片框，就会弹出一个打开文件对话框，在其中选择一个图片文件（JPG 或者 GIF 图片）并单击“打开”按钮，图片框中就会显示这个图片。

【算法及程序结构】

（1）引入 System.IO 命名空间。

（2）创建打开文件对话框对象 op。

（3）设置 op 对象的文件类型：

```
op.Filter = "JPG 图片|*.jpg|GIF 图片|*.gif";
```

（4）判断（用户在对话框中选择了图片并单击了“打开”按钮？），是则进行如下操作。

① 清空标签上字符串（this.label1.Text = ""; ）。

② 创建文件流（FileStream 类对象）fs。

③ 定义字节数组 data，其长度为 fs.Length。

④ 将文件读取到字节数组：

```
fs.Read(data, 0, data.Length);。
```

⑤ 关闭文件流。

⑥ 创建内存流（MemoryStream 类对象）ms，

将从文件流中读取的内容（字节数组）放入内存流：

```
MemoryStream ms = new MemoryStream(data);。
```

⑦ 设置图片框中的图片：

```
this.pictureBox1.Image = Image.FromStream(ms);。
```

⑧ 关闭内存流。

【程序设计步骤】

（1）在当前应用程序（项目）中添加一个 Windows 窗体。

（2）设计窗体。

① 将当前窗体的 Name 属性改为 pictureFrm。

② 窗体上摆放以下控件。

- 一个图片框（PictureBox 控件）。
- 一个标签（Lable 控件，其 Text 属性为“图片未选择”。

（3）在图片框单击事件方法中添加主要代码：

执行“算法与程序结构”中规定的功能。

（4）在 Program.cs 文件中更改包含 Run 方法的语句为：

```
Application.Run(new pictureFrm());
```

将 pictureFrm 窗体变为主窗体。

（5）运行程序。

运行后，单击图片框，在弹出的对话框中选择一个图片文件并单击“打开”按钮，则会在图片框中显示所选择的图片。

实验 9-2　通过文件流写入文本文件

【程序的功能】

程序运行后，窗口上有一个多行文本框和一个按钮。

在文本框中输入一些文字后，单击按钮，弹出“另存为”对话框，在其中输入文件名，选择文件路径（保存位置）并单击“保存”按钮，则文本框中的内容保存为指定的文本文件（*.txt 文件）。

【算法及程序结构】

（1）引入 System.IO 命名空间。

（2）创建保存文件对话框对象 sf。

（3）设置 sf 对象的文件类型：

```
sf.Filter = "txt 文件|*.txt|所有文件|*.*";。
```

（4）设置“当用户未输入扩展名时自动追加后缀”：

```
sf.AddExtension = true;。
```

（5）设置标题：sf.Title = "写文件";。

（6）判断（用户单击了对话框的“保存”按钮？），是则进行以下操作。

① 创建文件流（FileStream 类对象）fs，与写入文件相关联。

② 定义字节数组 data，其长度为 fs.Length。

③ 获得字节数组：

```
byte [] data =new UTF8Encoding().GetBytes(this.textBox1.Text);。
```

④ 开始写入：fs.Write(data,0,data.Length);。

⑤ 关闭缓冲区 fs.Flush();。

⑥ 关闭文件流。

【程序设计步骤】

（1）在当前应用程序（项目）中添加一个 Windows 窗体。

（2）设计窗体。

① 将当前窗体的 Name 属性改为 saveFrm。

② 窗体上摆放以下控件。

- 一个文本框（TextBox 控件），其 Multiline 设为 True，Dock 属性设为 Bottom。
- 一个按钮（Button 控件，其 Text 属性为“保存”。

（3）在按钮单击事件方法中添加主要代码：

执行“算法与程序结构”中规定的功能。

（4）在 Program.cs 文件中更改包含 Run 方法的语句为：

```
Application.Run(new saveFrm());
```

将 saveFrm 窗体变为主窗体。

（5）运行程序。

① 在文本框中输入一些文字（内容自拟），然后单击“保存”按钮。

② 在弹出的对话框中输入文件名，选择保存位置并单击“保存”按钮，将文本框中的内容存储为一个文件。

实验 9-3　读写二进制文件

【程序的功能】

程序运行后，窗口上有以下控件。

- 3 个文件框，分别用于输入一个学生的学号、姓名和特长（30 以内字符）。
- 3 个标签，分别用于标记 3 个文本框。
- 一个列表框，用于显示从文件中读出的内容。
- 两个按钮，分别用于执行写入文件（按钮上文字为“写入”）和读出文件（按钮上文字为“读取”）的程序段。

用户分别在几个文本框中输入一个学生的学号、姓名和特长后，单击“写入”按钮，弹出“另存为”对话框，在其中输入文件名，选择文件路径（保存位置）并单击“保存”按钮，则几个文本框中的内容以二进制形式写入指定文件；单击“读取”按钮后，文件中内容读出并显示在列表框中。

【算法及程序结构】

（1）引入 System.IO 命名空间。

（2）判断（待写入文件的 idTxt 文本框是否为空？），是则弹出消息框，显示“学号不能为空！”。

（3）创建保存文件对话框对象 sfd。

（4）设置 sfd 对象的文件类型：

```
sfd.Filter = "二进制文件(*.dat)|*.dat";。
```

（5）判断（用户单击了对话框的“保存”按钮？），是则进行以下操作。

① 使用“另存为”对话框中输入的文件名实例化 FileStream 对象为读/写方式。

② 使用 FileStream 对象实例化 BinaryWriter 二进制写入流对象 myStream。

③ 以二进制方式向创建的文件中写入几个文本框中的内容。

④ 关闭当前二进制写入流。

⑤ 关闭当前文件流。

(6) 创建打开文件对话框对象 ofd。

(7) 设置 ofd 对象的文件类型：

```
ofd.Filter = "二进制文件(*.dat)|*.dat";。
```

(8) 判断（用户单击了对话框的“打开”按钮？），是则进行以下操作。

① 清空文本框 TextBox1。

② 使用“打开”对话框中输入的文件名实例化 FileStream 对象为读方式。

③ 使用 FileStream 对象实例化 BinaryReader 二进制读出流对象 myReader。

④ 判断（未读到 myReader 对象末尾？），是则：列表框 studentLst←以二进制方式读出文件中内容

⑤ 关闭当前二进制读取流。

⑥ 关闭当前文件流。

【程序设计步骤】

(1) 在当前应用程序（项目）中添加一个 Windows 窗体。

(2) 设计窗体。

① 将当前窗体的 Name 属性改为 binaryFrm。

② 窗体上摆放以下控件。

- 3 个文本框（TextBox 控件），其 Name 分别为 idTxt、nameTxt 和 strongTxt。
- 3 个标签（Lable 控件），其 Name 分别为“学号”“姓名”和“特长”，分别标记 3 个文本框。
- 一个列表框，用于显示从文件中读出的内容。
- 两个按钮（Button 控件），其 Name 分别为 writeBtn 和 readBtn，Text 分别为“写入”和“读取”。

(3) 在 writeBtn 按钮单击事件方法中添加主要代码：

执行“算法与程序结构”中（2）、（3）、（4）和（5）规定的功能。

(4) 在 readBtn 按钮单击事件方法中添加主要代码：

执行“算法与程序结构”中（6）、（7）和（8）规定的功能。

(5) 在 Program.cs 文件中更改包含 Run 方法的语句为：

```
Application.Run(new binaryFrm());
```

将 binaryFrm 窗体变为主窗体。

(6) 运行程序后操作如下。

① 分别在几个文本框中输入一个学生的学号、姓名和特长，再单击“写入”按钮，弹出“另存为”对话框。

② 在对话框中输入文件名，选择文件路径（保存位置）并单击“保存”按钮，则几个文本框中的内容以二进制形式写入指定文件。

③ 单击“读取”按钮，文件中内容读出并显示在列表框中。

附录1 ASCII码表

进位制				名称或字符	进位制				名称或字符
二	八	十六	十		二	八	十六	十	
0000 0000	0	0	00	空 NULL	0100 0000	100	40	64	@
0000 0001	1	1	1	题始 SOH	0100 0001	101	41	65	A
0000 0010	2	2	2	文始 STX	0100 0010	102	42	66	B
0000 0011	3	3	3	文末 ETX	0100 0011	103	43	67	C
0000 0100	4	4	4	送毕 EOT	0100 0100	104	44	68	D
0000 0101	5	5	5	请求 ENQ	0100 0101	105	45	69	E
0000 0110	6	6	6	确认 ACK	0100 0110	106	46	70	F
0000 0111	7	7	7	响铃 BEL	0100 0111	107	47	71	G
0000 1000	10	8	8	退格 BS	0100 1000	110	48	72	H
0000 1001	11	9	9	横表 HT	0100 1001	111	49	73	I
0000 1010	12	A	10	换行 LF	0100 1010	112	4A	74	J
0000 1011	13	B	11	纵表 VT	0100 1011	113	4B	75	K
0000 1100	14	C	12	换页 FF	0100 1100	114	4C	76	L
0000 1101	15	D	13	回车 CR	0100 1101	115	4D	77	M
0000 1110	16	E	14	移出 SO	0100 1110	116	4E	78	N
0000 1111	17	F	15	移入 SI	0100 1111	117	4F	79	O
0001 0000	20	10	16	链扩 DLE	0101 0000	120	50	80	P
0001 0001	21	11	17	控1 DC1	0101 0001	121	51	81	Q
0001 0010	22	12	18	控2 DC2	0101 0010	122	52	82	R
0001 0011	23	13	19	控3 DC3	0101 0011	123	53	83	S
0001 0100	24	14	20	控4 DC4	0101 0100	124	54	84	T
0001 0101	25	15	21	否认 NAK	0101 0101	125	55	85	U
0001 0110	26	16	22	同步 SYN	0101 0110	126	56	86	V
0001 0111	27	17	23	块末 ETB	0101 0111	127	57	87	W
0001 1000	30	18	24	作废 CAN	0101 1000	130	58	88	X
0001 1001	31	19	25	介尾 EM	0101 1001	131	59	89	Y

续表

进位制				名称或字符	进位制				名称或字符
二	八	十六	十		二	八	十六	十	
0001 1010	32	1A	26	置换 SUB	0101 1010	132	5A	90	Z
0001 1011	33	1B	27	扩展 ESC	0101 1011	133	5B	91	[
0001 1100	34	1C	28	卷界 FS	0101 1100	134	5C	92	\
0001 1101	35	1D	29	组界 GS	0101 1101	135	5D	93	]
0001 1110	36	1E	30	录界 RE	0101 1110	136	5E	94	^
0001 1111	37	1F	31	位界 US	0101 1111	137	5F	95	_
0010 0000	40	20	32	空格 SP	0110 0000	140	60	96	'
0010 0001	41	21	33	!	0110 0001	141	61	97	a
0010 0010	42	22	34	"	0110 0010	142	62	98	b
0010 0011	43	23	35	#	0110 0011	143	63	99	c
0010 0100	44	24	36	$	0110 0100	144	64	100	d
0010 0101	45	25	37	%	0110 0101	145	65	101	e
0010 0110	46	26	38	&	0110 0110	146	66	102	f
0010 0111	47	27	39	`	0110 0111	147	67	103	g
0010 1000	50	28	40	(	0110 1000	150	68	104	h
0010 1001	51	29	41	)	0110 1001	151	69	105	i
0010 1010	52	2A	42	*	0110 1010	152	6A	106	j
0010 1011	53	2B	43	+	0110 1011	153	6B	107	k
0010 1100	54	2C	44	,	0110 1100	154	6C	108	l
0010 1101	55	2D	45	-	0110 1101	155	6D	109	m
0010 1110	56	2E	46	.	0110 1110	156	6E	110	n
0010 1111	57	2F	47	/	0110 1111	157	6F	111	o
0011 0000	60	30	48	0	0111 0000	160	70	112	p
0011 0001	61	31	49	1	0111 0001	161	71	113	q
0011 0010	62	32	50	2	0111 0010	162	72	114	r
0011 0011	63	33	51	3	0111 0011	163	73	115	s
0011 0100	64	34	52	4	0111 0100	164	74	116	t
0011 0101	65	35	53	5	0111 0101	165	75	117	u
0011 0110	66	36	54	6	0111 0110	166	76	118	v
0011 0111	67	37	55	7	0111 0111	167	77	119	w
0011 1000	70	38	56	8	0111 1000	170	78	120	x
0011 1001	71	39	57	9	0111 1001	171	79	121	y
0011 1010	72	3A	58	:	0111 1010	172	7A	122	z
0011 1011	73	3B	59	;	0111 1011	173	7B	123	{
0011 1100	74	3C	60	<	0111 1100	174	7C	124	|
0011 1101	75	3D	61	=	0111 1101	175	7D	125	}
0011 1110	76	3E	62	>	0111 1110	176	7E	126	~
0011 1111	77	3F	63	?	0111 1111	177	7F	127	删除 del

附录 2 数据库连接与查询

目前，涉及大批量数据处理的程序一般都会采用数据库系统来实现数据存储和处理。当应用程序连接到数据库之后，便可充分利用数据库系统所提供的各种功能来查询和操纵（插入、删除、更新等）数据库中的数据。

C#中提供了较为完善的连接和操纵数据库的类，.NET 框架还提供了开发数据库应用程序的多种工具，可以方便地实现数据库的创建、查询和操纵任务，设计出不同类别的数据库应用程序：桌面型（使用本地数据库）、客户 / 服务器型以及分布式网络型等。

附录 2.1 数据库系统

数据库系统是指基于数据库的应用系统，是一种按照数据库方式存储、管理并向用户或应用系统提供数据支持的系统，是存储介质、处理对象和管理系统的集合体。这种系统通常由数据库和应用程序两部分组成，它们都需要在数据库管理系统（Database Management System，DBMS）的支持下进行开发。

1. 数据库

简单地说，数据库是按照一定的组织方式来组织、存储和管理数据的“仓库”。日常工作和生活中，常常需要把某些相关数据放进这样的“仓库”并按实际需求进行相应处理。例如，企事业单位需要将本单位职工的基本信息（姓名、性别、部门、简历等）、工资结构（底薪、津贴、资金等）等情况登记在一个或多个表中。如果将这些表存放在一个数据库中，便可随时查询某个职工的情况、某一类职工的情况、工资在某个范围内的职工人数等。这些工作都可以通过计算机来自动进行，从而大大提高管理水平。

2. DBMS

DBMS 是为数据库的创建、使用和维护而配置的系统软件，一般是由专门的厂商提供的。目前流行的 DBMS 都是基于关系数据模型的产品，所创建的数据库称为关系数据库。常用的有 Oracle、IBM DB2、Informix、Microsoft SQL Server、Microsoft Access 等。

DBMS 是数据库系统的核心。它除了要对数据库命令和应用程序进行解释执行之外，还需要配合操作系统对数据库实行统一的管理和控制并提供数据的完整性和安全性保护。其基本功能如下。

（1）数据定义功能：用于创建、修改或删除数据库中的表（表的结构），以及表中的索引和视图等。DBMS 的数据定义功能通过专门的语句，如 SQL 语言的 CREATE TABEL 语句来实现，也可以通过可视化操作来实现。例如，在 Microsoft Access 中，用户可以选择菜单项来打开表设计器（创建表的对话框），然后通过键入、选择、调用各种生成器来完成表结构的定义、表中数据的输入、索引的创建等数据定义任务。

（2）数据查询和操纵功能：数据库的主要应用是数据的查询以及插入、删除、更新等操作。这些功能通过 DBMS 提供的专门语句，如 SQL 语言的 SELECT 语句、INSERT 语句等来实现，也可以通过可视化操作来实现。例如，在 Microsoft Access 中，用户既可直接使用 Select 语句来完成查询任务，也可选择菜单项来打开查询设计器（创建查询的对话框），然后通过键入、选择或调用各种生成器来执行查询。

（3）控制和管理功能：DBMS 还具有必要的控制和管理功能。例如，当多个用户同时使用数据库时进行“并发控制”，对用户权限实施“安全性检查”，进行数据库的备份、恢复和转储等。通常数据库的规模越大，这类功能也就越强。

3. 应用程序

数据库应用程序是能够访问数据库中数据并向用户提供数据服务的程序。这种程序是由程序员使用某种程序设计语言，如 C 语言、DBMS 自含的语言，以及各种面向用户的数据库应用程序开发工具等按照用户需求编写的。

一般地，DBMS 和数据库应用程序可驻留或运行在同一台计算机上，两者甚至可以结合在同一个程序中，以前使用的大多数数据库系统都是这样设计的。但随着数据库技术的发展，数据库系统经常采用客户／服务器（Clint/Server，C/S）模式。C/S 数据库将 DBMS 和应用程序分开，提高了数据库系统的处理能力。应用程序运行在一个或多个客户机（用户工作站）上，并且通过网络与运行在其他计算机（服务器）上的一个或多个 DBMS 通信。

随着因特网的发展和普及，为了能够随时随地操纵和共享信息，又产生了浏览器/服务器（Browse/Server，B/S）模式。B/S 模式按功能可分为至少三层，即客户层、应用层（中间层）和数据层。客户层主要通过浏览器，在连接到因特网的各种计算机上运行。数据层指的是运行数据库的服务器。应用层位于应用程序服务器上，用于运行数据库应用程序。应用程序服务器和数据库服务器一般都是同一家网络公司的设备，有时这两个服务器可能合而为一，运行在一台计算机上，但原理上仍是三层。各层之间存在数据交换，客户层一般不能直接访问数据层。如附录图 2-1 所示。

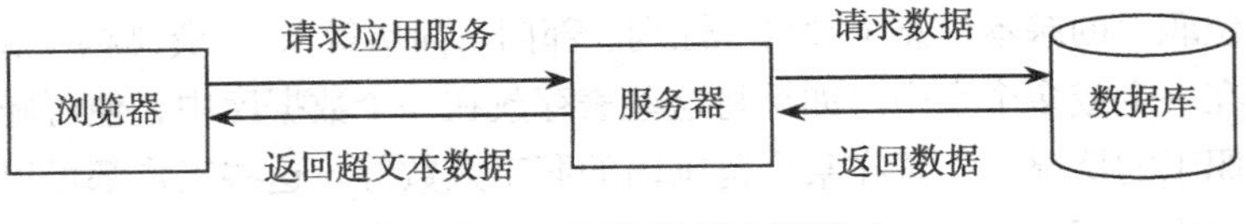

附录图 2-1　浏览器/服务器模式

附录 2.2　关系数据库

目前绝大多数数据库都是关系数据库，即以关系（特定形式的二维数据表）的形式来表现数据以及数据之间的联系，并在关系型 DBMS 的支持下进行关系的创建以及其中数据的查询、存取和更新等操作。

附录例 2.2-1 Northwind 数据库。

Northwind 数据库是微软 Access 软件的一个示例数据库。其中包含虚构的 Northwind 商贸公司的业务数据。该公司进行世界范围内的食品采购与销售，这些食品分属于饮料、点心和调味品等几大类；分别由多个供应商提供；并由销售人员通过填写订单销售给客户。所有业务数据分别存放在 Northwind 数据库的“产品”“类别”“供应商”“雇员”“订单”“订单明细”以及“客户”等几个表中。其中“产品”表和“类别”表如附录图 2-2 所示。

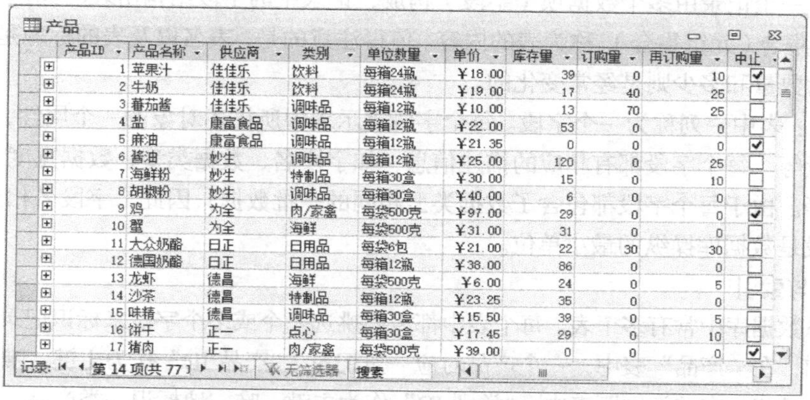
产品

产品ID	产品名称	供应商	类别	单位数量	单价	库存量	订购量	再订购量	中止
1	苹果汁	佳佳乐	饮料	每箱24瓶	¥18.00	39	0	10	✓
2	牛奶	佳佳乐	饮料	每箱24瓶	¥19.00	17	40	25	
3	蕃茄酱	佳佳乐	调味品	每箱12瓶	¥10.00	13	70	25	
4	盐	康富食品	调味品	每箱12瓶	¥22.00	53	0	0	
5	麻油	康富食品	调味品	每箱12瓶	¥21.35	0	0	0	✓
6	酱油	妙生	调味品	每箱12瓶	¥25.00	120	0	25	
7	海鲜粉	妙生	特制品	每箱30盒	¥30.00	15	0	10	
8	胡椒粉	妙生	调味品	每箱30盒	¥40.00	6	0	0	
9	鸡	为全	肉/家禽	每袋500克	¥97.00	29	0	0	✓
10	蟹	为全	海鲜	每袋500克	¥31.00	31	0	0	
11	大众奶酪	日正	日用品	每袋6包	¥21.00	22	30	30	
12	德国奶酪	日正	日用品	每箱12瓶	¥38.00	86	0	0	
13	龙虾	德昌	海鲜	每袋500克	¥6.00	24	0	5	
14	沙茶	德昌	特制品	每箱12瓶	¥23.25	35	0	0	
15	味精	德昌	调味品	每箱30盒	¥15.50	39	0	5	
16	饼干	正一	点心	每箱30盒	¥17.45	29	0	10	
17	猪肉	正一	肉/家禽	每袋500克	¥39.00	0	0	0	✓

记录: 第 14 项(共 77 项) 无筛选器 搜索

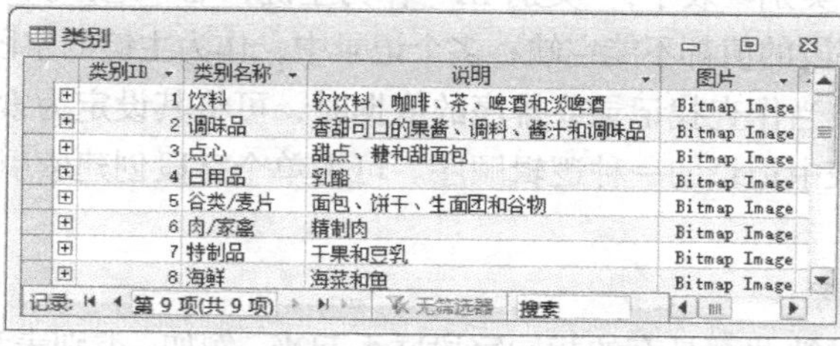
类别

类别ID	类别名称	说明	图片
1	饮料	软饮料、咖啡、茶、啤酒和淡啤酒	Bitmap Image
2	调味品	香甜可口的果酱、调料、酱汁和调味品	Bitmap Image
3	点心	甜点、糖和甜面包	Bitmap Image
4	日用品	乳酪	Bitmap Image
5	谷类/麦片	面包、饼干、生面团和谷物	Bitmap Image
6	肉/家禽	精制肉	Bitmap Image
7	特制品	干果和豆乳	Bitmap Image
8	海鲜	海菜和鱼	Bitmap Image

记录: 第 9 项(共 9 项) 无筛选器 搜索

附录图 2-2 Northwind 数据库的产品表和类别表

1. 关系数据库的层次结构

完整的关系数据库可以分为 4 级：数据库（database）、表（table）或视图（view）、记录（record）、字段（field），相应的关系理论中的术语是：数据库、关系、元组和属性。

（1）数据库：数据库可按其数据存储方式以及用户访问方式分为两种——本地数据库和远程数据库。本地数据库（如 dBASE、Access 等）驻留于本机或局域网中。如果多个用户并发访问数据库，则采取基于文件的锁定（防冲突）策略，故又称为基于文件的数据库。

远程数据库通常驻留于其他机器中，而且往往分布于不同的服务器上。用户在自己的机器上通过结构化查询语言（Structured Query Language，SQL）访问其中的数据，故又称为 SQL 服务器。典型的 SQL 服务器有 Oracle、IBM DB2、Informix 以及 SQL server 等。

（2）表与视图：关系数据库的基本成份是一些存放数据的表（行列结构的数据集，关系理论中称为关系）。表是由若干行若干列数据简单交叉形成的（不能表中套表）。表中每个单元都只包含一个数据，如字符串、数字、货币值、逻辑值、时间等。

表的标题也称为关系模式，即组成关系的属性的集合。数据库中所有关系模式的集合构成了数据库模式。对于不同的数据库系统来说，数据库对应物理文件的映射是不同的。例如，在 dBASE 和 Paradox 数据库中，一个表就是一个文件，索引以及其他一些数据库元素也都存储在各自的文件中。而在 Access 数据库中，所有表以及其他成分都聚集在一个文件中。

为了方便地使用数据库，很多 DBMS 都提供对于视图（Access 中称为查询）的支持。视图是能够从一个或多个表中提取数据的数据定义。数据库中只存放其定义，而数据仍存放在作为数据源的基表中。故当基表中数据有所变化时，视图中的数据也随之变化。

（3）记录：表中的一行称为一个记录。一个记录是一组数据，用于描述一类事物中的一个具体事物，如一种产品的编号、名称、单价，一次商品交易过程中的订单编号、商品名称、客户名称、单价、数量等。

一般地，一个记录由多个数据项（字段）构成，记录中的字段结构由表的标题（关系模式）决定。记录的集合（元组集合），称为表的内容。值得注意的是，表名以及表的标题是相对固定的，而表中记录的数量和多少则是经常变化的。

（4）字段：表中一列称为一个字段。每个字段表示表中所描述对象的一个属性，如产品名称、单价、订购量等。每个字段都有相应的描述信息，如字段名、数据类型、数据宽度、数值型数据的小数位数等。由于每个字段都包含了数据类型相同的一批数据，因此，字段名相当于是一种多值变量。字段是数据库操纵的最小单位。

2. 主键与索引

一个关系数据库中常有多个表。每个表中都需要挑选一个或多个字段来标识记录，称之为主键或主码。例如，在“产品”表中，一个产品对应一条记录，“产品 ID”作为主键，唯一地标识每种产品的记录。又如，在“类别”表中，“类别 ID”作为主键，唯一地标识一类产品。可以看出，每个记录中，作为主键的字段的值都不能空缺；多个记录中，作为主键的字段的值都不能相同。

当某个或某些字段被当作查找记录或排序的依据时，可将其设定为索引。一个表中可建立多个索引，每个索引确定表中记录的一种逻辑顺序。可为单个字段创建索引，也可在多个字段上创建索引。

3. 表与表之间的联系

表与表之间可以通过彼此都具有的相同字段联系起来。例如，类别表和产品表都有“类别 ID”字段，类别表的一条记录可以联系到产品表的多条记录。所谓关系数据库主要就是通过表与表之间的联系来体现的，这种联系反映了现实世界中客观事物之间的联系。Northwind 数据库中表与表之间的关系如附录图 2-3 所示。

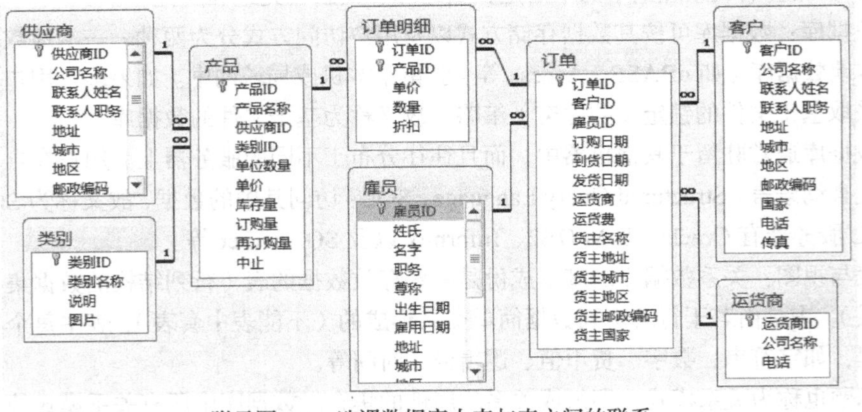

附录图 2-3　选课数据库中表与表之间的联系

可以看出，类别表字段列表中的“类别 ID”字段与产品表字段列表中的“类别 ID”字段之间由一条线连接起来了，而且类别表标记为 1 方，产品表标记为多（∞）方。这就意味着：一个类别 ID 值可以在产品表中出现多次，但只能在类别表中出现一次，这种符号所描述的实际意义是：一种类别可以包含多种产品。

对于产品表来说，“类别 ID”字段将本表与另一个表关联在一起，同时又是另一个表的主键，称之为外键。外键在两个表之间创建了一种“约束”，使得本表中指定字段的每个值都必须是关联表中已经有的，称之为引用（或参照）完整性。

4. 创建关系数据库中的表

目前，关系数据库都配有非过程关系数据库语言，用于数据库中数据的查询、添加、删除、更新以及定义、修改数据模式等各种操作。其中应用最广的是 SQL 语言。它提供了数据定义、数据查询、数据操纵和数据控制语句，可独立完成数据库的创建、查询和操纵等一系列工作。用户可直接键入 SQL 命令来操纵数据库，也可将其嵌入高级语言（如 C、Pascal、Java 等）程序中使用。

数据定义就是定义数据库中的表或视图。定义一个表时，需要指定表（关系）的名称，表中各个属性的名称、数据类型以及完整性约束条件。

附录例 2.2-2　创建存放产品数据的“产品”表。

SQL 语言用 CREATE TABLE 语句来定义表。假定产品表由产品 ID、产品名称等几个属性组成，其中产品 ID 为主键，则创建该表的语句为

```
CREATE TABLE 产品
(   产品ID CHAR(6) NOT NULL UNIQUE PRIMARY KEY,
    产品名称  CHAR(20),
    供应商ID  INTEGER,
    类别ID  INTEGER,
    单位数量  CHAR(20),
    单价  NUMERIC(10,2)
)
```

其中，Char(6)表示数据类型是长度为 6 的文本（字符串），Not Null 表示不能取空值，Unique 表示值不能重复（创建无重复值的索引），Primary key 表示设为主键。

注意　本例是按标准 SQL 语句书写的。

5. 数据查询及视图的定义

查询是数据库的核心操作。SQL 语言用 SELECT 语句执行查询。

附录例 2.2-3　使用 SELECT 语句执行数据查询。

（1）在产品表中查询 60 元以上产品的产品 ID、产品名称和单价的 SQL 语句为

```
SELECT 产品ID, 产品名称, 单价  FROM 产品  WHERE 单价>60;
```

（2）数据查询往往涉及多个表。例如，查询产品 ID、产品名称和类别名称的 SQL 语句为

```
SELECT 产品ID, 产品名称, 类别名称
FROM 类别, 产品
WHERE 类别.类别ID = 产品.类别ID;
```

这个查询涉及两个表，使用条件“产品.类别 ID=类别.类别 ID”将其连接起来。该语句也可以写成

```
SELECT 产品.产品 ID, 产品.产品名称, 类别.类别名称
FROM 类别 INNER JOIN 产品 ON 类别.类别 ID = 产品.类别 ID;
```

其中 FROM 子句中的表达式用于建立两个表之间的内连接。

（3）视图是基于 SQL 语句的虚表。创建包含 60 元以上产品的产品名称、类别名称和单价的视图的 SQL 语句为

```
CREATE VIEW 60元以上产品
  AS
SELECT 产品名称, 类别名称, 单价
FROM 产品, 类别
WHERE 单价>60 AND 产品.类别 ID=类别.类别 ID;
```

附录 2.3　ADO.NET 数据库接口

使用 VC#等程序设计工具开发数据库应用程序时，首先要使用某种“数据库接口”连接数据库。目前较为流行的数据库接口有 ODBC、JDBC 和 ADO.NET 等。

1. ADO,NET 体系结构

ADO.NET 是一组和数据源交互的面向对象类库。应用程序可以通过 ADO.NET 连接数据库或其他数据源（文本文件、Excel 表格或 XML 文件）并操纵其中的数据。ADO.NET 具有两个核心组件：数据提供者 Data Provider 和数据集 DataSet。如附录图 2-4 所示。

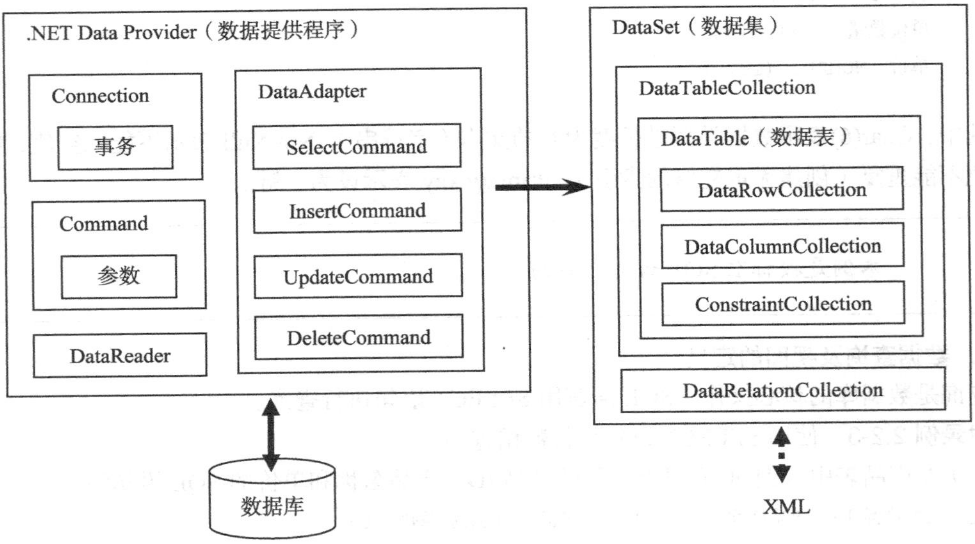

附录图 2-4　ADO.NET 的体系结构

2. 数据提供者 Data Provider

数据提供者负责与物理数据源的连接。不同的数据提供者组件用于不同的数据源，但所有数据提供者都向外提供统一的 API 接口，ADO.NET 中其他层在此 API 之上建立。.NET 框架包含两种数据提供者：一种是 SQL Server 数据库提供者，另一种是可与任何一个 OLE DB 数据源（如

Access数据库）通信的一般数据提供者。

数据提供者是访问数据源的一组类库。它提供了统一的访问各种不同数据源的统一方式。包含如下所述的对象。

（1）Connection对象：负责建立与特定数据源之间的连接，其属性决定了数据提供者、数据源所连接的数据库以及连接期间使用的字符串，可编写代码生成，也可由其他对象自动生成。Connection对象的方法比较简单：打开连接、关闭连接以及改变数据库和管理事务。

（2）Command对象：对数据源执行数据库命令（SQL语句或存储过程），以返回数据、修改数据、发送或检索参数信息等。连接了数据库之后，即可使用该对象来传送或操纵其中的数据。

（3）DataReader对象：通过Command对象运行SQL查询命令，取得来自于数据源的数据流，以便进行高速、只读的数据浏览。它是一种快速、低开销的对象，只能通过Command对象的ExecuteReader方法来创建而不能用代码直接创建。

（4）DataAdapter对象：将数据源的数据填充到数据集DataSet并解析更新数据集，其主要作用是在数据源和数据集对象之间传递数据，同时也可对底层数据保存体进行数据的添加、删除或修改操作。DataAdapter使用4个Command对象来运行查询、新建、修改和删除的SQL命令，将数据加载到数据集或将数据集中的数据送回数据源。

3. 数据集DataSet

数据集代表暂存于内存中的数据，是物理数据库在本地内存中的表示形式。

数据集是ADO.NET离线数据访问模型中的核心对象，可以看作为一个缓冲区。数据集中的数据必须通过数据适配器DataAdapter对象与数据库进行数据交换。可以在数据集内部存放一个或多个不同的数据表DataTable对象。这些数据表由数据列和数据行构成，并包含主索引键、外部索引键、数据表之间的关系（Relation）信息以及数据格式的条件限制（Constraint）。

4. 不同种类数据库的连接

ADO.NET使用不同的Connection对象分别连接不同种类的数据库。Connection对象为用户屏蔽了具体的实现细节并提供统一的实现方法。Connection类有以下4种。

- SqlConnection类的对象：连接SQL Server数据库。使用时需要预先导入System.Data.SqlClient命名空间。
- OracleConnection类的对象：连接Oracle数据库。使用时要预先导入System.Data.OracleClinet命名空间。
- OleDbConnection类的对象：连接支持OLE DB的数据库（如Access）。使用时要预先导入System.Data.OleDb命名空间。
- OdbcConnection类的对象：连接任何支持ODBC的数据库。

与数据库的所有通信最终都是通过Connection对象来完成的。

5. ADO.NET数据库访问步骤

ADO.NET数据库访问的一般步骤如下。

（1）创建Connection对象，建立数据库连接。

（2）创建Command对象，向数据库发送查询、添加、修改和删除等各种命令。

（3）创建DataAdapter对象，从数据库中取得数据。

（4）创建DataSet对象，将DataAdapter对象填充到DataSet对象（数据集）中。

（5）必要时，可重复操作，使得一个DataSet对象容纳多个数据集合。

（6）关闭数据库。

（7）在 DataSet 对象上进行各种操作。如果将数据集中的数据输出到窗体（或网页）上，则需要为数据显示控件（如 DataGridView）绑定 DataSet 对象作为数据源。

附录程序 2.3-1　连接数据库中的表

本程序在窗体上摆放可按表格形式显示数据库中数据的 dataGridView 按件，通过完全的可视化方式连接名为 Northwind 的 Access 数据库，并在该按件上显示“产品”表的全部内容或部分内容。

> **注意**　Northwind 数据库中已经定义了一些视图（SELECT 语句定义的数据集），可以按照同样的方法连接并显示出来。

1. 窗体设计

本程序按以下步骤设计窗体：

（1）创建名为 dbLinkFrm 的项目，并将自动创建的 Form1 窗体的 Text 属性改为“连接 Northwind 数据库”；

（2）在窗体上摆放一个 dataGridView 按件，并将其 Dock 属性设置为 fill。

2. 连接 Northwind 数据库中的表

连接 Northwind 数据库中表的方法如下。

（1）选择窗体上的 dataGridview 控件，单击上边框的三角符号，弹出 DataGridview 任务对话框，如附录图 2-5（a）所示。

（2）在附录图 2-5（b）所示的“选择数据源”下拉列表中，单击“添加项目数据源”项，打开“数据源配置向导”。

（3）在向导弹出的前两个对话框中，依次选择“数据库”“数据集”，并在“选择您的数据库连接”对话框中，单击附录图 2-5（c）所示的“新建连接”按钮，打开“添加连接”对话框，如附录图 2-5（d）所示。

（4）通过附录图 2-5（d）中“浏览”按钮选择 Northwind 数据库。单击“测试连接”按钮，并在连接成功后单击“确定”按钮，返回如附录图 2-5（c）所示的“选择您的数据连接”对话框。

（5）单击附录图 2-5（c）中“下一步”按钮，并在询问“是否将该文件复制到该项目中，并修改连接？”时，单击“是”按钮。返回“选择您的数据连接”对话框。

（6）单击附录图 2-5（c）中“下一步”按钮，打开附录图 2-5（e）所示的“选择数据库对象”对话框。

（7）展开“表”节点，勾选其中的“产品”表并单击“完成”按钮，结束本次“选择数据源”操作。

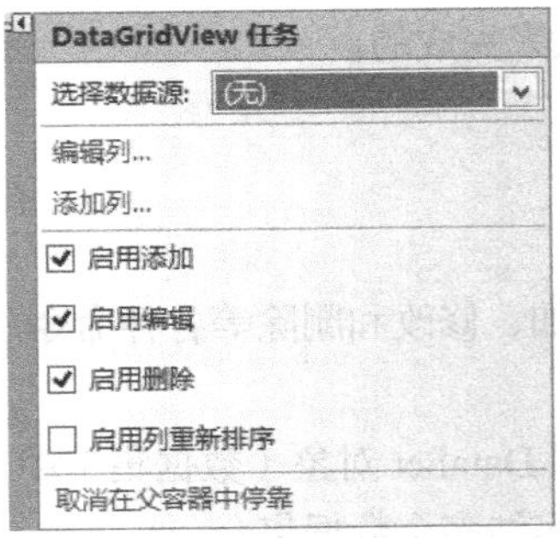

（a）

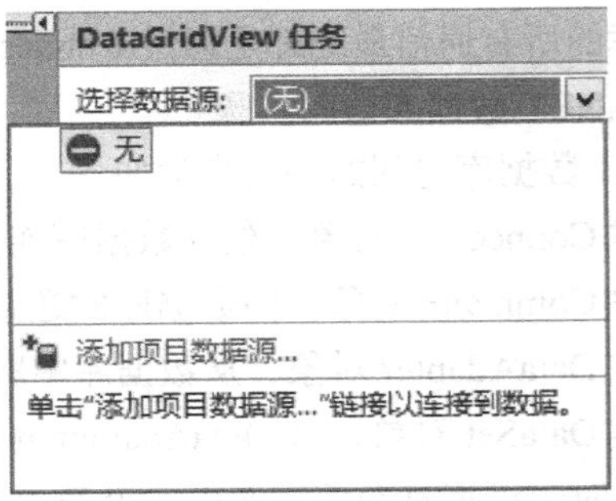

（b）

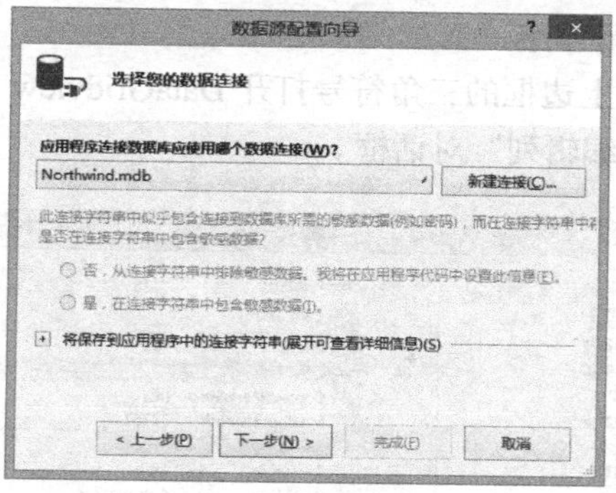

（c）

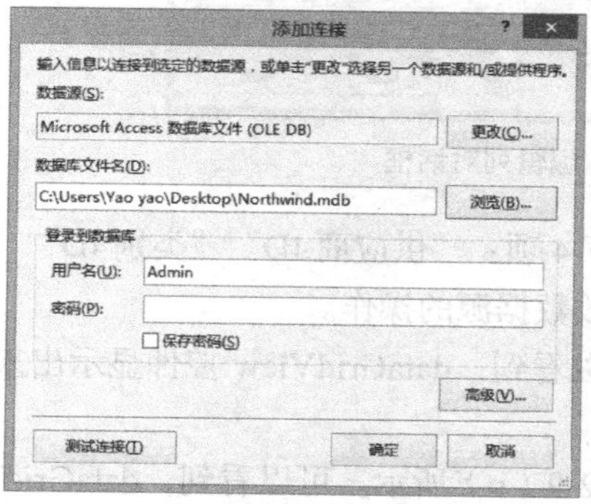

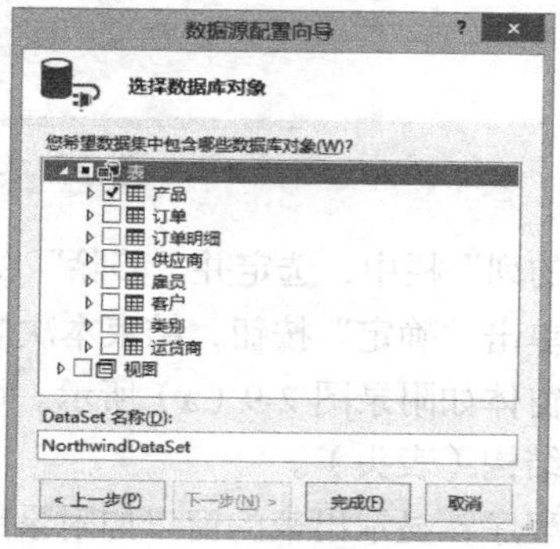

（d）　　　　（e）

附录图 2-5　连接数据库的对话框

连接到数据源之后的窗体如附录图 2-6 所示。可以看到，dataGridView 控件显示出了 Northwind 数据库的产品表的结构（表头）。

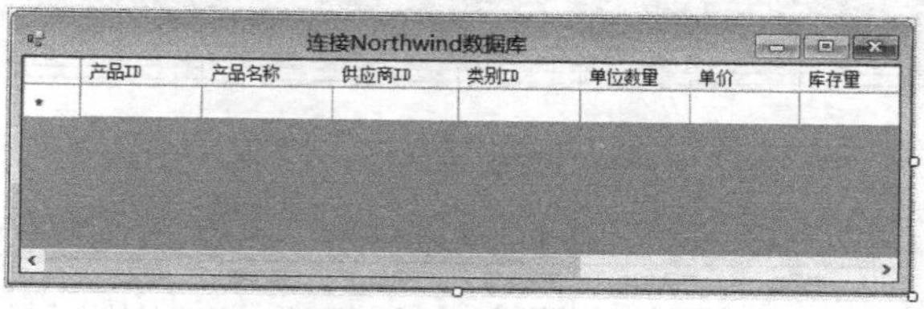
连接Northwind数据库
产品ID
产品名称
供应商ID
类别ID
单位数量
单价
库存量

附录图 2-6　选择了数据源的窗体

（8）程序运行后，显示出来的窗口如附录图 2-7 所示。可以看到，窗体上的 dataGridView 控件显示出了 Northwind 数据库的产品表中的数据。

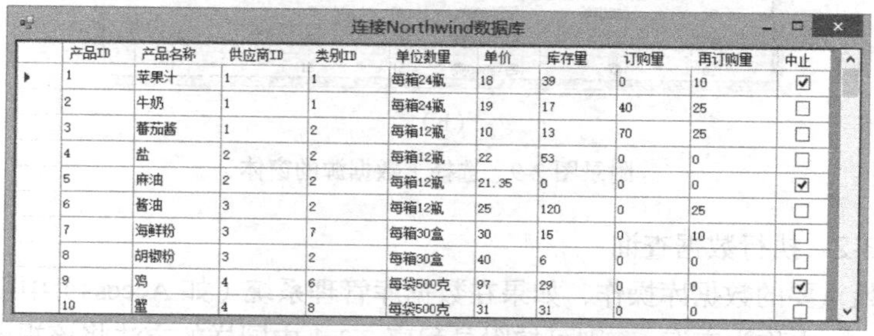
连接Northwind数据库
产品ID 产品名称 供应商ID 类别ID 单位数量 单价 库存量 订购量 再订购量 中止
1 苹果汁 1 1 每箱24瓶 18 39 0 10
2 牛奶 1 1 每箱24瓶 19 17 40 25
3 蕃茄酱 1 2 每箱12瓶 10 13 70 25
4 盐 2 2 每箱12瓶 22 53 0 0
5 麻油 2 2 每箱12瓶 21.35 0 0 0
6 酱油 3 2 每箱12瓶 25 120 0 25
7 海鲜粉 3 7 每箱30盒 30 15 0 10
8 胡椒粉 3 2 每箱30盒 40 6 0 0
9 鸡 4 6 每袋500克 97 29 0 0
10 蟹 4 8 每袋500克 31 31 0 0

附录图 2-7　程序运行后显示的窗口

3. 删除某些列并再次运行程序

再次用 dataGridview 控件上边框的三角符号打开 DataGridview 任务对话框。选择“编辑列…”项，打开附录图 2-8 所示的“编辑列”对话框。

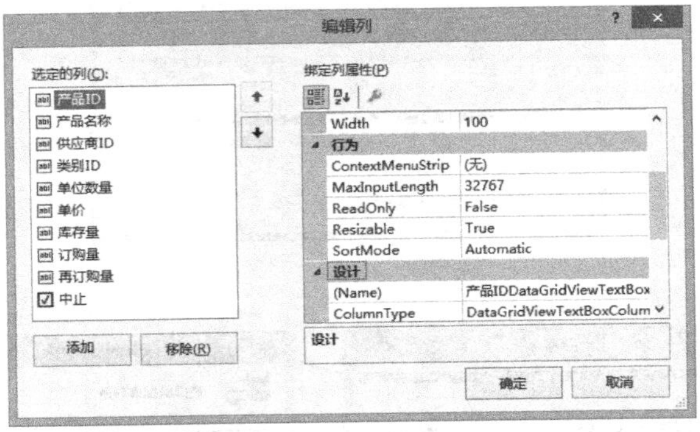

附录图 2-8　编辑列对话框

在“选定的列”栏中，选定并“移除”以下 4 项：“供应商 ID”“类别 ID”“订购量”“再订购量”。并单击“确定”按钮，结束本次修改数据源的操作。

这时候的窗体如附录图 2-9（a）所示。可以看到，dataGridView 控件显示出来的是修改过的关系（表）的结构（表头）。

再次运行程序，显示出来的窗口如附录图 2-9（b）所示。可以看到，dataGridView 控件显示出来的是修改过的关系中的数据。

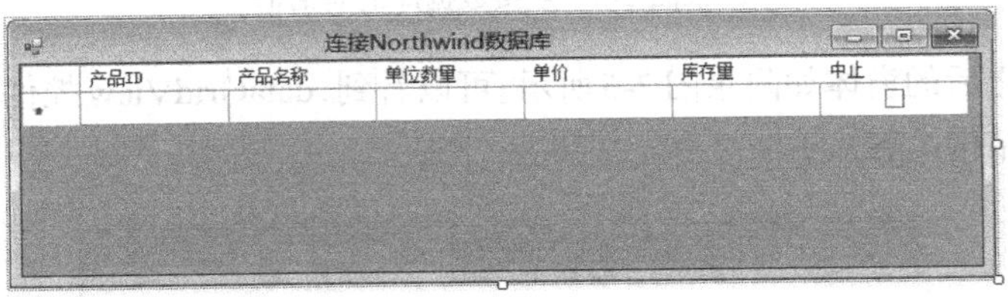

（a）

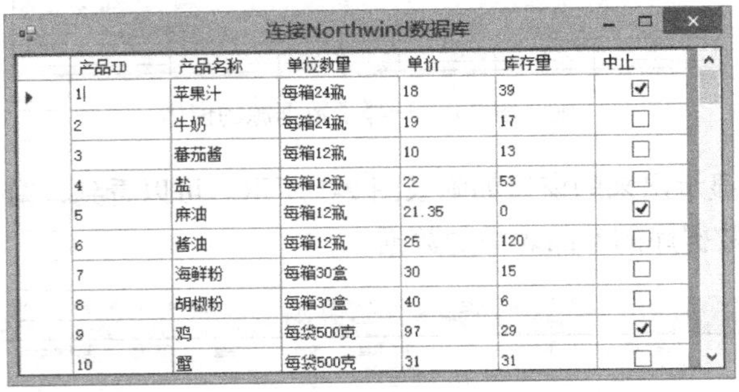

（b）

附录图 2-9　选择了数据源的窗体

附录程序 2.3-2　执行数据查询

数据查询是最重要的数据库操作，如果在数据库管理系统（如 Access）中创建基于 SELECT 语句的视图（Access 中称为查询），则可按附录程序 2.3-1 中同样的方法将该视图绑定到控件（如

dataGridView）上，程序运行后即可显示查询结果。

本程序中，预先在 Northwind 数据库中创建了基于如附录图 2-10（a）所示的 SELECT 语句且名为“高于 60 元的产品”的视图，其中的数据如附录图 2-10（b）所示。这些数据分别来自于“产品”和“类别”两个表。

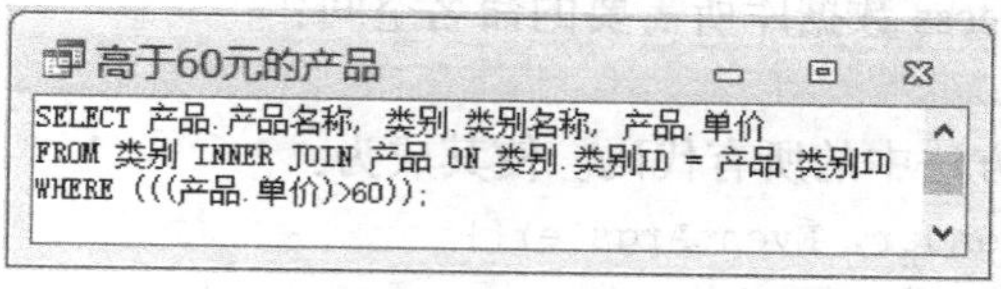

（a）

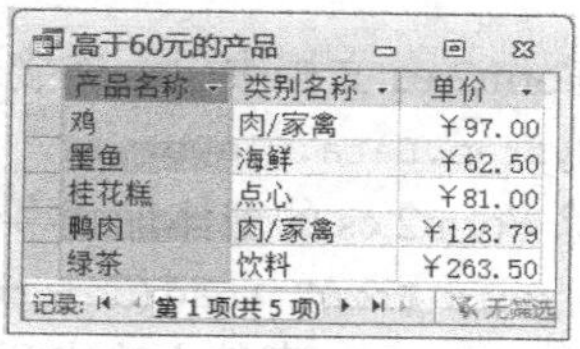

（b）

附录图 2-10　选择了数据源的窗体

本程序还将使用纯代码方式，执行一条 SELECT 语句来完成同样的查询任务。

1. 窗体设计

本程序按以下步骤设计窗体：

（1）在 dbLinkFrm 项目中，添加一个窗体，将其 Text 属性改为“连接数据库中的视图”；

（2）在窗体上摆放一个 dataGridView 按件，并将其 Dock 属性设置为 fill；

（3）在 Program.cs 文件中，将语句

```
Application.Run(new Form1());
```

中的 Form1 改为 Form2。

2. 连接 Northwind 数据库中的视图

连接 Northwind 数据库中的视图的方法如下。

（1）打开 DataGridview 任务对话框，然后打开“数据源配置向导”。

（2）通过“数据源配置向导”的前两个对话框连接 Northwind 数据库。因为本项目已连上了这个数据库，故只需在“选择您的数据连接”对话框中单击“下一步”按钮确认即可。

（3）在如附录图 2-11（a）所示的“选择数据库对象”对话框中，展开“视图”节点，勾选其中“高于 60 元的产品”视图，并单击“完成”按钮。

这时，dataGridView 控件中自动显示该视图的结构（虚表头）。程序运行后，显示如附录图 2-11（b）所示的该视图中的数据。

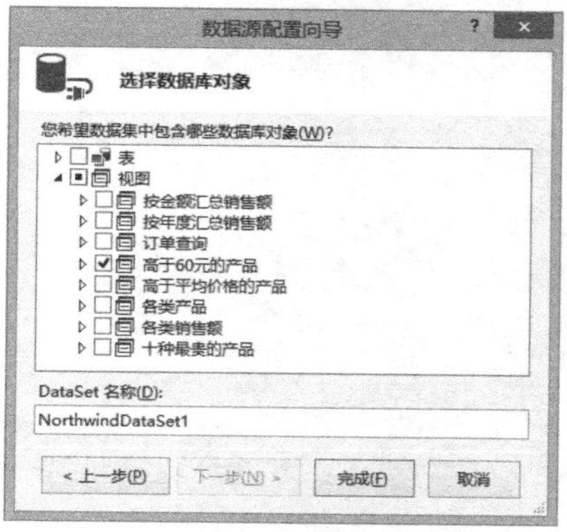

（a）

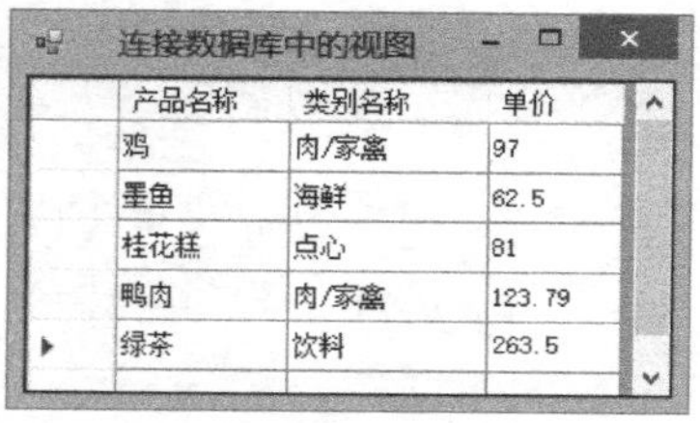

（b）

附录图 2-11　选择了数据源的窗体

3. 执行 SQL 语句的代码

关系数据库的数据查询通常是使用 SQL 语言的 SELECT 语句实现的。如果程序中可以执行 SELECT 语句，这个程序就具备了数据查询的能力。

可按以下方式修改本程序，使其执行一条 SQL 语句，完成与上面的可视化操作相同的查询任务。

（1）在 Form2.cs 文档中引入连接 Access 数据库所需要的命名空间：

```
using System.Data.OleDb;
```

（2）删除 Form2.cs 的窗体加载事件方法中的所有代码。使其成为：

```
private void Form2_Load(object sender, EventArgs e){}
```

（3）在 Form2_Load 事件方法中添加以下代码：

```
//创建数据库连接对象，Provider 值为数据库引擎，Data Source 值为数据库路径名
OleDbConnection con = new OleDbConnection(@"Provider=Microsoft.Jet.OleDb.4.0;
   Data Source=E:\C#程序 201505\dbSelectFrm\dbSelectFrm\Northwind.mdb");
//创建数据适配器对象，第 1 个参数为 sql 语句，第 2 个参数为刚创建的数据库连接对象
//数据适配器对象 OleDbDataAdapter 会自动管理连接对象 con 的关闭
OleDbDataAdapter Adapter = new OleDbDataAdapter(
    " SELECT 产品名称，类别名称，单价 FROM 类别，产品
      WHERE 单价>60 AND 类别.类别 ID=产品.类别 ID"
    , con );
//创建数据表对象，用于存放查询结果
DataTable table = new DataTable();
//通过适配器对象的 Fill 方法执行查询，同时将结果放入 table 表中
Adapter.Fill(table);
//将存放查询结果的 table 表绑定到 datagridview 控件
dataGridView1.DataSource = table;
```

本程序执行后，窗口上显示出来的数据与上面通过可视化方式绑定数据时显示出来的视图的内容完全相同。

参 考 文 献

[1] Microsoft 公司. C#编程指南，https://msdn.microsoft.com/zh-cn/library/ms173104.aspx.

[2] 姚普选. 程序设计教程（C++）——基础、程序解析与实验指导[M]. 北京：清华大学出版社，2014.

[3] 教育部高等学校计算机基础课程教学指导委员会. 高等学校计算机基础教学发展战略研究报告暨计算机基础课程教学基本要求[M]. 北京：高等教育出版社，2009.

[4] 谭浩强. C 程序设计[M]. 北京：清华大学出版社，1991.

[5] [美]Deitel P.J.，Deitel H.M.，Quirk D.T.著，徐波等译. Visual C++ 2008 大学教程（第二版）[M]. 北京：电子工业出版社，2009.

[6] 赵英良等. C++程序设计实验指导与习题解析[M]. 北京：清华大学出版社，2013.

[7] 秦克诚. FORTRAN 程序设计[M]. 北京：电子工业出版社，1987.

[8] 姚普选. 全国计算机等级考试二级教程——公共基础教程[M]. 北京：中国铁道出版社，2006.

[9] 姚普选. 大学计算机基础（第 4 版）实验指导[M]. 北京：清华大学出版社，2012.

[10] [美]Klaus Michelsen.著，云巅工作室译. C# Primer Plus 中文版[M]. 北京：人民邮电出版社，2002.